无人机专业岗课赛证素养赋能活页式创新教材

无人机操控飞行

主编 马明芳　应世杰　杨　苡

参编 常天啸　陈荣康　孙　哲

　　　　严　标　秦英杰

主审 柯玉宝　杜立新

机械工业出版社

《无人机操控飞行》从无人机操控、无人机作业飞行、无人机培训考证等工作岗位，提炼整理了多旋翼无人机悬停、多旋翼无人机水平航线飞行、多旋翼无人机起降自旋、多旋翼无人机水平单圆飞行、多旋翼无人机水平8字飞行及超视距航线规划共六项主要工作任务，充分结合无人机操控飞行培训考证的职业技能标准、"1+X"技能鉴定要求及无人机操控飞行技能大赛内容，以此构建6个工作任务的学习情境，并将本课程学习目标所要求的知识点、技能点遵循操控技术流程，按照由简到繁、由易到难、循序渐进的逻辑原则拆分融合分配到各个学习情境中。通过对这些情境的学习，学生不仅能够掌握无人机操控飞行技能并考取中国航空器拥有者及驾驶员协会（AOPA）超视距驾驶员执照，更能培养职业素养、职业精神、工匠精神，从而具备综合职业能力。

　　本书可作为中等职业院校、高等职业院校、应用技术型本科院校、技工技师院校的无人机应用专业教材与培训考证教材，也可作为企业的岗位培训教程。

图书在版编目（CIP）数据

无人机操控飞行 / 马明芳，应世杰，杨苡主编. —北京：机械工业出版社，2023.2（2025.1重印）
无人机专业岗课赛证素养赋能活页式创新教材
ISBN 978-7-111-72621-0

Ⅰ.①无…　Ⅱ.①马…②应…③杨…　Ⅲ.①无人驾驶飞机-飞行控制-教材　Ⅳ.①V279

中国国家版本馆 CIP 数据核字（2023）第 025682 号

机械工业出版社（北京市百万庄大街 22 号　邮政编码 100037）
策划编辑：李　军　　　　　　责任编辑：李　军
责任校对：郑　婕　王　延　　责任印制：单爱军
北京虎彩文化传播有限公司印刷

2025 年 1 月第 1 版第 4 次印刷
184mm×260mm·23.75 印张·632 千字
标准书号：ISBN 978-7-111-72621-0
定价：69.90 元

电话服务　　　　　　　　　网络服务
客服电话：010-88361066　　机　工　官　网：www.cmpbook.com
　　　　　010-88379833　　机　工　官　博：weibo.com/cmp1952
　　　　　010-68326294　　金　书　网：www.golden-book.com
封底无防伪标均为盗版　　机工教育服务网：www.cmpedu.com

编 委 会

丛 书 序

2019 年 1 月，国务院颁发《国家职业教育改革实施方案》，全面推进职业教育领域"三全育人""三教改革""岗课赛证融通"综合育人改革试点工作，把思想政治理论课程与专业课程并重、同向、同行，努力实现课程教学与岗位能力要求、培训考证、技能竞赛高度融会贯通。2019 年 5 月，教育部发布了《教育部办公厅关于全面推进现代学徒制工作的通知》，在国家层面提出培养模式的创新与改革，强调要着力培养学生的专业精神、职业精神和工匠精神，提升学生的职业道德、职业技能和就业创业能力。

国家大力支持"岗课赛证融通"教学模式改革与"三教改革"，对课程思政与立德树人有新的要求，目前市面上急需与国家及教育部要求相匹配的教材。本套教材就是在这样的背景下，依托"素养赋能教育教学改革培养项目"将职业素养、职业精神与职业技能高度融合，把教育部的"立德树人"落地实施，调整改进教育教学内容实现课证融通，在培养学生专业能力的同时，着重培养学生的非专业能力和职业素养、职业精神、工匠精神、创新精神与就业创业能力。

在信息化、智能化、新业态、新模式的背景下，随着无人机技术的快速发展，无人机行业应用的相关专业建设在全国职业院校呈井喷式发展。而市场上无人机应用的相关资料甚少，各院校都处于一个从无到有的建设阶段。本套教材的规划是通过职教专家牵头，带领职业院校的骨干教师，前期对无人机应用行业的职业岗位群、培训考证、技能竞赛要求进行了大量专业的调研，通过典型职业活动的工作领域分析、整合、转化，形成既适合院校教育教学又适合企业职前职后培训的学习领域，再通过综合职业能力分析主要工作任务，整合转化为学习情境（学习任务），以"如何工作"为核心，按照工作流程优化打造学习过程，实施每一步任务的工作环节，配备能用、够用、好用的理实一体化的学习资源，从真正意义上实现了企业岗位生产实际、培训考证、技能大赛与院校教育教学的无缝衔接。

本套教材主要特色如下：

1. 编写内容完全实现"岗课赛证"融通

本套教材遵循岗课赛证、课证融通原则，充分调研了职业岗位能力需求，把企业真实的工作内容和"1＋X"职业技能等级证书培训内容、教师教学能力大赛内容、学生技能竞赛内容充分融合进教材编写内容，实现教学内容和考证内容、竞赛内容的一体化、系统化设计开发。

2. "活页式"编写体例灵活适用

本套教材采用活页式教材编写体例，从整体上看是一个完整的工作任务实施过程，但每一个任务流程环节又都是相对独立的，都可以随时依据专业技术的发展情况、学校实际教学情况及教学需要、合作企业的企业需求情况、教育部的教育教学改革要求不同，甚至是教师本身的个性化需要，进行教学设计和教学资源的调整改变，包括对教学流程及教学环节的微调、对信息页和工作页内容的调整增减、教师使用和学生使用资源的分类等。

3. 视频资源辅助教学突破难点

本套教材在适当的、必要的环节配备有够用、好用的、带字幕的视频资料，突出重点、突破难点，学生可以通过无限次扫描二维码进行重复学习。在任务接受环节配套有任务接受剧本的中英文视频，帮助学生提高英语运用能力和沟通表达能力；在任务分析和理论学习环节依据需要会配备相应的视频资料，帮助学生有效学习；特别是在任务实施环节，全部配备有标准的、规范的实际操作视频，可以代替教师的示范操作，既可以解决教师示范操作时学生视线受局限的问题，也可以帮助学生观看视频进行无限次模拟操作。

4. 教学设计指导师生使用顺手

本套教材依据教师教学能力大赛的要求，在每一个环节都配备有教学设计指导，依据教学内容提供了丰富的教学方法和学习方法指导，既有实际使用说明，也有教师与学生的实施步骤，将教师的备课内容融入教材中，师生根据教材中的指引实施就能很好地利用"餐垫法""学习站法""小组拼图法""旋转木马法""概念地图法""速度二重奏法"等几十种教学方法培养学生的自主学习能力和综合职业能力。同时将教师的课前准备内容融入教材中，每一步教学都有详细说明，教师使用比较简单。

5. "行动导向理实一体化"教学模式

本套教材以"典型职业活动 + 主要工作任务"转化为"学习领域 + 学习情境"的理实一体化教学模式为编写模式，学习领域来自典型的职业活动的工作领域，学习情境来自相应工作领域主要的、重要的工作任务，能够覆盖未来重要的行业应用知识点、技能点与素养点。

6. 任务驱动教学流程

本套教材的呈现形式是以完成一个任务的完整工作过程转化而来的"十步教学"的教学流程设计，是从工作过程优化而来的学习过程。从教学准备开始，包括教学硬件设施准备和教学软件资源准备，经历了任务接受、任务分析、理实一体化学习、任务计划、任务决策、任务实施、任务检查和任务交付的完整行动过程，最后还有反思评价和巩固拓展的学习复盘过程。每一个环节的每一步设计都非常详细具体，与工作流程匹配，具有非常强的可操作性和可实施性，有利于培养训练学生的工作方法、工作思维及工作能力。

7. 配套资源充足符合学习思维层次

本套教材的内容架构以信息页和工作页一一对应的形式呈现，完全打破了传统的学科体系教材结构，以典型工作任务和工作情境为载体，突出专业能力和非专业能力培养并重，内容编排符合学生的学习思维和学习层次，实现了由简单到复杂、由容易到困难的螺旋式上升，教师与学生使用非常得心应手。

8. 课程思政点睛融入专业教学

本套教材以专业任务的专业教学为载体，以职业素养、职业精神和职业技能高度融合培养为目标进行开发，在教学设计和教学内容中融合课程思政内容，每一个环节都设计有课程思政点睛，匹配合适的教学方法与教学资源，每个环节培养的素养点比较具体，教材整体编写比较符合国家全面培养复合型人才和立德树人、课程思政的要求，推广意义较大。

9. 教学实践运行后整理编写

本套教材自 2020 年 7 月开始已经在北京交通运输职业学院无人机测绘专业以校本教材的形式进行了两届学生的实践运行，从学生及教师的使用情况、学生的课堂实际表现情况及培养目标的实现情况来看，充分验证了本套教材好用、适用，具有可操作性、可实施性与普遍推广性，同时也充分论证了使用本套教材能够真正培养学生的综合职业能力，真正实现"素养赋能"，培养学生的未来可持续发展能力。

10. 信息化平台助力线上线下混合教学

本套教材适合线上线下混合教学模式，充分的教学资源如信息页、工作页、视频资料等助力教师的主导性"教"与学生的自主性"学"，真正实现了线上与线下教学的信息化融合。

本套教材可作为中等职业院校、高职高专院校、应用技术型本科院校、技工技师院校的无人机应用专业的教材与培训考证教材，也可作为企业的岗位培训教程。

随着无人机技术发展及无人机应用行业的日趋广泛，本书能够满足读者对于无人机操控、无人机组装调试、无人机相关应用的技术标准与应用规范的迫切需求。

无人机自身特点决定了其消费者、应用者和创业者群体在不断增长，作为普适性阅读资料，这部分人员对本书也有一定程度的需求，可以作为无人机驾驶员、无人机集群表演、无人机测绘、无人机航拍、无人机巡检、无人机物流、无人机植保、无人机组装调试等应用行业的工程技术人员及技术管理人员的培训教材。

本套教材在编写过程中得到了以北京教育科学研究院职业教育研究所吉利所长为首的职教专家的大力支持，在职教专家团队的引领和指导下，借鉴了德国、澳大利亚、美国、新西兰等多国职业教育理念与方法。本套教材得到了中国民航飞行员协会的大力帮助，并与北京京东乾石科技有限公司、北方天途航空技术发展（北京）有限公司、广州南方测绘科技股份有限公司、广州中海达卫星导航技术股份有限公司、北京韦加科创技术有限公司、北京中科浩电科技有限公司、北京鲲鹏堂科技有限公司、鹰眼电子科技有限公司等企业进行深度产教融合。

欢迎无人机应用专业师生、无人机爱好者、无人机行业应用相关人员等选用本套教材，并多提宝贵意见，在此表示衷心感谢。

编委会

前　言

本书是依托行业企业调研结果、中国航空器拥有者及驾驶员协会（AOPA）超视距驾驶员职业资格证书及"1+X"证书的培训考证要求，参照教师教学能力大赛标准及要求、学生技能大赛标准及要求，在总结校企合作、产教融合课程改革经验并结合作者多年教学实践的基础上，本着够用、适用、好用的原则，为满足无人机专业需要而编写的，贯彻"岗课赛证·素养赋能"理念的理实一体化活页式教材。编写形式与企业的全生产流程相匹配，主要内容与企业的生产实际相结合，依据无人机操控飞行技术的相关国家职业标准要求，以工作任务为载体，以培养学生综合职业能力为主线，将无人机操控飞行技能、职业素养、创新创业等高度融合。教材致力于在完成完整的操控飞行任务过程中，对学生进行现代综合职业能力的培养。

"无人机操控飞行"是"岗课赛证·素养赋能教育教学改革项目"的教学模式本土化学习领域之一，是职业院校无人机相关专业学生学习无人机飞行原理、取得 AOPA 无人机超视距驾驶员执照、进行操控技术实践训练、培养综合职业能力与职业素养的重要的理实一体化的专业核心主干课程。本书内容紧随行业发展现状，融合了 AOPA 超视距驾驶员培训考证的职业技能标准、无人机操控飞行技能大赛要求以及"1+X"职业技能等级鉴定考核要求，以信息页形式的模块化学习分解学习任务以降低学习难度，根据 AOPA 驾驶员考证的考题复习题库设计了工作页，学生通过本课程学习能很好地胜任无人机应用岗位的操控飞行工作。本书还可供无人机相关行业的消费者、创业者、工程技术人员及研究人员学习参考。

本书的创编体例打破传统学科体系理论+实训的模式，采用活页式教材编写体例。编写内容体现教育部课程思政和立德树人的培养要求，以工作任务的模块化为编写内容，以工作流程为编写流程，完全理实一体化，教学设计中融入课程思政与职业素养，有课程思政点睛、有教学设计指导，教师与学生使用顺手。

本书是北京交通运输职业学院与北方天途航空技术发展（北京）有限公司深度校企合作、产教融合的成果，并配套使用"北方天途无人机操控飞行教官平台"，实现教师的主导性"教"与学生的自主性"学"的结合，既能监控教育教学管理全过程，又能通过"天途模拟飞行在线训练系统"进行线上线下混合教学。北京交通运输职业学院作为北京市交通委直属唯一一公办高职院校，集团化办学在全国形成了鲜明的交通职业教育特色，多年来致力于推广"岗课赛证·素养赋能教育教学改革"内涵建设，为首都交通体系建设培养了大批高素质技术技能人才与职业管理人才。北方天途航空技术发展（北京）有限公司作为全国最早一批中国 AOPA 审定合格的培训基地以及教育部"1+X"无人机专业技能鉴定机构，培养了大批民航 AOPA 无人机驾驶人才，连续被评为"中国 AOPA 年度最佳无人机驾驶员训练机构"，获得教育部科学技术进步奖一等奖。

本书由北京交通运输职业学院马明芳教授、应世杰副教授，北方天途航空技术发展（北京）有限公司 CEO 杨苡主编；由中国民航飞行员协会高级顾问柯玉宝，北方天途航空技术发展（北京）有限公司技术部总经理杜立新主审；北方天途航空技术发展（北京）有限公司技术人员常天啸、陈荣康、孙哲、严标、秦英杰参与编写。本书虽是校企深度合作并经过教学实践运行之后精心整理编写，但因时间精力不足，能力水平有限，难免有不当之处，欢迎使用者多提宝贵意见，随时沟通交流。

编　者

目　录

Studying Situation

01

学习情境 1
多旋翼无人机悬停

1.0 教学准备

知识目标
- 无人机的定义。
- 无人机系统的组成。
- 无人机的类型。
- 无人机的应用。
- 速度与加速度。
- 牛顿三大运动定律。
- 力的平衡。
- 气体的物理特性。
- 流体连续性原理。
- 伯努利定律。

技能目标
- 定高定点，单通道四方位模拟悬停。
- 定高定点，双通道四方位模拟悬停。
- VR 四位悬停。
- VR 八位悬停。
- 辅助模式下四位悬停。
- 辅助模式下八位悬停。
- 姿态模式下四位悬停。
- 姿态模式下八位悬停。

素养目标
- 能够提炼总结简单的事实文本。
- 能够在两人对话中有效沟通并交换信息。
- 能够把自己的观点表达清楚。
- 能够在团队中承担自己的角色功能。
- 能够在团队中有积极的合作意识。
- 能够在制订计划时尽可能考虑全面。
- 能够控制自己的情绪，跟伙伴友好合作。
- 能够认真倾听并及时记录。
- 能够进行简单的图文展示。
- 能够严谨、规范地执行工作任务，遵守无人机法律法规。
- 能够随机应变，灵活处理飞行过程中的突发问题。
- 能够识别"黑飞"等不法飞行并及时制止与上报。
- 能够具有创新、创业精神和意识。

1.1 任务接受

课程思政点睛

任务接受环节特别适合对学生进行社会主义核心价值观中的友善、和谐价值的训练。如何做到和伙伴友善合作，如何做到站在公司立场为公司的利益和效率着想，如何做到站在客户角度为客户着想等，在指导学生进行悬停任务接受的话术训练时，教师要及时、适时地对学生进行引导训练，全面体现友善、和谐的价值。

任务接受环节涉及第 2 个演练月的企业经营，在布置演练月 2 财务核算任务时，严格要求学生具备诚信经营意识，做到严谨、规范、一丝不苟，同时还要有独特的创新意识和不屈不挠的创业精神。

教学实施指导

1）教师指导学生依据1.1.1多旋翼无人机悬停任务接受剧本（中英文），学习过程参考1.1.2多旋翼无人机悬停任务接受视频（中英文），采取角色扮演的方法完成任务接受。

2）角色扮演之后明确了工作任务，完成1.1.3多旋翼无人机悬停任务工单。

1.1.1 多旋翼无人机悬停任务接受剧本（中英文）

学习情境描述

作为与无人机行业应用相关专业的学生，为了满足并适应未来的就业岗位需求，最低要求经过培训学习考取中国航空器拥有者及驾驶员协会（AOPA）无人机超视距驾驶员执照，并通过对无人机的操控飞行，最终能够完成无人机测绘作业、无人机航拍作业、无人机巡线检查作业、无人机应急救助作业等。为了实现这样的工作目标，学院项目团队专门制订了培训实施计划，把无人机操控飞行项目拆分成若干个工作任务（学习情境），并会伴随着项目进程陆续给出。

本次工作任务（学习情境）是希望通过各项目组成员的精诚合作，能够进行多旋翼无人机的悬停操控，并要求在3天内顺利完成。操控过程注意标准规范、工作效率、经济效益与安全注意事项。

组　　长：领导，您好！这次是什么新任务？

Hi, Director! What's the new mission?

项目负责人：您好！是这样的：为了让你们顺利考取AOPA超视距驾驶员执照，掌握无人机的操控飞行技术，最终能够完成无人机测绘、无人机航拍、无人机巡线检查、无人机应急救助等作业，咱们学院项目团队专门为你们制订了培训实施计划，把项目拆分成若干个工作任务，后续会陆续安排。你们项目组这次的任务是能够分别在辅助模式与姿态模式下进行多旋翼无人机的悬停飞行。

Hello! It goes like this: In order to successfully obtain the AOPA beyond-of-sight driver's license, master the control and flight technology of UAVs, and finally be able to complete the operations of UAV surveying and mapping, aerial photography, line inspection, and emergency rescue etc. The project group of our college has specially formulated the training implementation plan for you and divided the project into several work missions, which will be arranged successively. The mission of your project group this time is to be able to perform multi-rotor UAV hovering flight in auxiliary mode and attitude mode respectively.

组　　长：好的！知道了。不过，悬停有什么特殊的具体要求吗？

OK! I see. However, are there any specific requirements for hovering flight?

项目负责人：没有什么特殊要求，你们按照多旋翼无人机悬停的标准规范操作，保证飞行质量就行了。

Nothing special. All you need to do is following the specifications and standards of the multi-rotor UAV hovering flight operation, ensure flight quality.

组　　长：好，没问题！规范和标准我们一定严格遵守。

No problem! We will strictly follow the specifications and standards.

项目负责人：另外，操作过程要嘱咐组员，注意谨慎安全操作，千万要在教练的指导下进行。谁损坏，谁赔偿。请注意安全与成本。

In addition, in the operation process, please remind your fellow group members that they must be careful and safe operation, do under the guidance of the instructor. Whoever causes damage must compensate. Please pay attention to security and cost.

组 长：	好的！您放心，我会嘱咐团队成员小心安全地操作。给我们多长时间完成任务？

组　　长：好的！您放心，我会嘱咐团队成员小心安全地操作。给我们多长时间完成任务？

All right! Don't worry. I will tell the group members to be careful. How much time we are allowed to finish the job?

项目负责人：3 天内必须保质保量完成。完成后，由飞行教练员检验。

It must be completed with quality and quantity guaranteed within 3 days . Then it is inspected by the flight instructor.

组　　长：明白了。您放心！还有要嘱咐的吗？

I see. Don't worry about it. Anything more?

项目负责人：没有了。那就拜托了。有问题随时联系。

No more. Just go ahead. Please feel free to contact me if you have any questions.

组　　长：好的！您慢走！再联系。

OK. See you! Keep in touch.

1.1.2 多旋翼无人机悬停任务接受视频（中英文）

1. 多旋翼无人机悬停任务接受（中文）　　2. 多旋翼无人机悬停任务接受（英文）

1.1.3 多旋翼无人机悬停任务工单

项目名称	无人机操控飞行		
项目单位			
项目负责人		联系电话	
项目地址			
项目时间			
任务名称	多旋翼无人机悬停		

工作任务描述：

　　作为与无人机行业应用相关专业的学生，为了满足并适应未来的就业岗位需求，最低要求经过培训学习考取 AOPA 无人机超视距驾驶员执照，并通过对无人机的操控飞行，最终能够完成无人机测绘作业、无人机航拍作业、无人机巡线检查作业、无人机应急救助作业等。为了实现这样的工作目标，学院项目团队专门制订了培训实施计划，把无人机操控飞行项目拆分成若干个工作任务（学习情境），并会伴随着项目进程陆续给出。

　　本次工作任务（学习情境）是希望通过各项目组成员的精诚合作，能够进行多旋翼无人机悬停操控，并要求在 3 天内顺利完成。操控过程注意标准规范、工作效率、经济效益与安全注意事项。

飞行前检查记录：			
飞行任务完成情况记录：			
驾驶员：		组长：	
教练员签字：		项目负责人签字：	
成本核算：		完成时间：	

1.2　任务分析

课程思政点睛

　　任务分析环节以多旋翼无人机悬停视频为切入点，在此教师通过讲授无人机悬停技术是飞行技术基础，培养学生重基础、夯实能力的意识。

同时，以一个操作视频启发、引导学生分析任务本身，有助于学生深入思考自己完成任务需要的知识点、技能点与素养点。教师要抓住机会及时训练学生在视频中提取专注、严谨、规范、标准、合法、安全、精益求精的工匠精神。

教学实施指导

教师指导学生利用餐垫法完成任务分析。

1）学生小组合作制作餐垫，划分中心餐垫区和个人餐垫区。

2）学生首先个人独立观看多旋翼无人机悬停飞行视频，在个人餐垫区独立认真书写：要完成本客户委托任务都需要哪些关键信息？

3）学生小组合作讨论出本组的关于完成客户委托任务关键点，达成共识并写在中心餐垫上。

4）教师指定小组，逐条讲解展示，其他小组学生领会理解，补充改进。

多旋翼无人机悬停飞行视频

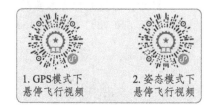

1. GPS模式下悬停飞行视频　　　2. 姿态模式下悬停飞行视频

1.3　理实一体化学习

课程思政点睛

1）无人机的定义及系统，重点以大疆无人机为例，以大疆无人机在美国的占有率为例引申中美关系讨论，激发学生的爱国热情和民族自豪感，引导学生树立政治立场坚定的世界观。

2）借助军用无人机的发展，及时对学生进行科技强军和身为中华儿女报效祖国的教育。

3）以无人机的应用为切入点，给学生普及无人机行业应用发展趋势，尤其是在应急救助方面无人机的突出表现，让学生在专业学习之中树立正确的大局观和社会价值观，体现无人机的社会效益。

4）以无人机在植保、巡线、救助、测绘等行业的应用，鼓励学生具备创新创业精神品质，能够不被专业局限，打开思路，自主创业。

5）通过学习站法的学习指导，培养学生独立、民主、公平、友善、诚信、合作、和谐、敬业等价值观。

教学实施指导

教师提供给学生为完成本任务（多旋翼无人机悬停）必要的学习资料（7个模块），要求并指导学生利用学习站法完成理实一体化学习。学生按照教师的要求，认真完成7个模块的企业内部培训，力争自己解决问题。为后续完成工作任务（多旋翼无人机悬停）进行企业运营，积累专业知识、技能与素养。

学习站法学习

1）学生分为3组。每组学生按照教师的要求进入自己的学习站，个人独立学习相应1.3.1～1.3.3信息页，并完成各自对应1.3.1～1.3.3工作页。同一个学习站的学生小组合作讨论，对学习结果即工作页的结果进行更正、改进、完善，达成共识。学生按照教师指定的轮站顺序轮换学习站学习，直至完成1.3.1～1.3.3所有信息页与工作页的学习。

2）学生以竞争方式获得展示学习结果的机会，使用实物投影仪进行展示讲解，本小组的同学补充完善，力求不给其他小组机会。而其他小组的同学倾听、补充、改进、完善，都会获得相应的奖励。

3）以学习站法学习1.3.4～1.3.7信息页，完成1.3.4～1.3.7工作页。

4）学生以竞争方式获得展示学习结果的机会，使用实物投影仪进行展示讲解1.3.4～1.3.7工作页。

1.3.1 无人机的类型

1. 信息页

学习领域	学习领域：无人机操控飞行		
学习情境	学习情境1：多旋翼无人机悬停	学习时间	30min
工作任务	A：无人机的类型	学习地点	理实一体化教室

无人机的类型

1. 无人机相关定义

（1）航空器

飞行器（Flight Vehicle）是由人类制造、能飞离地面，在大气层内或大气层外空间（太空）飞行的机械飞行物。大气层内飞行的称为航空器，在太空飞行的称为航天器。

航空器依据获得升力的方式不同分为两大类：一类是轻于空气的航空器，依靠空气的浮力飘浮于空中，如气球、飞艇等；另一类是重于空气的航空器，包括非动力驱动和动力驱动两种类型，如图1所示。无人机系统飞行器平台主要使用的是重于空气的动力驱动航空器。

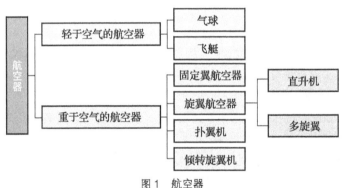

图1 航空器

（2）无人机

无人机（Unmanned Aerial Vehicle，UAV）即无人驾驶航空器（图2），是利用无线电遥控设备和自备的程序控制装置操纵的不载人通用航空器，或由机载计算机完全或间歇地自主操作。

（3）无人机系统

无人机系统（图3），由机载计算机完全地或间歇地自主操作，又称飞行器远程操控系统，是指无人机及与其配套的通信站、发射与回收装置，以及无人机的运输、存储和检测装置等的统称。

无人机系统飞行器平台主要使用的是重于空气的动力驱动航空器。

无人机系统的驾驶员是指由运营人指派，对无人机的运行负有必不可少的职责，并在飞行期间适时操纵飞行的人。

无人机系统的机长是指在系统运行时间内负责整个无人机系统运行和安全的驾驶员。

（4）航空模型

航空模型俗称航模，是一种以某种航空器的实际尺寸按一定比例制作，并能在空中飞行的模型。国际航空联合会（FAI）明确规定，航空模型是一种重于空气的，有尺寸限制的，带有或不带有动力装置的，可遥控，不能载人的航空器。

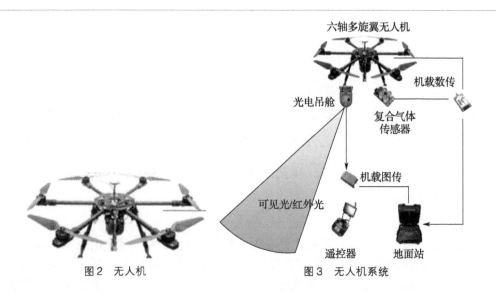

图2 无人机   图3 无人机系统

2. 无人机的类型

近年来，无人机技术发展迅速，无人机系统种类繁多、用途广泛、特点鲜明。无人机在尺寸、质量、航程、航时、飞行高度、飞行速度以及任务等多方面都有较大差异。由于无人机的多样性，其衍生出不同的分类方法，且不同的分类方法又相互交叉，导致边界模糊。

无人机通常可按照用途、飞行平台构型、质量、活动半径、任务高度、控制模式、动力装置、使用次数等进行分类。

（1）按用途分类

1）军用无人机。军用无人机对于灵敏度、飞行高度与速度智能化等要求最高，也是技术水平最高的无人机。根据航程、活动半径、续航时间和飞行高度可把军用无人机分为战术和战略两大类；按作战任务可把军用无人机分为侦察无人机、诱饵无人机、电子对抗无人机、通信中继无人机、无人战斗机以及靶机等。

2）民用无人机。民用无人机可分为巡查/监视无人机、农用无人机、气象无人机、勘探无人机以及测绘无人机等。民用无人机一般对于速度、升限和航程等要求都较低，但对人员操作培训、综合成本有较高的要求，因此需要配套低廉的零部件和售后服务。民用无人机主要用于地质勘查、地形测绘、农作物病虫害防治、农作物产量评估、森林防火、汛情监视、交通管制、气象监测等方面。目前，民用无人机最大的市场还在于为政府提供公共服务，约占总需求的70%。未来无人机发展潜力最大的市场应在民用领域，诸如农业植保、空中无线网络以及数据获取等。

3）工业级无人机。工业级无人机一般会根据行业需求不同搭载各种专业探测设备，比如红外热像仪、激光雷达、高光谱照相机、大气探测器等，主要用于各行各业的日常工作中。一般要求无人机具有一定的防护措施来降低意外带来的自身损害和连带伤害，要拥有尽量长的航时、尽量远的通信距离，还要求有足够的可靠性来满足长年累月的重复使用。工业级无人机主要面向行业用户定制生产，产量一般不大，售价较高。

4）消费级无人机。消费级无人机一般搭载照相机、摄像头等一类拍摄设备，根据需要再配云台和图传电台等，满足消费者的娱乐需求。消费级无人机大多针对普通消费者或者航拍爱好者，一般要求无人机便携和易操作，且价格便宜。

（2）按平台构型分类

1）固定翼无人机。固定翼无人机（图4）是指飞机的机翼固定不动，依靠机翼的空气动力特性而产生升力的一种机型。

固定翼飞行器（又称固定翼航空器平台），即日常生活中提到的"飞机"，依靠螺旋桨或者涡轮发动机产生的推力作为飞机向前飞行的动力，主要的升力来自机翼与空气的相对运动，是在大气层内飞行的重于空气的航空器。固定翼飞行器具有飞行速度快、大航程、高空飞行、比较经济、运载能力大的特点。

固定翼航空器平台的结构通常包括机翼、机身、尾翼和起落架等。固定翼常规无人机飞行主操纵面有副翼、升降舵（或全动平尾）、方向舵；飞行辅助操纵面有缝翼、襟翼、调整片。操纵时，通过伺服执行机构控制舵面和发动机节风门来实现无人机控制，改变各舵向位置及动力装置输出量，产生相应的控制力和力矩，使飞行器改变高度和速度，并进行转弯、爬升、俯冲、横滚等运动。在有大航程、高高度的需求时，一般选择固定翼无人机，比如电力巡线、公路的监控等。

图 4　固定翼无人机

①机翼。机翼是固定翼飞行器产生升力的部件，机翼后缘有可操纵的活动面，靠外侧的称为副翼，用于控制飞机的滚转运动；靠内侧的则是襟翼，用于增加起飞着陆阶段的升力。大型飞机机翼内部通常安装有油箱，军用机机翼下面有可供挂载副油箱和武器等的附加设备。有些飞机的发动机和起落架也安装在机翼下方。

②机身。机身的主要功能是装载人员、货物、燃料和任务设备等，同时它是其他结构部件的安装基础，用以将尾翼、机翼、起落架等连接成一个整体。

③尾翼。尾翼是用来配平、稳定和操纵固定翼飞行器飞行的部件，通常包括垂直尾翼（垂尾）和水平尾翼（平尾）两部分。垂直尾翼由固定的垂直安定面和安装在其后部的升降舵组成，水平尾翼由固定的水平安定面和安装在其后部的升降舵组成，一些型号的飞机升降舵由全动式水平尾翼代替。方向舵用于控制飞机的横向运动，升降舵用于控制飞机的纵向运动。

④起落架。起落架是用来支撑飞行器停放、滑行、起飞和着陆滑跑的部件，一般由支柱、缓冲杆、制动装置、机轮和收放机构组成。陆上飞机的起落架装置一般由减振支柱和机轮组成，此外还有专供水上飞机起降的带有浮筒装置的起落架和飞机在雪地起降用的滑撬起落架。

2）旋翼无人机。旋翼无人机是指通过飞机机翼（桨叶）旋转而产生升力的一种机型，主要包含无人直升机、多轴飞行器和旋翼机（自转旋翼机）三种类型。

旋翼飞行器即旋翼航空器（Rotary Wing Aircraft）平台，是一种重于空气的航空器，其在空中飞行的升力是由一个或多个旋翼与空气进行相对运动的反作用获得的。

旋翼无人机可以在距离障碍物 10m 以外、1～10m 的高度上以 15km/h 的速度飞移。

①无人直升机。无人直升机（图5）是一种由一个或多个水平旋转的旋翼提供升力和推进力而进行飞行的航空器。无人直升机具有大多数固定翼无人机所不具备的垂直升降、悬停、小速度向前或向后飞行的特点。这些特点使得无人直升机在很多场合大显身手。无人直升机与固定翼无人机相比，其缺点是速度低、油耗大、航程较短。

图5 无人直升机

直升机的升力产生原理与固定翼飞机相似，只不过这个升力来自于绕固定轴旋转的"旋翼"。旋翼机不像固定翼飞机那样依靠整个机体向前飞行来使机翼与空气产生相对运动，而是依靠机翼旋转产生与空气的相对运动。但是，在旋翼提供升力的同时，直升机机身也会因反转矩（与驱动旋翼旋转等量但方向相反的转矩即反作用转矩）的作用而具有向反方向旋转的趋势。为了克服旋翼旋转产生的反作用转矩，常见做法是用另一个小型旋翼即尾桨，在机身尾部产生抵消反向运动的力矩，通常将这种直升机称为单旋翼直升机。尾桨的安装位置低有助于减小传动系统的复杂性，有助于减小结构质量。另外一种做法是采用旋翼之间反向旋转的方法来抵消反转矩的作用，即多旋翼直升机。多旋翼是依靠多个旋翼产生的升力来平衡飞行器的重力，让飞行器可以飞起来，通过改变每个旋翼的转速来控制飞行器的平稳和姿态。

②多轴飞行器。多轴飞行器（Multirotor）（图6）是一种具有3个及以上旋翼轴的特殊直升机。其通过每个轴上的电机转动带动旋翼转动从而产生升推力。旋翼的总轴距固定，而不像一般直升机那样可变。通过改变不同旋翼之间的相对转速，可以改变单轴推进力的大小，从而控制飞行器的运行轨迹。多轴飞行器的旋翼旋转方向一般为俯视多轴飞行器两两对应。

a）四轴多旋翼无人机　　　　b）六轴多旋翼无人机

图6 多轴飞行器

相对于传统直升机，多轴飞行器最大的优势是结构与控制简单，劣势是速度慢。由于其结构简单、成本低廉、便于量产，近年来微型飞行器领域常见的有四轴、六轴、八轴形式等。多轴飞行器体积小、质量小，因此携带方便，能轻易进入人不易进入的各种恶劣环境。和传统直升机相比，它有许多优点：旋翼角度固定，结构简单，每个旋翼的叶片比较短，叶片末端的线速度慢，发生碰撞时冲击力小，不容易损坏，对人也更安全。有些小型四轴飞行器的旋翼有外框，避免磕碰。发展到如今，多轴飞行器已经可以执行航拍电影、取景、实时监控、地形勘探等飞行任务。

③自转旋翼机。自转旋翼机简称旋翼机，是旋翼航空器的一种。它的旋翼没有动力装置驱动，仅依靠前进时的相对气流吹动旋翼自转以产生升力。旋翼机必须像固定翼航空器那样滑跑加速才能起飞，少数安装有跳飞装置的旋翼机能够原地跳跃起飞，但旋翼机不能够像直升机那样进行稳定的垂直起降和悬停。与直升机相比，旋翼机的结构非常简单、造价低廉、安全性较好，一般用于通用航空或运动类飞行。

　　自转旋翼机的设计各种各样，但是大多数设计的基本构成要素是相同的。一架具备基本功能的自转旋翼机通常包括机身、动力系统、旋翼系统、尾翼和起落架五个部分。

机　　身：是其他部件的安装结构。

动力系统：提供旋翼机向前飞行的推力，在飞行时和旋翼系统无关。

旋翼系统：提供旋翼机飞行所必需的升力和控制能力。常见的是带桨毂倾斜控制的跷跷板式旋翼，也可以采用全铰式旋翼。

尾　　翼：提供稳定性和俯冲、偏航控制，与固定翼飞机的尾翼功能类似。

起落架：提供在地面上的移动能力，类似于固定翼飞机的起落架。最常见的为前二点式起落架。

　　3）垂直起降固定翼无人机。垂直起降固定翼无人机（图7）又称倾转旋翼机，是近几年新研发出来的一款无人机机型。单纯从结构上看，它可以看作是多旋翼无人机和固定翼无人机的结合体，它既有多旋翼无人机起降简单、没有场地要求的优点，又有固定翼无人机长航时、大载重的优点，很适合做行业的测绘、监测、管路巡查等工作。

　　倾转旋翼机是一种典型的变模态旋翼机平台，又称可倾斜旋翼机，是一种同时具有旋翼和固定翼功能，并在机翼两侧各安装有一套可在水平和垂直位置之间转动的可倾转旋翼系统的航空器。倾转旋翼机在动力装置旋转到垂直位置时相当于横列式直升机，可进行垂直起降、悬停、低速空中盘旋等直升机的飞行动作；而在动力装置旋转至水平位置时相当于固定翼螺旋桨式飞机，可实现比直升机更快的巡航航速。以上特点使得倾转旋翼机兼具直升机和固定翼飞机的优点，应用前景十分广阔。

　　4）扑翼无人机。扑翼无人机（图8）是一种类似鸟类和昆虫那样上下扑动自身翅膀而升空飞行的航空器，又称振翼机。作为一种仿生学的机械，扑翼无人机与它模仿的对象一样，以机翼同时产生升力和推进力。扑翼无人机有诸多优点：不需要跑道垂直起落；动力系统和控制系统合为一体；机械效率高于固定翼飞机。但也由于升力和推进力由同一部件产生，涉及的工程力学和空气动力学问题非常复杂，其规律尚未被人类完全掌握，导致其局限为：结构复杂，难以高速化、大型化；对材料有特殊要求（材料要求质量小，强度高）。有实用价值的扑翼无人机至今尚未脱离研制阶段，微型航空器领域是扑翼无人机最有可能实用化的领域。

图7　垂直起降固定翼无人机　　　　　　　图8　扑翼无人机

　　5）无人飞艇。在庞大的飞行器家族中，无人飞艇（图9）的存在感并不像飞机那么强，但是研究飞艇的科研人员依然渴望将新能源应用其中。对于主要在平流层"活动"的飞艇来说，太阳能无疑是最好的选择。动力完全来其背部安装的太阳能板转化的电能，是飞艇中的"新能源"成员。不过，与飞机不同，飞艇表面少有平面，外形更接近庞大的气球，飘浮的动力来自气囊内轻于空气的氦气。正是这样的外形特点，在飞艇身上安装太阳电池是个极大的挑战。

　　6）伞翼无人机。伞翼无人机（图10）是指以伞翼为升力面，重于空气的固定翼航空器。伞翼无人机体积小、速度慢、飞行高度低，适合于低空飞行。伞翼无人机的机翼采用铝合金构架、尼龙蒙布结构。由于机翼结构的原因，在同样高度与速度下，伞翼能提供的升力仅能达到通常机翼的1/3左右，因而不能飞到较高的高度。但是由于其采用三角形伞翼，飞机翼展较小，这样在低空复杂气流作用下，相对容易保证平稳飞行，因而十分适合对地观察摄影。其缺点是不能在较高高度飞行，动力较小，受强风影响较大，在顶风飞行时飞行困难；机体过轻，受侧风影响较强烈。

图9　无人飞艇　　　　　　　　图10　伞翼无人机

（3）按质量分类

1）微型无人机：空机质量小于等于7kg的无人机。

2）轻型无人机：空机质量大于7kg，且小于等于116kg的无人机，且全功率平飞中，校正空速小于100km/h，升限小于3000m。

3）小型无人机：空机质量小于等于5700kg，且微型和轻型无人机除外的无人机。

4）大型无人机：空机质量大于5700kg的无人机。

（4）按活动半径分类

航程是无人机的重要性能，它是指起飞后中途不加油能够飞越的距离。而活动半径是指25%～40%的航程。按活动半径把无人机分为超近程、近程、短程、中程和远程无人机五种。

1）超近程无人机：活动半径在15km以内。

2）近程无人机：活动半径在15～50km。

3）短程无人机：活动半径在50～200km。

4）中程无人机：活动半径在200～800km。

5）远程无人机：活动半径大于800km。

（5）按任务高度分类

1）超低空无人机：任务高度一般在0～100m。

2）低空无人机：任务高度一般在100～1000m。

3）中空无人机：任务高度一般在1000～7000m。

4）高空无人机：任务高度一般在7000～18000m。

5）超高空无人机：任务高度一般高于18000m。

（6）按控制模式分类

1）遥控式无人机。遥控式无人机是由地面人员通过无线电发送指令并有效控制飞行的无人机。驾驶员实时操纵控制遥控器面板上的操纵杆和按钮，由遥控器发射机发出对应的无线电指令信号传输到无人机的遥控接收机上，用指令控制无人机飞行的高度、速度、航向等参数，并实施预定的飞行和工作计划。

2）自主式无人机。自主式无人机是按预先输入的程序指令，自动飞行并执行预定任务的无人机，又称时间程序控制型无人机。

3）半自主式无人机。半自主式无人机是在有地面控制指令时按控制指令飞行，当无地面控制指令时按预编程序指令飞行的无人机。驾驶员通过飞行管理系统界面去执行任务或改变任务，在没有输入控制指令的情况下，无人机将实施预编程序的自动飞行。

4）三者兼备式无人机。三者兼备式无人机是指具有遥控式、半自主式和自主式功能的无人机。

（7）按动力装置分类

1）电动式无人机。电动式无人机大多采用无刷电机作为动力装置，由锂离子聚合物电池或燃料电池提供能量。电机是一种旋转式电动机器，它将电能转变为机械能，无人机在飞行中为了实现前进、后退、侧飞和转弯等，采用电调控制无刷电机的转速。电动式无人机具有结构简单、质量小、维护方便等优点；其缺点是载重小、续航时间短、电池消耗大等。

2）油动式无人机。油动式无人机通常采用活塞式发动机或涡轮轴发动机作为动力装置。其具有抗风能力强、续航时间长、载重大等优点。缺点是稳定性差、操作复杂、场地适应性差、危险性大等。

3）油电混合式无人机。油电混合式无人机通常采用燃油发动机和电机作为动力装置，燃油发动机发电，再驱动电机。其具有结构简单、载重大、续航时间长、适用范围广等优点。油电混合式无人机继承了电动式无人机和油动式无人机的优点，并克服了它们的缺点。

油动式无人机在续航能力、操控性、旋翼尺寸、安全性、价格与成本、载重能力、载客能力、抗风能力等多方面的表现都优于电动式无人机。但燃油发动机油气混合燃烧做功有一个过程，响应不够快。比如四轴多旋翼无人机，左倾1°时补油门，响应后可能左倾5°时转速才提上去，导致实际飞行不平稳，无法做到稳定地悬停。另外，燃油发动机频繁地调整油门，可能会导致熄火。因此，多旋翼无人机基本都选用电机作为动力装置。目前油动四旋翼的机架安装1台燃油发动机，将动力通过机械传动输出到4个旋翼轴上，虽然旋翼的转速都相同，但每个旋翼都安装了变距机构，可以调整拉力控制平稳飞行。这样虽然实现了燃油动力，但传动和变距机构的质量和可靠性不足，相比简单廉价的电动四旋翼，基本没有优势。

（8）按使用次数分类

1）单次使用无人机：发射后不回收，不需要安装回收系统。

2）多次使用无人机：需要重复使用，要求回收。

3. 固定翼无人机、无人直升机和多旋翼无人机的对比分析

固定翼无人机在三类无人机中续航时间最长、飞行效率最高、载荷最大、飞行稳定性高，但在起飞时必须要助跑或者借助器械弹射，降落的时候必须要滑行或是利用降落伞降落。

无人直升机可垂直起降、不需要跑道、地形适应能力强，但机械结构复杂、维护成本高、续航及速度都低于固定翼无人机。

多旋翼无人机能够实现垂直起降，并且自身机械结构简单，无机械磨损；但其续航及载重在三种飞行器当中是最低的。

1）在续航和载重方面：固定翼无人机可以以较低功率进行巡航，而无人直升机螺旋桨产生的升力必须一直大于或等于机身的重量，所以固定翼无人机的飞行效率是最高的；而无人直升机与多旋翼无人机相比，其螺旋桨直径更大，气动效率更高。

2）在起降便利性方面：固定翼无人机的起降必须借助跑道或者专用器械，所以其起降的便利性是最低的；多旋翼无人机和无人直升机都可以垂直起降，起降便利性差别不大。

3）在操作难易度方面：拥有飞行控制系统的多旋翼无人机起降简单、操作易上手，其操纵难度是最低的；固定翼无人机起降较复杂、空中操作较简单；无人直升机操作复杂，并且其在飞行时会产生较大的气浪声，容易对驾驶员造成心理压力。

4）在工作可靠性方面：多旋翼无人机没有传动部件，唯一旋转的部件就是螺旋桨，所以其工作可靠性是较高的；固定翼无人机工作可靠性也较高，但是其内部有进行传动控制的结构，降低了可靠性；无人直升机拥有复杂的传动结构、减速结构、控制结构，工作可靠性相对较低。

2．工作页

学校名称		任课教师	
班级		学生姓名	
学习领域	学习领域：无人机操控飞行		
学习情境	学习情境1：多旋翼无人机悬停	学习时间	30min
工作任务	A：无人机的类型	学习地点	理实一体化教室

无人机的类型

请完成下列单选题：（每题1分，共15分）

（1）微型无人机是指（　　）。

  A. 空机质量小于等于7kg 的无人机   B. 质量小于7kg 的无人机

  C. 质量小于等于7kg 的无人机

（2）轻型无人机是指（　　）。

  A. 质量大于等于7kg，但小于116kg 的无人机，且全功率平飞中，校正空速小于100km/h，升限小于3000m

  B. 质量大于7kg，但小于等于116kg 的无人机，且全马力平飞中，校正空速大于100km/h，升限大于3000m

  C. 空机质量大于7kg，但小于等于116kg 的无人机，且全功率平飞中，校正空速小于100km/h，升限小于3000m

（3）大型无人机是指（　　）。

  A. 空机质量大于5700kg 的无人机   B. 质量大于5700kg 的无人机

  C. 空机质量大于等于5700kg 的无人机

（4）近程无人机活动半径在（　　）。

  A. 15km 以内   B. 15～50km   C. 200～800km

（5）超近程无人机活动半径在（　　）。

  A. 15km 以内   B. 15～50km   C. 50～200km

（6）中程无人机活动半径为（　　）。

  A. 50～200km   B. 200～800km   C. ＞800km

（7）超低空无人机任务高度一般在（　　）。

  A. 0～100m   B. 100～1000m   C. 0～50m

（8）旋翼飞行器可以在距离障碍物10m 以外、1～10m 的高度上以（　　）的速度飞移。

  A. 10km/h   B. 15km/h   C. 20km/h

（9）多轴飞行器的旋翼旋转方向一般为（　　）。

  A. 俯视多轴飞行器顺时针旋翼   B. 俯视多轴飞行器逆时针旋翼

  C. 俯视多轴飞行器两两对应

（10）以下（　　）不是多轴飞行器的优点。

  A. 结构简单   B. 成本低廉   C. 气动效率高

（11）（　　）航空器平台结构通常包括机翼、机身、尾翼和起落架等。

  A. 单旋翼   B. 多旋翼   C. 固定翼

（12）固定翼常规无人机飞行主操纵面有（　　）。

  A. 副翼、升降舵 B. 副翼、升降舵（或全动平尾）、方向舵 C. 副翼

（13）无人机通过（　　）控制舵面和发动机节风门来实现无人机控制。

  A. 伺服执行机构 B. 操纵杆   C. 脚蹬

（14）相对于传统直升机，多轴飞行器最大的优势是（　　）。

  A. 气动效率高   B. 载重能力强   C. 结构与控制简单

（15）相对于传统直升机，多轴飞行器的劣势是（　　）。

  A. 速度慢   B. 载重能力差   C. 悬停能力差

1.3.2 无人机系统的组成

1. 信息页

学习领域	学习领域：无人机操控飞行		
学习情境	学习情境1：多旋翼无人机悬停	学习时间	30min
工作任务	B：无人机系统的组成	学习地点	理实一体化教室

无人机系统的组成

事实上，无人机要完成任务，除需要飞机及其携带的任务设备外，还需要有地面控制设备、数据通信设备、维护设备，以及指挥控制和必要的操作、维护人员等，较大型的无人机还需要专门的发射与回收装置。所以说，完整意义上的无人机应称为无人机系统。

无人机系统（Unmanned AeriaI System，UAS）主要由无人机机体平台分系统、导航飞控分系统、地面站分系统、任务设备分系统及地面保障设备分系统五部分组成。

1. 机体平台分系统

机体平台分系统主要由航空器平台结构系统及动力系统两部分组成。

（1）航空器平台结构系统

航空器平台结构系统是其他所有机载设备、模块的载体，主要有固定翼无人机平台、旋翼无人机平台、变模态无人机平台、扑翼无人机平台。

固定翼无人机平台与固定翼有人机平台（图1）类似，通常包括机翼、机身、尾翼和起落架。机翼是固定翼无人机产生升力的部件，尾翼是用来配平、稳定和操纵固定翼无人机飞行的部件。

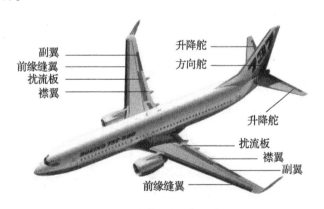

图1　固定翼有人机平台

旋翼无人机平台的升力由一个或多个旋翼与空气进行相对运动的反作用获得，与固定翼无人机平台为相对关系，通常包括无人直升机、多旋翼无人机、自转旋翼机三种类型，见表1。自转旋翼机的旋翼没有动力装置驱动，仅靠前进时的相对气流吹动旋翼自转以产生升力。

表1　旋翼无人机平台

无人直升机	多旋翼无人机	自转旋翼机
四部分：机身、动力系统、旋翼系统、起落架	四部分：机身、动力系统、旋翼系统、起落架	五部分：机身、动力系统、旋翼系统、尾翼、起落架
一般为单旋翼＋尾桨结构	一般大于4个旋翼且双数配置	桨毂倾斜控制或全铰式旋翼
靠改变桨距改变升力	靠改变转速改变升力	前进气流吹动旋翼自转改变升力
结构复杂	结构简单	结构简单
旋翼末端线速度大，相对危险	旋翼末端线速度小，相对安全	安全性好

变模态无人机平台（图2）是指既有固定翼平台的特点，又有旋翼平台的特点的无人机平台。这里特指最近两年新兴起的垂直起降固定翼无人机平台。

扑翼无人机平台（图3）是指通过向鸟类那样上下扑动翅膀而产生升力的一种航空器，属于仿生学的机械。由于其涉及工程力学和空气动力学的问题太过复杂，很少有市场化的扑翼无人机被应用。

图2　变模态无人机平台　　　　图3　扑翼无人机平台

（2）动力系统

无人机动力系统（图4）主要有活塞发动机、涡轮螺桨发动机、涡轮轴发动机、涡轮喷气发动机、涡轮风扇发动机、冲压发动机和电机等类型。目前民用无人机主要采用电机和活塞发动机。

微型无人机中普遍使用电动动力系统，其主要由电机、电源和电子调速器组成。电源基本采用锂离子聚合物电池。电机通常采用外转子无刷电机。电子调速器简称ESC，输入线与电池连接，输出线与电机连接，信号线与飞控或接收机连接。

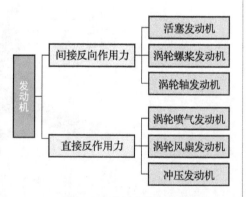

图4　无人机动力系统

大型、小型、轻型无人机广泛采用的动力装置是活塞发动机，具有低速飞行效率高、油耗低、经济性好、燃烧充分、污染和噪声小的优点。活塞发动机主要由缸体、进气系统、增压器、点火系统、燃油系统、排气系统构成。活塞发动机系统常采用增压技术来提高功率，采用重力供油系统装有增压泵，主要是为了保证爬升、下降及其他特殊情况下的正常供油。活塞发动机的爆燃最易发生在发动机处于小转速和大进气压力状态时。

无人机燃油箱通气的目的是确保足够压力保证向发动机正常供油。汽化器式活塞发动机在寒冷天气第一次起动时容易出现汽化器回火现象。二冲程活塞汽油发动机应使用2T机油作为润滑剂。

涡轮轴发动机适用于中低空、低速短距起降和垂直起降无人机和倾转旋翼无人机；涡轮螺桨发动机适用于中高空长航时无人机，起飞质量可达3000kg；涡轮风扇发动机适用于高空长航时无人机和无人战斗机，起飞质量很大。

2. 导航飞控分系统

导航飞控分系统（图5）是无人机的核心系统之一，主要由传感器、飞控计算机和执行机构三部分组成。按功能可分为导航子系统和飞控子系统，承担着无人机飞行控制、导航、数据通信管理、执行相关任务等工作。

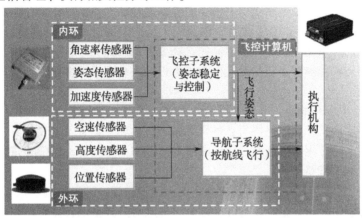

图5　导航飞控分系统

导航子系统主要功能是导航与制导控制，向无人机提供高度、速度、位置信息，引导无人机沿指定航线安全、准时、准确地飞行。无人机导航子系统具有以下功能：

①获得必要的导航要素，包括高度、速度、姿态、航向。

②给出满足精度要求的定位信息，包括经度、纬度。

③引导飞机按规定计划飞行。

④接收预定任务航线计划，并对任务航线的执行进行动态管理。

⑤接收控制站的导航模式控制指令并执行，具有指令导航模式与预定航线飞行模式互相切换的功能。

⑥具有接收并融合无人机其他设备的辅助导航定位信息的能力。

⑦配合其他系统完成各种任务。

飞控子系统是无人机完成起飞、空中飞行、执行任务、返场回收等整个飞行过程的核心系统，对无人机实现全权控制与管理，因此无人机的飞控子系统相当于有人机的驾驶员，是无人机执行任务的关键。飞控子系统的主要功能是由飞控计算机获取姿态角与空速信息，并对无人机进行姿态稳定与控制、自主飞行控制、应急控制、任务分配与航迹规划等。无人机在增稳飞行控制模式下，飞控子系统参与控制。飞控子系统主要具有如下功能：

①无人机姿态稳定与控制。

②与导航子系统协调完成航迹控制。

③无人机起飞（发射）与着陆（回收）控制。

④无人机飞行管理。

⑤无人机任务设备管理与控制。

⑥应急控制。

⑦信息收集与传递。

其中，第①、④和⑥项是所有无人机飞控子系统必须具备的功能，而其他项不是每一种飞控子系统都具备的，也不是每一种无人机都需要的，根据具体无人机种类和型号可进行选择和组合。

（1）传感器

无人机导航飞控分系统常用的传感器包括角速率传感器、姿态传感器、高度传感器、空速传感器及位置传感器等，这些传感器构成无人机导航飞控分系统设计的基础。

1）角速率传感器。角速率传感器是飞行控制系统的基本传感器之一，用于感受无人机绕机体轴的转动角速率，以构成角速率反馈，改善系统的阻尼特性，提高稳定性。角速率传感器的选择要考虑其测量范围、精度、输出特性、带宽等。角速率传感器应安装在无人机重心附近，安装轴线与要感受的机体轴向平行，并应特别注意极性的正确性。

2）姿态传感器。姿态传感器用于感受无人机的俯仰、滚转和航向角度，用于实现姿态稳定与航向控制功能。姿态传感器的选择要考虑其测量范围、精度、输出特性、动态特性等。姿态传感器应安装在无人机重心附近，振动要尽可能小，有较高的安装精度要求。

3）高度、空速传感器。高度、空速传感器（大气机）用于感受无人机的飞行高度和空速，是高度保持和空速保持的必备传感器。一般和空速管、通气管路构成大气数据系统。高度、空速传感器的选择主要考虑测量范围和测量精度。一般要求其安装在空速管附近，尽量缩短管路。

4）位置传感器。位置传感器用于确定无人机的位置，是飞行轨迹控制的必要前提。惯性导航设备、GPS卫星导航接收机、磁航向传感器是典型的位置传感器。位置传感器的选择一般考虑与飞行时间相关的导航精度、成本和可用性等。惯性导航设备有安装位置要求和较高的安装精度要求，GPS的安装主要应避免天线的遮挡问题。磁航向传感器要安装在受铁磁性物质影响最小且相对固定的地方，安装件应采用非磁性材料制造。

（2）飞控计算机

导航飞控计算机简称飞控计算机，是导航飞控分系统的核心部件。从无人机飞行控制的角度来看，飞控计算机应具备如下功能：姿态稳定与控制，导航与制导控制，自主飞行控制，自动起飞、着陆控制。

1）飞控计算机类型。飞控计算机按照对信号的处理方式，主要分为模拟式、数字式和数模混合式三种类型。现今，随着数字电路技术的发展，模拟式飞控计算机已基本被数字式飞控计算机取代，新研制的无人机飞控系统几乎都采用数字式飞控计算机。

2）飞控计算机余度。无人机没有人身安全问题，因此会综合考虑功能、任务可靠性要求和性能价格比来进行余度配置设计。就飞控计算机而言，一般中、大型无人机都有余度设计，一些简单的微、轻型无人机无余度设计。

3）飞控计算机主要硬件构成。

①主处理控制器。主要有通用型处理器（MPU）、微处理器（MCU）、数字信号处理器（DSP）。随着现场可编程门阵列（FPGA）技术的发展，相当多的主处理器将FPGA和处理器组合成功能强大的主处理控制器。

②二次电源。二次电源是飞控计算机的一个关键部件。飞控计算机的二次电源一般为5V、±15V等直流电源，而无人机的一次电源根据型号不同区别较大，因此需要对一次电源进行变换。现在普遍使用集成开关电源模块。

③模拟量输入/输出接口。模拟量输入接口电路将各传感器输入的模拟量进行信号调理、增益变换、模/数（A/D）转换后，提供给微处理器进行相应处理。模拟信号一般

可分为直流模拟信号和交流调制信号两类。模拟量输出接口电路用于将数字控制信号转换为伺服机构能识别的模拟控制信号，包括数/模转换、幅值变换和驱动电路。

④离散量接口。离散量输入电路用于将飞控计算机内部及外部的开关量信号变换为与微处理器工作电平兼容的信号。

⑤通信接口。用于将接收的串行数据转换为可以让主处理器读取的数据或将主处理器要发送的数据转换为相应的串行数据。飞控计算机和传感器之间可以通过 RS-232/RS-422/RS-085 或 ARING29 等总线方式通信。随着技术的不断发展，I553B 等其他总线通信方式也将应用到无人机系统中。

⑥余度管理。无人机飞控计算机多为双余度配置。余度支持电路用于支持多余度机载计算机协调运行，包括：通道计算机间的信息交换电路，同步指示电路，通道故障逻辑综合电路及故障切换电路。通道计算机间的信息交换电路是两个通道飞控计算机之间进行信息传递的通路。同步指示电路是同步运行的余度计算机之间相互同步的支持电路。通道故障逻辑综合电路将软件监控和硬件监控电路的监控结果进行综合，它的输出用于故障切换和故障指示。

⑦加温电路。常用于工作环境超出工业品级温度范围的飞控计算机当中，以满足加温电路所需功率和加温方式的需求。

⑧检测接口。飞控计算机应留有合适的接口，方便与一线检测设备、二线检测设备连接。

⑨飞控计算机机箱。它直接影响计算机抵抗恶劣环境的能力以及可靠性、可维护性、使用寿命。

4）机载飞控软件。机载导航飞控软件简称机载飞控软件，是一种运行于飞控计算机上的嵌入式实时任务软件，不仅要求性能好、效率高，而且要求具有较好的质量保证、可靠性和可维护性。

机载飞控软件按功能可以划分成如下功能模块：硬件接口驱动模块，传感器数据处理模块，飞行控制律模块，导航与制导模块，飞行任务管理模块，任务设备管理模块，余度管理模块，数据传输、记录模块，自检测模块，其他模块。

5）飞控计算机自检测。飞控计算机自检测（Built-In Test，BIT）模块提供故障检测、定位和隔离的功能。BIT 按功能不同又分为维护自检测（MBIT）、加电启动自检测（POSIT）、飞行前自检测（PINT）、飞行中自检测（IFETT）。

（3）执行机构

无人机执行机构都是伺服作动设备，是导航飞控分系统的重要组成部分。根据飞控计算机的指令，按规定的静态和动态要求，通过对无人机各控制舵面和发动机节风门等的控制，实现对无人机的飞行控制。

1）伺服执行机构主要类型。伺服执行机构类型主要分为电动伺服执行机构、电液伺服执行机构和气动伺服执行机构。电动伺服执行机构通常由电机、测速装置、位置传感器、齿轮传动装置、驱动电路等组成。电液伺服执行机构通常由电液伺服阀、作动筒和位置传感器等组成。气动伺服执行机构通常由电磁控制活门、作动筒和位置传感器等组成。

通常意义上的舵机即是一种电动伺服执行机构。与其他伺服作动设备相比，电动伺服作动设备的制造和维修比较方便，和飞行控制系统采用同一能源，信号的传输与控制也比较容易，其系统组成简单，线路的敷设较管路方便。因此在无人机上主要使用电动伺服作动设备。随着稀土永磁材料的发展和电机制造技术的进步，执行电机性能不断提高。随着脉宽调制（PWM）控制技术和大规模集成电路以及谐波减速器的使用，电动伺服作动设备在体积、质量和静动特性指标上有很大的进步。

2）伺服执行机构主要参数。

①额定输出力矩。额定输出力矩是指在额定工作状态下，伺服作动设备输出的最大力矩。伺服作动设备的负载一般包括铰链力矩、惯性力矩、摩擦力矩和阻尼力矩。其中铰链力矩是伺服作动最主要的力矩。作用在伺服作动设备上的铰链力矩，主要是由于舵面偏转，舵面上作用有气动力而产生。其大小取决于操纵面的类型及几何形状、空速、迎角或侧滑角以及舵面的偏转角。

②额定输出速度。额定输出速度是指在额定状态下输入指令时，伺服作动设备的输出速度。

③输出行程。输出行程是指输入信号从最大到最小变化时，伺服作动设备在正反两个方向运动的位移量的总和。最大行程是对控制权限的一种限制。

④输入/输出传递系数。输入/输出传递系数是指输出角度与输入电信号的比例系数。

⑤线性度。线性度是输出与输入关系曲线对直线的偏差。

⑥非线性。伺服作动设备的死区、滞环、饱和等都会引起设备的非线性。

⑦频率宽度，简称频宽。通常是在总输入值5%～10%的输入信号下，当提高测试输入频率时，响应正弦波的相位发生滞后，直到输出幅值衰减3dB时，将频率定义为伺服作动设备的频宽。对于快速响应系统，频宽是很重要的指标，频宽越宽，系统响应越快，但同时抗干扰能力也就越差。一般要求伺服作动设备的频宽是无人机频宽的3～5倍。

⑧瞬态响应。瞬态响应是指输入加阶跃信号时，伺服作动设备输出的时间响应。

⑨分辨率。分辨率是指从零位到引起可测出输出变化的最小输入值。通常分辨率要求为最大输入值的1%左右。

⑩连续工作及制动电流。连续工作电流是指在额定状态下输入指令时，伺服作动设备连续工作所消耗的电流。制动电流是指伺服作动设备制动状态下消耗的电流。

3. 地面站分系统

地面站分系统（图6）是整个无人机系统的指挥控制中心，通过地面站分系统可以对无人机的各种飞行数据和任务设备状况等进行实时地监控，以便当应急情况发生时能够及时地采取相应处理措施来保证无人机的安全，同时方便事前规划和事后分析处理。地面站分系统主要由通信链路、地面控制站和地面站软件组成。

图6　无人机地面站分系统

（1）地面站

无人机地面站分系统功能通常包括指挥调度、任务规划、操作控制、显示记录等，其中指挥控制与任务规划是主要功能。无人机地面站分系统包括无人机控制站与载荷控制站。无人机控制站负责飞行操纵、任务载荷控制、数据链路控制和通信指挥等。载荷控制站与无人机控制站类似，但不能进行飞行控制，只能控制机载任务设备。

（2）通信链路

通信网络中两个结点之间的物理通道称为通信链路。无人机通信链路（图7）包括控制、无载荷通信、载荷通信三部分。

无人机系统通信链路传送的信息主要包括指挥与控制（C&C）、空中交通管制（ATC）、感知和规避（S&A）三种。目前世界上无人机的频谱使用主要集中在UHF、L和C波段。

图7　无人机通信链路

4. 任务设备分系统

任务设备分系统主要由任务载荷及其相配套的系列机载和地面设备共同组成，主要分为电气系统和任务设备。

（1）电气系统

为使无人机上各系统和设备正常工作，完成预定的功能，需要使用各种形式的能源。在无人机上使用的动力、测控、飞行控制与管理、导航、任务设备等系统都与电气系统有关。因此，电气系统是无人机系统的一个重要组成部分，它的工作状态及运行质量将直接影响无人机和全系统的正常工作。

无人机电气系统包括电源、配电系统、用电设备三个部分，电源和配电系统两者组合称为供电系统。供电系统的功能是向无人机各用电设备提供满足预定设计要求的电能。

根据电气系统的位置，无人机电气系统又可分为机载电气系统和地面供电系统两部分。机载电气系统主要由主电源、应急电源、电气设备的控制与保护装置及辅助设备组成。机载电气系统的供电电源一般是指无人机主动力装置直接驱动的发电装置，而电动无人机的动力蓄电池即为无人机供电电源。

在一些大型无人机上，为适应用电系统或设备对供电类型的不同要求，会根据需求设置变换电源。一旦主电源系统发生故障，必须有应急电源，为无人机安全飞行和返航着陆所必需的系统或设备提供足够的电能。配电系统应将电能可靠而有效地输送到各用电系统和设备。配电系统由传输电线和控制与保护装置组成。对于重要的系统或设备，还应有多路的独立供电措施。当配电系统发生局部故障时，不能扩大影响到未发生故障的部分，更不能危及无人机的安全。

（2）任务设备

无人机按任务不同，可搭载不同种类的任务设备，同一型号的无人机也可搭载不同的任务设备，例如侦察设备、测绘雷达、航拍相机等。无人机搭载任务设备质量主要受限于无人机的载重能力。

军用无人机任务设备主要有侦察设备、电子战设备、攻击设备、通信中继设备等；民用无人机任务设备主要有数字航空相机、可见光电视摄像机、红外热像仪和合成孔径雷达（SAR）等，其中数字航空相机、可见光电视摄像机主要执行昼间侦察任务，红外热像仪主要执行夜间侦察任务，合成孔径雷达主要执行全天候侦察任务。此外，为了完成侦察目标定位、指示等任务，还可安装激光测距或目标指示设备等。

5. 地面保障设备分系统

地面保障设备分系统主要由无人机运输与发射/起飞保障设备和降落/回收保障设备组成，作用是保证无人机顺利飞行和完成指定的任务。

2. 工作页

学校名称		任课教师	
班级		学生姓名	
学习领域	学习领域：无人机操控飞行		
学习情境	学习情境1：多旋翼无人机悬停	学习时间	30min
工作任务	B：无人机系统的组成	学习地点	理实一体化教室

无人机系统的组成

请完成下列单选题：（每题1分，共27分）

(1) 无人机系统飞行器平台主要使用的是（　　）空气的动力驱动的航空器。

    A. 轻于　　　　　　　　　B. 重于　　　　　　　　　C. 等于

(2) 目前主流的民用无人机所采用的动力系统通常为活塞发动机和（　　）两种。

    A. 火箭发动机　　　　B. 涡轮风扇发动机　　　　C. 电机

(3) 活塞发动机系统常采用的增压技术主要是用来（　　）。

    A. 提高功率　　　　　B. 减少废气量　　　　　　C. 增加转速

(4) 活塞发动机的爆燃最易发生在（　　）。

    A. 发动机处于小转速和大进气压力状态工作时

    B. 发动机处于高功率状态下工作时

    C. 发动机处于大转速和小进气压力状态工作时

(5) 活塞发动机混合气过富油燃烧将引起（　　）问题。

    A. 发动机过热　　　　　　　　　　　　B. 电嘴积炭

    C. 发动机工作平稳，但燃油消耗量变大

(6) 无人机的发动机采用重力供油系统但装有增压泵，主要是为了（　　）。

    A. 减少油箱的剩余燃油　　　　　　　B. 保证大速度巡航的用油

    C. 保证爬升、下降及其他特殊情况下的正常供油

(7) 无人机燃油箱通气的目的之一是（　　）。

    A. 增大供油流量　　　　　　　　　　B. 保证向发动机正常供油

    C. 减小供油流量

(8) 汽化器式活塞发动机在（　　）容易出现汽化器回火现象。

    A. 热发动起动时　　　　　　　　　　B. 油门收得过猛时

    C. 寒冷天气第一次起动时

(9) 二冲程活塞汽油发动机应使用（　　）作为润滑剂。

    A. 2T机油　　　　　　　B. 4T机油　　　　　　　C. 汽车机油

(10) 电动动力系统主要由电机、电源和（　　）组成。

    A. 电池　　　　　　　　B. 电子调速器　　　　　C. 无刷电机

(11) 从应用上说，涡轮螺桨发动机适用于（　　）。

    A. 中低空、低速短距/垂直起降无人机

    B. 高空长航时无人机/无人战斗机

    C. 中高空长航时无人机

(12) 属于无人机飞控子系统功能的是（　　）。

    A. 无人机姿态稳定与控制　　　　　　B. 导航控制

    C. 任务信息收集与传递

（13）不属于无人机飞控子系统所需信息的是（　　）。

　　A. 经/纬度　　　　　　B. 姿态角　　　　　　C. 空速

（14）不应属于无人机飞控计算机任务范畴的是（　　）。

　　A. 数据中继　　　　　B. 姿态稳定与控制　　C. 自主飞行控制

（15）以下不是导航飞控分系统组成部分的是（　　）。

　　A. 传感器　　　　　　B. 电台　　　　　　　C. 执行机构

（16）（　　）是无人机完成起飞、空中飞行、执行任务、返场回收等整个飞行过程的核心系统，对无人机实现全权控制与管理，因此该子系统相当于有人机的驾驶员，是无人机执行任务的关键。

　　A. 飞控计算机　　　　B. 飞控子系统　　　　C. 导航子系统

（17）飞控子系统必须具备的功能为（　　）。

　　A. 无人机姿态稳定与控制、无人机飞行管理、应急控制

　　B. 无人机飞行管理、与导航子系统协调完成航迹控制、信息收集与传递

　　C. 无人机起飞与着陆控制、无人机飞行管理、信息收集与传递

（18）飞控子系统可以不具备（　　）功能。

　　A. 姿态稳定与控制

　　B. 导航与制导控制

　　C. 任务分配与航迹规划

（19）无人机在增稳飞行控制模式下，飞控子系统（　　）控制。

　　A. 参与　　　　　　　B. 不参与　　　　　　C. 不确定是否参与

（20）导航子系统功能是向无人机提供（　　）信息，引导无人机沿指定航线安全、准时、准确地飞行。

　　A. 高度、速度、位置　B. 角速度　　　　　　C. 角加速度

（21）无人机电气系统中电源和（　　）两者组合统称为供电系统。

　　A. 用电设备　　　　　B. 配电系统　　　　　C. 供电线路

（22）无人机电气系统一般包括（　　）三个部分。

　　A. 电源、电缆、接插件　B. 电源、配电系统、用电设备

　　C. 电缆、供电系统、用电设备

（23）（　　）两者组合统称为供电系统。

　　A. 电缆和配电系统　　B. 电源和电缆　　　　C. 电源和配电系统

（24）（　　）的功能是向无人机各用电系统或设备提供满足预定设计要求的电能。

　　A. 配电系统　　　　　B. 电源　　　　　　　C. 供电系统

（25）无人机搭载任务设备质量主要受限于（　　）。

　　A. 空重　　　　　　　B. 载重能力　　　　　C. 最大起飞质量

（26）无人机系统通信链路传送的信息主要包括指挥与控制（C&C）、（　　）、感知和规避（S&A）三种。

　　A. 空中交通管制（ATC）

　　B. 电子干扰

　　C. 无线电侦察

（27）目前世界上无人机的频谱使用主要集中在 UHF、L 和（　　）波段。

　　A. C　　　　　　　　B. VHF　　　　　　　C. 任意

1.3.3 无人机的应用

1. 信息页

学习领域	学习领域：无人机操控飞行		
学习情境	学习情境1：多旋翼无人机悬停	学习时间	30min
工作任务	C：无人机的应用	学习地点	理实一体化教室

无人机的应用

无人机的应用非常广泛，可以用于军事，也可以用于民用和科学研究。在军用领域，主要应用于情报侦察、军事打击、信息对抗、通信中继与后勤保障。在民用领域，无人机已经和即将使用的领域多达40多个，例如影视航拍、农业植保、海上监视与救援、环境保护、电力巡线、渔业监管、消防、城市规划与管理、气象探测、交通监管、地图测绘、国土监察等。

1. 航拍

航拍即航空拍摄或者航空摄影，是指在空中拍摄并获得镜头画面。航拍无人机的诞生，彻底改变了航拍方式，电影、电视、大型晚会、体育赛事的直播，快手、抖音等软件平台上视频的录制，环境监察人员执法取证，都离不开航拍无人机的应用，航拍（电影取景）是现今多轴飞行器的典型应用。相对于传统航拍，多旋翼航拍成本低很多、快速便捷、安全高效。多旋翼航拍系统的任务设备就是云台与拍摄器材。多轴航拍飞行器可以进行测绘、直播，但难以完成超远距离监控。

云台是航拍设备的增稳和操纵装置。三轴稳定云台接入无人机的位置与姿态信息，通过3个力矩电机调整航拍设备，保持航拍画面的姿态基准，这就是云台的稳定功能。

航拍效果主要受姿态角补偿和位移补偿影响。而姿态角补偿之中，航向角对航拍效果影响最大；位移补偿之中，飞行器速度对航拍效果影响最大，其次是风速的影响。

多旋翼作为流行的微型拍摄器材，通常选用运动相机（图1）。飞行速度影响航拍设备曝光，速度越快，需提高曝光度，保证正常曝光。拍摄夜景时，需降低飞行速度，保证正常曝光。航拍过程中，为了保证画面明暗稳定，相机尽量设定为ISO固定。

图1　运动相机

拍摄快速移动物体时画面产生变形的现象称为果冻效应，又称"水波纹"效应。数码相机有两种快门：卷帘快门和全局快门。如果被拍摄物体相对相机高速运动，用卷帘快门拍摄时，逐行扫描速度不够，就会产生果冻效应。若无人机高频振动，传递到摄像机也会产生果冻效应，此时应改善云台和电机的减振性能。

多旋翼无人机航拍作业形式：直线飞行、斜线飞行、定点悬停、跟随拍摄、定点绕飞、航线绕行。点半径画圆飞行时，边绕圈边上升能得到最佳航拍画面。

多轴飞行器航拍航测注意事项：

1）在运输过程中做好减振措施，固定云台并安装云台固定支架，装箱运输。

2）在规定空域使用，且起飞前提醒周边人群远离。

3）航拍过程中，监视器显示无人机电池电量过低时必须紧急返航。

4）低温及潮湿环境中作业时，飞行器与摄像器材应防止冰冻、注意起飞前动力蓄电池的保温。

5）在温差较大的环境中拍摄，要注意镜头的结雾。

6）日出及日落拍摄时，摄像机白平衡应调整为低色温值以拍出正常白平衡画面。

7）当无人机飞远超出视线范围无法辨别机头方向时，可将云台复位并通过图像确定机头方向或一键返航。

8）以拍摄主体为主，预先设定好曝光量，全自动拍摄；根据场景设置高 ISO 或低 ISO 来拍摄。

9）多轴飞行器正常作业时，受自然环境影响的主要因素是温度和风力，地面风速大于 4 级时作业，飞行器安全和拍摄稳定性会受到影响。

10）多轴飞行器搭载前探式云台，可以使拍摄角度实现全仰拍摄且不穿帮。

11）多轴飞行器飞行中，视频叠加系统（OSD）信息显示的电压一般为电池的负载电压。

2．航测

航测，即航空测量，现在又称摄影测量与遥感。无人机航测可广泛应用于国家重大工程建设、灾害应急与处理、国土监测、资源开发、新农村和小城镇建设等方面，尤其在基础测绘、土地资源调查监测、土地利用动态监测、数字城市建设和应急救灾测绘数据获取等方面具有广阔前景。航测时主要搭载的载荷有：正摄像机、倾斜摄影相机、激光雷达等。

（1）典型应用

1）国土测绘。通过快速获取测绘无人机航摄数据，能够快速掌握测区的详细情况，应用于国土资源动态监测与调查、土地利用和覆盖图更新、土地利用动态变化监测、特征信息分析等，高分辨率的航空影像还可应用于区域规划等。

2）应急救灾。无论是汶川地震、玉树地震，还是舟曲泥石流、安康水灾，测绘无人机都在第一时间到达了现场，并充分发挥机动灵活的特点，获取灾区的影像数据，对救灾部署和灾后重建工作的开展起到了重要作用。

3）选线设计。遥感无人机可应用于电力选线、公路选线、铁路选线，能够根据项目需求，快速获取线状无人机航空影像，为选线提供设计数据。此外，遥感无人机还可以针对石油、天然气管道进行选线设计和全方位的监测，厘米级别的航空影像和高清视频能够协助进行安全监测与管理，同时利用管道压力数据结合影像发现管道渗漏、偷盗等现象。

4）环境监测。通过高效快速获取高分辨率航空影像，工作人员能够及时地对环境污染进行监测，尤其是排污污染方面。此外，海洋监测、溢油监测、水质监测、湿地监测、固体污染物监测、海岸带监测、植被生态保护等工作都可以借助遥感无人机拍摄的航空影像或视频数据实施。其中，水质调查监测、污染物监测、大气环境监测、固态废物监测、秸秆禁烧监测是主要的应用方向。

（2）航拍与航测区别

航拍又称航空摄影，记录拍摄对象及其所在地理环境的外部信息；航测，又称摄影测量与遥感，获取有关目标的时空信息。

1）航拍多为影视服务，航测多为地理信息服务。

2）航拍多使用摄像机，航测多使用高性能照相机。

3）航拍多搭载三轴稳定云台，航测多搭载对地正式云台。

3. 农林植保

农林植保是指利用无人机对农作物或森林植被进行药物或肥料喷洒，以达到保护作物不受病虫侵害的目的，同时也可以进行农情调查。主要搭载的载荷是药箱和喷杆。

无人植保机是通过地面遥控，对农作物、林木进行药物喷洒的无人机系统，以无人直升机和多旋翼无人机为主。

多旋翼无人机植保的优势：

1）采用无刷电机为动力，无废气、无污染，整机尺寸小、质量小，使用维护成本低。

2）作业不受海拔、地形的影响限制，调校时间短、田间起降方便，出勤率高。

3）操纵简单，飞行灵活，对人员技术依赖性不高。

4）下沉气场均匀稳定，雾滴穿透性能好。

5）国家出台鼓励政策，且对作业人员的资质要求比较宽松。

农林植保注意事项：

1）在高海拔地区，多轴飞行器较难离地时，最有效的应对措施是减重。

2）在高海拔、寒冷、空气稀薄地区，飞行负载不变，功率损耗增大，飞行时间减少。

3）旋翼机下降过程中，要先快后慢。

4. 环境监测

环境监测目前应用主要有两方面：河道监测和大气环境监测。河道监测是沿河道飞行绘制河道及周围环境的图像，和航空测量有一定的交叉；大气环境监测是搭载空气监测载荷，升空到指定高度，监测该位置的大气环境。搭载的主要设备有可见光吊舱、激光雷达、红外吊舱。

5. 电力巡线

电力行业主要应用是电力巡线，其中包含巡线、巡塔、巡太阳能板，应用的吊舱有可见光吊舱、可见光高倍吊舱、红外吊舱。

装配有高清数码摄像机和照相机以及 GPS 定位系统的无人机，可沿电网进行定位自主巡航，实时传送拍摄影像，监控人员可在计算机上同步收看与操控。

无人机实现了电子化、信息化、智能化巡检，提高了电力线路巡检的工作效率、应急抢险水平和供电可靠率。而在山洪暴发、地震灾害等紧急情况下，无人机可对线路的潜在危险进行勘测与紧急排查，丝毫不受路面状况影响，既免去攀爬杆塔之苦，又能勘测到人眼的视觉死角，对于迅速恢复供电很有帮助。

6. 安防

无人机安防系统（图2）广泛应用于武警、交警、公安、救援队等单位，载荷包括喊话、救援脱钩、照明、灭火弹、烟幕弹、监测、跟踪等设备。

7. 无人机在森林领域的应用

（1）森林资源调查和荒漠化监测

无人机可携带高清摄像机和相关遥感设备，实施高空实时拍摄作业，进行森林资源调查、荒漠化监测。

图 2　无人机安防系统

（2）森林病害虫监测及其防治

无人机喷洒药物、监测能有效地提升林业有害生物监测预警、检疫御灾、防治减灾水平，有效预防和控制林业有害生物严重灾害的发生。

（3）森林火灾监测和动态管理

无人机在林业火灾的监测、预防、扑救、灾后评估等方面得到了国际林业的认可。无人机是以监测为主，将 GPS 技术、数字图像传输技术等高新技术综合应用于森林资源管理中的高科技产品，可解决目前林区防火瞭望和地面巡护无法顾及的偏远林火早期难以发现的问题。

（4）森林火灾救援

无人机通过搭载摄像设备和影像传输设备，可随时执行火警侦察和火场探测任务。地面人员通过接收来自无人机的微波信号，随时掌握火场动态信息。无人机可以全天候地在空中对林区进行勘查，及时发现火情、报告火场位置、采取行动将火灾消灭在初期；实现对重大森林火灾现场的各种动态信息的准确把握和及时了解，解决有人机巡护无法夜航、烟雾导致能见度降低而无法飞行等问题。

（5）人工降雨

无人机系统可用于人工降雨，其以使用简便、机动性好、便于投放、没有人员安全的风险等特点而见长，因此特别适合森林防火作业中的人工降雨。

8. 无人机未来的广泛应用

（1）无人机快递

利用无线电遥控设备和自备的程序控制装置操纵的低空无人机运载包裹，自动送达目的地。

（2）无人机防盗追踪

用无人机取代警卫犬，当存在可疑行为时，无人机会开展侦查，在飞行过程中将现场视频发送给安保团队。

（3）无人机检测气体污染源

应用无人机有助于我们更好地了解特定地点的污染气体排放量，得出更准确的分析结果。

（4）无人机巡检

应用无人机进行水利水文情况巡检、电力杆塔巡检、基站铁塔巡检、石油管线巡检、燃气管路巡检等，完成各类现场勘查工作，提升工作效率。

（5）水下无人机

无人机用于水下摄影测绘，让使用者不需要进入水中也能拍摄到水下画面，可以使用它来探索神秘的水下空间，同时监测水底的变化。

（6）警用无人机

无人机能够为现场执法力量提供侦查画面、司法取证或投撒传单、空中喊话、催泪弹投掷、求生物资，将现场情况和方位信息第一时间传输到远程指挥大厅。

（7）抢险救灾无人机

无人机能够执行地震或疫情时的震情勘察、协助救援、物资运送等任务。

（8）无人机网络服务

无人机能在一定时间内实现不间断的飞行，可以扩大互联网的覆盖范围，向没有蜂窝基站或有线电话连接的地区提供网络服务。

（9）无人机控制天气

与传统通过无人机和喷气机来控制天气的方法不同，无人机通常会更小、更轻，同时也不会消耗太多的燃料，而且使用无人机就不需要担心驾驶员的生命安全问题。

2. 工作页

学校名称		任课教师	
班级		学生姓名	
学习领域	学习领域：无人机操控飞行		
学习情境	学习情境1：多旋翼无人机悬停	学习时间	30min
工作任务	C：无人机的应用	学习地点	理实一体化教室

无人机的应用

请完成下列单选题：（每题1分，共33分）

（1）下列属于现今多轴飞行器典型应用的是（　　　）。

    A. 高空长航时侦查　　　　B. 航拍、电影取景　　　　C. 侦打一体化

（2）多轴飞行器定点半径画圆飞行时，（　　　）能得到最佳航拍画面。

    A. 平移画面　　　　　　　B. 绕圈一周　　　　　　　C. 边绕圈边上升

（3）以多轴航拍飞行器为例，是否轴数越多载重能力越大？（　　　）。

    A. 是　　　　　　　　　　B. 不是　　　　　　　　　C. 不一定

（4）下列选项中，（　　　）因素对多轴航拍效果影响最大。

    A. 风速　　　　　　　　　B. 负载体积　　　　　　　C. 负载类型

（5）下列选项中，（　　　）的变化对多轴航拍飞行器影响最大。

    A. 俯仰角　　　　　　　　B. 滚转角　　　　　　　　C. 航向角

（6）多轴飞行器航拍过程中，往往需要使用相机的位移补偿功能，导致使用此功能的原因是（　　　）。

    A. 飞行器的速度　　　　　B. 风速　　　　　　　　　C. 飞行器姿态不稳

（7）多轴航拍飞行器难以完成（　　　）工作。

    A. 测绘　　　　　　　　　B. 直播　　　　　　　　　C. 超远距离监控

（8）对于多轴航拍飞行器云台说法正确的是（　　　）。

    A. 云台保证无人机在云层上飞行的安全性

    B. 云台是航拍设备的增稳和操纵装置

    C. 云台的效果与传统舵机一样

（9）使用多轴飞行器作业，（　　　）。

    A. 应在人员密集区，如公园、广场等

    B. 不受环境影响

    C. 应在规定空域使用，且起飞前提醒周边人群远离

（10）多轴飞行器在运输过程中的注意事项是（　　　）。

    A. 做好减振措施，固定云台并安装云台固定支架，装箱运输

    B. 装箱运输，也可行李箱运输

    C. 可随意拆装运输

（11）对于多轴飞行器，飞行速度影响航拍设备曝光，以下正确的是（　　　）。

    A. 速度越快，需提高曝光度，保证正常曝光

    B. 速度越快，需降低曝光度，保证正常曝光

    C. 速度快慢，不影响拍摄曝光

（12）使用多轴飞行器拍摄夜景时，（　　　）。

    A. 应降低飞行速度，保证正常曝光

    B. 应降低飞行高度，保证正常曝光

    C. 与白天没有明显区别

（13）使用多轴飞行器航拍过程中，必须紧急返航的情况是（　　　）。

    A. 距离过远，高度过高，超出视线范围

    B. 监视器显示无人机电池电量过低

    C. 图传监视器有干扰、不稳定

（14）使用多轴飞行器航拍过程中，为保证画面明暗稳定，相机尽量设定为（　　　）。

    A. 光圈固定　　　　　　B. 快门固定　　　　　　C. ISO 固定

（15）一般来讲，多轴飞行器在地面风速大于（　　　）时作业，会对飞行器安全和拍摄稳定有影响。

    A. 2 级　　　　　　　　B. 4 级　　　　　　　　C. 6 级

（16）使用多轴飞行器在低温及潮湿环境中作业时的注意事项，不包括（　　　）。

    A. 曝光偏差

    B. 起飞前动力蓄电池的保温

    C. 飞行器与摄像器材防止冰冻

（17）使用多轴飞行器航拍时，（　　　）可以改善画面的"水波纹"现象。

    A. 提高飞行速度

    B. 改善云台和电机的减振性能

    C. 改用姿态模式飞行

（18）使用多轴飞行器航拍过程中，关于曝光描述错误的是（　　　）。

    A. 全自动拍摄

    B. 以拍摄主体为主，预先设定好曝光量

    C. 最好用高 ISO 来拍摄

（19）使用多轴飞行器航拍过程中，温度对摄像机的影响描述正确的是（　　　）。

    A. 在温差较大的环境中拍摄，要注意镜头的结雾

    B. 在温度较高的环境中拍摄，摄像机电池使用时间短

    C. 在温度较低的环境中拍摄，摄像机电池使用时间长

（20）多轴飞行器有（　　　）用途。

    ①应急救灾；②军用侦察；③警用监视；④娱乐；⑤广电行业

    A. ①④⑤　　　　　　　B. ②③④　　　　　　　C. ①②③④⑤

（21）多轴飞行器正常作业时受自然环境影响的主要因素是（　　　）。

    A. 地表是否平坦　　　　B. 风向　　　　　　　　C. 温度和风力

（22）多轴飞行器航拍过程中，果冻效应或水波纹效应产生的原因是（　　　）。

    A. 高频振动传递到摄像机　　　　　　　　B. 低频振动传递到摄像机

    C. 摄像机无云台增稳

（23）下列选项中，（　　　）可以使多轴飞行器搭载的摄影装备拍摄角度实现全仰拍摄且不穿帮。

    A. 多轴飞行器使用折叠式脚架

B. 多轴飞行器搭载下沉式云台

C. 多轴飞行器搭载前探式云台

(24) 在多轴飞行器航空摄影中，日出及日落拍摄时，摄像机白平衡应调整为（　　）以拍出正常白平衡画面。

　　A. 高色温值　　　　　B. 低色温值　　　　　C. 闪光灯模式

(25) 当多轴飞行器飞远超出视线范围无法辨别机头方向时，应对方式错误的是（　　）。

　　A. 加大油门

　　B. 一键返航

　　C. 云台复位并通过图像确定机头方向

(26) 多轴飞行器飞行中，视频叠加系统（OSD）信息显示的电压一般为电池的（　　）。

　　A. 空载电压　　　　　B. 负载电压　　　　　C. 已使用电压

(27) （　　）是指利用无线电遥控设备和自备的程序控制装置操纵的低空无人机运载包裹，自动送达目的地。

　　A. 无人机影像拍摄　　　　　　　　B. 无人机快递

　　C. 无人机防盗追踪　　　　　　　　D. 无人机检测气体污染源

(28) （　　）是指用无人机取代警卫犬，当存在可疑行为时，无人机会开展侦查，在飞行过程中将现场视频发送给安保团队。

　　A. 无人机影像拍摄　　　　　　　　B. 无人机快递

　　C. 无人机防盗追踪　　　　　　　　D. 无人机检测气体污染源

(29) （　　）有助于我们更好地了解特定地点的污染气体排放量，得出更准确的分析结果。

　　A. 无人机影像拍摄　　　　　　　　B. 无人机快递

　　C. 无人机防盗追踪　　　　　　　　D. 无人机检测气体污染源

(30) （　　）是应用无人机进行水利水文情况巡检、电力杆塔巡检、基站铁塔巡检、石油管线巡检、燃气管路巡检等，完成各类现场勘查工作，提升工作效率。

　　A. 无人机巡检　　　　　　　　　　B. 水下无人机

　　C. 抢险救灾无人机　　　　　　　　D. 无人机旅行拍摄

(31) （　　）用于水下摄影测绘，让使用者不需要进入水中也能拍摄到水下画面，可以使用它来探索神秘的水下空间，同时监测水底的变化。

　　A. 无人机巡检　　　　　　　　　　B. 水下无人机

　　C. 抢险救灾无人机　　　　　　　　D. 无人机旅行拍摄

(32) （　　）能够为现场执法力量提供侦查画面、司法取证或投撒传单、空中喊话、催泪弹投掷、求生物资，将现场情况和方位信息第一时间传输到远程指挥大厅。

　　A. 警用无人机　　　　　　　　　　B. 水下无人机

　　C. 巡检无人机　　　　　　　　　　D. 抢险救灾无人机

(33) （　　）执行地震或疫情时的震情勘察、协助救援、物资运送等任务。

　　A. 警用无人机　　　　　　　　　　B. 水下无人机

　　C. 巡检无人机　　　　　　　　　　D. 抢险救灾无人机

1.3.4 空气动力学基础

1. 信息页

学习领域	学习领域：无人机操控飞行		
学习情境	学习情境1：多旋翼无人机悬停	学习时间	30min
工作任务	D：空气动力学基础	学习地点	理实一体化教室

空气动力学基础

空气动力学是无人机飞行的理论基础，主要研究气体在无人机表面的流动特性及产生升力的原理。

1. 大气特性

飞行环境有大气环境和空间环境。大气环境是航空器的唯一飞行环境，借助空气产生的升力来平衡地球引力，借助发动机推力平衡空气阻力。空间环境是航天器的主要飞行环境，借助惯性离心力平衡地球引力，前行阻力极小，借助惯性向前运动。

（1）标准大气

为了准确描述飞行器的飞行性能，必须建立一个统一的大气特性标准，即标准大气。

根据国际标准大气的规定，大气被看成完全气体，服从气体状态方程；海平面的高度为零，且在海平面上，大气标准状态为：气温 $T=15℃$；压强 $p=1$ 个标准大气压（即 $p=10330kg/m^2$）；密度 $\rho=1.2250kg/m^3$；声速 $c=341m/s$。

（2）大气的状态参数和状态方程

一定体积的容器中，空气压力与空气密度和空气绝对温度乘积成正比。国际标准大气的物理参数的相互关系是：体积不变时，压力和温度成正比。

状态参数有 p——压强、T——温度、ρ——密度。

状态方程为

$$p=\rho RT$$

式中，T 为大气绝对温度（K），T 和摄氏温度 t（℃）之间关系为：$T=t+273$；R 为大气气体常数，$R=287.05J/kg \cdot K$。

空气密度正比于压力，反比于绝对温度。假设其他条件不变，空气湿度越大，空气密度越小，起飞滑跑距离越长。在大气层内，大气密度和大气压强随高度增加而减小。

（3）气体特性

1）连续性。当航空器在空气介质中运动时，由于其外形尺寸远远大于气体分子的自由行程，故在研究航空器和大气之间的相对运动时，气体分子之间的距离可以忽略不计，即把气体看成是连续的介质。

2）可压缩性。可压缩性是指当气体的压强改变时，其密度和体积随之改变的物理性质。当气体流速很小时，压强和密度变化很小，可以不考虑大气可压缩性的影响。但当流速较高时，气体压强和密度变化很明显，必须考虑气体可压缩性。

马赫数（Ma）作为判断空气受到压缩程度的指标，其计算方式为

$$Ma=v/c$$

式中，v 为飞行速度；c 为飞行高度上的大气声速。飞行器飞行速度越大，马赫数就越大，飞行器前面的空气就压缩得越厉害。

根据马赫数，可以将飞行器飞行速度划分为：

①$Ma \leqslant 0.4$：低速飞行，不考虑空气可压缩性，密度看作常数。

② $0.4 < Ma \leqslant 0.85$：亚声速飞行，空气压缩程度大，考虑空气密度变化。

③ $0.85 < Ma \leqslant 1.3$：跨声速飞行，出现激波，气体物理性质在激波前后突变。

④ $1.3 < Ma \leqslant 5.0$：超声速飞行。

⑤ $Ma > 5.0$：超高声速飞行。

飞机飞行中，空气表现出来的可压缩程度和飞机飞行的速度（空速）以及当地的声速有关。飞机在对流层中匀速爬升时，随着飞行高度的增加，飞机飞行马赫数逐渐增加。

3）黏性。大气的黏性是空气在流动过程中表现出的一种物理性质。大气的黏性力是相邻大气层之间相互运动时产生的牵扯作用力，又称大气内摩擦力。它和相邻流动层的速度差和接触面积成正比，与相邻层的距离成反比，不考虑黏性的流体称为理想流体或无黏流体。影响空气黏性的主要因素是空气温度、气流的流速、空气的黏性系数。气体的黏性随温度的升高而增大。

2. 牛顿运动定律

（1）牛顿第一运动定律（惯性定律）

如果一个物体处于平衡状态，那么它就有保持这种平衡状态的趋势。所有施加在平衡物体上的外力都是平衡的，不会有任何改变其状态或往任何方向加速或减速的趋势存在。如果没有外界的干扰，比如说以某种方式使其加速，这些物体会一直保持其状态。静止状态是静态平衡，如图1所示。移动的物体也能处于平衡状态。匀速直线水平飞行的飞机，没有加速，没有减速，也没有转弯，做持续稳定飞行，是动态平衡，如图2所示。以恒定的速度爬升、俯冲或滑行的飞机，即使高度变化了，如果没有新的外力施加在它上面，它将沿着其爬升、俯冲方向稳定地飞行。即使爬升是完全垂直的，只要它的速度保持稳定，并且方向不发生变化，它仍然是动态平衡的，如图3所示。对于进行定常飞行的飞机来说，作用在飞机上的外载荷必定是平衡力系。飞机在空中飞行时，如果飞机处于平衡状态，则作用在飞机上的所有外力平衡，所有外力矩也平衡。

图1 静态平衡

运动方向

图2 匀速直线水平飞行的动态平衡

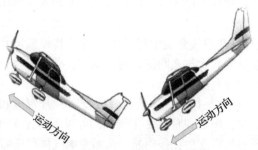

运动方向 运动方向

图3 匀速爬升、俯冲的动态平衡

平衡是事物的一种非常普遍的状态，不稳定运动状态与稳定运动或者静止状态的情况的不同之处是多了加速度。

（2）牛顿第二运动定律

速度（用 v 表示）在标准公式中的单位是 m/s 而不是 km/h。要打破平衡，改变速度大小或飞行方向，需要力的变化来引起相应的加速度的变化。

物体加速度（a）的大小跟物体受到的作用力（F）成正比，跟物体的质量（m）成反比，加速度的方向跟合外力的方向相同，具体公式为

$$F = ma$$

牛顿第二运动定律（图4）表明，要获得给定加速度，所施加力的大小取决于无人机的质量。一个具有很大质量的物体需要用更大的力去打破它的平衡才能达到给定的加速度，而小质量的物体所需的力则小。这样的性质对于无人机飞行在某种情况下是优点，比如，无人机受突风影响的时候，一个小质量的无人机可能会翻滚，而大质量的无人机可能只有微小的方向变化。但是大质量的无人机也需要较大的力使其从静止加速到飞行速度，再从平飞改变为爬升，同时保持转弯，还需要较大的力将无人机制动到静止状态。无论什么时候由外力打破平衡，比如加速或减速，或者方向的变化，物体的惯性质量都会阻止这种变化。

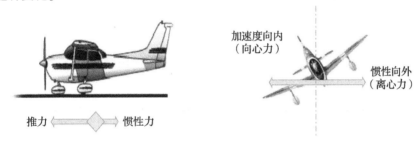

图4　无人机的牛顿第二运动定律

力的分解是将一个力化作等效的两个或两个以上的分力。一个水平飞行的动力飞行器受到许多施加在它每个部分的力的影响，但是所有的这些力都可以按作用和反作用分成互为直角的4个力：推力和反作用力（阻力），升力和反作用力（重力），如图5所示。

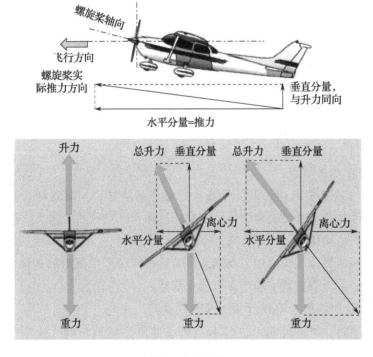

图5　力的分解

无人机向上的力主要来自机翼，但是尾翼也提供少许的升力，因此尾翼的贡献也必须加入（或减去）到总的垂直方向的作用力中。螺旋桨轴线或喷气推力的方向可能与飞行方向不一致，这是因为飞行器设计人员特意把发动机以一个相对机身的安装角进行设计（产生下推力或上推力），或是由于机体本身在以某个速度飞行时并不与来流方向一致。到底有多大的上推力或下推力，可以通过力的分解来获得。力可以通过一个方向与力的指向相同的箭头按比例进行描绘。比如，一个3N的力，用一个长3cm且指向力的方向的箭头或矢量来描绘，其他的力和方向则要按比例长度的箭头来表示。为了将螺旋桨推力分解为一个沿着飞行方向的力和一个与之垂直的力，需要把它作为一个矩形的对角线，如图5所示。这个矩形两边的长度是所需的比例，也就是发动机在垂直和水平方向的贡献。在大多数的情况中，推力方向与飞行方向不会偏离很大，即大部分的功率都转变成了推力。

飞机做等速直线水平飞行时，作用在飞机上的外载荷应满足升力等于重力，推力等于阻力，抬头力矩等于低头力矩。

（3）牛顿第三运动定律

牛顿第三运动定律表明作用力和反作用力是大小相等、方向相反的。当一个飞行器静止在地面上时，它的重力方向向下，与由地面施加的大小相等、方向相反的反作用力恰好构成平衡。

任何不平衡的力都会产生加速度。一架在地面上的无人机，起飞前可能被系留绳拉住，但发动机处于工作状态。发动机的推力与拉力方向相反、大小相等，所以无人机处于平衡状态。一旦放开，无人机就开始加速。开始运动后，空气阻力和地面摩擦力也就随之而来，而且无人机速度越快，这些阻力也就越大。只要总的阻力小于推力，无人机会一直加速。当两者大小相等时，无人机以某个速度匀速飞行，此时又重新达到了平衡。

在水平飞行中，垂直向下的重力由一个垂直向上的反作用力平衡着。在一般的飞行器中，这个反作用力来自于机翼和可能的其他表面，但是也有可能以其他形式的力来提供。要做到不再下降，必须施加更大的升力以减小下降速度。所有的加速或减速都会由飞行器的质量来反抗，也就是惯性。

3. 伯努利定律

（1）空气相对运动原理

物体在静止的空气中运动，以及气流流过静止的物体，如果这两者相对速度相等，则物体上所受的空气动力完全相等，这个原理称为"空气相对运动原理"。

当空气遇上任何物体时，比如机翼，空气会产生偏转，一些空气从机翼上表面通过，另一些空气从机翼下表面通过。在这个流动过程中会产生复杂的速度和压力的变化。要产生升力，上下表面的平均压力必须有差异。

（2）流体流动的连续性定理（质量守恒定律）

流体连续流动时，单位时间内流过不同截面的流体质量相同，故流体速度（v）与截面面积（S）成反比，如图6所示。以方程表达，

$$S_1 v_1 = S_2 v_2 = 常数$$

式中，S_1 和 S_2 分别是截面 I 和截面 II 的面积。

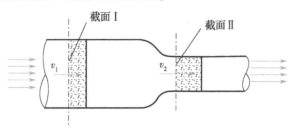

图 6　流体流动的连续性定理

流体的连续性方程只适用于理想流动。通过一个收缩管道的流体，在管道的收缩区，速度的增加必然造成收缩区压力减小。气体的连续性定理是质量守恒定律在空气流动过程中的应用。

（3）伯努利方程

在一个流体系统中，比如气流中、水流中，流速越快，流体产生的压力就越小，这就是"流体力学之父"丹尼尔·伯努利于 1738 年发现的伯努利定律。伯努利定律的数学表达式，即伯努利方程为

$$p + \frac{1}{2}\rho v^2 = p_0$$

式中，$1/2\rho v^2$ 为动压；p 为静压；p_0 为总压。

伯努利方程的使用条件必须是理想的、不可压缩的，且与外界无能量交换的低速流体。流管中空气的动压与空气速度平方和空气密度成正比。伯努利方程实质是能量转化和守恒定律，即静压代表的势能和动压代表的动能之间可以相互转化，但它们总量保持不变。流体流速大的地方压力小，流速小的地方压力大。气流沿流管稳定流动过程中，气流的动压和静压之和等于常数。动压作用在流体的流动方向，静压作用在任意方向。

伯努利的理论将流动的速度和流动中任意一点的压力联系起来。平滑流动或流线型流动流体里面的一个空气微团，如果各个方向对它施加的压力都相等，那么它就处于平衡状态。如果有任何不同的压力，根据牛顿第二运动定律，这个微团的平衡就会被打破。如果后部的压力大于前部的压力，速度会增加；反之，如果后面的压力小于前面的压力，速度则减小。因此，当微团接近一个低压区时会加速，接近高压区时会减速。如果流体速度降低，其压力必然升高。经过任何物体的流动，只要是流线型的流动，就会产生相似的流动变形，同时伴随着速度和压力的变化。气流在机翼表面的流动导致上下表面的平均压力有差异，从而产生升力。

2. 工作页

学校名称		任课教师	
班级		学生姓名	
学习领域	学习领域：无人机操控飞行		
学习情境	学习情境1：多旋翼无人机悬停	学习时间	30min
工作任务	D：空气动力学基础	学习地点	理实一体化教室

空气动力学基础

请完成下列单选题：（每题1分，共42分）

（1）国际标准大气的定义是（   ）。

  A. 海平面附近常温常压下空气的密度 $1.225 kg/m^3$

  B. 对流层附近常温常压下空气的密度 $1.225 kg/m^3$

  C. 地表层附近常温常压下空气的密度 $1.225 kg/m^3$

（2）流体的黏性与温度之间的关系是（   ）。

  A. 液体的黏性随温度的升高而增大　　　　B. 气体的黏性随温度的升高而增大

  C. 液体的黏性与温度无关

（3）空气动力学概念中，空气的物理性质主要包括（   ）。

  A. 空气的黏性　　　　B. 空气的可压缩性　　　　C. 空气的黏性和可压缩性

（4）下列不是影响空气黏性的因素是（   ）。

  A. 空气的流动位置　　B. 气流的流速　　　　C. 空气的黏性系数

（5）气体的压强（p）、密度（ρ）、温度（T）三者之间的变化关系是（   ）。

  A. $T = pR\rho$　　　　　　B. $p = R\rho / T$　　　　　　C. $p = R\rho T$

（6）在大气层内，大气密度（   ）。

  A. 在同温层内随高度增加保持不变　　　　B. 随高度增加而增加

  C. 随高度增加而减小

（7）在大气层内，大气压强（   ）。

  A. 随高度增加而增加　　　　　　　　　　B. 随高度增加而减小

  C. 在同温层内随高度增加保持不变

（8）空气的密度（   ）。

  A. 与压力成正比　　B. 与压力成反比　　　　C. 与压力无关

（9）影响空气黏性力的主要因素是（   ）。

  A. 空气清洁度　　　　B. 空气温度　　　　　　C. 相对湿度

（10）对于空气密度，如下说法正确的是（   ）。

  A. 空气密度正比于压力和绝对温度

  B. 空气密度正比于压力，反比于绝对温度

  C. 空气密度反比于压力，正比于绝对温度

（11）假设其他条件不变，空气湿度越大，（   ）。

  A. 空气密度越大，起飞滑跑距离越长　　　B. 空气密度越小，起飞滑跑距离越长

  C. 空气密度越大，起飞滑跑距离越短

（12）一定体积的容器中，空气压力（   ）。

  A. 与空气密度和空气温度乘积成正比　　　B. 与空气密度和空气温度乘积成反比

  C. 与空气密度和空气绝对温度乘积成正比

（13）国际标准大气的物理参数的相互关系是：（　　　）。
A. 温度不变时，压力与体积成正比　　　B. 体积不变时，压力和温度成正比
C. 压力不变时，体积和温度成反比

（14）在温度不变的情况下，空气的密度与压力的关系是密度（　　　）。
A. 与压力成正比　　　B. 与压力成反比　　　C. 与压力无关

（15）下列选项中，一定质量的气体具有的特性是：（　　　）。
A. 温度不变时，压力与体积成正比
B. 体积不变时，压力和温度成正比
C. 压力不变时，体积和温度成反比

（16）飞机飞行中，空气表现出来的可压缩程度（　　　）。
A. 只取决于飞机的飞行速度（空速）
B. 只取决于飞机飞行当地的声速
C. 和飞机飞行的速度（空速）以及当地的声速有关

（17）飞机在对流层中匀速爬升时，随着飞行高度的增加，飞机飞行马赫数（　　　）。
A. 保持不变　　　B. 逐渐增加　　　C. 逐渐减小

（18）不稳定运动状态与稳定运动或者静止状态的情况不同之处是多了（　　　）。
A. 速度　　　　　B. 加速度　　　　　C. 重力加速度

（19）下列选项中正确的是：（　　　）。
A. 牛顿第三运动定律表明要获得给定加速度，所施加力的大小取决于无人机质量
B. 牛顿第二运动定律表明作用力和反作用力是大小相等、方向相反的
C. 如果一个物体处于平衡状态，那么它就有保持这种平衡状态的趋势

（20）飞机在空中飞行时，如果飞机处于平衡状态，则（　　　）。
A. 作用在飞机上的所有外力平衡，所有外力矩也平衡
B. 作用在飞机上的所有外力不平衡，所有外力矩平衡
C. 作用在飞机上的所有外力平衡，所有外力矩不平衡

（21）飞机做等速直线水平飞行时，作用在飞机上的外载荷应满足（　　　）。
A. 升力等于重力，推力等于阻力
B. 升力等于重力，抬头力矩等于低头力矩
C. 升力等于重力，推力等于阻力，抬头力矩等于低头力矩

（22）对于进行定常飞行的飞机来说，（　　　）。
A. 升力一定等于重力
B. 作用在飞机上的外载荷必定是平衡力系
C. 发动机推力一定等于阻力

（23）在平衡外载荷的作用下，飞机飞行的轨迹（　　　）。
A. 一定是直线的　　　B. 一定是水平直线的　　C. 是直线的或是水平曲线的

（24）气体的连续性定理是（　　　）在空气流动过程中的应用。
A. 能量守恒定律　　　B. 牛顿第一定律　　　C. 质量守恒定律

（25）通过一个收缩管道的流体，在管道的收缩区，速度的增加必然造成收缩区压力（　　　）。
A. 增大　　　　　B. 减小　　　　　C. 不变

（26）平滑流动或流线型流动流体里面的一个空气微团，接近一个低压区时（　　　）。
A. 会加速　　　　B. 会减速　　　　C. 速度不变

（27）流管中空气的动压（　　　）。
A. 仅与空气密度成正比　　　　　　B. 与空气速度和空气密度成正比
C. 与空气速度平方和空气密度成正比

（28）流体的连续性方程（　　）。

    A. 只适用于理想流动

    B. 适用于可压缩和不可压缩流体的稳定管流

    C. 只适用于不可压缩流体的稳定管流

（29）下列叙述中与伯努利定律无关的是（　　）。

    A. 流体流速大的地方压力小，流速小的地方压力大

    B. 气流沿流管稳定流动过程中，气流的动压和静压之和等于常数

    C. 气流低速流动时，流速与流管横截面积成正比

（30）气体的伯努利定律是（　　）在空气流动过程中的应用。

    A. 能量守恒定律　　　　　B. 牛顿第一定律　　　　　C. 质量守恒定律

（31）流体在管道中稳定低速流动时，如果管道由粗变细，则流体的流速（　　）。

    A. 增大　　　　　　　　　B. 减小　　　　　　　　　C. 保持不变

（32）亚声速气流流过收缩管道，其气流参数变化为（　　）。

    A. 流速增加，压强增大　B. 流速降低，压强下降　C. 流速增加，压强下降

（33）伯努利方程的使用条件是（　　）。

    A. 只要是理想的不可压缩流体即可

    B. 只要是理想的与外界无能量交换的流体即可

    C. 必须是理想的、不可压缩，且与外界无能量交换的流体

（34）对低速气流，由伯努利方程可以得出（　　）。

    A. 流管内气流速度增加，空气静压也增加

    B. 流管截面积减小，空气静压增加

    C. 流管内气流速度增加，空气静压减小

（35）当空气在管道中流动时，由伯努利定律可知（　　）。

    A. 凡是流速大的地方，压强就大

    B. 凡是流速小的地方，压强就小

    C. 凡是流速大的地方，压强就小

（36）关于动压和静压的方向，以下选项中正确的是：（　　）。

    A. 动压和静压的方向都与运动的方向一致

    B. 动压和静压都作用在任意方向

    C. 动压作用在流体的流动方向，静压作用在任意方向

（37）流体的伯努利定律（　　）。

    A. 适用于不可压缩的理想流体　　　　　　　　B. 适用于黏性的理想流体

    C. 适用于不可压缩的黏性流体

（38）伯努利方程适用于（　　）。

    A. 低速气流　　　　　　　B. 高速气流　　　　　　　C. 各种速度的气流

（39）下列关于动压的说法中正确的是：（　　）。

    A. 动压为总压与静压之和　　　　　　　　　　B. 动压为总压与静压之差

    C. 动压和速度成正比

（40）亚声速气流经过收缩管道后（　　）。

    A. 速度增加，压强增大　B. 速度降低，压强下降　C. 速度增加，压强下降

（41）超声速气流经过收缩管道后（　　）。

    A. 速度增加，压强增大　B. 速度增加，压强下降　C. 速度降低，压强增大

（42）物体在静止的空气中运动，以及气流流过静止的物体，如果这两者相对速度相
    等，则物体上所受的空气动力完全相等，这个原理称为（　　）。

    A. 空气相对运动原理　　B. 流体流动性原理　　　C. 伯努利定律

1.3.5 翼型与升力

1. 信息页

学习领域	学习领域：无人机操控飞行		
学习情境	学习情境1：多旋翼无人机悬停	学习时间	30min
工作任务	E：翼型与升力	学习地点	理实一体化教室

翼型与升力

作用在无人机上的空气动力包括升力和阻力两部分。升力主要靠机翼来产生，并用来克服无人机自身的重力，而阻力要靠发动机产生的推力来平衡，这样才能保证无人机在空中水平等速直线飞行。保持匀速飞行时，阻力与推力相等；保持匀速上升时，升力与重力相等。

1. 翼型及其参数

翼型是机翼的横剖面形状，常见翼型如图1所示。平凸翼型的剖面形状，机翼上表面的弯度大于下表面的弯度。

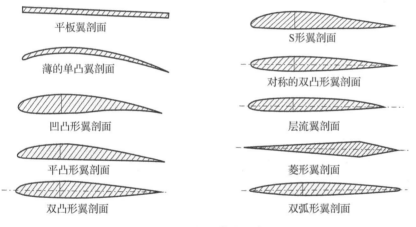

图1 常见翼型

翼型最前端的一点称为"前缘"，最后端的一点称为"后缘"。机翼的效率受翼型的影响极大，而影响翼型性能的最主要的参数是翼型的厚度和弯度，具体如图2所示。

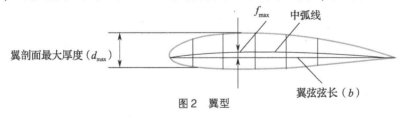

图2 翼型

1）翼弦。翼型前缘点与后缘点之间的连线称为翼弦，其长度称为弦长，通常用b表示。若机翼的平面形状不是矩形，则采用"平均几何弦长"来代替弦长。平均几何弦长用b_{av}表示，定义为

$$b_{av} = S/L$$

式中，S为机翼在机体水平面的投影面积；L为机翼的展长。

2）厚度。以翼弦为基础作垂线，每一条垂线在翼型内的长度即为该处的翼型厚度，用d表示。最大厚度用d_{max}表示。相对厚度是翼型的最大厚度与弦长的比值，即相对厚度 $= d_{max}/b$。

3）弯度。厚度线中点的连线称为中弧线。中弧线与翼弦之间的最大距离称为翼型的最大弯度，用 f_{max} 表示。相对弯度是翼型的最大弯度与弦长的比值，即相对弯度 $= f_{max}/b$。

4）翼展。机翼翼尖两端点之间的距离，又称展长，用 L 表示，如图3所示。

5）展弦比。展弦比是展长与平均几何弦长之比，用 λ 表示，$\lambda = L/b_{av} = L^2/S$。

6）根梢比。根梢比是机翼的翼根弦长与翼尖弦长之比，又称"梯形比"或"尖削比"，用 η 表示，$\eta = b_0/b_1$。

7）安装角。机翼的安装角是指机翼安装在机身上时，翼弦剖面弦线与机身轴线之间的夹角。

8）后掠角。

前缘后掠角：机翼前缘与机身中心线的垂线之间的夹角，用 χ_0 表示。

后缘后掠角：机翼后缘与机身中心线的垂线之间的夹角，用 χ_1 表示。

1/4后掠角：机翼1/4弦线与机身中心线的垂线之间的夹角，通常以 $\chi_{0.25}$ 表示。

前缘后掠角、后缘后掠角和1/4后掠角如图3所示。具有后掠角的飞机有侧滑角时，会产生滚转力矩。

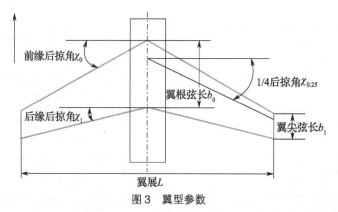

图3　翼型参数

9）上下反角。机翼的底面与飞机立轴的垂面之间的夹角，如图4所示，用 Ψ 表示。具有上反角的飞机有侧滑角时，会产生偏航力矩。

10）迎角。迎角是翼弦与相对气流速度 v 之间的夹角，又称飞机的攻角，如图5所示，通常用 α 表示。对一般翼型来说，当迎角为零时，升力不为零；当翼剖面有一个正迎角时，上翼面处的流线比下翼面处的流线密，上翼面处的流速大于下翼面处的流速。飞机平飞时其迎角为0，飞机上升或下降时，其迎角大于或小于零。

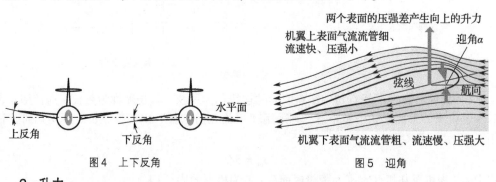

图4　上下反角　　　　　　　图5　迎角

2. 升力

（1）升力的来源

机翼是产生升力的主要部件，由于固定翼无人机的机翼是固定不动的，机翼和气流的相对运动方向呈直线型，如图6所示，所以飞行原理的研究模型选用的是固定翼。

在机翼上，压力最高的点也就是所谓的驻点，如图7所示，驻点是空气与前缘相遇的地方。该点是空气相对于机翼的速度减小到零的点。

图6 固定翼气流运动

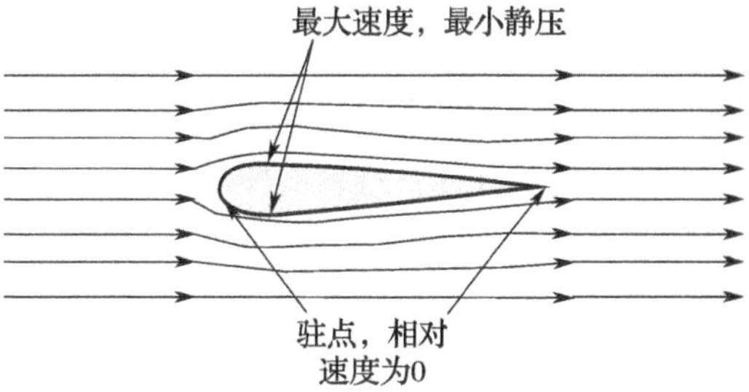

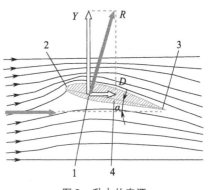

最大速度，最小静压

驻点，相对速度为0

图7 驻点

在一个迎角为零、完全对称的机翼上，从驻点开始，流经上下表面气流速度是相同的，所以上下表面的压力变化也是完全相同的。如果对称机翼相对来流仰头旋转了一个迎角，驻点就会稍稍向前缘的下表面移动。

根据机翼的设计特点，通常机翼翼型的上表面凸起较多，而下表面比较平直，同时具有一定的迎角。这样，从前缘到后缘，上翼面的气流流速比下翼面的流速快，上翼面的静压也就比下翼面的静压低，两表面的压力差产生向上的升力，即升力来自于机翼下表面的正压和上表面的负压，如图8所示。

空气动力是分布力，其合力的作用点称为压力中心，也是升力的着力点。机翼的压力中心是翼弦与机翼空气动力作用线的交点。机翼空气动力中最大的力是机翼上表面负压。空气动力合力在垂直于气流速度方向上的分量就是机翼的升力。空气动力的分布随迎角的不同而变化，飞机迎角增大，压力中心的位置会前移。因此，飞机升力的大小也随迎角的改变而改变。

图8 升力的来源
1—压力中心 2—前缘 3—后缘 4—翼弦

（2）升力公式

18世纪，在基本力学原理的基础上，伯努利做出开创性的工作，给出了升力的标准公式，可以表示为

$$L = \frac{1}{2} C_L \rho v^2 S$$

式中，L是升力；C_L是升力系数，翼面迎角越大、翼面弯度越大，C_L越大；ρ是空气密度，一般可以当成常数；v对于固定翼无人机是空速，对于直升机可以简单理解为转速乘以旋翼某一位置的半径，飞机升力的大小与空速的平方成正比；S对于固定翼无人机是翼面积，对于直升机是某一半径处旋翼的单位面积。

影响飞机升力的因素有飞行器的尺寸或面积、飞行速度、空气密度、机翼剖面形状和迎角、升力系数C_L。在定高直线飞行中，空速大时必须减小迎角，以产生适当的升力来保持高度。空速减小时，为保持高度，应实施的操纵是适度增大迎角，以保持升力不变。

一个水平飞行的飞行器，升力必须等于重力。如果飞行器的重力增加了（或者说生产出来的飞行器比预计的要重些），所需的升力也必须增加，即升力公式右边的一个或多个参数值就必须增加。我们无法控制空气密度ρ，但飞行器可以通过增大机翼迎角获得更高的升力系数C_L来重新配平，也可以增加机翼面积S，尽管这可能会增大飞行器的质量，并且可能导致飞行速度的增加。由于飞行速度v在公式中是以平方的形式出现的，在其他参数不变的条件下，v的小幅增加会导致升力的大幅增加。根据升力公式，在给

定面积、配平等情况下，一个较重的飞行器需要比一个较轻的飞行器飞得更快才能保持高度。但是，增加速度意味着消耗更多的能量，而且在某些情况下，飞行器发动机可能提供不了足够的动力来保持飞行高度。此时，如果从一定高度放飞飞行器，它将会以某个角度下滑，就像滑翔机一样（即使它的发动机处于最大功率工作状态）。

多旋翼无人机飞行主要依靠调整 v，直升机飞行主要依靠调整 C_L。

3. 机翼升力系数

飞行器的机身和其他具有相似外形的部件也能产生一些微小的升力，大小取决于它们的外形和迎角。对于航天飞行的载人飞行器，专门设计了没有机翼的"升力体"，但对于通常的飞行器来说，机体对升力的贡献几乎是可以忽略的。然而，机身确实会产生一些与升力可比较的力，它影响着飞行器的稳定性，而且其总是与使飞行器处于给定迎角下的安定面的配平作用力反向。横侧向不稳定扰动由垂直安定面来阻止，它是一个与机身成直角安装的小型的翼面，能产生侧向力来纠正飞行器的偏航和侧滑。

为方便起见，空气动力学家将所有复杂的机翼外形和配平等因素汇总简化成一个系数即升力系数 C_L。这个系数可以说明一个飞行器或其任意部件产生升力的情况，其他参数不变时，升力系数越大，升力越大，而 $C_L = 0$ 则表明没有升力产生。C_L 没有量纲，它是一个为了比较和计算而抽象的量。

迎角影响升力系数 C_L。对于某一种翼型，可以通过实验来获取升力系数与迎角的关系曲线即 $C_L - \alpha$ 曲线，如图9所示。

$C_L - \alpha$ 曲线中，升力系数等于零时的迎角称为零升迎角；对应于最大升力系数 $C_{L\max}$ 的迎角称

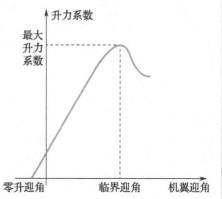

图9　升力系数 – 迎角特性曲线

为临界迎角或失速迎角。从原点作极曲线的切线，切点所对应的迎角值是有利迎角。当迎角达到临界迎角时，升力迅速降低，而阻力迅速增加。非对称翼型的零升迎角是一个小的负迎角。

升力系数有一个非常明确的极限值。当飞机的迎角小于临界迎角时，升力系数随迎角的增大而增大。操纵无人机时，若迎角超过临界迎角，升力系数会迅速减小。当飞机减小速度水平飞行时，应当增大迎角以提高升力。利用增大机翼弯度来提高机翼的升力系数，会导致机翼上表面最低压力点前移，减小临界迎角。当迎角超过临界迎角后，若迎角太大或弯度增加太多，流线会被破坏并且从机翼上分离，上下表面的压力差将剧烈改变，升力系数急剧下降，机翼将处于失速状态。

机翼升力系数与机剖面形状和迎角有关。为了飞行安全，飞机飞行时的升力系数和迎角一般设定为小于最大升力系数和临界迎角的两个限定值。

4. 机翼机载

质量与机翼面积之比称为翼载，用 W/S 表示，单位为 kg/m^2，是飞行器重要参数之一。忽略燃油消耗造成的微小影响，在飞行过程中，飞行器的质量是一个常数。在给定的配平状态（迎角）下的飞行速度完全取决于翼载，这个关系可以通过整理升力公式得到。

在水平飞行中，升力 $L = Wg$，公式两边同时除以 S，得到

$$\frac{Wg}{S} = L/S = \frac{1}{2}\rho v^2 C_L$$

对于滑翔机和下滑中的飞机来说，升力和重力并不完全相等，即 $L = Wg\cos\alpha$。在俯冲角或爬升角小于10°的情况下，两者相差不多。增大质量要求增加速度，这需要更大的功率来保持飞行（滑翔机则需要更强的上升气流来保持滑翔飞行）。

2. 工作页

学校名称		任课教师	
班级		学生姓名	
学习领域	学习领域：无人机操控飞行		
学习情境	学习情境1：多旋翼无人机悬停	学习时间	30min
工作任务	E：翼型与升力	学习地点	理实一体化教室

翼型与升力

请完成下列单选题：（每题1分，共47分）

(1) 保持匀速飞行时，阻力与推力的关系为（   ）。

    A. 两者相等　　　　　　B. 阻力大于推力　　　　C. 阻力小于推力

(2) 保持匀速上升时，升力与重力的关系为（   ）。

    A. 两者相等　　　　　　B. 升力大于重力　　　　C. 升力小于重力

(3) 测量机翼的翼弦应从（   ）进行测量。

    A. 左翼尖到右翼尖　　　B. 机身中心线到翼尖　　C. 机翼前缘到后缘

(4) 测量机翼的翼展应从（   ）进行测量。

    A. 左翼尖到右翼尖　　　B. 机身中心线到翼尖　　C. 机翼前缘到后缘

(5) 机翼的安装角是（   ）。

    A. 翼弦与相对气流速度的夹角　　　　　　B. 翼弦与机身纵轴所夹的锐角

    C. 翼弦与水平面所夹的锐角

(6) 机翼的展弦比是（   ）。

    A. 展长与机翼最大厚度之比　　　　　　B. 展长与翼尖弦长之比

    C. 展长与平均几何弦长之比

(7) 机翼1/4弦线与机身中心线的垂线之间的夹角称为机翼的（   ）。

    A. 安装角　　　　　　　B. 上反角　　　　　　　C. 后掠角

(8) 翼型的最大厚度与弦长的比值称为（   ）。

    A. 相对弯度　　　　　　B. 相对厚度　　　　　　C. 最大弯度

(9) 翼型的最大弯度与弦长的比值称为（   ）。

    A. 相对弯度　　　　　　B. 相对厚度　　　　　　C. 最大厚度

(10) 影响翼型性能的最主要的参数是（   ）。

    A. 前缘和后缘　　　　　B. 翼型的厚度和弯度　　C. 弯度和前缘

(11) 具有后掠角的飞机有侧滑角时，（   ）。

    A. 会产生滚转力矩　　　B. 会产生俯仰力矩　　　C. 不产生任何力矩

(12) 具有上反角的飞机有侧滑角时，（   ）。

    A. 会产生偏航力矩　　　B. 会产生俯仰力矩　　　C. 不产生任何力矩

(13) 机翼空气动力中最大的力是（   ）。

    A. 机翼上表面压力　　　B. 机翼下表面压力　　　C. 机翼上表面负压

(14) 当迎角达到临界迎角时，（   ）。

    A. 升力迅速增加，而阻力迅速减小

    B. 升力迅速降低，而阻力迅速增加

    C. 升力和阻力同时迅速增加

（15）非对称翼型的零升迎角是（　　）。

  A. 一个小的正迎角   B. 一个小的负迎角   C. 失速迎角

（16）飞机飞行中，机翼升力等于零时的迎角称为（　　）。

  A. 零升迎角   B. 失速迎角   C. 零迎角

（17）操纵无人机时，若迎角超过临界迎角，升力系数会（　　）。

  A. 迅速增大   B. 迅速减小   C. 缓慢增大

（18）当无人机的迎角为临界迎角时，（　　）。

  A. 速度最大   B. 升力系数最大   C. 阻力最小

（19）飞机的迎角是（　　）。

  A. 飞机纵轴与水平面的夹角   B. 飞机翼弦与水平面的夹角

  C. 飞机翼弦与相对气流的夹角

（20）飞机下降时，其迎角（　　）。

  A. 大于零   B. 小于零   C. 等于零

（21）飞机上升时，其迎角（　　）。

  A. 大于零   B. 小于零   C. 等于零

（22）在机翼上，驻点是（　　）。

  A. 空气与前缘相遇的地方   B. 空气与后缘相遇的地方

  C. 都不正确

（23）如果对称机翼相对来流仰头旋转了一个迎角，驻点（　　）。

  A. 会稍稍向前缘的上表面移动

  B. 会稍稍向前缘的下表面移动

  C. 不会移动

（24）机翼的弦线与相对气流速度之间的夹角称为（　　）。

  A. 机翼的安装角   B. 机翼的上反角   C. 迎角

（25）当飞机减小速度水平飞行时，应当（　　）。

  A. 增大迎角以提高升力 B. 减小迎角以减小阻力

  C. 保持迎角不变以防止失速

（26）机翼的压力中心是（　　）。

  A. 迎角改变时升力增量作用线与翼弦的交点

  B. 翼弦与机翼空气动力作用线的交点

  C. 翼弦与最大厚度线的交点

（27）其他参数不变时，$C_L = 1.3$ 和 $C_L = 1.0$ 相比，（　　）。

  A. 前者产生更大升力 B. 后者产生更大升力 C. 产生升力相等

（28）公式 $L = Wg$（　　）。

  A. 适用于飞行器下滑过程   B. 适用于飞行器爬升过程

  C. 对于飞行器下滑和爬升过程均不适用

（29）影响升力的因素有（　　）。

  A. 飞行器的尺寸或面积、飞行速度、空气密度

  B. 升力系数   C. 以上选项都是

（30）对于下滑中的飞机来说，升力和重力关系为（　　）。

  A. $L = Wg\cos\alpha$ B. $L = Wg\sin\alpha$ C. $L = Wg$

（31）飞机升力的大小与空气密度的关系是（　　）。

  A. 与空气密度成正比 B. 与空气密度无关   C. 与空气密度成反比

（32）飞机升力的大小与空速的关系是（　　）。

　　A. 与空速成正比　　　　B. 与空速无关　　　　C. 与空速的平方成正比

（33）机翼升力系数（　　）。

　　A. 仅与翼剖面形状有关　B. 与翼剖面形状和迎角有关

　　C. 仅与迎角有关

（34）飞机在飞行时，升力方向是（　　）。

　　A. 与相对气流速度垂直　B. 与地面垂直　　　　C. 与翼弦垂直

（35）为了飞行安全，飞机飞行时的升力系数和迎角一般设定为（　　）。

　　A. 最大升力系数和临界迎角

　　B. 最大升力系数和小于临界迎角的迎角限定值

　　C. 小于最大升力系数和临界迎角的两个限定值

（36）增大翼型最大升力系数的两个因素是（　　）。

　　A. 厚度和机翼面积　　　B. 弯度和翼展　　　　C. 厚度和弯度

（37）对一般翼型来说，下列说法中正确的是（　　）。

　　A. 当迎角为零时，升力不为零

　　B. 当翼剖面有一个正迎角时，上翼面处的流线比下翼面处的流线疏

　　C. 当翼剖面有一个正迎角时，上翼面处的流速小于下翼面处的流速

（38）不属于影响机翼升力系数的因素是（　　）。

　　A. 翼剖面形状　　　　　B. 迎角　　　　　　　C. 空气密度

（39）飞机的压力中心是（　　）。

　　A. 压力最低的点　　　　B. 压力最高的点　　　C. 升力的着力点

（40）飞机迎角增大，压力中心的位置会（　　）。

　　A. 前移　　　　　　　　B. 后移　　　　　　　C. 保持不变

（41）飞机迎角减小，压力中心的位置会（　　）。

　　A. 前移　　　　　　　　B. 后移　　　　　　　C. 保持不变

（42）在定高直线飞行中，下列关于飞机升力的说法中正确的是（　　）。

　　A. 空速小时必须减小迎角，以产生适当的升力来保持高度

　　B. 空速大时必须减小迎角，以产生适当的升力来保持高度

　　C. 空速大时必须增大迎角，以产生适当的升力来保持高度

（43）从原点作极曲线的切线，切点所对应的迎角值是（　　）。

　　A. 最大迎角　　　　　　B. 有利迎角　　　　　C. 最小迎角

（44）关于平凸翼型的剖面形状，下列说法中正确的是（　　）。

　　A. 上下翼面的弯度相同　B. 机翼上表面的弯度小于下表面的弯度

　　C. 机翼上表面的弯度大于下表面的弯度

（45）空速适度减小时，为保持高度，应实施的操作是（　　）。

　　A. 增大迎角，使升力的增加大于阻力的增加

　　B. 增大迎角，以保持升力不变

　　C. 减小迎角，以保持阻力不变

（46）根据机翼的设计特点，其产生的升力来自于（　　）。

　　A. 机翼上下表面的正压强　B. 机翼下表面的负压强和上表面的正压强

　　C. 机翼下表面的正压强和上表面的负压强

（47）利用增大机翼弯度来提高机翼的升力系数，会导致（　　）。

　　A. 机翼上表面最低压力点前移，减小临界迎角

　　B. 机翼上表面最低压力点后移，减小临界迎角

　　C. 机翼上表面最低压力点前移，加大临界迎角

1.3.6 阻力与失速

1. 信息页

学习领域	学习领域：无人机操控飞行		
学习情境	学习情境1：多旋翼无人机悬停	学习时间	30min
工作任务	F：阻力与失速	学习地点	理实一体化教室

阻力与失速

飞机在飞行过程中，除了受到升力的作用，阻力是不可避免的。了解飞机阻力是如何产生的及如何去减小它是很重要的，翼型或迎角的变化都会改变飞机的阻力。值得注意的是，升力的方向是垂直于机翼平面向上的，而阻力是和机体运动方向相反的，所以升力和阻力不是一对相互作用力，如图1所示。

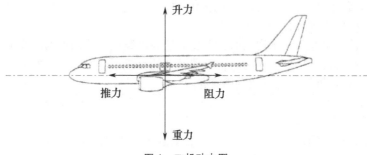

图1 飞机动力图

1. 阻力和升阻比

（1）阻力公式

飞行器的所有部件，包括机翼、尾翼、机身以及每个暴露在空气中的部件都会产生阻力。即使是在发动机罩、机轮整流罩里面的部件，只要有空气流过，就会产生阻力。伴随着升力的出现，阻力 D 也会随之产生。影响阻力的因素有飞行速度、空气密度、气动外形及其尺度。阻力系数 C_D 就像升力系数一样，综合了飞行器的所有特性，也是飞行器空气动力"洁净度"的尺度，其计算公式如下所示

$$D = \frac{1}{2}\rho v^2 S C_D$$

式中，D 是阻力；C_D 是阻力系数；ρ 是飞机所在高度处的空气密度；v 是飞机相对空气的飞行速度；S 是整个飞行器的机翼面积，如果在升力公式中 S 用的是总面积（包括尾翼），阻力公式中也必须用相同的值。

影响飞机阻力的因素有机翼和机身表面积、相对气流速度、空气密度、机翼和机身表面光洁度等。迎角相同时，飞行速度增大一倍，阻力约增加为原来的四倍。通过改变迎角，无人机驾驶员可以控制飞机的升力、空速、阻力。

（2）升阻比 L/D

升阻比是指飞行器在飞行过程中，在同一迎角的升力与阻力的比值，也即升力系数与阻力系数的比值，数学表示为

$$\frac{L}{D} = \frac{C_L}{C_D}$$

升阻比与飞行器迎角、飞行速度等参数有关，主要随迎角变化，升阻比特性曲线如图2所示。升阻比达到最大之前，随迎角增加，升阻比呈线性增加。升阻比越大，说明飞行器的空气动力性能越好。表面脏污的机翼与表面光洁的机翼相比，最大升力系数下降，阻力系数增大。

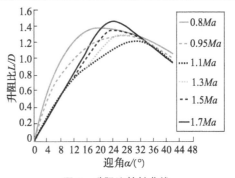

图2　升阻比特性曲线

水平飞行时，升力等于重力，升阻比为常数（忽略燃油消耗）。推力大小可以通过动力系统进行调节，阻力的大小随之改变，这是因为在平衡状态的水平飞行中，推力和阻力是大小相等的。高速情况下，推力大，阻力也大，但总的升力保持不变，即升力等于重力，升阻比相对较小；低速时，同样是水平飞行状态，阻力有所减小，但升力还是等于重力，所以升阻比相对较大。这种阻力降低的趋势不会一直持续到最低速度，总的阻力系数在速度降低到某一值后反而会急剧地增加，它足以抵消速度减小带来的阻力降低，因此在这一速度上，升阻比达到最大。最大升阻比值的大小可以作为粗略衡量飞行器的效率尺度。

根据机翼升力和阻力计算公式可以得出，通过增大机翼面积来增大升力的同时，阻力也随之增大。

（3）阻力分类

无人机阻力按其产生原因的不同，分为摩擦阻力、压差阻力、干扰阻力、诱导阻力，如图3所示。

1）摩擦阻力。当气流流过飞机表面时，由于空气黏性，空气微团与飞机表面发生摩擦，阻滞了气流的流动，由此而产生的阻力称为摩擦阻力，又称废阻力。摩擦阻力主要包括蒙皮摩擦阻力和黏性阻力。

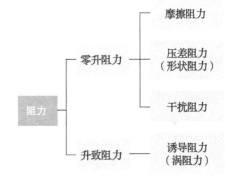

图3　阻力分类

摩擦阻力的大小，取决于空气的黏性、无人机表面的状况、附面层中气流的流动情况和同气流接触的无人机表面积的大小。空气的黏性越大、无人机表面越粗糙、无人机的表面积越大，摩擦阻力越大。为了减小摩擦阻力，应在这些方面采取必要的措施。

附面层是紧贴物体表面，流速由外部流体的自由流速逐渐降低到零的那一层薄薄的空气层，分为层流附面层与紊流附面层，如图4所示。

层流附面层的特点是最大厚度靠后，气流各层不相混杂而成层流动，其摩擦阻力较小。紊流附面层的气流活动杂乱无章，并出现漩涡和横向运动，但整个附面层仍

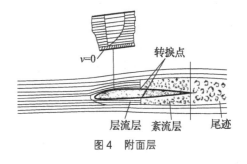

图4　附面层

附着于翼面，其摩擦阻力较大。气流沿机翼表面流动时，附面层类型可由层流变为紊流，这与空气的流速及其在机翼表面的流动长度有关。

转掠点是层流附面层转变为紊流附面层的点，其位置随飞行速度的增高而前移。分离点是附面层开始脱离翼面的点。

2）压差阻力。翼型前后形成了一个压强差，阻碍无人机的向前飞行，因此，把这个由前后压强差形成的阻力称为"压差阻力"。在翼型后部产生的涡流会造成压差阻力的增加。

压差阻力与物体的迎风面积有很大关系，物体的迎风面积越大，压差阻力也越大。物体的形状对压差阻力也有很大影响。为了减小无人机的压差阻力，应尽量减小无人机的最大迎风面积，并对无人机的各部件进行整流，将其做成流线型。

3）干扰阻力。干扰阻力是无人机各部件组合到一起后由于气流的相互干扰而产生的一种额外阻力。

干扰阻力和无人机不同部件之间的相对位置有关。如图5所示，A点压强大，C点压强小，B点压强大，从B点到C点存在逆流，飞机前进时不断有气流沿通道向后流，遇到后面的这股逆流时形成了气流的阻塞现象，使得气流开始分离而产生旋涡，导致了额外的阻力。因此，在设计时要妥善地考虑和安排各部件的相对位置，合理布局飞机结构，必要时在这些部件之间加装流线型的整流片，使连接处圆滑过渡，尽量减少旋涡

图5 干扰阻力

的产生。飞机上不同部件的连接处装有整流包皮，它们的主要作用是减小干扰阻力。

4）诱导阻力。诱导阻力是翼面所独有的一种阻力，它伴随着升力的产生而产生，是为了产生升力而付出的一种"代价"。诱导阻力现在更多地被称为涡诱导阻力，简称涡阻力或涡阻。在涡阻力等于其他阻力和的地方，阻力达到最小值。

当机翼产生升力时，机翼下表面的压力比上表面的大，而翼展长度又是有限的，所以下翼面的高压气流会绕过两端翼尖，向上翼面的低压区流去。当气流绕过翼尖时在翼尖部分形成旋涡，这种旋涡不断产生又不断地向后流去，即形成了所谓翼尖涡流。翼尖涡流使流过机翼的空气产生下洗速度而形成下洗流。

诱导阻力与机翼的平面形状、翼剖面形状、展弦比、根梢比等有关。通过增大展弦比、选择适当的平面形状，可以减小飞机的诱导阻力。有些飞机的翼梢部位安装了翼梢小翼，就是为了减小诱导阻力。

当速度增加而诱导阻力减小时，蒙皮摩擦阻力增加。

2. 地面效应

（1）定义

地面效应（Ground Effect）简称地效，又称翼地效应或翼面效应。由于诱导阻力的作用，当飞机贴近地面飞行时，会产生地面效应。地面效应使飞行器诱导阻力减小，同时能获得比空中更高的升阻比。直升机的地面效应是指直升机在接近地面的高度工作时，被旋翼排向地面的气流受到地面的阻力而减速，从而影响旋翼空气动力的一种现象。

飞机工作在地面效应区时，气动力的变化是升力增大、阻力减小。诱导阻力减小的原因是地面或水面阻止了翼尖涡流的下洗。升力增大的原因是机翼下方空气与地面存在摩擦作用，速度减小，导致静压更高，升力更大。飞机着陆过程中进入地面效应区时，将经历诱导阻力减小的过程，此时需要减小动力。

旋翼向下排压的气流受到地面阻挡，导致旋翼下方的静压增大，诱导速度（空气在流过某一物体后产生额外的速度）减小，在保持拉力相同的条件下，所需功率减小，或在保持功率不变的条件下，拉力增加。

（2）影响地面效应的因素

1）高度。悬停时，离地高度越低，气流受到地面的阻挡作用越强，地面效应也就越显著。常用 h/D（h 为旋翼离地高度，D 为旋翼直径）作为衡量地面效应强度的标准，如图 6 所示。理论分析和飞行实验证明，当 $h/D = 0.2$ 时，地效增升的幅度约为 30%；当 $h/D = 0.35$ 时，增升幅度约为 30%；当 $h/D = 0.50$ 时，增升幅度约为 10%；当 $h/D \geq 1$ 时，即旋翼离地高度等于或大于旋翼直径时，地面效应基本消失。

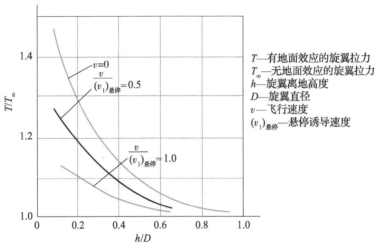

图 6　旋翼离地高度和直径对地面效应的影响

地面效应的强弱还与海拔高度有关，海拔高度越高、空气越稀薄、空气密度越小，地面效应也就越弱。

2）飞行速度与风速。地面效应的强弱与飞行速度有很大关系，飞行速度增大，地面效应减弱。当飞行速度超过悬停诱导速度的 1.5 倍时，地面效应就可以忽略不计了。

同样，当直升机在有风条件下做地效悬停时，若风速增大，地面效应会减弱。

3）地表环境。地面效应与直升机工作时的地表环境也有关系。例如，直升机在山上、水面上或长得很高的草地上空工作时，地面效应要比在陆地或坚实地面上空弱。

（3）地面效应对直升机飞行的影响

直升机做有地效飞行时，由于地面效应的影响，与无地效飞行相比：在保持拉力不变的条件下，所需功率较小；在保持功率不变的条件下，拉力增加。在保持拉力不变时，由于所需功率减小，直升机剩余功率增加，因而直升机有地效悬停升限高于无地效悬停升限。一般情况下，直升机在大载重条件下做悬停是很困难的，但若尽量利用地面效应做临近地面的悬停，因剩余功率增加，则比较安全。

地面效应区直升机的气动力并不是很稳定。由于旋翼尾流实际上是由脉动气流组成的，因此地面效应带来的增升效果也会有脉动的成分，且在方向上会有不规则的变化。特别是在低高度，这种脉动往往造成直升机在小范围内移位或飘摆。

由于地面效应，直升机在近地悬停或前飞中，旋翼都会受到有利影响。当直升机在地面附近从悬停转入前飞时，所需功率总是减小的，这与远离地面工作时现象一致。但是当飞行高度小于旋翼半径时，直升机从悬停到前飞的过渡飞行期间，所需功率可能是增加的，即在保持功率不变的情况下，旋翼拉力是减小的。地面效应的减弱是直升机超越了地面涡的缘故，当旋翼前缘接近地面涡时，入流增加，相当于旋翼的一部分处于爬升状态，从而增加了所需功率。一旦地面涡通过旋翼下方，入流又恢复到接近正常飞行的状态。由于直升机飞行高度低，执行任务过程中经常需要在不同的地表环境做贴地飞行，因此地面效应的影响是不容忽视的。

(4) 地面效应对固定翼无人机飞行的影响

当固定翼无人机离地距离小于半翼展时，升力将大大增加，地面效应明显。

地面效应对大翼展固定翼无人机起降有明显影响：首先，起飞时感觉"无人机更容易从地面上拉起来"，但此时无人机处于低速大迎角的范围，比较接近失速。当无人机爬升超过了地面效应的作用范围以后，翼尖涡流的下洗不再被阻挡，造成相对气流的偏移，结果是迎角进一步增大，更接近于失速。此时无人机若未能加速到更安全的速度，将有可能进入失速状态，而此时的离地高度难以使无人机从失速中恢复。其次，降落时，无人机在近地会由于获得地面效应的升力加成而突然上升，因此在减速时高度会突然提升，其后降落速度将非常接近失速速度，极易进入失速的状态。如果跑道够长，就能够使其慢慢减速来适应翼地效应；另一个方法则是放弃直接降落，进行复飞。

3. 失速

只要机翼产生的升力足够抵消飞机的总载荷，飞机就会一直飞行。失速指的是飞机以大于临界迎角飞行的状态。若迎角过大，超过临界迎角，机翼上表面大部分附面层会分离，此时升力将急剧下降。出现失速时，驾驶员应立即推杆到底，减小迎角。飞机刚进入失速时的速度，称为失速速度。失速速度越大，越容易失速。

失速的直接原因是迎角过大。失速迎角，也就是临界迎角，指的是飞机升力系数最大时的迎角。有很多飞行机动会增加飞机的迎角，但是直到迎角大于失速迎角之前飞机不会失速。必须要强调的是，每架飞机的失速速度在所有飞行条件下都不是固定的值。然而，一架特定的飞机总会在同一个迎角时失速，而与空速、质量、载荷因素、密度或高度无关。每一架飞机都有一个特殊的迎角，那时，气流从机翼的上表面分离，发生失速，此迎角即为临界迎角。根据飞机设计特点，临界迎角通常在16°到20°之间。

在三种情况下飞机会超过临界迎角：低速飞行、高速飞行和转弯飞行。飞机在平直飞行时，载重量越大，其失速速度越大，如果飞得太慢也会失速。空速降低时，必须增加迎角来获得维持高度所需的升力，空速越低，所需迎角越大。最终，达到一个迎角，此时机翼不能产生足够的升力维持飞机高度，飞机开始下降。如果空速进一步降低，飞机就会失速，由于迎角已经超出临界迎角，此时机翼上的气流被打乱为紊流。高速飞行中的失速如图7所示。

水平转弯时的飞机失速速度高于平直飞行时的失速速度。这是因为离心力叠加到飞机的

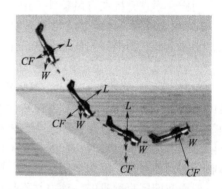

图7　高速飞行中的失速
CF—飞机总载荷　W—重力　L—升力

重力上，机翼必须产生足够的额外升力来抗衡离心力和重力的合力。当恒定角速度水平转弯时，空速增加，转弯半径增大。转弯时，需要通过向后拉升降舵增加机翼的迎角，获得必要的额外升力。倾斜增加时，迎角必须增加以平衡离心力导致的载荷增加。如果在转弯的时候迎角过大，飞机就会失速。

常规布局飞机失速时，机翼向上的力和尾翼向下的力都降低。如飞机出现失速，驾驶员应立即推杆到底。

2. 工作页

学校名称		任课教师	
班级		学生姓名	
学习领域	学习领域：无人机操控飞行		
学习情境	学习情境1：多旋翼无人机悬停	学习时间	30min
工作任务	F：阻力与失速	学习地点	理实一体化教室

阻力与失速

请完成下列单选题：（每题1分，共46分）

(1) 下列选项中正确的是（　　）。
   A. 了解飞机阻力是如何产生的及如何去减小它是很重要的
   B. 飞行器飞行时阻力是可以避免的
   C. 翼型或迎角的变化都不会改变飞机的阻力

(2) 下列选项中错误的是（　　）。
   A. 黏性阻力是由于空气和飞行器表面接触产生的
   B. 形状阻力是由于空气和飞行器表面接触产生的
   C. 蒙皮摩擦阻力是由于空气和飞行器表面接触产生的

(3) 层流翼型的特点是（　　）。
   A. 前缘半径大，后部尖的水滴形　　B. 最大厚度靠后　　　C. 前缘尖的菱形

(4) 气流产生下洗是由于（　　）。
   A. 分离点后出现旋涡的影响　　　　B. 转捩点后紊流的影响
   C. 机翼上下表面存在压力差的影响

(5) 机翼表面附面层类型（　　）。
   A. 可由紊流变为层流　　　　B. 可由层流变为紊流　　　C. 一般不发生变化

(6) 在机翼表面，附面层由层流状态转变为紊流状态的转捩点的位置（　　）。
   A. 将随着飞行速度的提高而后移　　B. 将随着飞行速度的提高而前移
   C. 在飞行马赫数小于一定值时保持不变

(7) 气流沿机翼表面流动时，附面层类型由层流变为紊流的原因不包括（　　）。
   A. 空气的流速　　　　　　B. 在机翼表面的流动长度　　C. 空气比重

(8) 在翼型后部产生的涡流会造成（　　）。
   A. 摩擦阻力增加　　　　　　B. 压差阻力增加　　　　　C. 升力增加

(9) 当速度增加而诱导阻力减小时，（　　）。
   A. 形状阻力减少　　　　　　B. 蒙皮摩擦阻力减少　　　C. 蒙皮摩擦阻力增加

(10) 在涡阻力等于其他阻力和的地方，（　　）。
   A. 阻力达到最小值　　　　　B. 阻力达到极小值　　　　C. 阻力达到极大值

(11) 飞机上不同部件的连接处装有整流包皮，它们的主要作用是（　　）。
   A. 减小摩擦阻力　　　　　　B. 减小干扰阻力　　　　　C. 减小诱导阻力

(12) 飞机上产生的摩擦阻力（　　）。
   A. 与大气可压缩性有关　　　B. 仅与大气的温度有关
   C. 与大气的黏性、飞机表面状况以及周围气流接触的飞机表面面积有关

(13) 飞机上产生的摩擦阻力与大气的（　　）有关。
   A. 可压缩性　　　　　　　　B. 黏性　　　　　　　　　C. 温度

(14) 没有保护好飞机表面的光洁度，将增加飞机的（　　）。
   A. 压差阻力　　　　　　　　B. 摩擦阻力　　　　　　　C. 干扰阻力

(15) 减小飞机外型的迎风面积，目的是为了减小飞机的（　　）。
A. 摩擦阻力　　　　　B. 压差阻力　　　　　C. 诱导阻力

(16) 增大飞机机翼的展弦比，目的是减小飞机的（　　）。
A. 摩擦阻力　　　　　B. 压差阻力　　　　　C. 诱导阻力

(17) 合理布局飞机的结构，是为了减小（　　）。
A. 摩擦阻力　　　　　B. 压差阻力　　　　　C. 干扰阻力

(18) 下列选项中，对飞机阻力大小影响不大的是（　　）。
A. 飞行速度、空气密度、机翼面积　　　　B. 飞机的翼型和平面形状
C. 飞机的安装角和上反角

(19) 下列选项中，与飞机诱导阻力大小无关的是（　　）。
A. 机翼的平面形状　　B. 机翼的翼型　　　　C. 机翼的根梢比

(20) 减小干扰阻力的主要措施是（　　）。
A. 把机翼表面做得很光滑　　　　　　　　B. 部件连接处采取整流措施
C. 把暴露的部件做成流线型

(21) 下列关于压差阻力的说法中正确的是（　　）。
A. 物体的最大迎风面积越大，压差阻力越小
B. 物体形状越接近流线型，压差阻力越大
C. 物体的最大迎风面积越大，压差阻力越大

(22) 下列关于诱导阻力的说法中正确的是（　　）。
A. 增大机翼的展弦比，可以减小诱导阻力
B. 把暴露在气流中的所有部件和零件都做成流线型，可以减小诱导阻力
C. 在飞机各部件之间加装整流包皮，可以减小诱导阻力

(23) 下列关于阻力的说法中正确的是（　　）。
A. 干扰阻力是由于气流的下洗而引起的
B. 在飞机各部件之间加装整流包皮，可以减小诱导阻力
C. 干扰阻力是飞机各部件之间由于气流相互干扰而产生的一种额外阻力

(24) 有些飞机的翼梢部位安装了翼梢小翼，它的功用是（　　）。
A. 减小摩擦阻力　　　B. 减小压差阻力　　　C. 减小诱导阻力

(25) 飞机升阻比的大小主要随（　　）变化。
A. 飞行速度　　　　　B. 飞行迎角　　　　　C. 机翼面积

(26) 下列说法中正确的是（　　）。
A. 飞机的升阻比越大，飞机的空气动力特性越差
B. 飞机的升阻比越小，飞机的空气动力特性越好
C. 飞机的升阻比越大，飞机的空气动力特性越好

(27) 可以减小飞机摩擦阻力的措施是（　　）。
A. 保持飞机表面光洁度　B. 减小迎风面积　　　C. 增大后掠角

(28) 随着飞行速度的提高，下列关于阻力的说法中正确的是（　　）。
A. 诱导阻力增大，废阻力增大　　　　　　B. 诱导阻力减小，废阻力减小
C. 诱导阻力减小，废阻力增大

(29) 表面脏污的机翼与表面光洁的机翼相比，（　　）。
A. 最大升力系数下降，阻力系数增大　　　B. 相同升力系数时，其迎角较小
C. 迎角相同时，升力系数相同，阻力系数较大

(30) 关于升阻比，下列说法中正确的是（　　）。
A. 在升力系数最大时，阻力一定最小
B. 升阻比最大时，一定是达到了临界迎角
C. 升阻比随迎角的改变而改变

（31）"失速"指的是（　　　）。
A. 飞机失去速度　　　　B. 飞机速度太快　　　　C. 飞机以大于临界迎角飞行

（32）失速迎角，也就是临界迎角，指的是（　　　）。
A. 飞机飞得最高时的迎角　　　　　　　　B. 飞机飞得最快时的迎角
C. 飞机升力系数最大时的迎角

（33）失速的直接原因是（　　　）。
A. 低速飞行　　　　B. 高速飞行　　　　C. 迎角过大

（34）下列状态下飞行器会超过临界迎角的是（　　　）。
A. 低速飞行　　　　B. 高速飞行　　　　C. 以上都是

（35）当飞机以恒定角速度水平转弯时，空速增加，转弯半径（　　　）。
A. 不变　　　　B. 减小　　　　C. 增大

（36）飞机在平飞时，载重量越大，其失速速度（　　　）。
A. 越大　　　　B. 越小　　　　C. 与载重量无关

（37）常规布局飞机失速时，（　　　）。
A. 机翼向上的力和尾翼向下的力都降低
B. 机翼向上的力和尾翼向下的力都增加
C. 机翼向上的力和尾翼向下的力都恒为零

（38）如飞机出现失速，驾驶员应（　　　）。
A. 立即蹬舵　　　　B. 立即推杆到底　　　　C. 立即拉杆

（39）关于飞机失速，下列说法中正确的是（　　　）。
A. 飞机失速是通过提高动力系统输出功率就可以克服的飞行障碍
B. 亚声速飞行时只会出现大迎角失速
C. 在大迎角或高速飞行状态下都可能出现飞机失速现象

（40）飞机水平转弯时，坡度增大，失速速度（　　　）。
A. 减小　　　　B. 保持不变，因为临界迎角不变
C. 增大

（41）飞机工作在地面效应区时，气动力的变化是（　　　）。
A. 升力增大、阻力减小　B. 升力减小、阻力增大　C. 升力增大、阻力增大

（42）飞机着陆过程中进入地面效应区时，（　　　）。
A. 将出现短暂的机头上仰
B. 将经历诱导阻力减小的过程，需要减小动力
C. 需要增大迎角以保持相同的升力系数

（43）关于升阻比，下列说法中不正确的是（　　　）。
A. 升力系数达到最大时，升阻比也达到最大
B. 升阻比达到最大之前，升力和阻力之比随迎角增加
C. 升阻比呈线性增加

（44）根据机翼升力和阻力计算公式可以得出，通过增大机翼面积来增大升力的同时，（　　　）。
A. 阻力不变　　　　B. 阻力减小　　　　C. 阻力也随之增大

（45）迎角相同时，飞行速度增大一倍，阻力约增加为原来的（　　　）。
A. 一倍　　　　B. 二倍　　　　C. 四倍

（46）通过改变迎角，无人机驾驶员可以控制飞机的（　　　）。
A. 升力、空速、阻力　　　　　　　　B. 升力、空速、阻力、质量
C. 升力、拉力、阻力

1.3.7 悬停的操纵原理

1. 信息页

学习领域	学习领域：无人机操控飞行		
学习情境	学习情境1：多旋翼无人机悬停	学习时间	30min
工作任务	G：悬停的操纵原理	学习地点	理实一体化教室

悬停的操纵原理

直升机在一定高度下保持航向、位置不变的飞行状态称为悬停。悬停是直升机特有的飞行方式之一，其目的是检查直升机的重心位置和动力系统的工作情况，为起飞增速或垂直着陆做准备，或进行特种作业。

1. 遥控器的操作

遥控器是由驾驶员操纵，能够控制无人机起降和飞行的遥控设备，如图1所示。市面上常见的遥控器控制原理都是一样的，主要使用2.4GHz发射频率，配套使用一个接收机，以便无人机接收遥控器发射的信号。

最少需要4个通道才能保证无人机正常飞行，还有些遥控器设置了很多备用开关，用户可以自定义其功能。

无人机遥控器的操作方式有"美国手""日本手""中国手"三种，如图2所示。

图1 遥控器

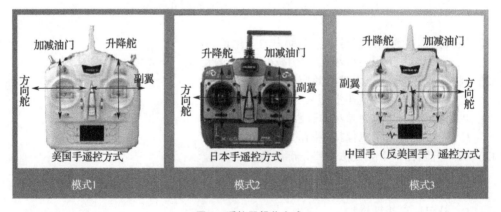

图2 遥控器操作方式

（1）美国手

在航空模型刚刚兴起之时，只有一个通道可供控制，于是人们便将其用来控制旋转方向，上升下降全凭电机开关与否。由于只有一个控制摇杆，自然多数人都选择用右手控制。后来，随着技术的发展，加入了油门也就是上升下降的控制，这时便将其分配到了左手的位置。由于这种模式形成最早，于是被称为"模式1"，也由于这些用户主要位于美国，因此被称为"美国手"。

如图3所示，遥控器的左摇杆负责无人机的上升下降、原地顺时针/逆时针旋转，遥控器的右摇杆负责无人机在水平方向上的前后左右移动。

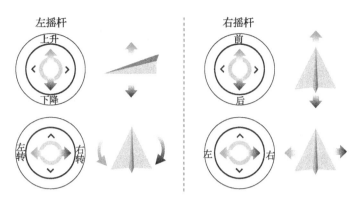

图 3　美国手的控制

（2）日本手

日本手与美国手的区别并不大，仅在于将无人机上升下降与前进后退的控制进行了对调。也就是左摇杆负责无人机的前进后退、原地顺时针/逆时针旋转，遥控器的右摇杆负责无人机的上升下降和左右移动，如图 4 所示。

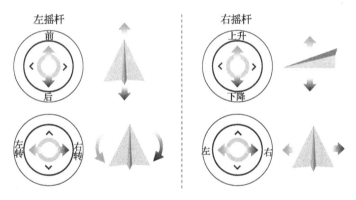

图 4　日本手的控制

（3）中国手

中国手，也有人称作"反美国手"，因为其与美国手完全相反。遥控器的左摇杆负责无人机在水平位置上的前后左右移动，遥控器的右摇杆负责无人机的上升下降、原地顺时针/逆时针旋转，如图 5 所示。

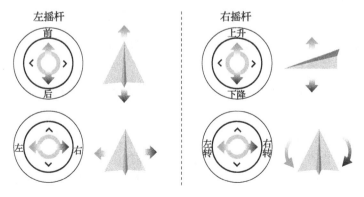

图 5　中国手的控制

2. 影响悬停的因素

（1）地面效应的影响

悬停时，离地高度越低，气流受到地面的阻挡作用越强，地面效应也就越显著。一般来说，当旋翼离地高度超过旋翼直径的长度时，地面效应基本消失。训练飞行中，有地效悬停高度取 2 ~ 5m，无地效悬停高度取 100 ~ 150m。地面效应的强弱还与海拔高度有关，海拔高度高，空气密度小，地面效应随之减弱。

一般情况下，直升机在做大载重飞行时，做悬停是很困难的，但若尽量利用地面效应做临近地面的悬停，因剩余功率增加，则比较安全。

地面效应不仅能使旋翼所需功率减小，还能显著地提高直升机的稳定性。这是因为，当直升机在地面效应范围内悬停时，如果由于外界干扰发生了倾斜，这时桨盘也要跟着倾斜，其降低部分因离地面近产生拉力大，而抬起部分因离地面远产生拉力小，从而形成稳定力矩，使直升机自动恢复平衡。此外，直升机在地效范围内悬停，由于地面效应的作用，具有自动保持高度的趋势。例如，直升机因受扰动而降低高度时，桨盘与地面距离缩短，桨盘下方的压力增大，这样就会产生一个向上的附加拉力，使直升机产生恢复到原来的高度的趋势。

地面效应的这两种影响，是驾驶员做好悬停的有利条件。

（2）风的影响

1）逆风悬停。逆风中悬停，直升机会以与风速相同的速度向后移位。为了保持位置，应向前迎杆，直升机产生俯角，旋翼桨盘前倾，使直升机产生与风速相等的前飞速度。此时旋翼的诱导速度减小，悬停所需功率也随之减小；同时，由于直升机的方向稳定性增强，更容易保持方向。在有风的情况下，应尽量采用逆风悬停。与无风悬停相比，逆风悬停机头稍低，且风速越大，机头越低。

2）顺风悬停。顺风中悬停，直升机受风的作用会向前移动，所以应向后拉杆，旋翼桨盘后倾，使直升机后退速度与风速相等。这样，机头比无风悬停时要高，尾部离地高度降低，为保证飞行安全，避免尾部擦地，要适当地增加悬停高度。顺风悬停时，由于垂直安定面和尾桨作用是不安定的，方向不易保持。只要尾部稍稍偏离风向，直升机就会加速偏离原方向，这就要求驾驶员及时主动修正。一般情况下，直升机应尽量避免在高速顺风中悬停。

3）侧风悬停。侧风悬停时，由于垂直安定面的安定作用，直升机容易向风的来向偏转，因此应注意保持方向。另外，侧风的作用还将使直升机沿风的去向移位，因此，侧风悬停时应向来风的方向压杆。

左右侧风对直升机悬停的影响是不一样的。对于顺时针旋翼的直升机，右侧风会更明显地使直升机状态不稳，操纵品质变差，还会引起直升机抖动。这是因为：其一，在右侧风中悬停，为使地速为零，必然要求直升机产生一个与风速相等、方向相反的空速，这就需要较大的桨盘右倾角，致使驾驶杆操纵余量减小；其二，过大的右侧风可能使尾桨部分甚至完全进入涡环，使尾桨所需功率增大，从而使旋翼的可用功率减小，这样就增加了操纵的复杂性；其三，在过大的右侧风中悬停，旋翼桨盘右倾角很大，旋翼尾流对机体、垂尾等发生干扰，加上旋翼桨叶本身"桨涡干涉"等的影响，直升机会产生类似"过渡速度"的振动。因此，顺时针旋翼直升机不适合在大的右侧风条件下悬停。而在左侧风条件下，则没有上述现象，对直升机的悬停稍有利。

3. 悬停的操纵原理

（1）悬停保持阶段的操纵

保持直升机位置的关键是调整直升机的姿态。悬停中，要保持直升机没有前后移位，必须使纵向力平衡，也就是旋翼纵向力与重力的纵向分力相平衡，所以正确的直升机俯仰姿态是保持前后位置的关键。同理，保持直升机侧向位置，也必须使侧向力平衡，如直升机的坡度变化必将引起重力侧向分力的变化，进而影响直升机的侧向力平衡。因此，正确的直升机侧向姿态是保持侧向位置的前提。在实际操作中，应先根据直升机的位移情况调整直升机的姿态，在找准直升机的姿态后，以保持这个姿态为目标。在保持姿态的过程中，应根据直升机的移位情况，对姿态进行微调，以确保其位置不变。多轴飞行器悬停时的平衡包括俯仰平衡（纵向力平衡）和方向平衡（侧向力平衡）。

（2）高高度悬停的操纵

高高度悬停应在逆风条件下实施，该状态可以由地面垂直上升进入，也可以从平飞减速进入。由垂直上升转入悬停时，应保持好直升机姿态，均匀地上提总距杆，并用杆舵的协调动作确保上升轨迹与地面垂直。高度超过 20m 后，由于没有地面效应的影响，上提总距杆要特别柔和。上升过程中，应适时扫视无线电高度表的指示，接近预定高度时，稍放总距杆，进入稳定悬停。由平飞减速进入悬停时，应带杆使桨盘后倾减速；为保持高度不变，应适时操纵总距杆，并蹬舵保持方向；当速度减小到零时，松杆、稳杆转入悬停。

（3）停止悬停转平移的操纵

悬停状态的四轴飞行器通过横轴前侧的螺旋桨减速、横轴后侧的螺旋桨加速，实现向前移动；通过横轴前侧的螺旋桨加速、横轴后侧的螺旋桨减速，实现向后移动；通过纵轴右侧的螺旋桨加速、纵轴左侧的螺旋桨减速，实现向左移动；通过纵轴右侧的螺旋桨减速、纵轴左侧的螺旋桨加速，实现向右移动。

对于 X 模式六轴飞行器，从悬停转换到向左平移，左侧两轴需要减速；从悬停转换到向右平移，右侧两轴需要减速；从悬停转换到向前平移，前方两轴需要减速；从悬停转换到向后平移，后方两轴需要减速。

2. 工作页

学校名称		任课教师	
班级		学生姓名	
学习领域	学习领域：无人机操控飞行		
学习情境	学习情境1：多旋翼无人机悬停	学习时间	30min
工作任务	G：悬停的操纵原理	学习地点	理实一体化教室

悬停的操纵原理

请完成下列单选题：（每题1分，共8分）

（1）描述一个多轴无人机地面遥控发射机是"日本手"，是指（　　）。

　　A. 右手上下动作控制油门或高度

　　B. 左手上下动作控制油门或高度

　　C. 左手左右动作控制油门或高度

（2）描述一个多轴无人机地面遥控发射机是"美国手"，是指（　　）。

　　A. 右手上下动作控制油门或高度

　　B. 左手上下动作控制油门或高度

　　C. 左手左右动作控制油门或高度

（3）多轴飞行器悬停时的平衡不包括（　　）。

　　A. 俯仰平衡　　　　　　B. 方向平衡　　　　　　C. 前飞废阻力平衡。

（4）悬停状态的四轴飞行器通过（　　），实现向左移动。

　　A. 纵轴右侧的螺旋桨减速、纵轴左侧的螺旋桨加速

　　B. 纵轴右侧的螺旋桨加速、纵轴左侧的螺旋桨减速

　　C. 横轴前侧的螺旋桨加速、横轴后侧的螺旋桨减速

（5）悬停状态的四轴飞行器通过（　　），实现向后移动。

　　A. 纵轴右侧的螺旋桨减速、纵轴左侧的螺旋桨加速

　　B. 横轴前侧的螺旋桨减速、横轴后侧的螺旋桨加速

　　C. 横轴前侧的螺旋桨加速、横轴后侧的螺旋桨减速

（6）悬停状态的六轴飞行器通过（　　），实现向前移动。

　　A. 纵轴右侧的螺旋桨减速、纵轴左侧的螺旋桨加速

　　B. 横轴前侧的螺旋桨减速、横轴后侧的螺旋桨加速

　　C. 横轴前侧的螺旋桨加速、横轴后侧的螺旋桨减速

（7）X模式六轴飞行器从悬停转换到向左平移，（　　）需要减速。

　　A. 后方两轴　　　　　　B. 左侧两轴　　　　　　C. 右侧两轴

（8）多轴飞行器在风中悬停时，下列说法中正确的是（　　）。

　　A. 与无风悬停相比，逆风悬停机头稍低，且逆风速越大，机头越低

　　B. 一般情况下，多轴飞行器应尽量在顺风中悬停

　　C. 侧风的作用将使多轴飞行器沿风的去向位移，因此侧风悬停时应向来风的反方向压杆

1.4 任务计划

1）任务计划环节是在理实一体化学习之后，为培养学生先谋后动的思维意识和习惯而进行的训练，学生小组合作完成工作计划的制订。

2）利用规范性、标准性非常高的计划表格引导学生养成严谨、认真、负责任的职业态度和工匠精神。

3）通过对规范、环保、安全方面的强调和要求，培养学生的环境保护意识、安全意识及大局观。

教学实施指导

1）教师指导学生独立学习1.4.1多旋翼无人机模拟器悬停流程（信息页）、1.4.2多旋翼无人机VR悬停流程（信息页）与1.4.3多旋翼无人机外场悬停流程（信息页），要求学生划出关键信息，找到关键步骤。

2）学生分组讨论，合作完成多旋翼无人机悬停工作计划的流程图海报。

3）教师选出一个组来介绍讲解海报内容，教师进行评价。教师强调修改工作计划时要注意标准、规范、安全、环保、时间及成本控制的训练。

1.4.1 多旋翼无人机模拟器悬停流程（信息页）

1. 熟悉遥控器

学习目标：

1）认识并熟悉遥控器基本操作。

2）熟悉无人机与摇杆对应飞行姿态。

建议学时：1学时。

教具准备：模型无人机1架。

学习安排：

（1）明确四个舵面的含义

1）副翼控制飞行器的左右平移，机头不偏转，飞行器绕自身纵轴滚转，如图1～图3所示。

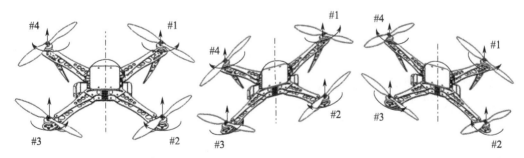

图1 左右运动，副翼舵控制　　　图2 左滚转，向左运动趋势　　　图3 右滚转，向右运动趋势

2）升降控制飞行器的前后平移，飞行器绕自身横轴旋转，如图4所示。无人机俯倾状态为向前运动趋势，后仰状态为向后运动趋势。

3）油门控制飞行器的上下移动，飞行器沿立轴移动，如图5所示。

4）方向舵控制飞行器的偏航，飞行器绕自身立轴旋转，如图6所示。

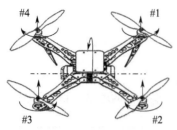
图4 前后运动，升降舵控制

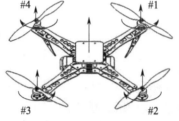
图5 上下运动，油门舵控制

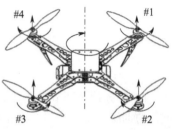
图6 偏航运动，方向舵控制

（2）遥控器日本手和美国手的区别

1）日本手的特点是控制飞行器姿态的两个舵面（升降和副翼）分别由左手和右手控制，油门控制在右手，方向控制在左手。日本手遥控器适合需要大舵量精准控制的飞行情况，比如很多航模比赛中队员都喜欢用日本手遥控器。

2）美国手的特点是控制飞行器姿态的两个舵面统一由右手控制，油门和方向控制在左手。一般无人机飞行操控建议使用美国手，因为美国手右手能直接控制飞行器的前后左右飞行，比较符合中国人右手的使用习惯，而且正常作业时操作也比较简单。

（3）四个舵面对应的摇杆通道英文表达

各通道简称如图7所示。

美国手：副翼——J1摇杆，升降——J2摇杆，油门——J3摇杆，方向——J4摇杆。

日本手：副翼——J1摇杆，升降——J3摇杆，油门——J2摇杆，方向——J4摇杆。

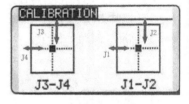
图7 遥控器摇杆4通道英文图示

注意：J1、J2、J3、J4为四个通道的位置，各种操作手改变的是通道的功能。

2. 熟悉各个悬停姿态

建议学时：0.5学时。

教具准备：模型无人直升机1架。

学习安排：

1）用模型无人机分别演示对尾、对头、左右侧位悬停的姿态，如图8所示。

对右姿态 　　　 对尾姿态 　　　 对左姿态 　　　 对头姿态

图8 悬停姿态

2）用模型无人机分别演示45°悬停的四种姿态，如图9所示，每个姿态均是以机头朝向的位置来判断的。

对尾右侧45°姿态 　对尾左侧45°姿态 　对头左侧45°姿态 　对头右侧45°姿态

图9 45°悬停姿态

3. 熟悉模拟器使用

建议学时：0.5学时。

教具准备：计算机和模拟器程序。

学习安排：按照步骤，熟悉模拟飞行程序使用。

1）连接模拟器配套遥控器，打开电脑管理，如图 10 所示。

2）查看串口号，如图 11 所示。

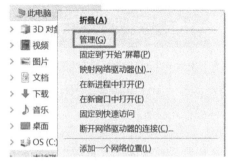

图 10　打开电脑管理　　　　　　　　　　图 11　查看串口号

3）打开模拟器，如图 12 所示。

图 12　打开模拟器

4）登录系统，选择之前记录的串口号，如图 13 所示。

图 13　登录系统并选择串口号

4. 模拟器单通道升降舵对尾练习

学习目标：熟练使用模拟器中升降舵单通道的单独操控进行对尾练习。

建议学时：1 学时。

教具准备：模拟器和计算机。

学习安排：

1）模拟器界面左上方练习模式选择升降舵 – 对尾训练，通过轻推升降舵，控制无人机向前方飞行，接近中心筒，如图 14 所示。

2）无人机飞至中心筒附近，回拉升降舵使无人机减速悬停在中心筒上方，通过前后操纵升降舵进行修正，控制无人机保持在中心筒位置，如图 15 所示。

图 14　轻推升降舵控制无人机向前飞行接近中心筒　　图 15　前后操纵升降舵控制无人机保持在中心筒位置

利用近大远小的原理判断模拟器中无人机前后位置，无人机偏离中心筒向后时，应前推升降舵，无人机偏离中心筒向前时，应后拉升降舵修正位置。

任务考核：

1）点击模拟器界面中间上方的开始考核，利用升降舵操纵无人机对尾悬停在中心筒上方区域内（中心筒发出绿色闪烁提示即为进入范围），保持 15s 后，考核通过，如图 16 所示。通过右上角小地图可以查看飞行轨迹。

2）中途飞出范围、超时均会导致考核失败，如图 17 所示。

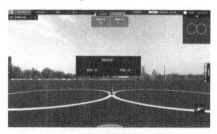

图 16　升降舵操纵无人机对尾悬停考核通过　　　图 17　升降舵操纵无人机对尾悬停考核失败

5. 模拟器单通道升降舵对头练习

学习目标：熟练使用模拟器中升降舵单通道的单独操控进行对头练习。

建议学时：1 学时。

教具准备：模拟器和计算机。

学习安排：

1）模拟器界面左上方练习模式选择升降舵 – 对头训练，通过后拉升降舵，控制无人机向自身的后方飞行，接近中心筒，如图 18 所示。

2）无人机飞至接近中心筒后，前推升降舵使其减速后悬停在中心筒上方，通过不断修正升降舵，控制无人机保持在中心筒位置，如图 19 所示。

图 18　后拉升降舵控制无人机向自身的后方飞行接近中心筒　　图 19　修正升降舵控制无人机保持在中心筒位置

注意：任何时候均应以无人机的方向视角控制调整，因为前推后拉升降舵是无人机视角的前进后退控制。

任务考核：

1）点击模拟器界面中间上方的开始考核，通过升降舵操纵无人机对头悬停在中心筒上方区域内（中心筒发出绿色闪烁提示），保持 15s 后，考核通过，如图 20 所示。通过右上角小地图可以查看飞行轨迹。

2）中途飞出范围、超时均会导致考核失败，如图 21 所示。

图 20　升降舵操纵无人机对头悬停考核通过　　　图 21　升降舵操纵无人机对头悬停考核失败

6. 模拟器单通道副翼对尾练习

学习目标：熟练使用模拟器中副翼单通道的单独操控进行对尾练习。

建议学时：1 学时。

教具准备：模拟器和计算机。

学习安排：

1）模拟器界面左上方练习模式选择副翼舵－对尾训练，右压副翼舵，使无人机向右飞向中心筒，如图 22 所示。

2）无人机飞至中心筒附近，左压副翼舵使其减速悬停在中心筒上方，通过不断修正副翼，控制无人机保持在中心筒附近区域，如图 23 所示。

图 22　右压副翼舵使无人机向右飞向中心筒　　　图 23　修正副翼控制无人机保持在中心筒附近区域

注意：判断无人机的运动状态很重要，例如同样都是从左侧接近中心筒，加速运动与减速运动、与中心筒的远近位置关系不同时应采用的打杆修正方式就会不同。自左侧加速运动接近中心筒时，应向左压杆减速使无人机恰好在中心筒停下，自左侧减速运动至中心筒但仍有较大距离时，应向右压杆继续控制无人机靠近中心筒，这需要大量练习以掌握舵量。

任务考核：

1）点击界面开始考核，通过副翼舵操纵无人机悬停在中心筒上方区域内 15s 后，考核通过，如图 24 所示。通过右上角小地图可以查看飞行轨迹。

2）中途飞出范围、超时均会导致考核失败，如图 25 所示。

图 24　副翼舵操纵无人机悬停考核通过　　　图 25　副翼舵操纵无人机悬停考核失败

7. 模拟器单通道副翼对头练习

学习目标：熟练使用模拟器中副翼单通道的单独操控进行对头练习。

建议学时：1 学时。

教具准备：模拟器和计算机。

学习安排：

1）模拟器界面左上方练习模式选择副翼舵 – 对头训练，右压副翼舵，使无人机向自身的右方飞行，接近中心筒，如图 26 所示。

2）无人机飞至中心筒附近，左压副翼舵使其减速悬停在中心筒上方，通过轻压副翼舵进行修正，控制无人机保持在中心筒位置，如图 27 所示。

图 26　右压副翼舵使无人机向自身的右方飞行接近中心筒　图 27　轻压副翼舵修正控制无人机保持在中心筒位置

注意：任何时候均应以无人机的方向视角控制调整，因为左右压副翼舵是无人机视角的左右飞行控制。当画面中无人机左偏时，由于是对头视角，无人机实际是偏向中心筒右侧，需要左压副翼舵。

任务考核：

1）开始考核，通过副翼舵操纵无人机悬停在中心筒上方区域内 15s 后，考核通过，如图 28 所示。通过右上角小地图可以查看飞行轨迹。

2）中途飞出范围、超时均会导致考核失败，如图 29 所示。

图 28　副翼舵操纵无人机悬停考核通过　　　图 29　副翼舵操纵无人机悬停考核失败

8. 模拟器双通道对尾练习

学习目标：熟练使用模拟器中副翼和升降舵双通道的联合操控进行对尾练习。

建议学时：2 学时。

教具准备：模拟器和计算机。

学习安排：

1）模拟器界面左上方练习模式选择双通道 – 对尾训练，联合控制副翼和升降舵，使无人机向斜前方飞行，接近中心筒，如图 30 所示。

2）无人机飞至中心筒后，打舵稳定无人机使其悬停在中心筒上方，通过轻压副翼和升降舵进行修正，控制无人机保持在中心筒位置，如图 31 所示。

注意：在单通道练习熟练后，副翼和升降舵可以联合打杆，注意杆量控制。

图30　联合控制副翼和升降舵使无人机向斜前　　　图31　轻压副翼和升降舵修正控制无人机保持在
　　　方飞行接近中心筒　　　　　　　　　　　　　　　中心筒位置

任务考核：

1）点击模拟器界面中间上方的开始考核，通过副翼和升降舵操纵无人机对尾悬停在中心筒上方区域内（中心筒发出绿色闪烁提示即为进入范围），保持15s后，考核通过，如图32所示。通过右上角小地图可以查看飞行轨迹。

2）中途飞出范围、超时均会导致考核失败，如图33所示。

图32　副翼和升降舵操纵无人机对尾悬停考核通过　　图33　副翼和升降舵操纵无人机对尾悬停考核失败

9. 模拟器双通道对头练习

学习目标：熟练使用模拟器中副翼和升降舵双通道的联合操控进行对头练习。

建议学时：2学时。

教具准备：模拟器和计算机。

学习安排：

1）练习模式选择双通道–对头训练，联合控制副翼和升降舵，使无人机向自身的左后方飞行，接近中心筒，如图34所示。

2）无人机飞至中心筒后，打舵稳定无人机使其悬停在中心筒上方，通过轻压副翼和升降舵进行修正，控制无人机保持在中心筒位置，如图35所示。

图34　联合控制副翼和升降舵使无人机向自身　　　图35　轻压副翼和升降舵修正控制无人机
　　　的左后方飞行接近中心筒　　　　　　　　　　　保持在中心筒位置

注意：无人机在对头姿态下，以驾驶员视角观察无人机偏向中心筒右侧时，在无人机视角看，是位置偏左，此时应轻压右副翼舵调整无人机位置。只有以无人机视角观察，才能确保在任何姿态时都能准确判断，避免错误打舵。

任务考核：

1）点击模拟器界面中间上方的开始考核，通过副翼和升降舵操纵无人机对头悬停在中心筒上方区域内（中心筒发出绿色闪烁提示即为进入范围），保持15s后，考核通过，如图36所示。通过右上角小地图可以查看飞行轨迹。

2）中途飞出范围、超时均会导致考核失败，如图37所示。

图36　副翼和升降舵操纵无人机对头悬停考核通过　　图37　升降舵和副翼操纵无人机对头悬停考核失败

10. 模拟器四通道定点对尾悬停练习

学习目标： 熟练使用模拟器中油门、方向舵、副翼舵和升降舵四个通道的联合操控，进行定点对尾悬停练习。

建议学时： 3学时。

教具准备： 模拟器和计算机。

学习安排：

1）练习模式选择定点对尾悬停训练，左右手呈内八字向后拉杆解锁无人机，轻推油门起飞，控制油门量，使飞机高度稳定在1.5～3m，如图38所示。

2）定点对尾悬停练习开始，轻推升降舵，使无人机飞向中心筒，如出现左右偏离，通过压副翼舵修正，如图39所示。

图38　轻推油门起飞控制油门舵量使无人机　　　图39　轻推升降舵并通过副翼舵修正使
　　　　　　高度稳定在1.5～3m　　　　　　　　　　　　无人机飞向中心筒

3）无人机飞至中心筒后，打舵稳定飞机使其悬停在中心筒上方，通过轻压副翼和升降舵修正，控制无人机保持在中心筒位置，如图40所示。

图40　通过轻压副翼和升降舵修正控制无人机保持在中心筒位置

注意：由于加入了油门的控制，需要至少三个通道联合操控。首先要练习油门的控制，能够利用油门保持飞行高度后，再根据手眼配合，在感觉飞机即将向某一方向飘走之前，就将其拉回，练习过程要平稳而迅速。

任务考核：

1）开始考核后，内八字拉杆解锁飞机，高度稳定至 1.5～3m 后，轻推升降舵操纵无人机对尾悬停在中心筒上方区域内，保持 15s 后，考核通过，如图 41 所示。通过右上角小地图可以查看飞行轨迹。

2）中途飞出范围、超时均会导致考核失败，如图 42 所示。

 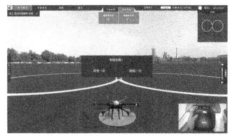

图 41　四通道定点对尾悬停考核通过　　　　图 42　四通道定点对尾悬停考核失败

11. 模拟器四通道定点对头悬停练习

学习目标： 熟练使用模拟器中油门、方向舵、副翼舵和升降舵四个通道的联合操控，进行定点对头悬停练习。

建议学时： 3 学时。

教具准备： 模拟器和计算机。

学习安排：

1）练习模式选择定点对头悬停训练，左右手呈内八字向后拉杆解锁飞机，轻推油门起飞，控制油门量，使飞机高度稳定在 1.5～3m，如图 43 所示。

2）保持高度后，左压方向舵，使机头旋转 180°朝后，如图 44 所示。

图 43　选择定点对头悬停训练使飞机高度稳定　　　图 44　左压方向舵使机头
在 1.5～3m　　　　　　　　　　　　　　旋转 180°朝后

3）后拉升降舵，使无人机飞向中心筒，如出现左右偏离，通过副翼舵修正，如图 45 所示。

图 45　后拉升降舵使无人机飞向中心筒并通过副翼舵修正

注意：注意区分对头与对尾四通道悬停练习打杆方向的不同。

4）在以中心筒为中心，半径 2m、高度 1.5～3m 的范围内进行悬停，其间使用四通道配合修正位置。

任务考核：

1）开始考核后，内八字拉杆解锁飞机，左压方向舵使机头朝向后侧，轻拉升降舵操纵无人机对头悬停在中心筒上方区域内，保持15s后，考核通过，如图46所示。通过右上角小地图可以查看飞行轨迹。

2）中途飞出范围、方向偏差过大、超时均会导致考核失败，如图47所示。

图46　模拟器四通道定点对头悬停考核通过　　　图47　模拟器四通道定点对头悬停考核失败

12. 模拟器四通道定点对左悬停练习

学习目标：熟练使用模拟器中油门、方向舵、副翼舵和升降舵四个通道的联合操控，进行定点对左悬停练习。

建议学时：3学时。

教具准备：模拟器和计算机。

学习安排：

1）练习模式选择定点对左悬停训练，左右手呈内八字向后拉杆解锁无人机，轻推油门起飞，控制油门量，使飞机高度稳定在1.5~3m，如图48所示。

2）保持高度后，左压方向舵，使机头旋转90°朝左，如图49所示。

图48　选择定点对左悬停训练使无人机高度　　　图49　左压方向舵使机头旋转90°朝左
稳定在1.5~3m

3）向右轻压副翼舵，使飞机飞向中心筒，如出现左右偏离，通过推拉升降舵修正，如图50所示。

注意：注意区分对左与对头/对尾悬停练习打杆方向的不同。

4）在以中心筒为中心，半径2m、高度1.5~3m的范围内进行悬停，其间使用四通道配合修正位置，如图51所示。

图50　向右轻压副翼舵并通过推拉升降舵　　　图51　以中心筒为中心
修正使飞机飞向中心筒　　　　　　　　　进行对左悬停

任务考核:

1) 开始考核后,内八字拉杆解锁飞机,高度稳定至 1.5～3m 后,左压方向舵使机头朝向左侧,向右轻压副翼舵操纵无人机对左悬停在中心筒上方区域内,保持 15s 后,考核通过,如图 52 所示。通过右上角小地图可以查看飞行轨迹。

2) 中途飞出范围、方向偏差过大、超时均会导致考核失败,如图 53 所示。

图 52 模拟器四通道定点对左悬停考核通过　　图 53 模拟器四通道定点对左悬停考核失败

13. 模拟器四通道定点对右悬停练习

学习目标:熟练使用模拟器中油门、方向舵、副翼舵和升降舵四个通道的联合操控,进行定点对右悬停练习。

建议学时:3 学时。

教具准备:模拟器和计算机。

学习安排:

1) 练习模式选择定点对右悬停训练,左右手呈内八字拉杆解锁无人机,轻推油门起飞,控制油门量,使无人机高度稳定在 1.5～3m,如图 54 所示。

2) 保持高度后,右压方向舵,使机头旋转 90°朝右,如图 55 所示。

图 54 选择定点对右悬停训练使无人机高度　　图 55 右压方向舵使机头旋转 90°朝右
　　　　　稳定在 1.5～3m

3) 向右轻压副翼舵,使无人机飞向中心筒,如出现左右偏离,通过推拉升降舵修正,如图 56 所示。

注意:注意区分对右与对头/对尾悬停练习打杆方向的不同。

4) 在以中心筒为中心,半径 2m、高度 1.5～3m 的范围内进行悬停,其间使用四通道配合修正位置。

图 56 向右轻压副翼舵并通过推拉升降舵
修正使无人机飞向中心筒

任务考核:

1) 开始考核后,内八字拉杆解锁飞机,高度稳定至 1.5～3m 后,右压方向舵使机头朝向右侧,向左轻压副翼舵操纵无人机对右悬停在中心筒上方区域内,保持 15s 后,考核通过,如图 57 所示。通过右上角小地图可以查看飞行轨迹。

2）中途飞出范围、方向偏差过大、超时均会导致考核失败，如图58所示。

图57　模拟器四通道定点对右悬停考核通过　　图58　模拟器四通道定点对右悬停考核失败

14. 模拟器四通道定点对头左侧45°悬停练习

学习目标：熟练使用模拟器中油门、方向舵、副翼舵和升降舵四个通道的联合操控，进行定点对头左侧45°悬停练习。

建议学时：4学时。

教具准备：模拟器和计算机。

学习安排：

1）练习模式选择定点对头左侧45°悬停训练，左右手呈内八字拉杆解锁无人机，轻推油门起飞，控制油门量，使无人机高度稳定在1.5~3m，如图59所示。

2）保持高度后，左压方向舵，使机头左侧45°朝后，如图60所示。

图59　选择定点对头左侧45°悬停训练使　　　图60　左压方向舵使机头
无人机高度稳定在1.5~3m　　　　　　　　　左侧45°朝后

3）定点对头左侧45°悬停练习开始后，升降舵及副翼舵配合打舵，使无人机飞向中心筒，如出现左右偏离，需通过副翼和升降舵配合修正，如图61所示。

4）无人机飞至中心筒后，打舵稳定飞机使其悬停在中心筒上方，通过轻压副翼和升降舵修正，控制无人机保持在中心筒位置，如图62所示。

图61　升降舵及副翼舵配合打舵使　　　　　图62　轻压副翼和升降舵修正控制
无人机飞向中心筒（对头左侧45°悬停）　　无人机保持在中心筒位置（对头左侧45°悬停）

注意：飞机朝向为45°时，误差不易过大，且打杆联合度更高。

任务考核：

1）开始考核后，内八字拉杆解锁飞机，高度稳定至1.5~3m后，转动飞机朝向，让其呈对头左侧45°姿态，轻打斜杆（副翼和升降舵配合打舵）使无人机在中心筒上方区域内悬停，保持 15s 后，考核通过，如图 63 所示。通过右上角小地图可以查看飞行轨迹。

2）进入中心筒范围时方向错误、中途转向、超出范围、超时均会导致考核失败，如图 64 所示。

图 63　模拟器四通道定点对头左侧 45°悬停考核通过　　图 64　模拟器四通道定点对头左侧 45°悬停考核失败

15. 模拟器四通道定点对头右侧 45°悬停练习

学习目标：熟练使用模拟器中油门、方向舵、副翼舵和升降舵四个通道的联合操控，进行定点对头右侧 45°悬停练习。

建议学时：4 学时。

教具准备：模拟器和计算机。

学习安排：

1）练习模式选择定点对头右侧 45°悬停训练，左右手呈内八字拉杆解锁无人机，轻推油门起飞，控制油门量，使无人机高度稳定在 1.5~3m，如图 65 所示。

2）保持高度后，右压方向舵，使机头右侧 45°朝后，如图 66 所示。

图 65　选择定点对头右侧 45°悬停训练使无人机　　图 66　右压方向舵使机头右侧 45°朝后
高度稳定在 1.5~3m

3）定点对头右侧 45°悬停练习开始后，升降舵及副翼舵配合打舵，使无人机飞向中心筒，如出现左右偏离，需通过副翼和升降舵配合修正，如图 67 所示。

4）无人机飞至中心筒后，打舵稳定飞机使其悬停在中心筒上方，通过轻压副翼和升降舵修正，控制无人机保持在中心筒位置，如图 68 所示。

图 67　升降舵及副翼舵配合打舵使　　　　图 68　轻压副翼和升降舵修正控制
无人机飞向中心筒（对头右侧 45°悬停）　　无人机保持在中心筒位置（对头右侧 45°悬停）

任务考核：

1）开始考核后，内八字拉杆解锁飞机，高度稳定至 1.5～3m 后，转动无人机朝向，让其呈对头右 45°姿态，轻打斜杆（副翼和升降舵配合打舵）使无人机在中心筒上方区域内悬停，保持 15s 后，考核通过，如图 69 所示。通过右上角小地图可以查看飞行轨迹。

2）进入中心筒范围时方向错误、中途转向、超出范围、超时均会导致考核失败，如图 70 所示。

图 69　模拟器四通道定点对头右侧 45°悬停考核通过　　图 70　模拟器四通道定点对头右侧 45°悬停考核失败

16. 模拟器四通道定点八位悬停练习

学习目标：熟练使用模拟器中油门、方向舵、副翼舵和升降舵四个通道的联合操控，进行定点八位悬停练习，加强四通道控制稳定性，实现无人机在中心筒区域内连续八位悬停。

建议学时：10 学时。

教具准备：模拟器和计算机。

学习安排：

1）练习模式选择定点八位悬停训练，左右手呈内八字拉杆解锁无人机，轻推油门起飞，控制油门量，使飞机高度稳定在 1.5～3m，如图 71 所示。

2）保持高度后，轻推升降舵，使无人机飞向中心筒，之后轻拉升降舵减速悬停，如图 72 所示。

图 71　选择定点八位悬停训练使无人机　　　　图 72　轻推升降舵使无人机飞向中心筒
高度稳定在 1.5～3m　　　　　　　　　　后轻拉升降舵减速悬停

3）左压方向舵，开始无人机对尾左侧 45°悬停练习，打舵稳定飞机使其悬停在中心筒上方，通过轻压副翼和升降舵修正，控制无人机保持在中心筒位置，如图 72 所示。

对尾左侧 45°悬停练习熟练后，继续左压方向舵使机头转向左侧，进行对左悬停练习。注意过程中利用副翼和升降舵进行修正，使无人机始终保持在中心筒范围内。

对左悬停练习熟练后，继续左压方向舵使机头左转 45°进行对头左侧 45°悬停练习。以此类推，每转 45°均保持无人机悬停状态进行练习，直至转完一周八个方位，到达对尾悬停练习结束。

注意：操控无人机转动时，应始终注意无人机飞行状态和位置，并通过联合打杆保证无人机悬停在中心筒范围内。

1.4.2　多旋翼无人机 VR 悬停流程　（信息页）

1. VR 模拟对尾悬停练习

学习目标：操控无人机在 VR 系统中飞行场地的中心筒上方进行对尾悬停练习。

建议学时：4 学时。

教具准备：整套 VR 模拟设备。

学习安排：

1）操控无人机起飞并稳定高度，如图 1 所示。

2）操控无人机前往中心筒，如图 2 所示。

图 1　遥控器呈内八字解锁无人机并轻推油门起飞　　图 2　保持飞行高度在 2m 左右轻推升降舵飞向中心筒

3）缓慢且平稳地飞行到中心筒上方区域并进行 1min 悬停练习，如图 3 所示。

4）时刻注意无人机悬停位置与中心筒的位置，可以参照右上角小地图，如图 4 所示。

 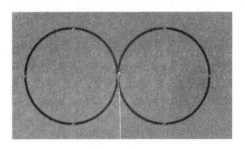

图 3　在中心筒上方进行悬停练习　　　　图 4　右上角小地图无人机位置参考

注意：

1）VR 练习所选用机型和正常外场飞行时选用机型一致，操控手感也和外场手感一致。

2）由模拟器练习到 VR 练习实际上是从条件反射练习转到舵量练习的阶段，在练习的时候要注意 VR 的打舵方式和模拟器的区别。

3）由于无人机在空中飞行时存在一定的视觉差，应熟悉无人机正好悬停在中心筒上方时的视觉效果。

2. VR 模拟对头悬停练习

学习目标：操控无人机在 VR 系统中飞行场地的中心筒上方进行对头悬停练习。

建议学时：4 学时。

教具准备：整套 VR 模拟设备。

学习安排：

1）操控无人机起飞并稳定高度，操作与对尾悬停练习相同。

2）操控无人机前往中心筒，操作与对尾悬停练习相同。

3）缓慢且平稳地飞行到 8 字飞行场地的中心筒上方，操作与对尾悬停练习相同。

4）把无人机姿态由对尾悬停缓慢转到对头悬停并保持 1 分钟，如图 5 所示。

5）时刻注意悬停位置与中心筒的距离。

注意：思考对头悬停练习和对尾悬停练习操纵方向的区别。如果对头悬停练习和对尾悬停练习一样稳，可以试着把环境风打开，如图 6 所示。

图 5　左压方向舵使机头左转 180°至对头悬停　　　　图 6　环境风设置

3. VR 模拟对侧悬停练习

学习目标：操控无人机在 VR 系统中飞行场地的中心筒上方进行对侧悬停练习，其中包括对左悬停练习和对右悬停练习。

建议学时：8 学时。

教具准备：整套 VR 模拟设备。

学习安排：

1）操控无人机起飞并稳定高度，操作与对尾悬停练习相同。

2）操控无人机前往中心筒，操作与对尾悬停练习相同。

3）缓慢且平稳地飞行到 8 字飞行场地的中心筒上方，操作与对尾悬停练习相同。

4）把无人机姿态由对尾悬停缓慢转到对左悬停并保持 1min，如图 7 所示。

5）把无人机姿态由对左悬停缓慢转到对右悬停并保持 1min，如图 8 所示。

6）时刻注意悬停位置与中心筒的距离。

图 7　左压方向舵使机头左转 90°至对左悬停　　　　图 8　继续左压方向舵使机头左转 180°至对右悬停

注意：

1）对侧悬停练习相对于对头悬停练习比较简单，可以合并练习。

2）进行方位转换的时候尽量保持无人机动作缓慢、平稳，可以一边转舵一边修舵。

3）四个方位的悬停练习都完成后，应熟悉 VR 模拟飞行设备的飞行手感和打舵方式。

4. VR 模拟对头 45°悬停练习

学习目标：操控无人机在 VR 系统中飞行场地的中心筒上方进行对头 45°悬停练习，其中包括对头左侧 45°悬停和对头右侧 45°悬停。

建议学时：8 学时。

教具准备：整套 VR 模拟设备。

学习安排：

1）操控无人机起飞并稳定高度，操作与对尾悬停练习相同。

2）操控无人机前往中心筒，操作与对尾悬停练习相同。

3）缓慢且平稳地飞行到8字飞行场地的中心筒上方，操作与对尾悬停练习相同。

4）把无人机姿态由对尾悬停缓慢转到对左悬停并保持10s，操作与对侧悬停练习第4步相同。

5）把无人机姿态由对左悬停缓慢转到对头左侧45°悬停并保持1min，如图9所示。

6）把无人机姿态由对头左侧45°悬停缓慢转到对头悬停并保持10s，操作与对头悬停练习第4步相同。

7）把无人机姿态由对头悬停缓慢转到对头右侧45°悬停并保持1min，如图10所示。

图9 对左悬停继续左转至对头左侧45°悬停　　图10 对头悬停继续左转45°至对头右侧45°悬停

8）把无人机姿态由对头右侧45°悬停缓慢转到对右悬停并保持10s，操作与对侧悬停练习第5步相同。

9）反复练习步骤6~8。

10）时刻注意悬停位置与中心筒的距离。

注意：

1）辨别对头45°悬停打舵方式和四位悬停是否一致。

2）在无人机位置有偏差的时候，可以尝试单个舵依次修正或两个舵一起修正。

5. VR 模拟八位悬停练习

学习目标： 操控无人机在VR系统中8字飞行场地的中心筒上方进行八位悬停训练。

建议学时： 4学时。

教具准备： 整套VR模拟设备。

学习安排：

1）遥控器呈内8字解锁无人机并轻推油门起飞，操作与对尾悬停练习相同。

2）保持飞行高度在2m左右，轻推升降舵飞向中心筒，操作与对尾悬停练习相同。

3）缓慢且平稳地飞行到8字飞行场地的中心筒上方并悬停10s，操作与对尾悬停练习相同。

4）逆时针方向控制无人机，每次旋转45°，一共旋转8次，按照对尾左侧45°悬停→对左悬停→对头左侧45°悬停→对头悬停→对头右侧45°悬停→对右悬停→对尾右侧45°悬停→对尾悬停顺序练习，无人机在中心筒上方每个角度悬停10s，如图11所示。也可按照顺时针方向进行练习。

图11 八位悬停中的对头右侧45°悬停练习

5）时刻注意悬停位置与中心筒的距离，可以参照右上角小地图。

注意：每完成45°旋转后，如果无人机没有在中心筒上方，应先操控其平稳地飞行到中心筒上方。悬停过程中时刻注意哪个方位最容易飘出去，着重加强练习这个方位。

1.4.3 多旋翼无人机外场悬停流程 （信息页）

1. 外场飞行准备

学习目标：

1) 能够熟练完成飞行前检查。

2) 练习并熟悉无人机使用。

3) 正确了解无人机的安全准备操作。

建议学时： 1学时。

教具准备： 无人机1架、遥控器1个。

学习安排：

1) 检查无人机4G天线、通频天线、WiFi天线是否紧固，如图1所示。

2) 检查电机是否水平，如图2所示。

图1 检查天线是否紧固　　　　　图2 使用水平尺检查电机是否水平

3) 检查螺旋桨安装是否正确，如图3所示。

4) 检查电池外观与插接器，检查电池智能指示灯状态，如图4所示。

图3 检查螺旋桨安装　　　　　图4 检查电池插接器

5) 按照所使用的接收机执行对频操作，如图5、图6所示。

图5 开启遥控器接收机后指示灯显示连接正常　图6 关闭遥控器接收机后指示灯显示连接断开

6）检查遥控设备的电量是否充足（FUTABA T8FG 大于 7V，FUTABA T14SG 大于 6V），遥控器模型是否为固定翼模型，如图 7 所示。

7）失控保护是否设置完成，如图 8 所示。

图 7　检查遥控器电量与模型

图 8　设置失控保护

8）无人机电池电压是否大于 44.4V，如图 9 所示。

9）检查 GPS 星数是否大于 18 颗，如图 10 所示。

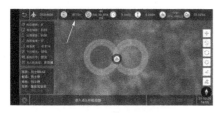

图 9　检查电池电压

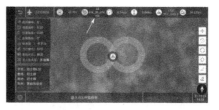

图 10　确认 GPS 星数

10）检查姿态角是否随着无人机姿态变化发生相应的变化，如图 11 所示。

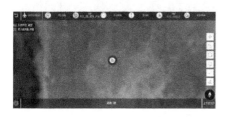

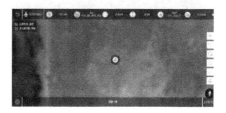

图 11　航向角随无人机航向变化发生相应变化

2. 四位悬停控制训练

学习目标：

1）通过四位悬停训练，感受外场所使用飞机的舵量。

2）掌握四位悬停科目。

建议学时： 2 学时。

教具准备： 无人机 1 架、遥控器 1 个、标志筒 1 个。

学习安排：

1）对尾悬停单通道升降控制，如图 12 所示。

①机身保持对尾方向不变，操作升降舵，使无人机飞至离自己 10m 安全距离外。

②操作升降舵，使无人机前后位置保持在标志筒附近 2m 左右。

③对尾状态下，保持无人机在标志筒前后 1m 范围内悬停 1min。

首次实操无人机，可能有些不适应，在教练的保护下，尝试大舵量操控摇杆，感受无人机移动量跟杆量之间的比例关系。

2）对尾悬停双通道升降加副翼控制，如图13所示。

①机身保持对尾悬停方向不变，控制升降舵面，使无人机保持与标志筒的前后距离不变。

②在保持无人机前后位置的前提下，加入副翼控制。

③熟悉升降舵和副翼舵同时操作时的协调性。

④控制无人机在标志筒半径2m范围内。

⑤控制无人机在标志筒半径1m范围内悬停1分钟。

图12　对尾悬停单通道升降控制

图13　对尾悬停双通道升降加副翼控制

注意：

在飞行过程中，不管是为了保证稳定的悬停状态，还是调整飞行航线，我们需要不断地学习体会"合适的舵量"，以避免一次又一次打舵修正导致的无人机晃动。

3）加入方向舵控制，如图14～图17所示。

对尾悬停在标志筒上方保持10s后，向左转动至姿态从对尾变为对左、对头、对右，并分别悬停10s。

图14　机头向前保持对尾姿态

图15　航向角向左转动90°保持对左姿态

图16　航向角向左转动90°保持对头姿态

图17　航向角向左转动90°保持对右姿态

注意：

1）悬停过程中要时刻操控无人机保证其在标志筒正上方，同时着重体会揉舵的操作方式。

2）这一环节的目的是在操作无人机升降舵和副翼的前提下，加入方向舵控制，感受外场无人机旋转的感觉，为之后的8字和自旋任务做铺垫。

3）旋转过程中可能会出现无人机位置偏移的情况，应操控无人机使其回到中点位置上。

4）飞行训练时，不要想无人机在你的哪个方向，要想着让无人机往它的哪个方向飞，让"思维走在无人机动作的前面"。

5）学习至这一阶段，要把理论和模拟训练的效果结合起来，外场训练是理论与模拟训练的实践应用，所练内容与之前所学进行了衔接。同时针对实际飞行时的特点，外场训练加入了特殊的训练内容，能够帮助大家更好地掌握飞行技巧，打牢飞行基础。

3. 八位悬停控制训练

学习目标：

1）掌握八位悬停科目。

2）掌握左右对尾/对头45°悬停技巧并能悬停在标志筒上方1min以上。

建议学时： 2学时。

教具准备： 无人机1架、遥控器1个、标志筒1个。

学习安排：

1）对尾悬停在标志筒上方1min，保持稳定状态后，航向角向左转动至姿态变为对尾左侧45°，悬停5s，如图18所示。

2）对尾左侧45°悬停稳定后，继续向左转动航向角至姿态变为对左，悬停5s，如图19所示。

图18　对尾左侧45°姿态悬停　　　　　图19　对左姿态悬停

3）对左悬停稳定后，继续向左转动航向角至姿态变为对头左侧45°，悬停5s，如图20所示。

4）对头左侧45°悬停稳定后，继续向左转动航向角至姿态变为对头，悬停5s，如图21所示。

图20　对头左侧45°姿态悬停　　　　　图21　对头姿态悬停

5）对头悬停稳定后，继续向左转动航向角至姿态变为对头右侧45°，悬停5s，如图22所示。

6）对头右侧45°悬停稳定后，继续向左转动航向角至姿态变为对右，悬停5s，如图23所示。

图22　对头右侧45°姿态悬停　　　　　图23　对右姿态悬停

7）对右悬停稳定后，继续向左转动航向角至姿态变为对尾右侧45°，悬停5s，如图24所示。

注意：

1）在小舵量操作无人机对尾悬停的基础上，加入方向舵控制，使无人机每次慢慢逆时针旋转45°。旋转过程中可能会出现无人机位置偏移的情况，应操控无人机使其回到中点位置上。

图24 对尾右侧45°姿态悬停

2）除实操练习外，还可以通过默想进行不同悬停模式的练习。当这些练习形成套路，变得程式化，就能顺利地做好每个姿态的转化。

3）无人机操控飞行技术的基础就是悬停，悬停也是其他飞行技巧的根基。熟练地掌握悬停的飞行技巧，对后续的高级飞行训练会产生事半功倍的效果，也有助于更快地养成飞行习惯。成熟的无人机驾驶员操控飞行时，人很放松，操作十分顺畅，无人机的飞行动作也非常丝滑，一切都是水到渠成、游刃有余。达到这种境界是因为其对于无人机的基本操作已经熟记于心。驾驶员的思维应该走在无人机动作的前面，而不是对无人机的状态被动地做出反应。

1.5 任务决策

课程思政点睛

任务决策环节是在任务计划的基础上，跟教练对任务计划进行修改确认，或者是对多种计划方案进行优中选优。指导学生吸收采纳教师或其他人的建议，能够对自己的学习知识体系进行重新梳理，不断地接受他人的合理化意见或建议，是虚心、进取心的表现，同时也是尊重他人、客观公正对待自己的人生态度。在任务实施之前对自己的计划进行确认与调整，是严谨、认真、负责态度的体现，也有助于精益求精的工匠精神养成。

教学实施指导

1）教师指导学生个人独立按照任务决策的关键要素完成任务决策表。

2）教师选出一个学生代表和自己进行任务决策，其他学生观察，并进行口头评价、补充、改进。

3）学生修改并提交自己的任务决策方案表格，教师对每个学生制订的任务决策方案进行确认。学生获得教师对自己所做决策方案的确认信息后才有资格进行任务实施。

多旋翼无人机悬停任务决策

多旋翼无人机悬停任务决策表

决策类型	决策方案
与教练决策	请和教练沟通任务计划实施的可能性（包括：模拟器、VR、外场的练习顺序，练习过程的规范性、安全性、环保性，练习质量的把控，工作任务的时间控制和成本控制，任务的考核等），并记录决策结果与教练的建议
意见或建议	

1.6 任务实施

课程思政点睛

1）任务实施是学生最喜欢的操作环节，在此抓住时机对学生进行严谨、规范、标准操作训练。

2）要求学生必须按照前期经过决策的任务计划执行，养成先谋后动的工作意识，深入思考后才可以操作，严禁冒失和鲁莽行事。

3）在操作过程中要求学生在一个团队内必须通力合作，分工明确，提高工作效率，以此训练学生未来步入社会工作的团队合作能力和时间把控能力。

4）若在操作中万一有违规操作或者是失误、错误出现，要求学生必须如实告知，不但不会被批评，反而会因诚信而得分。

教学实施指导

1）学生查阅 1.4.1 多旋翼无人机模拟器悬停流程（信息页），观看 1.6.1 多旋翼无人机模拟器悬停视频，独立进行模拟器悬停操作，考核通过后，方可进行 VR 悬停。

2）学生查阅 1.4.2 多旋翼无人机 VR 悬停流程（信息页），观看 1.6.2 多旋翼无人机 VR 悬停视频，独立进行 VR 悬停操作，考核通过后，方可进行外场实飞悬停。

3）学生查阅 1.4.3 多旋翼无人机外场悬停流程（信息页），观看 1.6.3 多旋翼无人机外场悬停视频以及教练的示范动作，进行悬停练习。

4）学生独立进行悬停考试。

1.6.1 多旋翼无人机模拟器悬停视频

1. 升降舵对尾悬停　　2. 升降舵对头悬停　　3. 副翼对尾悬停　　4. 副翼对头悬停　　5. 双通道对尾悬停

6. 双通道对头悬停　　7. 四通道对尾悬停　　8. 四通道对头悬停　　9. 四通道对左悬停　　10. 四通道对右悬停

11. 四通道对头左侧45°悬停　　12. 四通道对头右侧45°悬停　　13. 四通道八位悬停

1.6.2 多旋翼无人机 VR 悬停视频

1. VR 对尾悬停　　2. VR 对头悬停　　3. VR 对侧悬停　　4. VR 对头45°悬停　　5. VR 八位悬停

1.6.3 多旋翼无人机外场悬停视频

1. 飞行前准备　　2. GPS 四位悬停　　3. 姿态模式四位悬停　　4. GPS 八位悬停　　5. 姿态模式八位悬停

学生在团队内，独立地完成 GPS 模式与姿态模式下的四位悬停、八位悬停，以通过模拟考试为标志结束任务实施。

1.7 任务检查

课程思政点睛

任务检查环节包含三个层次的内容：

首先是复盘检查，对多旋翼无人机悬停的任务实施过程和任务实施结果进行检查，确保实施质量。教师严格要求学生对照标准和规范进行检查，养成学生严谨规范、认真负责的职业态度和职业精神，高标准、严要求、精益求精的工匠精神。

其次是对场地、工位、设备、环境等进行整理、整顿、清扫、清洁和素养（5S）管理，养成规范、卫生、环保意识。

最后是对多旋翼无人机悬停任务计划的调整优化改进，依据实施过程和结果，对前期做的工作计划进行优化，目的是训练学生自我改进、自我优化的自我管理能力，以此实现学生不断地进步提高。

教学实施指导

1）教师提供多旋翼无人机悬停模拟考试分析表，要求学生小组合作完成飞行执行过程检讨，填写飞行记录本或飞行手册。

2）学生小组合作完成对场地、工位、设备、环境等的 5S。

3）学生小组成员对工作计划、过程和结果进行监督和评估，记录优缺点及改进建议，并口头表达。教师要重点引导学生表达对队友的支持性意见，并训练学生接纳他人建议。

多旋翼无人机悬停模拟考试分析及 5S

多旋翼无人机悬停模拟考试分析表

科目	考试要求及规范	扣分项	修正方法	注意要点	修正举例
四位悬停	在中心筒上方分别完成对尾、对头、对左和对右四个方位的悬停 悬停水平范围：以中心筒为圆心，半径1m的圆；高度范围：1.5~3m	水平偏差扣分：无人机的几何中心点的垂直投影偏离中心筒即会导致扣分。电子评分系统会依据偏差量的大小酌情扣分	发现无人机产生水平偏差后，首先需要判断中心筒与无人机几何中心点垂直投影的距离和方位，然后使用升降舵或副翼摇杆操纵无人机匀速缓慢地飞回到中心筒上方	操纵无人机匀速缓慢飞行，控制平移速度为 0.5m/s 左右，根据飞行速度适当提前减速，以便完成定点悬停。避免大舵量、大俯仰角、大滚转角的操纵方式	在对尾姿态下，无人机偏离到中心筒的前方，判断中心筒在无人机几何中心点垂直投影的后方，则可后拉升降舵，操纵无人机匀速缓慢地平移到中心筒上方
八位悬停	在中心筒上方分别完成对尾、对头、对左、对右、对头左侧45°、对头右侧45°、对尾左侧45°、对尾右侧45°八个方位的悬停 悬停水平范围：以中心筒为圆心，半径1m的圆；高度范围：1.5~3m	水平偏差扣分：无人机的几何中心点的垂直投影偏离中心筒即会导致扣分。电子评分系统会依据偏差量的大小酌情扣分	发现无人机产生水平偏差后，首先需要判断中心筒与无人机几何中心点垂直投影的距离和方位，然后使用升降舵或副翼摇杆操纵无人机匀速缓慢地飞回到中心筒上方	准确判断无人机在各方位上的偏移量，根据不同方位偏移量的大小准确控制升降舵和副翼舵的舵量，并注意升降舵和副翼舵打舵时机的配合	在对尾左侧45°姿态下，无人机偏离到中心筒的后方，判断中心筒在无人机几何中心点垂直投影的前方，则前推升降舵，同时向右轻压副翼舵，操纵无人机匀速缓慢地平移到中心筒上方

1.8 任务交付

课程思政点睛

1）任务交付与任务接受呼应，特别适合对学生进行社会主义核心价值观中友善、和谐价值的训练。

2）教育学生如何和伙伴友善合作，如何站在公司立场为公司的利益和效率着想，如何站在客户角度为客户着想等。

3）在指导学生进行多旋翼无人机悬停任务交付话术训练时全面体现友善、和谐的价值。

教学实施指导

教师指导学生依据 1.8.1 多旋翼无人机悬停任务交付剧本（中英文），参考 1.8.2 多旋翼无人机悬停任务交付视频（中英文），以角色扮演方式进行任务交付。

1.8.1 多旋翼无人机悬停任务交付剧本（中英文）

学习情境描述

作为与无人机行业应用相关专业的学生，为了满足并适应未来的就业岗位需求，最低要求经过培训学习考取 AOPA 无人机超视距驾驶员执照，并能够通过对无人机的操控飞行，完成无人机测绘作业、无人机航拍作业、无人机巡线检查作业、无人机应急救助作业等。为了实现这样的工作目标，学院项目团队制订了培训实施计划，把无人机操控飞行项目拆分成若干个工作任务（学习情境），会伴随着项目进程陆续给出。

本次工作任务（学习情境）是希望通过各项目组成员的精诚合作，能够进行多旋翼无人机的悬停操控，并要求在 3 天内顺利完成。操控过程注意标准规范、工作效率、经济效益与安全注意事项。

1. 任务完成，正常交付

组　　长：领导，您好！经过我们团队 3 天的努力，我们已经按照多旋翼无人机悬停的流程与标准规范，全部顺利完成了悬停飞行。

Hello, Director! After three days' efforts, our group have successfully completed all the hovering flight in strict accordance with the process and standard specifications of multi-rotor UAV.

项目负责人：好的，你们辛苦了。已经通过教练给你们的模拟考试了吧？

All right. Thank you! Have you passed all the mock exam given by the instructor?

组　　长：是的，已经全部通过！

Yes. It's all passed!

项目负责人：完美。你们先休息一下，一会儿再布置新的任务给你们。

Perfect. Have a rest. I will assign you a new mission later.

组　　长：好嘞，等您。

OK.

2. 任务未完成，异常交付

组　　长：领导，您好！不好意思跟您说，我们团队虽然已经很努力了，但是没有在规定时间内完成悬停任务。

Hi, Director! I'm sorry to tell you that although our group has tried very hard, we have yet to complete the hovering flight mission on time.

项目负责人：啊?! 为什么? 到底哪里出了问题?

Ah? ! Why so? What went wrong?

组　　长：真的非常抱歉，主要是我们专业技术水平还不够娴熟，再加上团队合作不够顺畅，导致了工作结果出现问题。

I'm really sorry. Since there is still much to be desired in our professional proficiency and group cooperation, we fail to finish the work on time.

项目负责人：算了。意识到问题的原因就好，下次多注意。那你们自己能解决吗? 需不需要其他团队的帮助?

Come on. Just draw the lesson next time. Can you handle it by yourselves? Do you need help from other groups?

组　　长：我们自己能解决，不需要帮助。不过，还需要点时间。

We can handle it by ourselves. We don't need help. But it will take some time.

项目负责人：多久?

How long will it take?

组　　长：两个小时吧。

About two hours.

项目负责人：好吧。再给你们团队两个小时，必须全部通过。

All right. Two more hours for your group, all must pass.

组　　长：谢谢您了! 我们这就继续开工。您走好!

Thank you very much! We will continue with our work. See you!

1.8.2 多旋翼无人机悬停任务交付视频（中英文）

1. 多旋翼无人机悬停任务交付（中文）　　2. 多旋翼无人机悬停任务交付（英文）

1.9　巩固拓展

课程思政点睛

巩固拓展环节是充分利用学生的课余时间布置高质量的作业，对课上所学及完成的任务进行温故知新，同时训练学生举一反三、迁移新任务的解决问题能力。任务选择注意课程内容的延续性及拓展性，稍微增加难度，在小组主持作业的情况下，既要对学生克服困难独立完成任务的职业素养进行训练，也要对学生团队合作、高效率高质量完成任务的能力和素养进行训练。

教学实施指导

1) 完成信息化系统中的所有理论测试题，全部满分通过。

2) 以小组为单位熟练多旋翼无人机悬停操作。

新任务迁移：复合翼无人机或垂直起降无人机悬停飞行

学习情境 2

多旋翼无人机水平航线飞行

2.0 教学准备

知识目标
- 无人机飞行空气动力学。
- 无人机飞行性能。
- 无人机飞行稳定性。
- 无人机飞行操纵性。
- 多轴飞行器。
- 单旋翼直升机。
- 双旋翼共轴无人机。
- 固定翼无人机。

技能目标
- 模拟器对尾矩形航线飞行。
- 模拟器矩形航线飞行。
- 模拟器米字航线飞行。
- VR 矩形飞行。
- VR 机头沿矩形航线飞行。
- VR 米字航线飞行。
- 矩形对尾航线飞行。
- 矩形航线飞行。
- 米字航线飞行。

素养目标
- 能够提炼总结简单的事实文本。
- 能够在两人对话中有效沟通并交换信息。
- 能够把自己的观点表达清楚。
- 能够在团队中承担自己的角色功能。
- 能够在团队中有积极的合作意识。
- 能够在制订计划时尽可能考虑全面。
- 能够控制自己的情绪，跟伙伴友好合作。
- 能够认真倾听并及时记录。
- 能够进行简单的图文展示。
- 能够严谨、规范地执行工作任务，遵守无人机法律法规。
- 能够随机应变，灵活处理飞行过程中的突发问题。
- 能够识别"黑飞"等不法飞行并及时制止与上报。
- 能够具有创新、创业精神和意识。

2.1 任务接受

课程思政点睛

　　任务接受环节特别适合对学生进行社会主义核心价值观中的友善、和谐价值的训练。如何做到和伙伴友善合作，如何做到站在公司立场为公司的利益和效率着想，如何做到站在客户角度为客户着想等，在指导学生进行任务接受的话术训练时，教师要及时、适时地对学生进行引导训练，全面体现友善、和谐的价值。

任务接受环节涉及第3个演练月的企业经营，在布置演练月3财务核算任务时，严格要求学生具备诚信经营意识，做到严谨、规范、一丝不苟，同时还要有独特的创新意识和不屈不挠的创业精神。

教学实施指导

1）教师指导学生依据2.1.1多旋翼无人机水平航线飞行任务接受剧本（中英文），学习过程参考2.1.2多旋翼无人机水平航线飞行任务接受视频（中英文），采取角色扮演的方法完成任务接受。

2）角色扮演之后明确了工作任务，完成2.1.3多旋翼无人机水平航线飞行任务工单。

2.1.1 多旋翼无人机水平航线飞行任务接受剧本（中英文）

学习情境描述

作为与无人机行业应用相关专业的学生，为了满足并适应未来的就业岗位需求，最低要求经过培训学习考取 AOPA 无人机超视距驾驶员执照，并通过对无人机的操控飞行，最终能够完成无人机测绘作业、无人机航拍作业、无人机巡线检查作业、无人机应急救助作业等。为了实现这样的工作目标，学院项目团队专门制订了培训实施计划，把无人机操控飞行项目拆分成若干个工作任务（学习情境），并会伴随着项目进程陆续给出。

本次工作任务（学习情境）是希望通过各项目组成员的精诚合作，能够进行多旋翼无人机的水平航线飞行操控，并要求在3天内顺利完成。操控过程注意标准规范、工作效率、经济效益与安全注意事项。

组　　长：领导，您好！这次是什么新任务？

Hi, Director! What's the new mission?

项目负责人：您好！上次你们项目组全部通过了悬停飞行考核。这次任务是能够分别在辅助模式与姿态模式下进行多旋翼无人机的水平航线飞行。

Hello! Your group all passed the hovering flight test. Next it is to fly the multi-rotor UAV horizontally in auxiliary mode and attitude mode respectively.

组　　长：好的！知道了。不过，水平航线飞行有什么特殊的具体要求吗？

OK! I see. However, are there any specific requirements for horizontal flight?

项目负责人：没有什么特殊要求，你们按照多旋翼无人机水平航线飞行的标准规范操作，保证飞行质量就行了。

Nothing special. All you need to do is follow the specifications and standards of multi-rotor UAV horizontal flight operation, and ensure flight quality.

组　　长：好，没问题！规范和标准我们一定严格遵守。

No problem! We will strictly follow the specifications and standards.

项目负责人：另外，操作过程要嘱咐组员，注意谨慎安全操作，千万要在教练的指导下进行。谁损坏，谁赔偿。请注意安全与成本。

In addition, in the operation process, please remind your fellow group members, that they must be careful and safe operation, do under the guidance of the UAV instructor. Whoever causes damage must compensate. Please pay attention to security and cost.

组　　长：好的！您放心，我会嘱咐团队成员小心安全地操作。给我们多长时间完成任务？

All right! Don't worry. I will tell the group members to be careful. How much time we are allowed to finish the job?

项目负责人：3 天内必须保质保量完成。完成后，由飞行教练员检验。

It must be completed with quality and quantity guaranteed within 3 days . Then it is inspected by the instructor.

组　　长：明白了。您放心！还有要嘱咐的吗？

I see. Don't worry about it. Anything more?

项目负责人：没有了。那就拜托了。有问题随时联系。

No more. Just go ahead. Please feel free to contact me if you have any questions.

组　　长：好的！您慢走！再联系。

OK. See you! Keep in touch.

2.1.2 多旋翼无人机水平航线飞行任务接受视频（中英文）

1. 多旋翼无人机水平飞行任务接受（中文）　　2. 多旋翼无人机水平飞行任务接受（英文）

2.1.3 多旋翼无人机水平航线飞行任务工单

项目名称	无人机操控飞行		
项目单位			
项目负责人		联系电话	
项目地址			
项目时间			
任务名称	多旋翼无人机水平航线飞行		

工作任务描述：

　　作为与无人机行业应用相关专业的学生，为了满足并适应未来的就业岗位需求，最低要求经过培训学习考取 AOPA 无人机超视距驾驶员执照，并通过对无人机的操控飞行，最终能够完成无人机测绘作业、无人机航拍作业、无人机巡线检查作业、无人机应急救助作业等。为了实现这样的工作目标，学院项目团队专门制订了培训实施计划，把无人机操控飞行项目拆分成若干个工作任务（学习情境），并会伴随着项目进程陆续给出。

　　本次工作任务（学习情境）是希望通过各项目组成员的精诚合作，能够进行多旋翼无人机水平航线飞行，并要求在 3 天内顺利完成。操控过程注意标准规范、工作效率、经济效益与安全注意事项。

飞行前检查记录：

飞行任务完成情况记录：

驾驶员：		组长：	
教练员签字：		项目负责人签字：	
成本核算：		完成时间：	

2.2 任务分析

课程思政点睛

任务分析环节以多旋翼无人机水平航线飞行视频为切入点，在此教师要简介无人机飞行法律法规，告知学生无人机飞行有法律法规约束，而不是随意飞行，培养学生知法、懂法、用法的意识。

同时，以操作视频启发、引导学生分析任务本身，有助于学生深入思考自己完成任务需要的知识点、技能点与素养点。教师要抓住机会及时训练学生在视频中提取专注、严谨、规范、标准、合法、安全、精益求精的工匠精神。

教学实施指导

教师指导学生利用餐垫法完成任务分析。

1）学生小组合作制作餐垫，划分中心餐垫区和个人餐垫区。

2）学生首先个人独立观看多旋翼无人机水平航线飞行视频，在个人餐垫区独立认真书写：要完成本任务都需要哪些关键信息。

3）学生小组合作讨论出本组的关于完成任务的关键点，达成共识并写在中心餐垫上。

4）教师指定小组，逐条讲解展示，其他小组学生领会理解，补充改进。

多旋翼无人机水平航线飞行视频

1.GPS模式下水
平航线飞行视频

2.姿态模式下水
平航线飞行视频

2.3 理实一体化学习

课程思政点睛

1）以无人机的飞行性能，引导学生在经济性、动力性方面的认识，帮助学生树立在人生很多的选择面前应有的大局观和全局意识，以发展和价值为重。

2）以无人机的飞行稳定性，引导学生在安全性、稳定性方面的认识，帮助学生树立安全观和在安全面前人民至上的观点，任何时候都不能有懈怠麻痹心理。

3）以无人机的飞行操纵性，引导学生在动力性、操纵性方面的认识，帮助学生树立正确的大局观和社会价值观，体现无人机的社会效益。

4）通过学习站法的学习指导，培养学生独立、民主、公平、友善、诚信、合作、和谐、敬业等价值观。

教学实施指导

教师提供给学生为完成本任务（多旋翼无人机水平航线飞行）必要的学习资料（6个模块），要求并指导学生利用学习站法完成理实一体化学习。学生按照教师的要求，认真完成6个模块的企业内部培训，力争自己解决问题。为后续完成工作任务（多旋翼无人机水平航线飞行）进行企业运营，积累专业知识、技能与素养。

学习站法学习

1）学生分为3组，每组学生按照教师的要求进入自己的学习站，个人独立学习相应的2.3.1～2.3.3信息页，并完成各自对应的2.3.1～2.3.3工作页。同一个学习站的学生小组合作讨论，对学习结果（即工作页的结果）进行更正、改进、完善，达成共识。学生按照教师指定的轮站顺序轮换学习站学习，直至完成2.3.1～2.3.3所有信息页与工作页的学习。

2）学生以竞争方式获得展示学习结果的机会，使用实物投影仪进行展示讲解，本小组的同学补充完善，力求不给其他小组机会。而其他小组的同学进行倾听、补充、改进、完善，都会获得相应的奖励。

3）同样，以学习站法完成2.3.4～2.3.6信息页和工作页的学习、展示、评价。

2.3.1 飞行性能

1. 信息页

学习领域	学习领域：无人机操控飞行		
学习情境	学习情境2：多旋翼无人机水平航线飞行	学习时间	30min
工作任务	A：飞行性能	学习地点	理实一体化教室

飞行性能

无人机飞行时所受的外载荷有重力与气动力。无人机飞行性能是描述飞机质心运动规律的性能，包括飞机的飞行速度、飞行高度、航程、航时、起飞和着陆性能、机动性能等。

1. 高度

理论静升限：飞机能作水平直线飞行的最大高度。

实用静升限：飞机最大爬升率等于0.5m/s（亚声速飞机）或5m/s（超声速飞机）所对应的飞行高度。

理论升限大于实用升限。

爬升率：单位时间内飞机所上升的垂直高度。

爬升角 θ：飞机上升航迹与水平线之间的夹角。

爬升率与爬升角（图1）反映了飞机改变高度的能力，它们的大小主要取决于飞机的剩余推力和飞机所受的重力。

垂直爬升时，升限为海拔1000m的多轴飞行器，如果在10km/h的前飞中爬升，其升限将提高。

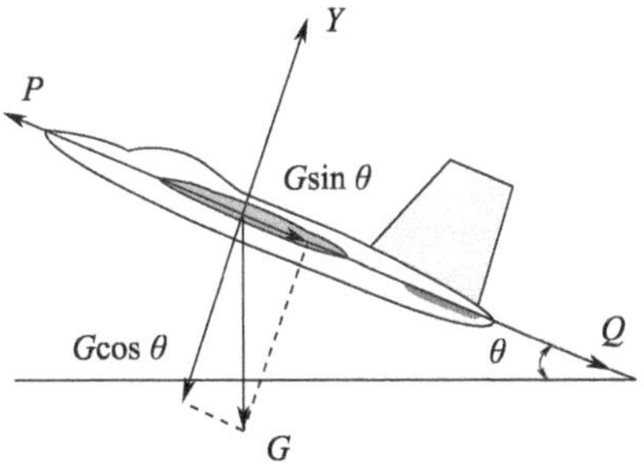

图1　爬升率与爬升角
P—飞行推力　Q—飞行阻力

2. 速度

最大飞行速度：飞机在一定高度上做水平直线飞行时，在一定飞行距离内（>3km），发动机以最大推力工作所能达到的最大飞行速度。

最小飞行速度：飞机在一定高度，能产生足够升力平衡重力，维持水平直线飞行的最小速度，又称平飞所需速度。

巡航飞行速度：发动机每千米燃油消耗量最小情况下的飞行速度。

平飞有利速度：能够获得最长平飞航时的速度。

平飞远航速度：能够获得最大平飞航程的速度。

3. 航程

最大航程：在起飞后不再加油的情况下，飞机以巡航速度所能达到的最远距离。

飞机平飞航程的长短主要取决于燃油量或电池容量。

4. 起飞着陆性能

起飞着陆性能是固定翼无人机特有的飞行性能。固定翼无人机起降阶段的操控是需要专门进行训练的，固定翼的起降航线又称五边航线，如图2所示。起降航线是固定翼无人机驾驶员最基本的飞行训练科目。

1）起飞性能。飞机的起飞过程包括起飞滑跑和爬升两个主要阶段，飞机离地速度越小、滑跑距离越短，飞机的起飞性能越好，如图3所示。减小起飞距离的办法：利用增升装置（襟翼）、增加推力等。与顺风或无风起飞相比，飞机以一定地速逆风起飞时，滑跑距离将减小。

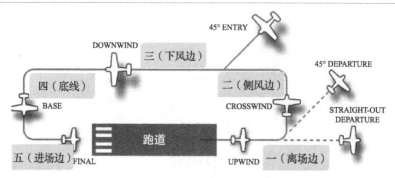

图 2　固定翼无人机的五边航线

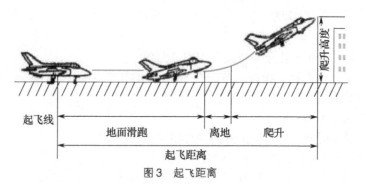

图 3　起飞距离

2）着陆性能。飞机着陆的过程包括下滑、拉平、平飞、飘落、滑跑五个阶段。

着陆距离（图 4）由着陆下滑距离、拉平距离、平飞距离、飘落距离和着陆滑跑距离组成。下滑距离与下滑角（飞行轨迹与水平面的夹角）、下滑高度有关。同架同样重量的飞机在高原机场降落比在平原机场降落需要的跑道长。

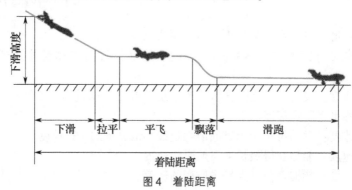

图 4　着陆距离

5．机动性能

（1）过载

飞机过载和载荷因子是同一概念。载荷因子是飞机承受的载荷（除重力外）与重力的比值。法向（y 轴）过载（图 5）是飞机的升力与重力的比值，用 n_y 表示。当法向过载大于 1 时，飞机就向升力方向转弯或爬升。过载越大，转弯或爬升得越快。

过载具有方向性，与物体运动方向

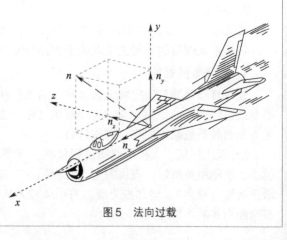

图 5　法向过载

一致或相反的力称为切向力，与物体运动方向一致或相反的力与物体质量的比值称为切向过载。与物体运动方向垂直的力称为法向力，与物体运动方向垂直的力与物体质量的比值称为法向过载。所以，飞机的推力和阻力是切向力，飞机的升力是法向力。但重力与飞机运动方向的关系是变化的，当飞机垂直上升或下降时重力是切向力；当飞机平飞时，重力是法向力。

（2）盘旋

盘旋是指保持飞行高度不变，飞机做圆周飞行。转弯半径是重要的机动指标，空速越大，转弯半径越大。

操纵副翼使外侧机翼副翼向下，内侧机翼副翼向上，外侧升力大于内侧升力，飞机滚转（坡度），实现转弯。

飞机盘旋时受力分析如图6所示，转弯的向心力是飞机升力的水平分力 Y_2。飞机坡度增大，升力的垂直分量 Y_1 减小，水平分量增大，为保持高度，需要增大迎角和油门。空速适度减小时，为保持高度，应实施的操纵是增大迎角，以保持升力的垂直分量不变。

飞机和任何其他运动物体类似，需要有一个侧向力使其转弯。在一个正常的转弯中，这个力是通过飞机的倾斜得到的，当飞机倾斜时，升力作用方向是向内朝向转弯的中心，且是向上的。

转弯时候的升力可分解为两个分力，这两个分力呈合适的角度。垂直作用的分力和重力成对，称为垂直升力分量，另一个分力水平指向转弯的中心，

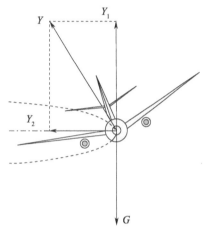

图6 飞机盘旋受力分析

称为水平升力分量，又称向心力。这个水平方向的力把飞机从直线航迹拉动到转弯航迹上。离心力和飞机转弯时的向心力方向相反，大小相等。良好的方向控制基于一个事实，即只要飞机倾斜，它就会转弯，又称协调转弯，特别是飞机处于平直飞行时。

盘旋时，飞机的总升力没有增加。由升力的分解可知，飞机倾斜时，抵消重力的力降低，进而飞机的高度就会下降，需要增加额外的力来抵消重力。由于垂直分力随倾斜角度的增加而降低，因此需要相应地增加迎角来产生足够的升力以平衡飞机的重力。当进行恒定高度转弯时，一定要记住升力的竖直分量必须要等于飞机的重力才能维持飞机的高度。

对于给定的空速，飞机转弯的快慢依赖于升力水平分量的大小。升力的水平分量和倾斜角成正比。倾斜角增加时，升力的水平分量也增加，也就加快了转弯的速度。因此，对于任何给定空速，转弯速度可以通过调整倾斜角来控制。

在水平转弯中，为提供足够的升力垂直分量来维持高度，迎角需要有一定的增加。空速的降低和倾斜角成比例，小倾斜角的结果是空速的少量降低，大倾斜角时空速降低较大。由于机翼阻力和迎角成正比，这就导致在水平转弯中，必须要增加额外的推力来防止空速降低；需要额外推力的大小和倾斜角成比例。空速增加导致转弯半径增加，离心力和转弯半径成正比。在一次正确执行的转弯中，升力的水平分量必须恰好等于向心力，且方向相反。因此，当恒定角速度水平转弯时，空速增加，转弯半径也要增加。转弯半径的增加导致离心力的增加，这也必须通过增加升力的水平分量来平衡，它只能通过增加倾斜角来增加。

转弯中的侧滑如图7所示。内侧滑转弯时，飞机转弯的快慢和倾斜的角度不对应，飞

机会偏航到转弯航迹的内侧。此时飞机以一定的角速度转弯而倾斜过多，升力水平分量大于离心力。升力的水平分量和离心力的平衡可通过降低倾斜度、降低角速度或者二者的结合建立。

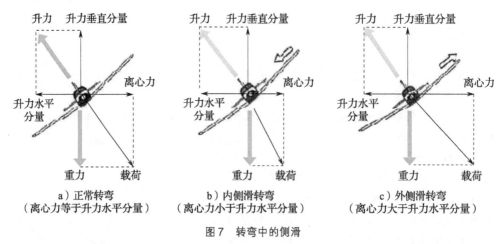

a）正常转弯
（离心力等于升力水平分量）

b）内侧滑转弯
（离心力小于升力水平分量）

c）外侧滑转弯
（离心力大于升力水平分量）

图 7　转弯中的侧滑

外侧滑转弯是由于离心力比升力的水平分量还大，把飞机向转弯的外侧拉。外侧滑转弯可以通过增加倾斜角修正。为维持一个给定的角速度，倾斜角必须随空速变化。在高速飞机上，这变得特别重要。

偏转副翼使飞机转弯时，两翼的阻力是外侧机翼阻力大。仅偏转副翼使飞机水平左转弯时，出现左侧滑，为修正逆偏转的影响，应向左偏转方向舵。同理，偏转副翼使飞机右转弯时，为修正逆偏转的影响，应向右偏转方向舵。飞机转弯时，坡度有继续增大的倾向，原因是转弯时外侧升力比内侧的大。

（3）滑翔

滑翔状态时（图 8a），发动机处于小油门状态，或怠速甚至关机状态。飞机平飞时，保持等速飞行的平衡条件是升力等于重力，推力等于阻力。重力垂直向下，但是可分解成一个沿着飞行方向的力和一个垂直飞行方向的力。飞机平飞遇垂直向上突风作用时，升力将增大。滑翔机在重力分力的作用下沿着飞行方向运动。空气反作用力的合力可以近似地分解为垂直飞行方向的升力和与之垂直并与飞行方向相反的阻力。这个力分解图跟水平飞行的四力图非常相似，不过整个图被旋转了一个角度，这就是所谓的下滑角。一个较大的下滑角会导致一个很大的重力沿飞行方向的分量。这个分量会拉着飞行器沿着其飞行轨迹一直加速运动，直到空气反作用力的阻力分量变得足够大时，才会再次进入平衡状态。

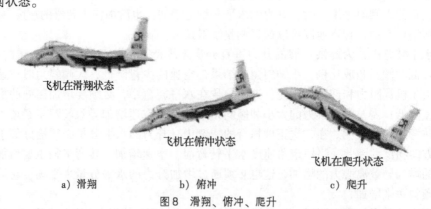

飞机在滑翔状态

飞机在俯冲状态

飞机在爬升状态

a）滑翔

b）俯冲

c）爬升

图 8　滑翔、俯冲、爬升

无人机驾驶员舵面遥控操纵飞机时推杆，飞机转入下降。对应于最大升阻比的下滑称为最有利下滑，此时下滑角最小，下滑水平距离最长。使飞机获得最大下滑距离的速度是下滑有利速度，此时飞机下滑阻力最小。

（4）俯冲

在俯冲状态中（图8b），在某些极限状态下，飞行轨迹完全垂直向下，重力和推力（如果还存在）同时拉着飞机向下运动，这时唯一的反作用力就是阻力。当阻力变得足够大以至于能够平衡重力和推力时，速度通常是极高的，但很可能在达到这个极限速度之前，飞机就已经坠毁。

飞机从平直飞行进入下降状态，作用于飞机的力必定变化。当升降舵推杆，飞机头向下倾斜时，迎角减小，结果是机翼升力降低。总升力和迎角的减小是短暂的，发生在航迹变成向下时。航迹向下的变化是由于迎角减小时升力暂时小于飞机的重力。升力和重力的不平衡导致飞机从平直航迹开始下降。当航迹处于稳定下降时，机翼的迎角再次恢复原来的大小，升力和重力会再次平衡。从下降开始到稳定状态，空速通常增加。这是因为重力的一个分量现在沿航迹向前作用，类似于爬升中的向后作用。总体效果相当于动力增加，然后导致空速比平飞时增加。

为使下降时的空速和平飞时相同，很显然，功率必定要降低。重力沿航迹向前的分量将随俯角的增加而增加，相反，俯角减小时重力向前的分量也减小。因此，为保持空速和巡航时一样，下降时要求功率降低的大小通过下降坡度来确定。

（5）爬升

在爬升状态中（图8c），总的支持力是机翼的升力和发动机推力的合力。重力可以分解为两个分量：一个与升力反向，另一个与推力反向，也就是与阻力同向。结果就是平衡状态下的四力被旋转了一个爬升角。极限的情况就是垂直爬升，这时重力和阻力的方向与推力相反。这种飞行的例子常见于直升机。常规的固定翼飞行器，如果有足够的推力，也可以进行垂直爬升动作。在这种状态下，机翼的升力肯定为零，而且它的迎角也必须为零，这样才能不产生升力。因此，想要爬升得更陡和更快，就必须有强大的推力，机翼的作用是次要的，推力必须能够克服重力和阻力的合力。

无人机在俯冲拉起、筋斗和跃升过程中，升力为飞机的曲线运动提供向心力并改变飞机飞行速度的方向，如图9所示。飞机进行匀速俯冲拉起飞行的过程中，飞行速度方向的变化是由于存在着向心力。

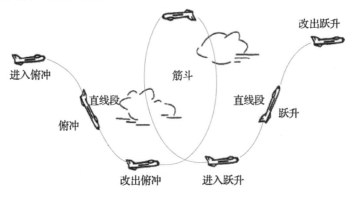

图9　无人机俯冲拉起、筋斗和跃升过程

实际飞行中，飞机处于稳定的正常爬升状态时的机翼升力 L 和相同空速平直飞行时的升力是一样的。尽管爬升前后的飞行航迹变化了，但当爬升稳定后，对应于上升航迹的机翼迎角又会恢复到与平飞相同的值。只是在爬升过程中，会有短暂的变化。平直飞行/爬升转换期间的升力变化如图 10 所示。

从平直飞行到爬升的转换期间，升力的变化发生在升降舵拉起的一开始。飞机头的抬升增加了迎角，短暂地增加了升力。此时的升力 L 大于重力 G，飞机开始爬升。当稳定爬升后，迎角和升力再次恢复到水平飞行时的值。如果爬升时功率不改变，空速一般会降低，因为维持平飞时的空速需要的推力不足以维持相同的空速来爬升。当航迹向上倾斜时，飞机重力的一个分量沿航迹向后作用，和飞机总阻力平行，因此也增加了诱导阻力。所以，总阻力 D 大于推力 T，空速下降。一般空速下降的结果对应于阻力的降低，直到总阻力（包含相同方向的重力分量）等于推力。动力、空速的变化一般因飞机大小、重力和总阻力以及其他因素的不同而发生变化。平直飞行/爬升转换期间的速度变化如图 11 所示。

图 10　平直飞行/爬升转换期间的升力变化　　图 11　平直飞行/爬升转换期间的速度变化

通常，当空速稳定后，推力和阻力、升力和重力再次平衡，但是比相同功率下的平飞状态的空速值要低。由于在爬升中飞机重力的一个分量随阻力向后作用，这就需要额外的功率以保持和平飞时相同的空速。功率大小依赖于爬升角度。如果爬升的航迹很陡峭，那么可用功率将不足，空速较低。所以剩余功率的大小决定了飞机的爬升性能。

6. 无人机性能评估

（1）续航能力

目前阻碍无人机场景应用的最大障碍是续航能力，它是衡量一架无人机性能的重要指标之一。

无人机的续航能力越长，表示其性能越好，反之，续航能力越短，表示其性能越差。

（2）遥测距离

无人机遥测距离是指地面控制站对无人机的操控范围。遥测距离越远，表示无人机的性能越好。

（3）载重量

载重量是指无人机飞行过程中能够运载的最大载荷。同等条件下，携带载荷量越大，表示无人机的性能越好。

（4）抗风能力

抗风能力是指无人机能抵御最高等级风力并正常作业的能力。同等条件下，无人机的抗风等级越大，表示无人机的性能就越好。

2. 工作页

学校名称		任课教师	
班级		学生姓名	
学习领域	学习领域：无人机操控飞行		
学习情境	学习情境2：多旋翼无人机水平航线飞行	学习时间	30min
工作任务	A：飞行性能	学习地点	理实一体化教室

飞行性能

请完成下列单选题：（每题1分，共48分）

（1）下列选项中不是飞机飞行时所受外载荷的是（　　）。

  A. 重力   B. 气动力   C. 惯性力

（2）飞机的理论升限（　　）实用升限。

  A. 等于   B. 大于   C. 小于

（3）飞机的爬升角是指（　　）。

  A. 飞机上升航迹与水平线之间的夹角

  B. 飞机立轴与水平线之间的夹角

  C. 飞机横轴与水平线之间的夹角

（4）飞机爬升角的大小取决于（　　）。

  A. 剩余推力   B. 飞机所受重力   C. 剩余推力和飞机所受重力

（5）飞机平飞要有足够的升力来平衡飞机的重力，产生该升力所需的速度称为（　　）。

  A. 飞机平飞所需速度   B. 飞机平飞有利速度   C. 飞机平飞最大速度

（6）无人机能获得平飞航时最长的速度是（　　）。

  A. 飞机平飞所需速度   B. 飞机平飞有利速度   C. 飞机平飞最大速度

（7）无人机能获得平飞航程最长的速度是（　　）。

  A. 飞机平飞有利速度   B. 飞机平飞最大速度   C. 飞机平飞远航速度

（8）飞机在一定高度上做水平直线飞行时，在一定飞行距离内（>3km），发动机以最大推力工作所能达到的最大飞行速度是（　　）。

  A. 飞机平飞所需速度   B. 飞机平飞有利速度   C. 飞机平飞最大速度

（9）发动机每千米燃油消耗量最小情况下的飞行速度是（　　）。

  A. 飞机平飞有利速度   B. 飞机平飞巡航速度   C. 飞机平飞远航速度

（10）飞机平飞航程的长短（　　）。

  A. 取决于平飞可用燃油量多少   B. 取决于平飞高度

  C. 取决于发动机每小时耗油量大小

（11）飞机离地速度越小，则（　　）。

  A. 滑跑距离越短，飞机的起飞性能越好

  B. 滑跑距离越短，飞机的起飞性能越差

  C. 滑跑距离越长，飞机的起飞性能越好

（12）飞机以一定地速逆风起飞时，（　　）。

  A. 滑跑距离将减小   B. 滑跑距离将增大   C. 滑跑距离不变

（13）飞机着陆的过程包括（　　）。

  A. 减速下滑、拉平接地和减速滑跑三个阶段

  B. 下滑、拉平、平飘、接地和着陆滑跑五个阶段

  C. 下滑、拉平、接地、着陆滑跑和制动五个阶段

（14）飞机的下滑角是（　　）。

  A. 升力与阻力的夹角   B. 飞行轨迹与水平面的夹角   C. 阻力与重力的夹角

（15）飞机下滑距离（　　）。

　　A. 与下滑高度有关　　B. 与下滑角无关　　C. 与下滑高度无关

（16）同架同样质量的飞机（　　）。

　　A. 在高原机场降落比在平原机场降落需要的跑道短

　　B. 在高原机场降落比在平原机场降落需要的跑道长

　　C. 在高原机场降落和在平原机场降落需要的跑道一样长

（17）载荷因子是（　　）。

　　A. 飞机拉力与阻力的比值　　　　　　　　B. 飞机升力与阻力的比值

　　C. 飞机承受的载荷（除重力外）与重力的比值

（18）飞机过载和载荷因子（　　）同一概念。

　　A. 是　　　　　　　　B. 不是　　　　　　　　C. 不确定是否为

（19）飞机在 y 轴方向上的"过载"是指（　　）。

　　A. 飞机升力与飞机重力的比值　　　　　　B. 飞机升力与飞机阻力的比值

　　C. 飞机推力与飞机阻力的比值

（20）当法向过载（　　）时，飞机就向升力方向转弯或爬升。过载越大，转弯或爬升得越快。

　　A. 大于 1　　　　　　B. 小于 1　　　　　　C. 等于 1

（21）飞机的推力（　　）。

　　A. 是切向力　　　　　B. 是法向力　　　　　C. 起降时是切向力，平飞时是法向力

（22）飞机的阻力（　　）。

　　A. 是切向力　　　　　B. 是法向力　　　　　C. 起降时是切向力，平飞时是法向力

（23）飞机的升力（　　）。

　　A. 是切向力　　　　　B. 是法向力　　　　　C. 起降时是切向力，平飞时是法向力

（24）飞机的重力（　　）。

　　A. 是切向力　　　　　B. 是法向力　　　　　C. 起降时是切向力，平飞时是法向力

（25）下列叙述与飞机的正常盘旋飞行无关的是（　　）。

　　A. 保持飞行高度不变　　　　　　　　　　B. 保持飞机做圆周飞行

　　C. 保持飞机等速直线飞行

（26）飞机转弯的向心力是（　　）。

　　A. 飞机的拉力　　　　　　　　　　　　　B. 方向舵上产生的气动力

　　C. 飞机升力的水平分力

（27）飞机坡度增大，升力的垂直分量（　　）。

　　A. 增大　　　　　　　　B. 减小　　　　　　　　C. 保持不变

（28）飞机坡度增大，升力的水平分量（　　）。

　　A. 增大　　　　　　　　B. 减小　　　　　　　　C. 保持不变

（29）转弯时，为保持高度和空速，应（　　）。

　　A. 增大迎角和推力　　　　　　　　　　　B. 增大迎角、减小推力

　　C. 减小迎角、增大推力

（30）飞机转弯时，为保持高度，需要增大迎角，其原因是（　　）。

　　A. 保持升力垂直分量不变　　　　　　　　B. 用以使机头沿转弯方向转动

　　C. 保持升力水平分量不变

（31）空速适度减小时，为保持高度，应实施的操纵是（　　）。

　　A. 增大迎角，使升力的增加大于阻力的增加

　　B. 增大迎角，以保持升力不变

　　C. 减小迎角，以保持阻力不变

（32）偏转副翼使飞机转弯时，两翼的阻力是（　　）。

A. 内侧机翼阻力大　　　B. 外侧机翼阻力大　　　C. 相等的

（33）仅偏转副翼使飞机水平左转弯时，（　　）。

A. 出现右侧滑　　　　　B. 出现左侧滑　　　　　C. 无侧滑

（34）偏转副翼使飞机左转弯时，为修正逆偏转的影响，应（　　）。

A. 向左偏转方向舵　　　B. 向右偏转方向舵　　　C. 向右压杆

（35）偏转副翼使飞机右转弯时，为修正逆偏转的影响，应（　　）。

A. 向左偏转方向舵　　　B. 向右偏转方向舵　　　C. 向左压杆

（36）飞机转弯时，坡度有继续增大的倾向，原因是（　　）。

A. 转弯外侧阻力比内侧的大　　　　　　　B. 转弯外侧升力比内侧的大

C. 转弯外侧阻力比内侧的小

（37）外侧滑转弯时，由于离心力比升力的水平分量还大，把飞机向转弯的外侧拉。下列说法错误的是（　　）。

A. 外侧滑转弯可以通过增加倾斜角修正

B. 为维持一个给定的角速度，倾斜角必须随离心力变化

C. 在高速飞机上对侧滑进行修正非常重要

（38）（　　）下发动机处于小油门状态，或怠速甚至关机状态。

A. 俯冲状态　　　　　　B. 爬升状态　　　　　　C. 滑翔状态

（39）飞机平飞时，保持等速飞行的平衡条件是（　　）。

A. 升力等于重力，推力等于重力　　　　　B. 升力等于重力，推力等于阻力

C. 升力等于阻力，推力等于重力

（40）飞机平飞遇垂直向上突风作用时，（　　）。

A. 阻力将增大　　　　　B. 升力将增大　　　　　C. 升力将减小

（41）无人机驾驶员舵面遥控操纵飞机时（　　）。

A. 拉杆，飞机转入下降　　B. 推油门，飞机转入下降　　C. 推杆，飞机转入下降

（42）使飞机获得最大下滑距离的速度是（　　）。

A. 最大下滑速度　　　　B. 失速速度　　　　　　C. 下滑有利速度

（43）下滑有利速度使（　　）。

A. 飞机下滑阻力最小　　B. 飞机下滑角最大　　　C. 飞机下滑升力最大

（44）用下滑有利速度下滑，飞机的（　　）。

A. 升阻比最大　　　　　B. 升力最大　　　　　　C. 下滑角最大

（45）在飞机进行俯冲拉起过程中，飞机的升力（　　）。

A. 为飞机曲线运动提供向心力　　　　　　B. 等于飞机所受重力

C. 大于飞机所受重力并一直保持不变

（46）飞机进行匀速俯冲拉起飞行的过程中，（　　）。

A. 速度不发生变化

B. 外载荷平衡

C. 飞行速度方向的变化是由于存在着向心力

（47）下面说法错误的是（　　）。

A. 在滑翔状态中，一个较大的下滑角会导致一个很大的重力沿飞行方向的分量

B. 在俯冲状态中，飞行轨迹可以达到完全垂直向下

C. 在爬升状态中，要想爬升得更陡和更快，就必须有强大的推力，机翼的作用是主要的

（48）垂直爬升时升限为海拔1000m的多轴飞行器，如果在10km/h的前飞中爬升，其升限（　　）。

A. 将降低　　　　　　　B. 将升高　　　　　　　C. 将保持不变

2.3.2 飞行稳定性

1. 信息页

学习领域	学习领域：无人机操控飞行		
学习情境	学习情境2：多旋翼无人机水平航线飞行	学习时间	30min
工作任务	B：飞行稳定性	学习地点	理实一体化教室

飞行稳定性

飞机的稳定性（又称安定性）是指飞机在受到扰动后，不经驾驶员操纵，能恢复到受扰动前的原始状态（即原来平衡状态）的特性。如果能恢复，则称飞机是稳定的，反之，则称飞机是不稳定的，如图1所示。

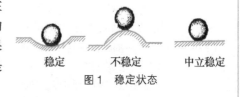

图1 稳定状态

1. 机体坐标系

不论是固定翼无人机、直升机、还是多旋翼无人机，研究其稳定性时首先要建立机体坐标系，如图2所示。研究飞机运动时选用的机体坐标，以飞机重心为原点，纵轴和立轴确定的平面为对称面。

原点（O点）：位于飞行器的重心。

纵轴（x轴）：位于飞行器对称面内，平行于机身轴线并指向飞行器前方。

横轴（y轴）：垂直于飞行器对称面并指向飞行器右方。

立轴（z轴）：在对称面内，垂直于Oxy平面，指向飞行器下方。

飞机在空中飞行时可以产生俯仰运动、偏航运动和滚转运动，飞机绕横轴的运动为俯仰运动；绕立轴的运动为偏航运动；绕纵轴的运动为滚转运动。

根据飞机绕机体轴的运动形式，飞机飞行时的稳定性可分为纵向稳定性、航向稳定性和横向稳定性。飞机绕横轴的稳定性称为

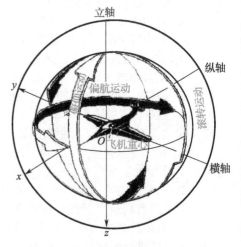

图2 机体坐标系

纵向稳定性；飞机绕纵轴的稳定性称为横向稳定性；飞机绕立轴的稳定性称为航向稳定性。

2. 姿态角

在飞机飞行时，可以通过判断飞行姿态角的变化来分析飞机都发生了哪些运动，进而做出与之相对应的操作。描述飞机在空中姿态的姿态角（图3）有俯仰角（pitch）、滚转角（roll）、偏航角（yaw）。

（1）俯仰角 θ

俯仰角是机体坐标系纵轴与水平面的夹角。抬头时，俯仰角为正，否则为负，如图4所示。多轴飞行器在前飞中必然会产生俯仰角变化。

（2）滚转角 ϕ

滚转角是机体坐标系立轴与通过机体纵轴的铅垂面间的夹角，机体向右滚转为正，反之为负。

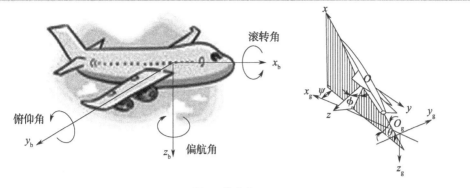

图 3 姿态角

（3）偏航角 ψ

偏航角是机体坐标系纵轴与铅垂面的夹角，机头右偏航为正，反之为负。

3. 纵向稳定性

飞机纵向稳定性是指飞机受到上下对流干扰后产生绕横轴转动而偏离原来的纵向平衡状态（俯仰方向），扰动消失后自动恢复原飞行姿态的性能。飞机靠水平尾翼和机翼来保证纵向稳定性。其中，飞机纵向阻尼力矩主要由水平尾翼产生。

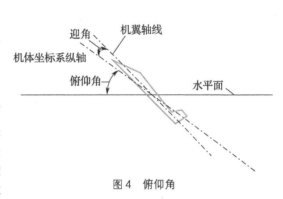

图 4 俯仰角

在飞行过程中，作用于飞机的俯仰力矩主要是机翼力矩和水平尾翼力矩。常规布局的飞机，机翼升力对飞机重心的力矩常为使飞机机头下俯的力矩；尾翼升力对飞机重心的力矩常为使飞机机头上仰的力矩。飞机的纵向稳定性有利于防止飞机抬头过高或低头过低。当飞机的迎角发生变化时，在机翼和尾翼上都会产生一定的附加升力，这个附加升力的合力作用点称为飞机机翼的焦点。对于正常布局的飞机，飞机全机的焦点在机翼焦点的后面。飞机焦点的位置不随迎角变化而改变。

飞机纵向稳定性主要取决于飞机重心的位置，飞机重心位于焦点（压力中心）前面，则飞机纵向稳定；如果飞机的重心位于焦点（压力中心）之后，飞机则是纵向不稳定的，如图 5 所示。

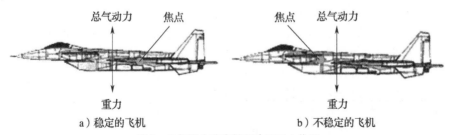

a）稳定的飞机 b）不稳定的飞机

图 5 飞机纵向稳定性取决于重心位置

当飞机受到扰动而机头上仰时，机翼和水平尾翼的迎角增大，产生一个向上附加升力，如果飞机重心位于焦点位置的前面，则此向上的附加升力会对飞机产生一个下俯的稳定力矩，使飞机趋向于恢复原来的飞行状态。反之，当飞机受扰动而机头向下俯时，机翼和水平尾翼的迎角减小，会产生向下的附加升力，此附加升力对重心形成一个上仰的稳定力矩，也使飞机趋向于恢复原来的稳定状态。

（1）静稳定裕度

重心与焦点之间的距离被定义为飞机的静稳定裕度（图6），通常用重心到平均气动力弦前缘的距离和平均气动力弦长之比的百分数来表示。裕度越大，稳定性就越强。重心前移可以增加飞机的纵向静稳定性，如果重心靠后，静稳定裕度减小，飞机的纵向稳定性减弱。

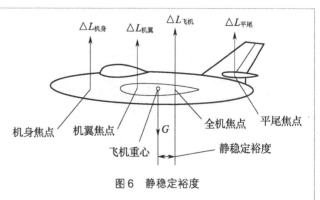

图6 静稳定裕度

静稳定性并不是越大越好。静稳定性过大，升降舵的操纵力矩就难以使飞机抬头。因此，重心前移使稳定性过大，会导致飞机的操纵性变差。飞机重心位置会随飞机载重的分布情况不同发生变化。当重心位置后移时，将削弱飞机的纵向稳定性。焦点在重心之后，焦点位置向后移增加纵向稳定性。

具有正静稳定性的飞机，当受到扰动，平衡状态变化后，有回到原平衡状态的趋势。具有负静稳定性的飞机，当受到扰动，平衡状态变化后，有继续偏离原平衡状态的趋势。飞机从已建立的平衡状态发生偏离，若飞机振荡的振幅减小，飞机逐渐回到原来的平衡状态，则飞机表现出正动稳定性。飞机从已建立的平衡状态发生偏离，若飞机振荡的振幅持续增大，则飞机表现出负动稳定性。

（2）配平

无人机配平主要考虑的是重心沿纵轴的前后位置。重心的移动将改变静稳定裕度，甚至使飞机不稳定。因此，在配置飞机载重时，应注意妥善安排各项载重的位置，不使飞机重心后移过多，以保证重心位于稳定所要求的范围以内。大型无人机计算装载质量和重心的方法主要有计算法、图表法和查表法。通过增加或减少头部或尾部配置，调整飞机的稳定性。增加水平尾翼面积会增加飞机纵向静稳定性；增加垂直尾翼面积会增加飞机方向静稳定性。对于具有静稳定性的飞机，向左侧滑时其机头会向左转。配重的任何变化都将需要新的升降舵配平以维持水平飞行。

4. 航向稳定性

飞机航向稳定性是指飞机受到侧风干扰后产生绕立轴转动，扰动消失后自动恢复原飞行姿态的性能。飞机主要靠垂直尾翼产生航向方向稳定力矩来保证航向稳定性。影响飞机航向稳定力矩的主要因素是飞机迎角、机身、垂尾面积和重心位置。

飞机的侧滑飞行是一种既向前又向侧方的运动，此时，飞机的对称面和相对气流方向不一致。飞机产生侧滑时，空气从飞机侧方吹来，这时，相对气流方向和飞机对称面之间就有一个侧滑角 β。飞行侧滑角为空速向量与飞机对称面的夹角。相对气流从左前方吹来称为左侧滑；相对气流从右前方吹来称为右侧滑。

如图7所示，飞机在飞行过程中受微小扰动，机头右偏，出现左侧滑，空气从飞机的左前方吹来作用在垂直尾翼上，产生向右的附加侧力 Z。此力对飞机重心形成一个航向稳定力矩 M_1，力图使机头左偏，消除侧滑，使飞机恢

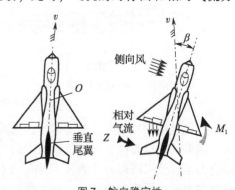

图7 航向稳定性

复航向平衡状态，因此飞机具有航向稳定性。相反，飞机出现右侧滑时，就形成使飞机向右偏转的航向稳定力矩。由此可见，只要有侧滑，飞机就会产生航向稳定力矩，并使飞机消除侧滑恢复到原来的平衡状态。

5. 横向稳定性

飞机横向稳定性是指飞机受到干扰后产生绕纵轴转动，扰动消失后自动恢复原飞行姿态的性能。飞机主要靠机翼产生横向滚转稳定力矩来保证横向稳定性。影响飞机横向稳定力矩的因素主要是机翼上反角、机翼后掠角和垂直尾翼。

上反角 ψ 是机翼的底面同垂直于飞机立轴的平面之间的夹角。机翼上反角起到提高横向稳定的作用。如图 8 所示，飞机在平飞过程中，当一阵风（v_1）吹到飞机的左翼上时，飞机的左翼抬起，右翼下沉，飞机受扰动而产生向右的倾斜，使飞机沿着合力 R 的方向沿右下方产生侧滑（v_2）。此时，空气从右前方吹来（v_3），因上反角的作用，右翼有效迎角 α_1 增大，升力 Y_1 也增大，左翼则相反，有效迎角 α_2 和升力 Y_2 都减小。左右机翼升力之差形成的滚转力矩 M 力图减小或消除倾斜，进而消除侧滑，使飞机具有自动恢复横向平衡状态的趋势，具有横向稳定性。飞机的横向稳定性有助于使机翼恢复到水平状态。从机尾向机头方向看去，顺时针旋转螺旋桨飞机的转矩使飞机向左滚转。

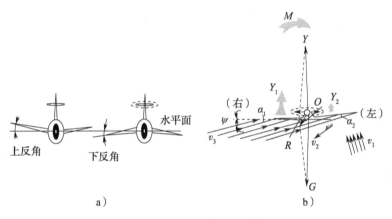

图 8　上反角与横向稳定性

机翼后掠角也使飞机具有横向稳定性。如图 9 所示，一旦因外界干扰（v_a），飞机产生了向右的倾斜，飞机的升力 Y 也跟着倾斜，飞机将沿着合力 R 的方向产生侧滑（v_b）。由于后掠角的作用，飞机右翼的有效速度 v_1 大于左翼的有效速度 v_3，因此，在右边机翼上产生的升力 Y_1 将大于左边机翼上产生的升力 Y_2，两边机翼升力之差形成滚转力矩 M，力图减小或消除倾斜，使飞机具有横向稳定性。后掠角越大，横向稳定作用也越大。

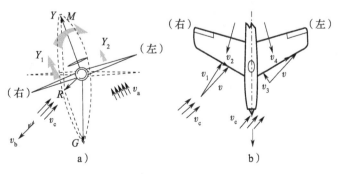

图 9　后掠角与横向稳定性

多轴飞行器悬停转向时和以 10km/h 速度前飞转向时滚转角不同。增加垂直安定面面积，横向稳定性将增加。

6. 航向与横向稳定性的耦合

飞机的纵向与航向、横向稳定性之间互相独立；航向与横向稳定性是紧密联系和相互影响的，因此通常合称为"横侧稳定"。故飞机的横向和航向稳定性之间必须匹配适当。如果匹配不当，飞机将可能出现"螺旋不稳定"或"荷兰滚不稳定"现象。

（1）螺旋（尾旋）

螺旋（尾旋）是指飞机失速后机翼自转，飞机以小半径的圆周盘旋下降运动的现象，如图 10 所示。产生螺旋不稳定的主要原因是飞机横向稳定性过弱，航向稳定性过强，飞机失速后机翼自转。为消除螺旋（尾旋）不稳定，应立即向螺旋反方向打舵到底，制止滚转。

（2）荷兰滚（飘摆）

荷兰滚（飘摆）是指飞机非指令地时而左滚，时而右滚，同时伴随机头时而左偏，时而右偏的现象，如图 11 所示。产生荷兰滚（飘摆）的主要原因是飞机的横向稳定性过强，而航向稳定性相对较弱。

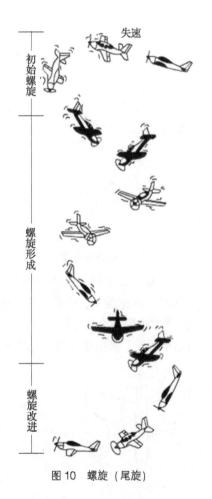

图 10　螺旋（尾旋）

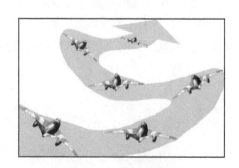

图 11　荷兰滚（飘摆）

2. 工作页

学校名称		任课教师	
班级		学生姓名	
学习领域	学习领域：无人机操控飞行		
学习情境	学习情境2：多旋翼无人机水平航线飞行	学习时间	30min
工作任务	B：飞行稳定性	学习地点	理实一体化教室

飞行稳定性

请完成下列单选题：（每题1分，共60分）

（1）研究飞机运动时选用的机体坐标，其（　　）。

    A. 以飞机重心为原点，纵轴和横轴确定的平面为对称面

    B. 以全机焦点为原点，纵轴和立轴确定的平面为对称面

    C. 以飞机重心为原点，纵轴和立轴确定的平面为对称面

（2）飞机绕横轴的稳定性称为（　　）。

    A. 纵向稳定性　　　　B. 航向稳定性　　　　C. 横向稳定性

（3）飞机绕纵轴的稳定性称为（　　）。

    A. 纵向稳定性　　　　B. 航向稳定性　　　　C. 横向稳定性

（4）飞机绕立轴的稳定性称为（　　）。

    A. 纵向稳定性　　　　B. 航向稳定性　　　　C. 横向稳定性

（5）飞机的横向稳定性是指飞机绕（　　）的稳定性。

    A. 横轴　　　　　　　B. 纵轴　　　　　　　C. 偏航轴

（6）飞机的纵向稳定性是指飞机绕（　　）的稳定性。

    A. 横轴　　　　　　　B. 立轴　　　　　　　C. 纵轴

（7）飞机的航向稳定性是指飞机绕（　　）的稳定性。

    A. 横轴　　　　　　　B. 立轴　　　　　　　C. 纵轴

（8）描述飞机在空间姿态的姿态角有（　　）。

    A. 迎角、偏航角、滚转角　　　　　　B. 滚转角、偏航角、俯仰角

    C. 俯仰角、侧滑角、滚转角

（9）飞机飞行的俯仰角为（　　）。

    A. 飞机纵轴与飞行速度向量的夹角　　B. 飞机纵轴与水平面的夹角

    C. 飞行速度与水平面的夹角

（10）飞机飞行的滚转角为（　　）。

    A. 飞机纵轴与飞行速度向量的夹角　　B. 飞机纵轴与水平面的夹角

    C. 飞机立轴与通过纵轴的铅垂面间的夹角

（11）飞机飞行的偏航角为（　　）。

    A. 飞机纵轴与水平面的夹角　　　　　B. 飞机纵轴与垂直面的夹角

    C. 飞机立轴与通过纵轴的铅垂面间的夹角

（12）多轴飞行器在前飞中必然会产生（　　）变化。

    A. 偏航角　　　　　B. 滚转角　　　　　C. 俯仰角

（13）飞机纵向稳定性是指飞机受到上下对流扰动后（　　）的性能。

    A. 产生绕立轴转动，扰动消失后偏航角自动回到零

    B. 产生绕横轴转动，扰动消失后俯仰角自动回到零

    C. 产生绕横轴转动，扰动消失后自动恢复原飞行姿态

学习情境02

（14）影响飞机俯仰平衡的力矩主要是（　　）。

　　A. 机身力矩和机翼力矩　　　　　　　　B. 机翼力矩和垂尾力矩

　　C. 机翼力矩和水平尾翼力矩

（15）飞机纵向阻尼力矩主要是由（　　）产生的。

　　A. 后掠机翼　　　　　　　　　　　　　B. 垂直尾翼

　　C. 水平尾翼

（16）常规布局的飞机，机翼升力对飞机重心的力矩常为使飞机机头（　　）的力矩。

　　A. 上仰　　　　　　B. 下俯　　　　　　C. 偏转

（17）常规布局的飞机，平尾升力对飞机重心的力矩常为使飞机机头（　　）的力矩。

　　A. 上仰　　　　　　B. 下俯　　　　　　C. 偏转

（18）飞机的纵向稳定性有利于（　　）。

　　A. 防止飞机绕立轴偏转过快　　　　　　B. 防止飞机绕纵轴滚转过快

　　C. 防止飞机抬头过高或低头过低

（19）飞机机翼的焦点指的是（　　）。

　　A. 升力的着力点　　　B. 附加升力的着力点　C. 重力的着力点

（20）对于正常布局的飞机，下列叙述正确的是（　　）。

　　A. 飞机全机的焦点在机翼焦点的前面

　　B. 飞机全机的焦点在机翼焦点的后面

　　C. 飞机全机的焦点和机翼焦点始终重合

（21）飞机焦点的位置（　　）。

　　A. 随迎角变化而改变　　　　　　　　　B. 不随迎角变化而改变

　　C. 随滚转角变化而改变

（22）飞机的重心位置对飞机的（　　）。

　　A. 纵向稳定性产生影响　　　　　　　　B. 航向稳定性产生影响

　　C. 横向稳定性产生影响

（23）飞机的重心位置影响飞机的（　　）。

　　A. 纵向稳定性　　　B. 航向稳定性　　　C. 横向稳定性

（24）下列叙述错误的是（　　）。

　　A. 飞机焦点位于飞机重心之后有利于飞机的纵向稳定性

　　B. 飞机焦点位于飞机重心之前有利于飞机的纵向稳定性

　　C. 飞机的重心位置与飞机的装载情况有关，与飞机的飞行状态无关

（25）具有纵向稳定性的飞机，飞机重心（　　）。

　　A. 位于压力中心前　B. 位于压力中心后　C. 与压力中心重合

（26）飞机重心位置的表示方法是（　　）。

　　A. 用重心到平均气动力弦前缘的距离和平均气动力弦长之比的百分数来表示

　　B. 用重心到平均几何弦后缘的距离和平均几何弦长之比的百分数来表示

　　C. 用重心到机体基准面的距离和平均气动力弦长之比的百分数来表示

（27）重心靠前，飞机的纵向稳定性（　　）。

　　A. 变强　　　　　　B. 减弱　　　　　　C. 不受影响

（28）重心靠后，飞机的纵向稳定性（　　）。

　　A. 变强　　　　　　B. 减弱　　　　　　C. 保持不变

（29）下列变化情况中肯定会增加飞机纵向静稳定性的是（　　）。

　　A. 增加机翼面积　　B. 增加垂直尾翼面积　C. 增加水平尾翼面积

（30）下列变化情况中肯定会增加飞机航向静稳定性的是（　　　）。

    A. 增加机翼面积　　　　B. 增加垂直尾翼面积　　　C. 增加水平尾翼面积

（31）下列说法错误的是（　　　）。

    A. 稳定裕度越大，稳定性就越强

    B. 重心的移动不会改变静稳定裕度

    C. 配重的任何变化都将需要新的升降舵配平以维持水平飞行

（32）对于具有静稳定性的飞机，向左侧滑时其机头会（　　　）。

    A. 保持不变　　　　　　B. 向左转　　　　　　　C. 向右转

（33）焦点在重心之后，焦点位置向后移（　　　）。

    A. 增加纵向稳定性　　　B. 提高纵向操纵性　　　C. 减小纵向稳定性

（34）具有正静稳定性的飞机，当受到扰动，平衡状态变化后，（　　　）。

    A. 有回到原平衡状态的趋势　　　　　　　B. 有继续偏离原平衡状态的趋势

    C. 保持偏离后的平衡状态

（35）具有负静稳定性的飞机，当受到扰动，平衡状态变化后，（　　　）。

    A. 有回到原平衡状态的趋势　　　　　　　B. 有继续偏离原平衡状态的趋势

    C. 保持偏离后的平衡状态

（36）飞机从已建立的平衡状态发生偏离，若（　　　），则飞机表现出正动稳定性。

    A. 飞机振荡的振幅减小，飞机回到原来的平衡状态

    B. 飞机振荡的振幅持续增大

    C. 飞机振荡的振幅不增大也不减小

（37）飞机从已建立的平衡状态发生偏离，若（　　　），则飞机表现出负动稳定性。

    A. 飞机振荡的振幅减小，飞机回到原来的平衡状态

    B. 飞机振荡的振幅持续增大

    C. 飞机振荡的振幅不增大也不减小

（38）无人机配平主要考虑的是（　　　）沿纵轴的前后位置。

    A. 气动焦点　　　　　　B. 发动机　　　　　　　C. 重心

（39）大型无人机计算装载质量和重心的方法主要有：计算法、图表法和（　　　）。

    A. 试凑法　　　　　　　B. 查表法　　　　　　　C. 约取法

（40）飞机航向稳定性是指飞机受到侧风扰动后（　　　）的性能。

    A. 产生绕立轴转动，扰动消失后偏航角自动回到零

    B. 产生绕立轴转动，扰动消失后自动恢复原飞行姿态

    C. 产生绕横轴转动，扰动消失后俯仰角自动回到零

（41）影响飞机航向稳定力矩的主要因素是（　　　）。

    A. 飞机重心位置和飞行马赫数　　　　　　B. 飞机焦点位置和飞行高度

    C. 飞机迎角、机身垂尾面积

（42）飞机的航向阻尼力矩主要由（　　　）。

    A. 水平尾翼产生　　　　B. 垂直尾翼产生　　　　C. 机身产生

（43）对飞机航向稳定性影响最大的是（　　　）。

    A. 飞机的最大迎风面积　　　　　　　　　B. 水平尾翼

    C. 垂直尾翼

（44）飞行侧滑角为（　　　）。

    A. 飞机纵轴与水平面的夹角　　　　　　　B. 飞行速度与水平面的夹角

    C. 空速向量与飞机对称面的夹角

(45) 飞机的重心位置（　　）有影响。

  A. 对纵向稳定性和航向稳定性   B. 只对纵向稳定性

  C. 只对横向稳定性

(46) 飞机横向稳定性是指飞机受到扰动后（　　）。

  A. 产生绕纵轴转动，扰动消失后滚转角自动回到零

  B. 产生绕纵轴转动，扰动消失后自动恢复原飞行姿态

  C. 产生绕横轴转动，扰动消失后俯仰角自动回到零

(47) 飞机横向平衡中的滚转力矩主要包括（　　）。

  A. 机翼阻力力矩   B. 机翼升力力矩   C. 水平尾翼力矩

(48) 飞机的横向阻尼力矩主要由（　　）。

  A. 水平尾翼产生   B. 垂直尾翼产生   C. 机翼产生

(49) 增加垂直安定面面积，（　　）。

  A. 升力增加   B. 横向稳定性增加   C. 纵向静稳定性增加

(50) 飞机的横向稳定性有助于（　　）。

  A. 使机翼恢复到水平状态 B. 使飞机保持航向   C. 使飞机保持迎角

(51) 从机尾向机头方向看去，顺时针旋转螺旋桨飞机的转矩使飞机（　　）。

  A. 向下低头   B. 向左滚转   C. 向上抬头

(52) 多轴飞行器悬停转向时和以 10km/h 速度前飞转向时（　　）。

  A. 滚转角相同   B. 滚转角不同   C. 滚转角不确定是否相同

(53) 关于部分多轴飞行器机臂上反角设计，描述正确的是（　　）。

  A. 提高稳定性   B. 提高机动性   C. 减少电力损耗

(54) 飞机的纵向和航向稳定性之间（　　）。

  A. 互相独立   B. 必须匹配适当

  C. 若纵向稳定性增加，则航向稳定性降低

(55) 飞机的横向和航向稳定性之间（　　）。

  A. 互相独立   B. 必须匹配适当

  C. 若横向稳定性增加，则航向稳定性降低

(56) 飞机的航向稳定性过强，而横向稳定性相对较弱，飞机容易出现（　　）。

  A. 飘摆（荷兰滚）   B. 螺旋不稳定   C. 转弯困难

(57) 飞机发生螺旋现象的原因是（　　）。

  A. 驾驶员方向舵操纵不当   B. 驾驶员压杆过多

  C. 飞机失速后机翼自转

(58) 飞机发生螺旋后，最常规的制止方法是（　　）。

  A. 立即推杆到底改出失速

  B. 立即向螺旋反方向打舵到底，制止滚转

  C. 立即加大油门，增速

(59) 飞行中发现飞机非指令地时而左滚，时而右滚，同时伴随机头时而左偏，时而右偏的现象，此迹象表明（　　）。

  A. 飞机进入了飘摆（荷兰滚）   B. 飞机进入了失速

  C. 飞机进入了螺旋

(60) 飞机的横向稳定性过强，而航向稳定性相对较弱，飞机容易（　　）。

  A. 出现飘摆（荷兰滚） B. 出现螺旋不稳定现象 C. 失去纵向稳定性

1. 信息页

学习领域	学习领域：无人机操控飞行		
学习情境	学习情境2：多旋翼无人机水平航线飞行	学习时间	30min
工作任务	C：飞行操纵性	学习地点	理实一体化教室

飞行操纵性

1. 多旋翼无人机的运动

多旋翼无人机也称为多轴飞行器，它的运动模式主要有：垂直上升下降运动；绕横轴俯仰运动；绕纵轴滚转运动；绕立轴偏航运动。

对于多旋翼无人机而言，旋翼既是升力面又是纵横向和航向的操纵面，旋翼所有的运动都是通过改变旋翼速度来实现。四轴多旋翼无人机通过调节4个电机转速来改变旋翼转速，通过调整不同旋翼之间相对转速实现升力的变化，从而控制无人机的姿态和位置。四轴多旋翼无人机在飞行运动中有上下、左右、前后6个自由度，3个运动轴。

（1）垂直运动

通过控制4个旋翼的转速产生升力，实现垂直运动或者悬停，且4个螺旋桨转速必须一致，如图1a所示。

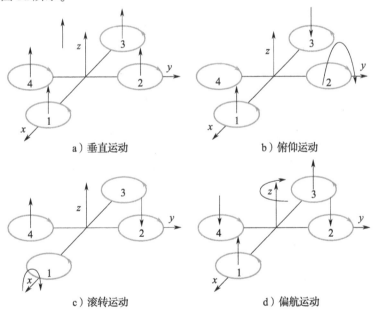

a）垂直运动　　　　　　b）俯仰运动

c）滚转运动　　　　　　d）偏航运动

图1　多旋翼无人机的运动

（2）俯仰运动

多旋翼无人机的俯仰运动（图1b）和固定翼无人机的俯仰运动不同。固定翼无人机机头下俯，无人机向下飞行；机头上仰，无人机向上飞行。而多旋翼无人机在做俯仰运动的时候，机头下俯，无人机向前飞行；机头上仰，无人机向后飞行。使无人机绕横轴转动的力矩称为俯仰力矩。

横轴前后侧的螺旋桨转速不同，可实现俯仰运动。如横轴前侧的螺旋桨加速，横轴后侧的螺旋桨减速，则实现向后移动。

（3）滚转运动

和多旋翼无人机的俯仰运动类似，多旋翼无人机也可以实现滚转运动（图1c）。使无人机绕纵轴产生侧倾的力矩称为滚转力矩。当向左滚转时无人机向左平移，向右滚转时无人机向右平移。

纵轴左右侧的螺旋桨转速不同，可实现滚转运动。若纵轴右侧的螺旋桨加速，纵轴左侧的螺旋桨减速，则实现向左移动。

（4）偏航运动

多旋翼无人机的偏航运动（图1d）指的是机头方向的改变。使无人机绕立轴做旋转运动的力矩称为偏航力矩。多旋翼无人机的旋翼旋转方向一般为俯视多旋翼无人机两两对应，相邻旋翼旋转方向则相反，当转速一致时，可抵消反转矩。四旋翼无人机上螺旋桨两两相对应。当相对的2个桨加速，另2个桨减速，反转矩不平衡，无人机改变航向。

飞行中的多旋翼无人机所承受的力和力矩包括自身重力、旋翼的反转矩和桨毂力矩。一般来讲，多旋翼无人机反转矩的数值是比较小的，通过旋翼两两互相平衡。多旋翼无人机在稳定垂直上升时，所有旋翼总的反转矩之和减少。单个旋翼的反转矩会迫使多旋翼无人机向旋翼旋转的反方向偏转，其大小取决于电机转速。

2．飞行操纵性

无人机的操纵是指驾驶员通过无人机的操纵机构来改变无人机的飞行状态。无人机的操纵性则指无人机对操纵的反应特性，又称无人机的操纵品质。无人机操纵面主要通过驾驶杆和脚蹬等操纵机构偏转。无人机的三个主操纵面（图2）为升降舵、方向舵和副翼。无人机的操纵包括俯仰操纵、航向操纵和滚转操纵。

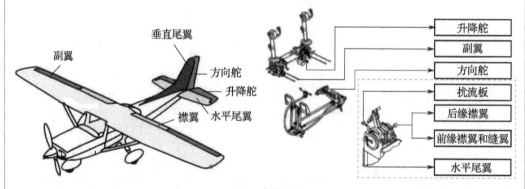

图2　操纵面

舵面遥控状态时，平飞中向右稍压副翼杆量，无人机左翼升力大于右翼升力；平飞中向左稍压副翼杆量，无人机右翼升力大于左翼升力；平飞中向前稍推升降舵杆量，无人机的迎角减小；平飞中向后稍拉升降舵杆量，无人机的迎角增大。

（1）俯仰操纵

使无人机绕横轴做俯仰运动的操纵称为俯仰操纵，又称纵向操纵。

无人机驾驶员操纵升降舵时，无人机将绕横轴运动。驾驶员通过推、拉驾驶杆，使无人机升降舵向下或向上偏转，产生俯仰力矩 M，从而使无人机低头或抬头做俯仰运动，如图3所示。

焦点与重心的关系影响纵向操纵性，若焦点在重心之后，向后移焦点，无人机的纵向操纵性减弱。

（2）航向操纵

使无人机绕立轴做偏航运动的操纵称为航向操纵，又称方向操纵。

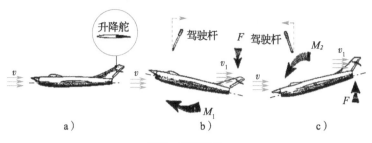

图3 俯仰操纵

无人机驾驶员操纵方向舵时，无人机将绕立轴运动。驾驶员通过蹬左脚蹬或右脚蹬，使无人机方向舵向左或向右偏转，产生偏航力矩 M，从而使无人机向左或向右做偏航运动，如图4所示。

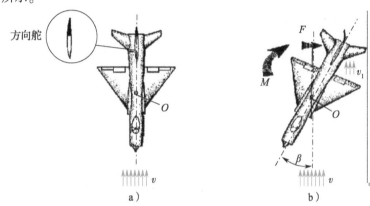

图4 航向操纵

（3）滚转操纵

使无人机绕纵轴做滚转（倾侧）运动的操纵称为滚转操纵。

无人机驾驶员操纵副翼时，无人机将绕纵轴运动。驾驶员通过左压或右压操纵杆，使无人机副翼一侧向下、另一侧向上偏转，产生滚转力矩 M，从而使无人机向左或向右做滚转运动，如图5所示。

3. 辅助操纵机构

固定翼无人机常规飞行辅助操纵面有缝翼、襟翼、调整片（扰流板），如图6所示。

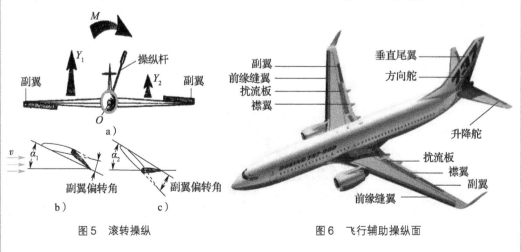

图5 滚转操纵

图6 飞行辅助操纵面

（1）襟翼

襟翼一般位于机翼后缘，靠近机身在副翼侧。放下襟翼后，升力增大，失速速度减小，阻力增大，飞行速度减小。

利用增大襟翼弯度来提高机翼升力系数，机翼表面最低压力点前移，临界迎角减小。

起飞阶段，襟翼只放下较小的角度，增加升力；放全襟翼下降，即下降阶段放下最大角度，实现较小的下降速度，较大的下降角。

打开后缘襟翼既能增大机翼切面的弯度，又能增加机翼的面积，继而提高无人机的升力系数，这种襟翼称为后退式襟翼。增大机翼弯度可以增大机翼升力的原理是加快机翼前缘上表面气流的流速。

前缘襟翼属于增升装置的辅助操纵面。

当后缘襟翼放下时，既增大升力又增大阻力。后缘襟翼放下角度比较小时，机翼的升力系数增加的效果大于阻力系数增加的效果，因此，无人机起飞时后缘襟翼放下的角度小于着陆时放下的角度。无人机着陆时使用后缘襟翼的作用是增加飞机的升力。

（2）前缘缝翼

如图7所示，前缘缝翼是安装在机翼前缘的一段或几段狭长小翼面。当前缘缝翼打开时，它与基本机翼前缘表面形成一道缝隙，下翼面的高压气流通过缝翼加速流向上翼面，增大上翼面附面层气流速度，消除了分离旋涡，延缓气流分离，避免大迎角下失速，增大最大升力系数，增大飞机临界迎角。所以前缘缝翼一般在大迎角，特别是接近或超过基本机翼临界迎角时才使用。

前缘缝翼打开时，气流分离被延缓

闭合　　　　　　　　　　打开

图7　前缘缝翼

（3）扰流板

扰流板属于减升装置的辅助操纵面。无人机扰流板（图8）的主要作用是阻挡气流的流动，增加在地面或飞行中的气动阻力以减速，还可以辅助无人机转弯。当无人机左盘旋时，操纵左机翼飞行扰流板向上打开，右机翼飞行扰流板不动，右翼升力大于左翼，实现无人机左转。扰流板可作为减速板缩短飞机着陆滑跑距离，可辅助副翼实现无人机横向操纵，但是不可代替副翼实现无人机横向操纵。

图8　扰流板

2. 工作页

学校名称		任课教师	
班级		学生姓名	
学习领域	学习领域：无人机操控飞行		
学习情境	学习情境2：多旋翼无人机水平航线飞行	学习时间	30min
工作任务	C：飞行操纵性	学习地点	理实一体化教室

飞行操纵性

请完成下列单选题：（每题1分，共40分）

（1）多旋翼无人机围绕横轴的运动是（　　）。
　　　A. 滚转运动　　　　　B. 俯仰运动　　　　　C. 偏航运动

（2）多旋翼无人机围绕纵轴的运动是（　　）。
　　　A. 滚转运动　　　　　B. 俯仰运动　　　　　C. 偏航运动

（3）多旋翼无人机围绕立轴的运动是（　　）。
　　　A. 滚转运动　　　　　B. 俯仰运动　　　　　C. 偏航运动

（4）四轴多旋翼无人机（　　）实现控制。
　　　A. 通过调整不同旋翼之间倾斜角度
　　　B. 通过调整不同旋翼之间的总矩
　　　C. 通过调整不同旋翼之间相对转速

（5）四轴多旋翼无人机飞行运动中有（　　）。
　　　A. 6个自由度和3个运动轴
　　　B. 4个自由度和4个运动轴
　　　C. 4个自由度和3个运动轴

（6）使无人机绕横轴转动的力矩称为（　　）。
　　　A. 倾斜力矩　　　　　B. 俯仰力矩　　　　　C. 滚转力矩

（7）使无人机绕立轴做旋转运动的力矩称为（　　）。
　　　A. 俯仰力矩　　　　　B. 纵向力矩　　　　　C. 偏航力矩

（8）使无人机绕纵轴产生侧倾的力矩称为（　　）。
　　　A. 俯仰力矩　　　　　B. 偏航力矩　　　　　C. 滚转力矩

（9）横轴前后侧的螺旋桨转速不同，可实现（　　）。
　　　A. 俯仰运动　　　　　B. 滚转运动　　　　　C. 偏航运动

（10）纵轴左右侧的螺旋桨转速不同，可实现（　　）。
　　　A. 俯仰运动　　　　　B. 滚转运动　　　　　C. 偏航运动

（11）（　　）指的是机头方向的改变。
　　　A. 俯仰运动　　　　　B. 滚转运动　　　　　C. 偏航运动

（12）当向左滚转时，无人机（　　）平移。
　　　A. 向左　　　　　　　B. 向右　　　　　　　C. 向后

（13）为实现向左移动，纵轴右侧的螺旋桨应（　　），纵轴左侧的螺旋桨应（　　）。
　　　A. 加速、加速　　　　B. 加速、减速　　　　C. 减速、加速

（14）飞行中的多旋翼无人机所承受的力和力矩不包括（　　）。
　　　A. 自身重力　　　　　B. 旋翼桨叶的铰链力矩
　　　C. 旋翼的反转矩和桨毂力矩

（15）关于多旋翼无人机的反转矩说法不正确的是（ ）。

 A. 单个旋翼的反转矩会迫使多轴无人机向旋翼旋转的反方向偏转

 B. 单个旋翼反转矩的大小取决于电机转速

 C. 多旋翼无人机的俯仰运动通过改变各个旋翼的反转矩来实现

（16）下面说法正确的是（ ）。

 A. 一般来讲，多旋翼无人机反转矩的数值是比较大的

 B. 多旋翼无人机在稳定垂直上升时，所有旋翼总的反转矩之和增加

 C. 多旋翼无人机的反转矩通过旋翼两两互相平衡

（17）多旋翼无人机的操纵不包括（ ）。

 A. 俯仰操纵   B. 航向操纵   C. 周期变距

（18）焦点在重心之后时，向后移焦点，飞机的操纵性（ ）。

 A. 不受影响   B. 增强   C. 减弱

（19）无人机驾驶员操纵升降舵时，无人机将绕（ ）。

 A. 横轴运动   B. 纵轴运动   C. 立轴运动

（20）无人机驾驶员操纵方向舵时，无人机将绕（ ）。

 A. 横轴运动   B. 纵轴运动   C. 立轴运动

（21）无人机驾驶员操纵副翼时，无人机将绕（ ）。

 A. 横轴运动   B. 纵轴运动   C. 立轴运动

（22）对于带襟翼无人机，放下襟翼，无人机的升力将（ ），阻力将（ ）。

 A. 增大、减小 B. 增大、增大 C. 减小、减小

（23）对于带襟翼无人机，放下襟翼，无人机的失速速度将（ ）。

 A. 增大   B. 减小   C. 不变

（24）放全襟翼下降，无人机能以（ ）。

 A. 较大的下降角、较小的速度下降

 B. 较小的下降角、较大的速度下降

 C. 较大的下降角、较大的速度下降

（25）属于增升装置的辅助操纵面是（ ）。

 A. 扰流板   B. 副翼   C. 前缘襟翼

（26）打开后缘襟翼既能增大机翼切面的弯度，又能增加机翼的面积，继而提高无人机的升力系数，这种襟翼称为（ ）。

 A. 分裂式襟翼 B. 简单式襟翼 C. 后退式襟翼

（27）无人机着陆时使用后缘襟翼的作用是（ ）。

 A. 提高无人机的操纵灵敏性   B. 增加无人机的稳定性

 C. 增加无人机的升力

（28）当后缘襟翼放下时，下列说法正确的是（ ）。

 A. 只增大升力 B. 只增大阻力 C. 既增大升力又增大阻力

（29）无人机起飞时后缘襟翼放下的角度小于着陆时放下的角度，是因为（ ）。

 A. 后缘襟翼放下角度比较小时，机翼的升力系数增加，阻力系数不增加

 B. 后缘襟翼放下角度比较大时，机翼的阻力系数增加，升力系数不增加

 C. 后缘襟翼放下角度比较小时，机翼的升力系数增加的效果大于阻力系数增加的效果

（30）使用机翼后缘襟翼提高升力系数的同时．临界迎角减小的主要原因是（   ）。

    A. 放下后缘襟翼时，机翼的弯度增大

    B. 放下后缘襟翼时，机翼的面积增大

    C. 放下后缘襟翼时，上下翼面之间形成了缝隙

（31）增大机翼弯度可以增大机翼升力的原理是（   ）。

    A. 使附面层保持层流状态

    B. 加快机翼前缘上表面气流的流速

    C. 加快机翼后缘气流的流速

（32）前缘缝翼的主要作用是（   ）。

    A. 增大无人机的临界迎角

    B. 增大机翼升力

    C. 减小阻力

（33）前缘缝翼的功用有（   ）。

    A. 增大机翼的安装角

    B. 增加无人机的稳定性

    C. 增大最大升力系数

（34）属于减升装置的辅助操纵面是（   ）。

    A. 扰流板   B. 副翼   C. 前缘缝翼

（35）飞行中操作扰流板伸出，可以（   ）。

    A. 增加机翼上翼面的面积以提高升力

    B. 阻挡气流的流动，增大阻力

    C. 增加无人机抬头力矩，辅助飞机爬升

（36）使用扰流板操纵飞机向左盘旋时，下列说法正确的是（   ）。

    A. 左机翼飞行扰流板向上打开，右机翼飞行扰流板向上打开

    B. 左机翼飞行扰流板向上打开，右机翼飞行扰流板不动

    C. 左机翼飞行扰流板不动，右机翼飞行扰流板向上打开

（37）下列关于扰流板的叙述错误的是（   ）。

    A. 扰流板可作为减速板缩短无人机着陆滑跑距离

    B. 可辅助副翼实现无人机横向操纵

    C. 可代替副翼实现无人机横向操纵

（38）舵面遥控状态时，平飞中向右稍压副翼杆量，无人机（   ）。

    A. 右翼升力大于左翼升力

    B. 左翼升力大于右翼升力

    C. 左翼升力等于右翼升力

（39）舵面遥控状态时，平飞中向前稍推升降舵杆量，无人机的迎角（   ）。

    A. 增大   B. 减小   C. 先减小后增大

（40）舵面遥控状态时，平飞中向后稍拉升降舵杆量，无人机的迎角（   ）。

    A. 增大   B. 减小   C. 先增大后减小

2.3.4 多旋翼无人机

1. 信息页

学习领域	学习领域：无人机操控飞行		
学习情境	学习情境2：多旋翼无人机水平航线飞行	学习时间	30min
工作任务	D：多旋翼无人机	学习地点	理实一体化教室

多旋翼无人机

旋翼机在空中飞行的升力由一个或多个旋翼与空气进行相对运动的反作用获得。旋翼自动迎风旋转、主轴不需要驱动的是自转旋翼机；主轴需要动力驱动的为直升机，多旋翼机就是有多个旋翼的直升机。

多旋翼无人机又称多轴飞行器，是具有三个及以上旋翼轴的重于空气的旋翼航空器，是直升机的一种。无人机的机动性通过改变不同旋翼的扭矩和转速来实现。每个轴上的电机转动，带动旋翼，产生升推力。通过改变不同旋翼之间的相对转速，可以控制单个动力轴推进力的大小，进而控制无人机的运行轨迹。对于多旋翼无人机，旋翼既是升力面又是纵横向和航向的操纵面。

相比传统的单水平旋翼直升机，多旋翼无人机结构简单，成本低廉，易于维护，操作简便，稳定性高且携带方便，便于小型化、批量化生产，出现飞行事故时破坏力小，不容易损坏，对人也更安全。常见的多旋翼无人机有四轴多旋翼、六轴多旋翼和八轴多旋翼无人机，如图1所示，其被广泛用于影视航拍、安全监控、农业植保、电力巡线等领域。

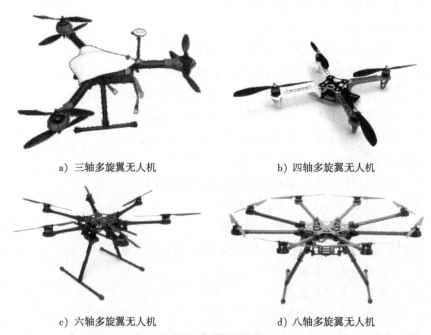

a) 三轴多旋翼无人机　　　　　　b) 四轴多旋翼无人机

c) 六轴多旋翼无人机　　　　　　d) 八轴多旋翼无人机

图1 多旋翼无人机

多旋翼无人机一般由机架、动力系统、飞行控制系统（飞控系统）、遥控装置和任务载荷等模块组成。为了满足实际飞行需要，一般还需要配备电池、遥控器及飞行辅助控制系统。多旋翼无人机硬件组成如图2所示。

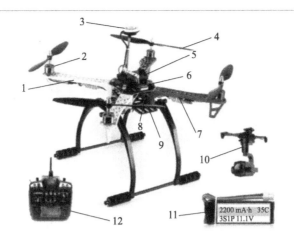

图2　多旋翼无人机硬件组成

1—机架　2—电机　3—GPS　4—螺旋桨　5—飞控　6—接收机　7—电调　8—图传
9—分电板　10—云台相机　11—电池　12—遥控器

1. 机架

机架，指多旋翼无人机的机身，是多旋翼无人机其他结构的安装基础，起承载作用。轴数和旋翼数一般情况下是相等的，但也有特殊情况，比如三轴六旋翼，其在三轴每个轴上下各安装一个电机构成六旋翼。

机架一般使用高强度、质量小的材料，如碳纤维。多轴飞行器起降时接触地面的是脚架。部分商用多轴飞行器有收放脚架功能或机架整体变形功能，其主要目的是改善机载任务设备视野。

2. 动力系统

动力系统，是指为无人机飞行提供动力的系统。多旋翼无人机采用的动力系统一般分为电动系统和油动系统。目前，轻型、小型无人机广泛采用活塞式发动机作为动力装置；出于成本和使用方便的考虑，微型无人机普遍采用电动系统。

微型多旋翼无人机动力装置多为电动系统的最主要原因是电动系统形式简单且电机响应速度快。虽然生物燃料能量密度高于锂离子电池，但是目前技术条件下，燃油发动机不适合作为微型多旋翼无人机的动力，原因是其尺寸、质量较大，调速时响应较慢，且出于安全性原因需要保持稳定转速工作。

电动动力系统主要由动力蓄电池、动力电机、调速系统、螺旋桨组成。

（1）动力蓄电池

动力蓄电池主要为电机的运转提供电能，通常采用化学电池作为电动无人机的动力电源，主要有镍氢电池、镍镉电池、锂离子聚合物电池、锂离子动力蓄电池。目前无人机最常用锂离子聚合物电池，主要优点为质量小、能量密度大、放电能力强；主要缺点为温度适应区间窄、有燃爆风险，必须采用平衡充电器进行充电。

无人机动力系统中表示电池性能的最主要的参数是串并联级数、电压、容量和放电能力。

1）串并联级数。电池串联可以获得更高的电压，但电池容量保持不变；电池并联可以得到更大容量，但电压不变。通常用字母"S"表示串联，用字母"P"表示并联，如图3所示。

a）3S1P　　　　　　　　　　　　　　　b）3S2P

图3　电池连接

通常用"XSXP"表示电芯数量及并联或串联的情况，其中 XS（series，串联）代表电池组中串联电池的个数，XP（parallel，并联）代表并联电池的个数。如 3S1P 代表 3 个电池串联；3S2P 表示先由 3 个单体电池串联，再将串联后的 2 组并联，共有 6 个电池，如图 3 所示。

2）电压。电池的电压用伏特（V）表示。标称电压是厂家按国家标准标示的电压，实际使用时电池的电压是不断变化的。如镍氢电池的标称电压是 1.2V，充电后电压可达到 1.5V，放电后的保护电压为 1.1V；锂离子聚合物电池的标称电压是 3.7V，充电后电压可达 4.2V，放电后的保护电压为 3.6V。在实际使用过程中，电池的电压会产生压降，这和电池所带的负载有关，电池所带的负载越大，电流越大，电池的电压越小，在去掉负载后电池的电压还会恢复到一定值。

3）容量。电池的容量用毫安时（mA·h）表示，它的意思是电池以某个电流放电能维持 1h。例如 1000mA·h 就是这个电池能保持 1000mA（1A）放电 1h。但是电池的放电并非是线性的，所以不代表这个电池在 500mA 放电时能维持 2h。不过电池在小电流时的放电时间总是大于大电流时的放电时间。一般来说，电池的体积越大，储存的电量就越多，这样无人机的质量也会增大，所以选择合适的电池对飞行是很有好处的。民航旅客行李中严禁携带额定能量超过 160W·h 的锂离子电池。

4）放电。电池的放电能力是以倍率（C）来表示的。它的意思是说按照电池的标称容量，最大可达到多大的放电电流。例如一个 1000mA·h、10C 的电池，最大放电电流可达 1000mA × 10 = 10000mA 即 10A。在实际使用中，电池的真实放电电流是与负载电阻有关的，根据欧姆定律，电压等于电流乘以电阻，所以电压和电阻是定数时，电池的放电电流也是一定的。例如使用 11.1V、1000mA·h、10C 的电池，电机的电阻是 1.5Ω，那么在电池有 12V 电压的情况下，忽略电子调速器和线路的电阻，电流等于 12V ÷ 1.5Ω = 8A。

5）充电。充电过程对电池的寿命有相当大的影响。多旋翼无人机动力蓄电池充电时应尽量选用平衡充电器。一般锂离子聚合物电池上都有 2 组线，1 组是输出线（粗，红黑各 1 根）；1 组是单节锂电池引出线（细，与 S 数有关），用以监视平衡充电时的单体电压。例如 6S 锂离子电池有 7 根引出线，充电时按说明书，都插入充电器内，就可以进行平衡充电了。

一般来说，电池的充电时间是和充电电流相关的。比如说一个 1000mA·h 的电池，充电电压略高于额定电压，充电器的电流是 500mA，那么充电时间就等于 1000mA·h ÷ 500mA = 2h 即两小时。但这只是从零电压充起的情况，也就是说这只是理想状态，实际的充电时间还要看电池原有的电量。实验证明，大电流充电会对电池的性能造成一定程度的破坏，也可能充上的只是浮电，一用就没了。一般厂家要求用 0.1C 的电流充电，而锂离子聚合物电池因为性能优越在保证冷却通风的条件下可以用 1C 的电流充电。镍镉电池在没有充分放电的前提下，不能够以大电流充电。

（2）动力电机

微型无人机使用的动力电机分为有刷电机和无刷电机。其中有刷电机由于效率较低，在无人机领域已逐渐不再使用。无刷电机效率较高，按照转子与定子的安装位置不同，分为外转子无刷电机与内转子无刷电机。多旋翼无人机主要使用外转子无刷电机驱动交流电机。

1）型号。电机的型号命名主要以尺寸为依据，比如有刷 370 电机，是指电机不包括轴的长度是 37mm，无刷 2208 电机是指它的直径是 22mm、不包括轴的长度是 8mm。另外有一些型号是说它相当于某级别的，还有一些型号是厂家自己命名的。

2）KV 值。KV 值是指每伏特（V）能达到的每分钟转速。比如用 KV1000 的电机，

11.1V 的电池，电机转速应该是 $1000 \times 11.1 r/min = 11100 r/min$ 即每分钟 11100 转。单从 KV 值不可以评价电机好坏，不能说 KV800 的比 KV1000 的好。KV 值小的电机的绕线匝数更多、更密，能承受更大的电流，可以产生更大的转矩驱动更大尺寸的螺旋桨；KV 值大的电机绕线匝数少，产生的转矩小，适合驱动小尺寸的螺旋桨。

多轴的"轴"指动力输出轴，每个轴上，一般连接 1 个电机，1 个电子调速器。四轴、六轴、八轴多旋翼无人机某个电机发生故障时，对应做出类似停止工作的电机应是对角电机。如不考虑结构、尺寸、安全性等其他因素，单纯从气动效率出发，同样起飞质量的八轴多旋翼无人机与四轴多旋翼无人机相比，四轴多旋翼无人机气动效率更高。

（3）调速系统

调速系统称为电调，全称电子调速器，简称 ESC，根据控制信号调节电机的转速。针对不同的动力电机，可分为有刷电调和无刷电调。无刷电机配用无刷电调。

其连接情况一般如下：

1）电调的输入线（最粗的红线和黑线）与电池连接。

2）电调的输出线（有刷两根、无刷三根）与电机连接，接反会导致电机反转。

3）电调的信号线与接收机连接。

另外，电调一般有电源输出功能（BEC），即在信号线（较细的红线与黑线）的正负极之间有 5V 左右的电压输出，通过信号线为接收机及舵机供电。多旋翼无人机电调上较细的白红黑 3 色排线，又称杜邦线，用来连接飞控。用遥控器设置电调时，电调需要接上电机。

电调上会标有其能够输出的最大电流。大电流的电调可以兼容使用在小电流电机上，但小电流电调不能超标使用。电机确定好后，根据电机的最大电流选择电调。一般遵循以下原则：

1）电调和电机要合理匹配。

2）电调的输出电流必须大于电机的最大电流。

3）电调能够承受的最大电压必须大于电池电压。

4）电调最大电压不能超过电机能承受的最大电压。

5）电调最大持续输出电流要小于电池持续输出电流。电池的放电电流达不到电调的电流时，电调发挥不了最佳性能。电池会发热甚至爆炸。

例如，现有电机带桨的最大电流是 20A，那么就必须选取能输出 20A 以上电流的电调，30A、40A 都可以，越大越保险。

（4）螺旋桨

螺旋桨最终为无人机提供拉力、升力等。螺旋桨安装在无刷电机上，电机旋转带动螺旋桨旋转。多旋翼无人机多采用定距螺旋桨，即桨距固定。定距螺旋桨从桨根到桨尖安装角（迎角）逐渐减小，升力系数逐渐减小，线速度逐渐增大。多旋翼无人机的螺旋桨桨根处迎角大于桨尖处迎角，桨根处线速度小于桨尖处线速度，桨根处升力系数大于桨尖处升力系数。

1）型号。螺旋桨尺寸通常用四位数字来表示，前两位数字表示螺旋桨直径，后两位数字表示螺旋桨桨距，单位均为 in（1in 约等于 2.54cm）。桨距是指螺旋桨绕其轴线旋转一周时，任何一个桨叶截面在轴线方向前进的距离。

如 1047 螺旋桨，指的是螺旋桨的直径为 10in，桨距为 4.7in。需要注意，对于小于 10in 的螺旋桨，直径数字写在最前面，比如 8050，螺旋桨直径为 8in 而非 80in。

2）正反桨。为了抵消螺旋桨的自旋，相邻的桨旋转方向不同，因此螺旋桨有正反桨之分，顺时针方向旋转的是正桨，逆时针方向旋转的是反桨。正反桨的风向都是向下。

多轴飞行器螺旋桨根部标有"CCW"字样，其意义为此螺旋桨俯视逆时针旋转；标有"CW"字样，表明该螺旋桨俯视顺时针旋转。安装时，无论正反桨，有字的一面是向上的，确保桨叶圆润的一面和电机旋转方向一致。

3）选用。电机与螺旋桨的配型原则：螺旋桨越大、螺旋桨转速越高，升力越大，需要的驱动力也越大。电机的 KV 值越小，转动力矩就越大，因此，高 KV 值电机配小螺旋桨，低 KV 值电机配大螺旋桨。如果高 KV 值电机配大螺旋桨，电机力量不够，螺旋桨不转或低速运转，导致电机和电调烧坏。如果低 KV 值电机配小螺旋桨，螺旋桨运转没有问题，但升力不够导致无法起飞。

多旋翼无人机螺旋桨从结构上说，接近于固定翼无人机的螺旋桨，常用剖面形状是凹凸形。部分多旋翼无人机螺旋桨加有外框，其主要作用是防止磕碰提高安全性。同一架多旋翼无人机，在同样做好动力匹配的前提下，两叶桨比三叶桨的效率高。一架四轴多旋翼无人机，在其他任何设备都不更换的前提下，安装 4 个更大的螺旋桨，会导致转速变慢，桨盘载荷变小，但升力不一定变大。四轴多旋翼无人机改变航向时，相对的两个桨加速，另两个桨减速。起飞时，可操纵变距螺旋桨达到小桨叶角及高转速状态。对于装备定距螺旋桨的活塞发动机，通常用转速表来反映功率。

3. 飞控系统

机载导航飞行控制系统，简称飞控系统，是控制无人机飞行姿态和运动的设备，由传感器、机载计算机和执行机构三大部分组成。飞控系统中一般集成了高精度的感应器元件，包括角速率陀螺仪（飞行姿态感知部件，一般有 6 个）、加速度计、角速度计、气压计、GPS、指南针（可选配）以及控制电路等部件。

飞控系统通过飞控计算机运行高效的控制算法，能够精准地感应并计算出无人机的飞行姿态等数据，再通过主控制单元实现精准定位悬停、稳定无人机姿态、导航及自主平稳飞行。

4. 电气系统

无人机电气系统一般包括机载电源、配电系统、用电设备三个部分，机载电源和配电系统两者的组合统称为供电系统。供电系统的功能是向无人机各用电系统或设备提供满足预定设计要求的电能，如图 4 所示。

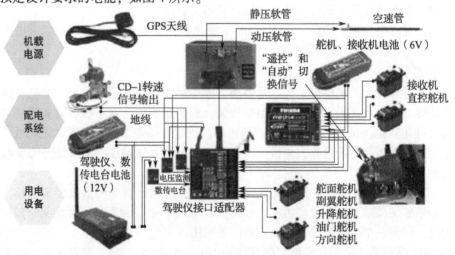

图 4　电气系统

5. 任务设备

1）类型。任务设备按用途分类，可以分为侦察搜索设备、测绘设备、军用专用设备、民用专用设备等。常用的侦察搜索设备有光电平台、SRA雷达、激光测距仪等，而测绘设备则有测绘雷达、航拍相机等。

2）质量控制。质量是无人机设计制造和运行中的一个重要因素，任务设备加装或更换时必须对相关内容加以重视。升力是抵消重力和维持无人机飞行的主要的力。然而，各种翼面产生的升力大小受翼型设计、迎角、空速和空气密度限制。因此，为确保产生的升力足以抵消重力，必须避免无人机的载荷超出制造商的建议质量。如果无人机所受重力比产生的升力大，无人机无法起飞。在高海拔地区，多旋翼无人机较难离地时，最有效的应对措施是减重。桨叶总距不变，电机功率变大且桨叶直径变大，会提高多旋翼无人机的载重。

3）平衡、稳定性、重心。无人机的重心（CG）位置对其稳定性和安全性非常重要。重心是一个点，如果无人机被挂在这个点上，那么无人机就会在这点获得平衡。

无人机配平主要考虑的是重心沿纵轴的前后位置。重心不一定是一个固定点，它的位置取决于质量在无人机上的分布。随着很多装载对象被移动或者被消耗，重心的位置就有一个合成的偏移。无人机驾驶员应该认识到，如果无人机的重心沿纵轴太靠前，就会产生头重现象；相反，如果重心沿纵轴太靠后，就会产生后重现象。不适当的重心位置可能导致无人机的状态不稳定。

重心相对横轴的参考位置也很重要。对存在于机身中心线左侧的每一个对象的质量，应有相等的质量存在于右侧的对应位置。然而，横向的不平衡载荷可能弄翻无人机。重心的横向位置通常不计算，但是无人机驾驶员必须知道横向不平衡条件肯定会导致不利影响的发生。如果燃油载荷管理不善，如无人机一侧的油箱不均衡地向发动机供应燃油时，就会发生横向不平衡。无人机可以通过调整副翼配平片或者在副翼上保持持续的控制压力来抵消发生的机翼变重状态。然而，这会把无人机飞行置于非流线型的状态，增加了阻力，从而降低了运行效率。多旋翼无人机在没有发生机械结构改变的前提下，如发生漂移，不能直线飞行时，不需关注调整重心位置。多旋翼无人机重心高于或低于桨平面，机动性会降低。

4）计算装载质量和重心。计算无人机的装载质量和重心的方法主要有计算法、图表法和查表法。

6. 遥控系统

遥控装置一般指地面上可以对无人机发出指令以及接受无人机传回信息的设备，它的硬件可以是一个遥控器，也可以是一部手机，或一台笔记本计算机。

遥控系统（图5）由遥控器和接收机组成，是整个飞行系统的无线控制终端。在多轴飞行器应用中，遥控器是最常见的遥控装置，一般有4个及以上通道。遥控器集成了数传电台，通过控制摇杆的舵量向无人机发出控制信号，以此实现对无人机的控制。遥控器分美国手和日本手，区别在于一个是左手油门，一个是右手油门。通常遥控器可以控制无人机飞行姿态（如俯仰运动、滚转运动、偏航运动）和控制油门以增减无人机飞行动力。

a）遥控器（信号发生器）　　　b）接收机

图5　遥控系统

多旋翼无人机上的电信号传播顺序一般为机载遥控接收机—飞控—电调—电机。

7. 多旋翼无人机布局

由于多旋翼无人机的桨平面是向上安装的，由螺旋桨直接提供机体所需的升力，而螺旋桨在旋转的时候又会产生反转矩，使无人机的机体向螺旋桨旋转的反向偏转。为了克服这个反转矩，应设计成两两对应的双数螺旋桨结构或者在单数螺旋桨上安装舵机。

按照要求和使用习惯不同，多旋翼无人机可以设计成不同的气动结构。按旋翼布局分为十字形、X形、H形、V形、Y形、IY形、上下布局等，如图6所示。由于X形结构中任务载荷前方的视野比十字形的更加开阔且控制灵活，操纵性好，因此多旋翼无人机大多采用X形结构。

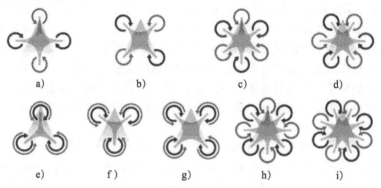

a) 十字形四旋翼 b) X形四旋翼 c) I形六旋翼 d) X形六旋翼
e) IY形共轴双桨六旋翼 f) Y形共轴双桨六旋翼 g) X形共轴双桨八旋翼 h) I形八旋翼 i) V形八旋翼

图6 多旋翼无人机布局

1）十字形布局。前后左右飞行控制比较直观，只需改变少量电机转速即可实现。但飞行正前方有螺旋桨，会对航拍等应用造成影响。

2）X形布局。X形多旋翼是目前最常见的，相比于十字形多旋翼，前后左右动作时电机的加减速幅度较大，控制比较迅速和有力。不论是操纵性还是稳定性，都要比十字形要好。

3）Y形布局。动力组较少，成本低；外形炫酷，前方视野开阔。但尾旋翼需要使用一个舵机来平衡反转矩，增加了机械复杂性和控制难度。

4）H形布局。较易于设计成水平折叠结构，看起来比X形厚重，又拥有与X形相似的特点，结构简单，方便控制。

5）上下布局。上下布局多用于体积受到限制，但是对载重量又有较大需求的场合。

6）其他布局。如八轴十六旋翼，六轴十八旋翼（图7），四轴十六旋翼等。单纯从气动效率出发，旋翼越大，效率越高，同样起飞质量的四轴多旋翼无人机比八轴多旋翼无人机的效率高，故轴数越多时载重能力不一定越大。

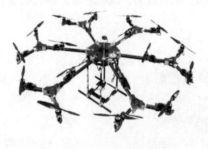

图7 六轴十八旋翼无人机

2. 工作页

学校名称		任课教师	
班级		学生姓名	
学习领域	学习领域：无人机操控飞行		
学习情境	学习情境2：多旋翼无人机水平航线飞行	学习时间	30min
工作任务	D：多旋翼无人机	学习地点	理实一体化教室

多旋翼无人机

请完成下列单选题：（每题1分，共85分）

(1) 多旋翼无人机不属于以下哪个概念范畴（　　　）。

  A. 自转旋翼机　　　　　　B. 重于空气的航空器　　　　　C. 直升机

(2) 关于多旋翼无人机定义描述正确的是（　　　）。

  A. 具有两个及以上旋翼轴的旋翼航空器

  B. 具有不少于四个旋翼轴的无人旋翼航空器

  C. 具有三个及以上旋翼轴的旋翼航空器

(3) 对于多旋翼无人机，（　　　）。

  A. 旋翼只起升力面的作用

  B. 旋翼只充当纵横向和航向的操纵面

  C. 旋翼既是升力面又是纵横向和航向的操纵面

(4) 以下不是多旋翼无人机优点的是（　　　）。

  A. 结构简单　　　　　　　B. 成本低廉　　　　　　　　C. 气动效率高

(5) 多旋翼无人机起降时接触地面的是（　　　）。

  A. 机架　　　　　　　　　B. 云台架　　　　　　　　　C. 脚架

(6) 部分商用多旋翼无人机有收放脚架功能或机架整体变形功能，其主要目的是（　　　）。

  A. 改善机载任务设备视野

  B. 调整重心，增加飞行器稳定性

  C. 减小前飞废阻力

(7) 微型多旋翼无人机动力装置多为电动系统的最主要原因是（　　　）。

  A. 电动系统尺寸较小且较为廉价

  B. 电动系统形式简单且电机响应速度快

  C. 电动系统清洁且不依赖传统生物燃料

(8) 目前技术条件下，燃油发动机不适合作为微型多旋翼无人机的动力，关于其原因表述不正确的是（　　　）。

  A. 生物燃料能量密度低于锂离子电池　　　　　　　　B. 尺寸、质量较大

  C. 调速时响应较慢，且出于安全性原因需要保持稳定转速工作

(9) 多旋翼无人机使用的动力蓄电池一般为（　　　）。

  A. 锂离子聚合物电池　　B. 铅酸蓄电池　　　　　　　C. 银锌电池

(10) 同样质量不同类型的动力蓄电池，容量最大的是（　　　）。

  A. 锂离子聚合物电池　　B. 镍镉电池　　　　　　　　C. 镍氢电池

(11) 同样容量不同类型的电池，重量最轻的是（　　　）。

  A. 铅酸蓄电池　　　　　　B. 碱性电池　　　　　　　　C. 锂离子聚合物电池

(12) 某多旋翼无人机动力蓄电池标有 3S2P 字样，代表（　　）。
    A. 电池由 3S2P 公司生产
    B. 电池组先由 2 个单体电池串联，再将串联后的 3 组并联
    C. 电池组先由 3 个单体电池串联，再将串联后的 2 组并联

(13) 多旋翼无人机使用的锂离子聚合物动力蓄电池，其单体标称电压为（　　）。
    A. 1.2V   B. 11.1V   C. 3.7V

(14) 对于多旋翼无人机动力电源充电，以下充电方法错误的是（　　）。
    A. 锂离子聚合物电池单体充至 4.6V 满电
    B. 锂离子聚合物电池单体充至 4.2V 满电
    C. 磷酸铁锂电池单体充至 3.6V 满电

(15) 某多旋翼无人机动力蓄电池标有 11.1V，它是（　　）。
    A. 6S 锂离子电池   B. 11.1S 锂离子电池   C. 3S 锂离子电池

(16) 某多旋翼无人机动力蓄电池标有 22.2V，它是（　　）。
    A. 6S 锂离子电池   B. 22.2S 锂离子电池   C. 3S 锂离子电池

(17) 民航旅客行李中严禁携带额定能量超过（　　）的锂离子电池。
    A. 100W·h   B. 120W·h   C. 160W·h

(18) 某多旋翼无人机动力蓄电池容量为 6000mA·h，表示（　　）。
    A. 理论上，以 6A 电流放电，可放电 1 小时
    B. 理论上，以 60A 电流放电，可放电 1 小时
    C. 理论上，以 6000A 电流放电，可放电 1 小时

(19) 某多旋翼无人机动力蓄电池容量为 10A·h，表示（　　）。
    A. 理论上，以 10mA 电流放电，可放电 1 小时
    B. 理论上，以 10000mA 电流放电，可放电 1 小时
    C. 理论上，以 10A 电流放电，可放电 10 小时

(20) 以下参数的动力蓄电池中放电电流最大的是（　　）。
    A. 2000mA·h，30C   B. 20000mA·h，5C   C. 8000mA·h，20C

(21) 以下参数的动力蓄电池中放电电流最大的是（　　）。
    A. 2A·h，30C   B. 30000mA·h，5C   C. 20000mA·h，5C

(22) 多旋翼无人机动力蓄电池充电尽量选用（　　）。
    A. 便携充电器   B. 快速充电器   C. 平衡充电器

(23) 一般锂离子聚合物电池上都有 2 组线。1 组是输出线（粗，红黑各 1 根）；1 组是单节锂电池引出线（细，与 S 数有关），用以监视平衡充电时的单体电压。下面说法正确的是（　　）。
    A. 6S 电池有 5 根红色引出线，1 根黑色引出线
    B. 6S 电池有 7 根引出线   C. 6S 电池有 6 根引出线

(24) 以下选项中在没有充分放电的前提下，不能够以大电流充电的是（　　）。
    A. 铅酸蓄电池   B. 镍镉电池   C. 锂离子聚合物电池

(25) 多旋翼无人机动力系统主要使用（　　）。
    A. 无刷电机   B. 有刷电机   C. 四冲程发动机

(26) 多旋翼无人机动力系统主要使用（　　）。
    A. 步进电机   B. 内转子电机   C. 外转子电机

(27) 无刷电机与有刷电机的区别有（　　）。
    A. 无刷电机效率较高   B. 有刷电机效率较高
    C. 两类电机效率差不多

（28）关于多旋翼无人机使用的无刷电机与有刷电机，下列说法正确的是（　　　）。

A. 有刷电机驱动交流电机　　　　B. 无刷电机驱动交流电机

C. 无刷电机驱动直流电机

（29）某电机标有 2208 字样，意思是指（　　　）。

A. 该电机最大承受 22V 电压，最小承受 8V 电压

B. 该电机转子高度为 22mm　　　C. 该电机转子直径为 22mm

（30）有 2 个输出功率相同的电机，前者型号为 3508，后者型号为 2820，以下表述正确的是（　　　）。

A. 3508 适合带动更大的螺旋桨　　B. 2820 适用于更高的转速

C. 尺寸上，2820 粗一些，3508 高一些

（31）某电机标有 3810 字样，意思是指（　　　）。

A. 该电机最大承受 38V 电压，最小承受 10V 电压

B. 该电机转子直径为 38mm

C. 该电机转子高度为 38mm

（32）关于多旋翼无人机使用的电机 KV 值描述正确的是（　　　）。

A. 外加 1V 电压对应的每分钟负载转速

B. 外加 1V 电压对应的每分钟空载转速

C. 额定电压值时电机每分钟空载转速

（33）某电机标有 KV1000 字样，意义是指（　　　）。

A. 对应每伏特电压，电机提供每分钟 1000000 转的转速

B. 对应每伏特电压，电机提供每分钟 1000 转的转速

C. 电机最大耐压 1000kV

（34）某电机标有 KV500 字样，意义是指（　　　）。

A. 对应每伏特电压，电机提供每分钟 500000 转的转速

B. 电机最大耐压 500kV

C. 对应每伏特电压，电机提供每分钟 500 转的转速

（35）某电机转速为 3000 转，是指（　　　）。

A. 每分钟 3000 转　　B. 每秒钟 3000 转　　C. 每小时 3000 转

（36）多旋翼无人机的"轴"指（　　　）。

A. 舵机轴　　　　B. 无人机运动坐标轴　C. 动力输出轴

（37）多旋翼无人机每个"轴"上，一般连接（　　　）。

A. 1 个电调，1 个电机　　　　　　B. 2 个电调，1 个电机

C. 1 个电调，2 个电机

（38）如不考虑结构、尺寸、安全性等其他因素，单纯从气动效率出发，同样起飞质量的八轴多旋翼无人机与四轴多旋翼无人机，（　　　）。

A. 四轴效率高　　　　B. 八轴效率高　　　　C. 效率一样

（39）八轴多旋翼无人机某个电机发生故障时，对应做出类似停止工作的电机应是（　　　）电机。

A. 对角　　　　　　B. 俯视顺时针方向下一个

C. 俯视顺时针方向下下个

（40）六轴多旋翼无人机某个电机发生故障时，对应做出类似停止工作的电机应是（　　　）电机。

A. 俯视顺时针方向下一个　　　　B. 对角

C. 俯视逆时针方向下一个

(41) 电子调速器英文缩写是（　　）。

　　A. BEC　　　　　　B. ESC　　　　　　C. MCS

(42) 多旋翼无人机直接控制电机转速的设备为（　　）。

　　A. 电源　　　　　　B. 电调　　　　　　C. 飞控

(43) 多旋翼无人机使用的电调通常被划分为（　　）。

　　A. 有刷电调和无刷电调　　　　　　B. 直流电调和交流电调

　　C. 有极电调和无极电调

(44) 多旋翼无人机使用的电调一般为（　　）。

　　A. 双向电调　　　　B. 有刷电调　　　　C. 无刷电调

(45) 电调上最粗的红线和黑线用来连接（　　）。

　　A. 动力蓄电池　　　B. 电机　　　　　　C. 机载遥控接收机

(46) 多旋翼无人机电调上较细的白红黑 3 色排线，又称杜邦线，用来连接（　　）。

　　A. 电机　　　　　　B. 机载遥控接收机　C. 飞控

(47) 多旋翼无人机的电调和电机一般通过 3 根单色线连接，如任意调换其中 2 根与电机的连接顺序，会出现（　　）。

　　A. 该电机停转　　　B. 该电机过热并烧毁

　　C. 该电机反向运转

(48) 某电调上有 BEC 5V 字样，意思是指（　　）。

　　A. 电调需要从较粗的红线与黑线输入 5V 的电压

　　B. 电调能从较粗的红线与黑线向外输出 5V 的电压

　　C. 电调能从较细的红线与黑线向外输出 5V 的电压

(49) 用遥控器设置电调时，需要（　　）。

　　A. 断开电机　　　　B. 接上电机　　　　C. 断开动力电源

(50) 某电调上标有"30A"字样，意思是指（　　）。

　　A. 电调所能承受的最大瞬间电流是 30 安培

　　B. 电调所能承受的稳定工作电流是 30 安培

　　C. 电调所能承受的最小工作电流是 30 安培

(51) 某电调上标有"15A"字样，意思是指（　　）。

　　A. 电调所能承受的稳定工作电流是 15 安培

　　B. 电调所能承受的最大瞬间电流是 15 安培

　　C. 电调所能承受的最小工作电流是 15 安培

(52) 经测试，某多旋翼无人机稳定飞行时，动力蓄电池的持续输出电流为 5 安培，该多轴飞行器可以选用（　　）。

　　A. 5A 的电调　　　B. 10A 的电调　　　C. 30A 的电调

(53) 经测试，某多旋翼无人机稳定飞行时，动力蓄电池的持续输出电流为 10 安培，该多轴飞行器可以选用（　　）。

　　A. 50A 的电调　　　B. 15A 的电调　　　C. 10A 的电调

(54) 多旋翼无人机的螺旋桨（　　）。

　　A. 桨根处迎角小于桨尖处迎角　　　　B. 桨根处迎角大于桨尖处迎角

　　C. 桨根处迎角等于桨尖处迎角

(55) 多旋翼无人机的螺旋桨（　　）。

　　A. 桨根处线速度小于桨尖处线速度　　B. 桨根处线速度大于桨尖处线速度

　　C. 桨根处线速度等于桨尖处线速度

(56) 多旋翼无人机的螺旋桨（　　）。

A. 桨根处升力系数小于桨尖处升力系数

B. 桨根处升力系数大于桨尖处升力系数

C. 桨根处升力系数等于桨尖处升力系数

(57) 某螺旋桨长 254mm，桨距 114mm，那么它的型号可表述为（　　）。

A. 2511　　　　　　B. 1045　　　　　　C. 254114

(58) 某螺旋桨长 381mm，桨距 127mm，那么它的型号可表述为（　　）。

A. 3812　　　　　　B. 15×5　　　　　　C. 38×12

(59) 六轴多旋翼无人机安装有（　　）。

A. 6 个顺时针旋转螺旋桨

B. 3 个顺时针旋转螺旋桨，3 个逆时针旋转螺旋桨

C. 4 个顺时针旋转螺旋桨，2 个逆时针旋转螺旋桨

(60) 八轴多旋翼无人机安装有（　　）。

A. 8 个顺时针旋转螺旋桨

B. 2 个顺时针旋转螺旋桨，6 个逆时针旋转螺旋桨

C. 4 个顺时针旋转螺旋桨，4 个逆时针旋转螺旋桨

(61) 螺旋桨是正桨，是指（　　）。

A. 从多旋翼无人机下方观察，该螺旋桨逆时针旋转

B. 从多旋翼无人机上方观察，该螺旋桨顺时针旋转

C. 从多旋翼无人机上方观察，该螺旋桨逆时针旋转

(62) 部分多旋翼无人机螺旋桨根部标有 "CCW" 字样，其意义为（　　）。

A. 此螺旋桨由 CCW 公司生产　　　　B. 此螺旋桨为俯视顺时针旋转

C. 此螺旋桨为俯视逆时针旋转

(63) 某多旋翼无人机螺旋桨标有 "CW" 字样，表明该螺旋桨为（　　）。

A. 俯视顺时针旋翼　　　　　　　　　B. 俯视逆时针旋翼

C. "CW" 牌

(64) 如果多旋翼无人机安装的螺旋桨与电机不匹配，桨尺寸过大，会带来的坏处不包括（　　）。

A. 电机电流过大造成损坏　　　　　　B. 电调电流过大造成损坏

C. 飞控电流过大造成损坏

(65) 关于多旋翼无人机螺旋桨与电机匹配描述错误的是（　　）。

A. 3S 电池下，KV900~KV1000 的电机配 1060 或 1047 桨

B. 3S 电池下，KV1200~KV1400 的电机配 3 寸桨

C. 2S 电池下，KV1300~KV1500 的电机配 9050 桨

(66) 关于多旋翼无人机机桨与电机匹配描述正确的是（　　）。

A. 大螺旋桨要用低 KV 电机　　　　　B. 大螺旋桨要用高 KV 电机

C. 小螺旋桨要用高 KV 电机

(67) 多旋翼无人机螺旋桨从结构上说，更接近于（　　）。

A. 风力发电机叶片　　B. 直升机旋翼　　C. 固定翼飞机螺旋桨

(68) 多旋翼无人机常用螺旋桨的剖面形状是（　　）。

A. 对称形　　　　　　B. 凹凸形　　　　　C. S 形

(69) 部分多旋翼无人机螺旋桨加有外框，其主要作用是（　　）。

A. 提高螺旋桨效率　　　　　　　　　B. 增加外形的美观性

C. 防止磕碰提高安全性

(70) 同一架多旋翼无人机，在同样做好动力匹配的前提下，（　　）。

    A. 两叶桨的效率高　　　B. 三叶桨的效率高　　　C. 两叶桨与三叶桨效率一样高

(71) 一架四轴多旋翼无人机，在其他任何设备都不更换的前提下，安装了 4 个大得多的螺旋桨，下面说法不一定正确的是（　　）。

    A. 升力变大　　　　　　B. 转速变慢　　　　　　C. 桨盘载荷变小

(72) 四轴多旋翼无人机，改变航向时（　　）。

    A. 相邻的两个桨加速，另两个桨减速

    B. 相对的两个桨加速，另两个桨减速

    C. 四个桨均加速

(73) 起飞时，可操纵变距螺旋桨达到（　　）状态。

    A. 小桨叶角及低转速　　B. 大桨叶角及高转速　　C. 小桨叶角及高转速

(74) 对于装备定距螺旋桨的活塞发动机，通常用来反映功率的仪表是（　　）。

    A. 进气压力表　　　　　B. 转速表　　　　　　　C. 燃油流量表

(75) 多旋翼无人机的飞控指的是（　　）。

    A. 机载导航飞控系统　　B. 机载遥控接收机　　　C. 机载任务系统

(76) 多旋翼无人机飞行时地面人员手里拿的"控"指的是（　　）。

    A. 地面遥控发射机　　　B. 导航飞控系统　　　　C. 链路系统

(77) 多旋翼无人机飞控板上一般会安装（　　）。

    A. 1 个角速率陀螺仪　　B. 3 个角速率陀螺仪　　C. 6 个角速率陀螺仪

(78) 多旋翼无人机飞控计算机的功能不包括（　　）。

    A. 稳定飞行器姿态　　　B. 接收地面控制信号　　C. 导航

(79) 多旋翼无人机的遥控器一般有（　　）。

    A. 2 个通道　　　　　　B. 3 个通道　　　　　　C. 4 个及以上通道

(80) 多旋翼无人机上的电信号传播顺序一般为（　　）。

    A. 飞控—机载遥控接收机—电机—电调

    B. 机载遥控接收机—飞控—电调—电机

    C. 飞控—电调—机载遥控接收机—电机

(81) 多旋翼无人机布局有 X 形和十字形两大类，其中（　　）。

    A. 十字形操纵性好　　　B. X 形操纵性好　　　　C. 两种布局操纵性没有区别

(82) 在高海拔地区，多旋翼无人机较难离地时，最有效的应对措施是（　　）。

    A. 减重　　　　　　　　B. 更换大桨　　　　　　C. 更换大容量电池

(83) 多旋翼无人机在没有发生机械结构改变的前提下，如发生漂移，不能直线飞行时，不需要关注的是（　　）。

    A. GPS 定位　　　　　　B. 指南针校准　　　　　C. 调整重心位置

(84) 多旋翼无人机重心高于或低于桨平面会（　　）。

    A. 增加稳定性　　　　　B. 降低机动性　　　　　C. 显著影响电力消耗

(85) 下列方式中有可能会提高多轴飞行器载重的是（　　）。

    A. 电机功率不变，桨叶直径变大且桨叶总距变大

    B. 桨叶直径不变，电机功率变小且桨叶总距变小

    C. 桨叶总距不变，电机功率变大且桨叶直径变大

2.3.5　无人直升机

1. 信息页

学习领域	学习领域：无人机操控飞行		
学习情境	学习情境2：多旋翼无人机水平航线飞行	学习时间	30min
工作任务	E：无人直升机	学习地点	理实一体化教室

无人直升机

无人直升机是具有一副或两副主旋翼，通过旋翼的倾斜、转速的调整来产生各个运动方向的力的不载人航空器。

1. 单旋翼带尾桨无人直升机

1932年，美国西科斯基飞机公司研制成功了单旋翼带尾桨直升机，该直升机成为世界上第一架可实用的直升机。从此，单旋翼带尾桨直升机以其简单、实用的操纵系统和相对成熟的单旋翼空气动力学理论成为半个多世纪来世界直升机发展的主流。

单旋翼带尾桨直升机装有一个旋翼和一个尾桨。旋翼的反作用力矩，由尾桨拉力相对于直升机重心所构成的偏转力矩来平衡。虽然尾桨消耗一部分功率，但这种结构形式构造简单，操纵灵便，目前应用最为广泛。多数起飞质量较大的无人直升机都采用此种布局。

不同的单旋翼带尾桨直升机机型，虽然共性很多，但是在气动布局上存在着较大的差别，其气动部件的形状、安装部位、部件配置、参数选择等都可能不一样。不同的气动布局必然会产生不同的气动特点，而不同的气动特点又会直接影响到直升机的性能和操纵。对于无人机驾驶员来说，了解不同布局的气动特点和设计师的特殊考虑，对于掌握机型的操纵是有益的。

（1）旋翼的布局和工作参数选择

1）旋翼旋转方向。一般来说，美国的直升机喜欢采用俯视逆时针旋翼，法国、俄罗斯等多数国家喜欢采用俯视顺时针旋翼。我国直升机中"黑鹰"和"直-8"是俯视逆时针旋翼，其他机型都是俯视顺时针旋翼。从气动特性来说，两者并没有明显差别。但是，对有人机来讲，如果是采用并列式双驾驶员座舱并指定左座为机长位置的情况下，采用俯视顺时针旋翼好。主要是因为在悬停和起降过程中，驾驶员的视线方向与驾驶员小臂的移动方向一致，操纵动作比较自然。

2）旋翼轴前倾角。为了降低燃料消耗率，设计师通常把直升机以巡航速度飞行时的姿态，选为接近水平姿态，使阻力最小。这样，飞行中旋翼桨盘就必须前倾，以便形成足够的水平拉力和阻力相平衡。比较方便的做法是将旋翼轴设计成向前倾斜的，前倾角通常为5°左右。但是前倾角过大也不好，会造成消速及悬停时直升机的姿态很大。严格地说，前倾旋翼轴对悬停操纵与空气动力设计都不算有利，今后可能会有更好的解决方案。

3）旋翼直径。大的旋翼直径可以有效地提高旋翼拉力，因为旋翼拉力同旋翼半径的四次方成正比。旋翼直径大，则旋翼的桨盘载荷小，悬停诱导速度就小，可以有效地降低旋翼诱阻功率。但是，旋翼直径过大，也有其不利方面，主要有直升机质量增大、造价提高、所需的存放场地变大、在丛林等复杂地貌条件下机动能力变差。为此，设计师在设计过程中，最终目标是确定最小的旋翼直径或者确定最大的桨盘载荷，它必须既能满足性能要求，又能满足直升机的使用要求。

4）旋翼桨叶的平面形状。早期直升机的旋翼采用尖削桨叶，即桨叶尖部的弦长比根部更短一些，这可使桨盘诱导速度更为均匀，从而改善悬停性能。采用金属桨叶后，为了制作方便，旋翼一般都采用矩形桨叶。近些年，复合材料受到青睐，由于采用此种材料的桨叶按变弦长的要求制作没有困难，尖削方案可能被重新采用。为了解决大速度下空气压缩性的影响和噪声问题，把桨叶尖部做成后掠形是可取的方案，如"黑鹰"直升机。

5）桨叶扭转角。采用扭转桨叶可以改善旋翼桨叶拉力分布。大的扭转角虽然对悬停有利，但在大速度飞行时，会产生振动载荷，且大的扭转角对自转也不利。因此，目前桨叶的扭转角多在 $-5° \sim 6°$。

6）桨叶翼型和桨叶片数。一般来说，理想的翼型应该既有较好的低速性能，也有较好的高速性能，同时俯仰力矩也要符合要求，还要考虑防颤振等特殊要求。这些条件往往相互矛盾。目前，相对厚度比较薄的接近对称型方案占上风。至于旋翼的桨叶片数，目前多数单旋翼带尾桨无人直升机使用 2 片桨叶。

（2）尾桨形式与布局

1）尾桨的安装位置与旋转方向。尾桨的作用是平衡旋翼产生的反转矩。单旋翼直升机的尾桨都是安装在尾梁后部或尾斜梁或垂尾上，其垂直位置有的比较低，有的则比较高。尾桨的安装位置低，可以减小传动系统的复杂性，有助于减小结构质量，但是，尾桨可能处在旋翼尾流之中，容易发生不利的气动干扰。反过来，尾桨的安装位置高，则可以避免或减少气动干扰，提高尾桨效率，对提高前飞的稳定性也是有利的，且悬停时直升机坡度较小，但结构较低置尾桨复杂。现在来看，多数直升机都采用高置尾桨。

尾桨旋转方向的选择，主要是从减弱旋翼与尾桨之间的气动干扰考虑的。一般认为，尾桨采用底部向前旋转方向较为有利，尾桨效率也比较高。

2）推式尾桨和拉式尾桨。在尾桨拉力方向不变的情况下，可以把尾桨安装在垂尾左侧，也可以安装在垂尾右侧。如果尾桨拉力方向指向直升机对称面，则为推式尾桨；如果尾桨拉力是从对称面向外指的，则为拉式尾桨。采用推式尾桨还是拉式尾桨，主要从尾桨与垂尾的气动干扰方面考虑。采用拉式尾桨，垂尾处于尾桨的诱导速度范围内，在垂尾上必然要产生一个与尾桨拉力方向相反的侧力，这样不仅会降低尾桨效率，且容易发生方向摆动等现象。虽然推式尾桨与垂尾之间也会发生气动干扰，但总的来看，采用推式尾桨较为有利。

3）尾桨桨叶的扭转。尾桨桨叶的扭转可以在一定程度上提高尾桨的工作效率，但可能导致尾桨涡环的产生并带来相应的副作用，一般不提倡采用。

2. 共轴双旋翼无人直升机

共轴双旋翼直升机具有绕同一理论轴线一正一反旋转的上下两副旋翼，由于转向相反，两副旋翼产生的转矩在航向不变的飞行状态下相互平衡，通过所谓的上下旋翼总距差动产生不平衡转矩，可实现航向操纵。因此，共轴双旋翼在直升机的飞行中，既是升力面又是纵横向和航向的操纵面。

（1）共轴双旋翼直升机的总体结构特点

共轴式直升机与单旋翼带尾桨直升机的主要区别是采用上下共轴反转的两组旋翼来平衡旋翼转矩，可不需要尾桨。

在结构上，由于采用两副旋翼，与相同质量的单旋翼直升机相比，若采用相同的桨盘载荷，通过简单的几何计算，其旋翼半径仅为单旋翼直升机的 0.7 倍。单旋翼直升机的尾桨部分必须超出旋翼旋转面，尾桨直径为主旋翼的 0.16～0.22 倍。假定尾桨紧邻旋翼桨盘，则单旋翼直升机旋翼桨盘的最前端到尾桨桨盘的最后端是旋翼直径的 1.16 ~ 1.22 倍。共轴式直升机由于没有尾桨，其机身部分一般情况下均在桨盘面积之内，其机体总的纵向尺寸就是桨盘直径。这样，在相同的桨盘载荷、发动机和相同的总重下，共轴双旋翼直升机的总体纵向尺寸仅为单旋翼直升机的 0.6 倍左右。

共轴式直升机的机身较短，同时其结构质量和载重均集中在直升机的重心处，因而减少了直升机的俯仰和偏航的转动惯量。在 10 吨级直升机上，共轴式直升机的俯仰转动惯量大约是单旋翼直升机的一半。共轴式直升机可提供更大的俯仰和滚转操纵力矩，并使直升机具有较好的加速特性。

由于没有尾桨，共轴式直升机消除了单旋翼直升机存在的尾桨故障隐患以及在飞行中因尾梁的振动和变形引起的尾桨传动机构的故障隐患，从而提高了直升机的生存率。

由于采用上下两副旋翼，增加了直升机的垂向尺寸，两副旋翼的桨毂和操纵机构均暴露在机身外。两副旋翼的间距与旋翼直径成一定比例，以保证飞行中上下旋翼不会由于操纵和阵风引起的极限挥舞而相碰。两旋翼间的非流线不规则的桨毂和操纵系统部分增加了直升机的废阻面积，因而，共轴式直升机的废阻功率一般大于单旋翼带尾桨直升机的废阻功率。

共轴式直升机一般采用双垂尾以增加直升机的航向操纵性和稳定性。一般来说，共轴直升机绕旋翼轴的转动惯量远小于单旋翼带尾桨直升机的，因而航向的操纵性好于单旋翼带尾桨直升机，而稳定性相对有尾桨的直升机较差。由于共轴式直升机的机身较短，因此增加平尾面积和采用双垂尾来提高直升机的纵向和航向稳定性。共轴式直升机的垂尾的航向操纵效率只在飞行速度较大时方起作用。

（2）共轴双旋翼直升机的主要气动特性

共轴式直升机具有合理的功率消耗、优良的操纵性、较小的总体尺寸等特点。与单旋翼带尾桨直升机相比，共轴式直升机的主要气动特点为：

1）具有较高的悬停效率。

2）没有用于平衡反转矩的尾桨功率损耗。

3）空气动力对称。

4）具有较大的俯仰、滚转控制力矩。

在相同的起飞质量、发动机功率和旋翼直径下，共轴式直升机有着更高的悬停升限和爬升率。共轴式直升机随着升限增高，其航向偏转速度保持不变甚至有所增加。这是由于共轴式直升机不需要额外的功率用于航向操纵，因而改善了航向的操纵效率。

共轴双旋翼的平飞气动特性与单旋翼也有不同。资料表明，在相同拉力和旋翼直径下，刚性共轴双旋翼的诱导阻力比单旋翼低 20% ~ 30%。由于操纵系统部分和上下旋翼桨毂这些非流线形状部件的数量和体积大于单旋翼直升机的并暴露在气流中，因而共轴式直升机的废阻面积大于单旋翼直升机的。共轴式直升机在悬停、中低速飞行时的需用功率小于单旋翼直升机的，随着速度逐渐增加，需用功率逐渐增大至大于单旋翼直升机需用功率，这一特性决定了共轴式直升机有较大的实用升限、较大的爬升速度、更长的续航时间。而单旋翼直升机则有较大的平飞速度、较大的巡航速度和飞行范围。

由于共轴式直升机具有特殊的操纵系统构件，两旋翼必须保持一定的间距，因此，要将废阻面积降低到单旋翼直升机的水平是非常困难的。

（3）共轴双旋翼直升机的操纵系统

共轴式直升机与传统单旋翼带尾桨直升机的主要区别之一是航向操纵的形式和响应不同，其改变上下旋翼的转矩的方式又分为全差动、半差动、桨尖制动、磁粉制动。

全差动方式是同时反向改变上下旋翼的桨叶角来实现直升机航向的操纵和稳定。俄罗斯卡莫夫系列共轴式直升机均采用此种控制方式。

半差动方式一般是通过改变下旋翼桨叶角来改变上下旋翼的功率分配，使其相等或不等来控制直升机的航向。

桨尖制动方式是在旋翼桨尖设置阻力板，通过改变阻力板的迎风阻力面积来改变旋翼的转矩，以实现直升机的航向操纵和稳定。德国研制的无人驾驶直升机 SEAMOS 采用了此种控制方式。

磁粉制动是在传动系统内部通过磁粉离合器对上下旋翼轴进行转矩分配。加拿大研制的无人直升机 CLE227 采用了此种形式。

根据直升机的飞行原理可知，直升机的飞行控制是通过周期变距改变旋翼的桨盘锥体，从而改变旋翼的总升力矢量来实现的。由于旋翼的气动输入（即周期变距）与旋翼的最大影响（即挥舞）的方位角相差 90°，当旋翼在静止气流中旋转时，以纵向周期变距为例，上旋翼在 90°时（即前行桨叶处）得到纵向周期变距输入，此时上旋翼为逆时针旋转，对上旋翼来说将在 180°时得到最大响应，即挥舞最大。而对下旋翼而言，上旋翼的前行桨叶方位处是下旋翼的后行桨叶方位，此时下旋翼为顺时针旋转，其桨叶前缘正好与上旋翼相反，对上旋翼的最大输入恰好是对下旋翼的最小输入，下旋翼将在 0°处达到最小挥舞响应。而在下旋翼的前行桨叶（即上旋翼的后行桨叶）处达到最大输入，在 180°处达到最大挥舞响应。因此，上下旋翼在纵向周期变距操纵下的挥舞平面是基本平行的。由于上下两旋翼的转向相反，旋翼剖面的前后缘反向。因而，一个是最大输入而另一个是最小输入，两旋翼的最大响应和最小响应相差 180°，类似的，上下旋翼在横向周期变距操纵后，其挥舞平面也是平行的。因此，共轴式直升机的上下旋翼的自动倾斜器是通过若干拉杆组成的连杆机构，该机构使得上下旋翼的挥舞平面始终保持平行。

共轴式直升机的纵横向操纵是通过操纵下旋翼自动倾斜器的不动环，再通过拉杆机构改变上旋翼自动倾斜器，从而使上下旋翼的锥体保持平行的运动。

共轴式直升机的纵横向操纵是通过平行地操纵上下自动倾斜器来实现的；航向操纵则是通过改变上下旋翼的总距来实现的。

3. 直升机的操纵

（1）直升机的运动

直升机在空中有 6 个自由度，如图 1 所示，分别是沿 X 轴（纵轴）、Y 轴（横轴）、Z 轴（立轴）三个轴的移动以及绕这三个轴的转动。在悬停或匀速直线飞行时，直升机处于一种平衡状态，作用在它上面的力和力矩之和等于零。

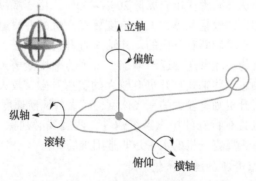

图 1　直升机的 6 个自由度

所谓操纵，就是改变作用在直升机上的力和力矩，即打破原来的平衡状态，建立新的平衡状态。以单旋翼直升机为例，要使直升机沿 Z 轴运动，就必须改变旋翼拉力的大小，当拉力大于直升机的重力时，直升机就上升；反之，直升机则下降。直升机的纵向运动是通过改变旋翼拉力的方向来实现的，当拉力前倾时，产生向前的分力，直升机向前运动，同时拉力还对直升机作用一个俯仰力矩，使直升机绕横轴低头转动；当拉力后倾时，直升机向后运动，并绕横轴抬头转动。同理，控制拉力的横向倾斜，可以实现直升机的横向移动和滚转运动。单旋翼直升机的航向是通过改变尾桨的推力（或拉力）来操纵的，当改变尾桨推力（或拉力）的大小时，尾桨推力（或拉力）对直升机重心的力矩与旋翼反转矩不再处于平衡状态，直升机就绕 Z 轴转动，直升机的航向改变。

（2）直升机的操纵模式

直升机的操纵性是指直升机在空中以相应的运动响应驾驶员操纵杆、舵、油门的能力，即驾驶员实施操纵后，直升机的飞行状态跟着改变而建立新的平衡状态的反应能力。一般来说，稳定性强的直升机，稳定力矩较大，改变飞行状态需要的操纵行程必然要大；反之，稳定性弱的直升机，稳定力矩较小，改变飞行状态需要的操纵行程小。如果阻尼太小，直升机过于灵敏，不易稳定在新的飞行状态。因此，直升机的操纵性和稳定性要兼顾。

1）总距操纵。上提变距杆时，桨距变大，桨叶角增大，旋翼拉力增大；下放变距杆时，桨距变小，旋翼拉力减小。桨距的改变，不仅改变了旋翼拉力的大小，同时也要求动力系统输出功率相应改变。因此，在构造上常将油门杆与变距杆连在一起，称为总距杆。改变旋翼拉力大小有两种方法：一是操纵总距杆，改变所有桨叶的桨叶迎角；二是操纵油门环，改变旋翼转速。

①操纵总距杆。旋翼气动合力在旋翼旋转轴方向的分力就是旋翼拉力。只要气动合力的大小变化，旋翼拉力也发生变化。上提总距杆时，旋翼所有桨叶的桨叶角同时增大（即总距增大），使桨叶迎角增大，升力系数增大，故旋翼气动合力增大，旋翼拉力随之增大，动力系统输出功率也相应增大。反之，下放总距杆时，所有桨叶的桨叶角同时减小（即总距减小），桨叶迎角减小，旋翼拉力就减小，动力系统功率相应减小。

②操纵油门环。为了让驾驶员在某些情况下不改变旋翼桨叶角而能单独调节旋翼转速，米-8 等直升机在总距杆上装有油门环，它只与发动机油门连接。转动油门环可以单独调节发动机功率和旋翼转速，以达到改变旋翼拉力的目的。直-9 直升机的总距杆上没有油门环，但装有一个控制开关，通过电传动装置来单独调节发动机功率和旋翼转速。

2）周期变距。操纵驾驶杆，通过传动杆、摇臂的传动，能使旋转环随同内环向需要的方向倾斜。旋转环随同内环倾斜后，随着旋翼转动，各片桨叶的桨叶角就会出现周期性变化。在旋翼旋转一周过程中，每片桨叶的桨叶角随旋翼旋转出现由小到大，再由大到小的周期变化，这被称为桨叶的周期变距。由桨叶周期变距引起桨叶强制挥舞，能使旋翼锥体向驾驶杆的操纵方向倾斜，从而达到操纵的目的。

改变旋翼锥体方向，是通过驾驶杆操纵自动倾斜器（图 2）外环带动旋转环倾斜，使桨叶周期变距，从而引起桨叶强制挥舞来实现的。按照操纵习惯，驾驶杆向某一方向移动，旋翼桨尖平面也应随之向同一方向倾斜。前推驾驶杆时，旋翼锥体前倾；后拉驾

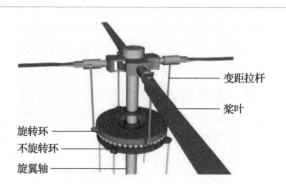

变距拉杆

桨叶

旋转环

不旋转环

旋翼轴

图 2　直升机自动倾斜器结构

驶杆时，旋翼锥体向后倾斜；左、右压杆时，旋翼锥体向压杆方向倾斜；以此来改变旋翼气动合力的方向。气动合力方向的改变必然引起旋翼拉力、纵向力、侧向力的改变，并且对直升机重心构成力矩，改变直升机的状态，进而达到操纵的目的。

3）航向操纵。尾桨操纵机构主要由钢索、链条、链轮、滑动操纵杆、操纵变距环等组成。当操纵脚蹬时，通过钢索、链条、链轮、蜗轮，可使桨距操纵杆带着三叉头伸缩，于是桨距拉杆便改变尾桨的桨距使尾桨拉力变化，从而达到操纵直升机绕立轴转动的目的。

4）无人直升机的操纵。无人直升机的操纵系统设计包括操纵系统方案设计、部件结构设计和舵机选择等。在人工遥控状态下，无人直升机驾驶员通过操纵遥控器向机载接收机发送遥控指令，各个舵机接收指令控制自动倾斜器运动，通过操纵杆系改变直升机旋翼的桨距，最终保持和改变无人直升机的飞行状态。在自主飞行状态，机载计算机接收直升机各传感器的姿态、位置和速度等信息，通过处理和解耦计算并结合预定程序，得到舵机控制指令，实现无人直升机的自主悬停或按航线的程序飞行。

①总距、纵向、横向及航向操纵通道互相独立。此方案中各个操纵通道互相独立，互不干涉。各个通道与一个舵机相连接，实现一个通道控制一个舵机。该方案原理简单，各通道独立，无须电子解耦，是早期小型航空模型直升机和小型无人直升机采用的方案。

②总距与纵向、横向操纵协调工作，航向通道独立。此方案在小型航空模型中称为直升机桨距混控（cyclic/collective pitch mixing，CCPM）系统。该系统采用三到四个纵横向舵机共同驱动控制自动倾斜器的上下和倾斜运动，实现直升机的总距、纵向和横向的操纵，而航向通道单独控制一个航向舵机。由于操纵系统机械结构简单，质量较小，单个舵机的工作负荷较小，系统可靠性增加。目前该方案被小型航空模型直升机和小型无人直升机广泛采用。

共轴双旋翼结构形式，其操纵系统设计与普通的单旋翼带尾桨直升机有所不同，主要区别在航向通道操纵的设计上，采用 CCPM 系统和半差动航向操纵方式，简化了总距与纵横向操纵的机械解耦结构，减小了操纵系统质量，总距、纵向和横向运动均由其中的多个舵机协同控制，减小了单个舵机的工作负荷，提高了系统的可靠性。

2. 工作页

学校名称		任课教师	
班级		学生姓名	
学习领域	学习领域：无人机操控飞行		
学习情境	学习情境2：多旋翼无人机水平航线飞行	学习时间	30min
工作任务	E：无人直升机	学习地点	理实一体化教室

无人直升机

请完成下列单选题：（每题1分，共14分）

（1）共轴直升机的旋翼旋转方向为（　　　）。

    A. 俯视逆时针旋转　　　B. 俯视顺时针旋转　　　C. 俯视一正一逆旋转

（2）共轴直升机废阻面积一般大于单旋翼直升机，这是因为（　　　）。

    A. 其结构质量与载重均集中在重心附近

    B. 其特殊的操作系统要求两旋翼之间保持一定距离

    C. 共轴直升机的纵向尺寸较大

（3）下列选项中分类方式相同的是（　　　）。

    A. 3代直升机，变模态无人旋翼机，复合无人旋翼机

    B. 微型直升机，轻型无人直升机，四轴多旋翼无人机

    C. 单旋翼带尾桨无人直升机，共轴双旋翼无人直升机，多轴多旋翼无人机

（4）下列选项中不是直升机的是（　　　）。

    A. 多轴多旋翼无人机　　B. 共轴双旋翼式无人机　C. 自转旋翼式无人机

（5）在升高与下降过程中，关于无人直升机与多轴飞行器表述正确的是（　　　）。

    A. 无人直升机主要改变旋翼总距，多轴多旋翼无人机主要改变旋翼转速

    B. 无人直升机主要改变旋翼转速，多轴多旋翼无人机主要改变旋翼总距

    C. 无人直升机主要改变旋翼转速，多轴多旋翼无人机同样改变旋翼转速

（6）下面关于多轴旋翼的说法错误的是（　　　）。

    A. 本质上讲旋翼是一个能量转换部件，它把电机传来的旋转动能转换成旋翼拉力

    B. 旋翼的基本功能是产生旋翼拉力　　　　C. 旋翼的基本功能是产生前进推力

（7）多旋翼无人机的旋翼旋转方向一般为（　　　）。

    A. 俯视多旋翼无人机顺时针旋转　　　　　B. 俯视多旋翼无人机逆时针旋转

    C. 俯视多旋翼无人机两两对应

（8）X形布局四轴多旋翼无人机，左前方的旋翼一般多为（　　　）。

    A. 俯视顺时针旋转　　　B. 俯视逆时针旋转　　　C. 左视逆时针旋转

（9）悬停状态下，多旋翼无人机单个旋翼形成（　　　）。

    A. 正锥体　　　　　　　B. 平面　　　　　　　　C. 倒锥体

（10）多旋翼无人机前飞时，单个旋翼（　　　）。

    A. 前行桨叶相对气流速度小于后行桨叶相对气流速度

    B. 前行桨叶相对气流速度大于后行桨叶相对气流速度

    C. 前行桨叶相对气流速度等于后行桨叶相对气流速度

（11）部分多旋翼无人机会安装垂尾，这（　　　）。

    A. 会减小高速前飞时的稳定性，增加悬停时的稳定性

    B. 会增加高速前飞时的稳定性，增加悬停时的稳定性

    C. 会增加高速前飞时的稳定性，减小悬停时的稳定性

（12）以下选项中不是多旋翼无人机的是（　　　）。

    A. 大疆精灵 Phantom　　B. 大疆悟 Inspire　　　C. UH-60 黑鹰直升机

（13）多旋翼无人机（　　　）。

    A. 有自转下滑能力　　　B. 无自转下滑能力　　　C. 有部分自转下滑能力

（14）X形布局四轴多旋翼无人机从悬停转换到前进，（　　　）需要加速。

    A. 后方两轴　　　　　　B. 左侧两轴　　　　　　C. 右侧两轴

2.3.6　固定翼无人机

1. 信息页

学习领域	学习领域：无人机操控飞行		
学习情境	学习情境2：多旋翼无人机水平航线飞行	学习时间	30min
工作任务	F：固定翼无人机	学习地点	理实一体化教室

固定翼无人机

固定翼无人机是机翼外端后掠角可随空速自动或手动调整的机翼固定的一类无人机。因其续航时间长、高空飞行的优良功能、模块化集成，现已广泛应用在测绘、地质、石油、农林等行业，具有广阔的市场应用前景。

固定翼无人机系统由5个主要部分组成：机体结构、航电系统、动力系统、起降系统和地面控制站。机体结构由可拆卸的模块化机体组成，既方便携带，又可以在短时间内完成组装、起飞。航电系统由飞行控制系统计算机、感应器、无线通信、空电电池组成，满足飞行控制系统的需要。动力系统由动力蓄电池、螺旋桨、无刷电机组成，提供飞机飞行所需的动力。起降系统由弹射绳、弹射架、降落伞组成，帮助飞机完成弹射起飞和伞降着陆。地面控制站包括地面站计算机、手柄、电台等通信设备，用以辅助完成路线规划任务和飞行过程的监控。

固定翼无人机大部分由机身、机翼、尾翼、起落架和发动机组成，如图1所示。

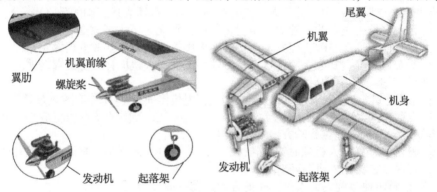

图1　固定翼无人机组成

1. 机翼

机翼的主要功用是产生升力，以支持飞机在空中飞行，同时也起到一定的稳定和操纵作用。固定翼无人机的机翼结构组成如图2所示，一般由纵向骨架（翼梁、纵墙、桁条）、横向骨架（普通翼肋、加强翼肋）和蒙皮组成。在机翼上一般安装有副翼和襟翼，操纵副翼可以使飞机滚转，放下襟翼可以使升力增大。机翼上还可以安装发动机、起落架和油箱等。

（1）纵向骨架

1）翼梁。翼梁是最主要的纵向构件，是机翼的主要受力部件。

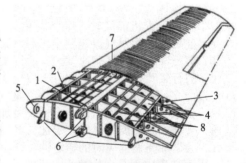

图2　固定翼无人机机翼结构组成
1—翼梁　2—前纵墙　3—后纵墙
4—普通翼肋　5—加强翼肋　6—对接接头
7—蒙皮　8—桁条

2）纵墙。纵墙与翼梁十分相像，二者的区别在于纵墙的缘条很弱并且不与机身相连，其长度有时仅为翼展的一部分。

3）桁条。桁条铆接在蒙皮内表面，支持蒙皮以提高其承载能力，并共同将气动力分布载荷传给翼肋。通常用铝合金挤压或板材弯制而成。

（2）横向骨架

1）普通翼肋。普通翼肋（图3a）的作用是将纵向骨架和蒙皮连成一体，把由蒙皮和桁条传来的空气动力载荷传递给翼梁，并保持翼剖面的形状。

2）加强翼肋。加强翼肋（图3b、图3c）除了具有普通翼肋功能外，还能承受集中载荷，因此，它的腹板较厚或用支柱加强。

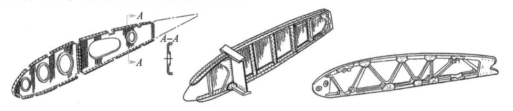

a）腹板式普通翼肋　　　　b）腹板式加强翼肋　　　　c）桁架式加强翼肋

图3　固定翼无人机翼肋

（3）蒙皮

蒙皮是指包围在骨架结构外，用黏接剂或铆钉固定于骨架上，并覆盖在骨架外的受力构件，形成飞机气动力外形的维形构件。蒙皮的直接功用是形成流线型的机翼外表面，使机翼的阻力尽量小，蒙皮应力求光滑，减小在飞行中的凹凸变形。从受力看，气动载荷直接作用在蒙皮上，因此蒙皮受有垂直于其表面的局部气动载荷。此外蒙皮还参与机翼的总体受力，它和翼梁或纵墙组合在一起，形成封闭的盒式薄壁结构承受机翼的转矩；当蒙皮较厚时，它与长桁、翼梁缘条在一起组成壁板，承受机翼弯矩引起的剪切力。蒙皮和桁条组合构成机翼壁板。机翼壁板分组合式和整体式壁板（图4）两种。

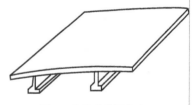

图4　整体式壁板蒙皮

蒙皮与骨架所构成的蒙皮结构具有较大承载力及刚度，而自重却很轻，起到承受和传递气动载荷的作用。蒙皮承受空气动力作用后将作用力传递到相连的机身、机翼骨架上，受力复杂，加之蒙皮直接与外界接触，所以不仅要求蒙皮材料强度高、塑性好，还要求其表面光滑，有较高的抗蚀能力。常规无人机的蒙皮材料主要采用高强铝镁合金，某些高性能无人机采用钛合金或复合材料。

2. 机身

机身的主要功用是装载乘员、旅客、武器、货物和各种设备，将飞机的其他部件连接成一个整体。

（1）构架式

构架式机身如图5所示，这种机身虽然强度和抗冲击性较好，但刚度不好，特别是抗扭特性较差和有效容积率较小。

（2）硬壳式

硬壳式机身如图6所示，这种机身具有结构简单、气动外形光滑及内部空间可全部利用的优点。但其机身的相对载荷较小，而且机身不可避免要大开口，导致蒙皮材料利用率不高，且因开口补强增重较大，所以这种形式的机身实际上用得很少。

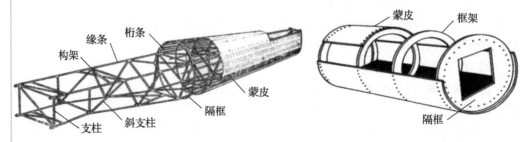

图 5　固定翼无人机构架式机身　　　　图 6　固定翼无人机硬壳式机身

（3）半硬壳式

1）桁梁式机身。桁梁式机身如图 7 所示，从桁梁式机身的受力特点可以看出，在桁梁之间布置大开口不会显著降低机身的抗弯强度和刚度。虽然因大开口会降低结构的抗剪强度和刚度而必须补强，但相对桁条式和硬壳式结构的机身来说，同样的开口，桁梁式的机身补强引起的增重较小。因此，这种形式的机身便于开较大的舱口。

2）桁条式机身。桁条式机身如图 8 所示，主要由桁条、隔框和蒙皮组成。桁条和蒙皮强度较大，是受力的主要部件。

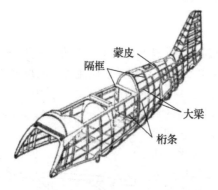
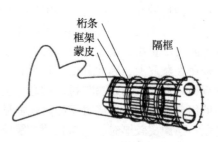

图 7　固定翼无人机桁梁式机身　　　　图 8　固定翼无人机桁条式机身

3. 尾翼

尾翼的作用是操纵飞机俯仰和偏转，保证飞机能平稳飞行。

尾翼是固定翼无人机的重要部件之一，由水平尾翼和垂直尾翼组成。水平尾翼由固定的水平安定面和可动的升降舵组成。垂直尾翼包括固定的垂直安定面和可动的方向舵。在垂直尾翼上可活动的表面称为方向舵，在水平尾翼上可活动的表面称为升降舵，如图 9 所示。还有一种尾翼不需要升降舵，在中央的铰链点安装一片水平尾翼，铰链轴是水平的，这种类型的尾翼称为全动式水平尾翼，如图 10 所示。

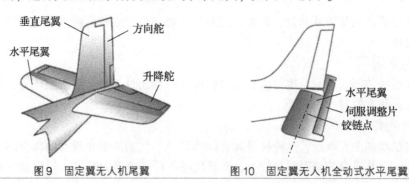

图 9　固定翼无人机尾翼　　　　图 10　固定翼无人机全动式水平尾翼

4．起落装置

起落架是固定翼无人机停放、滑行、起飞或者着陆时的主要支撑部分。起落架大多由减振支柱和机轮组成，作用是起飞滑跑、着陆滑跑、地面滑行和停放时支撑机体，既支承无人机质量，又可吸收飞机着陆时和滑跑中的冲击能量。前轮可偏转，用于地面滑行时控制方向。主轮上装有各自独立的制动装置，主要由承力支柱、缓冲器（减振器）、机轮（或浮筒、滑橇，含制动装置）、收放机构等构成。承力支柱，将地面载荷传递给飞机机体。缓冲器和机轮的充气轮胎吸收冲击能量，减弱飞机滑行时的颠簸，机轮上还装有制动装置，用以缩短着陆滑跑距离。收放机构可按驾驶员的操纵适时将起落装置收起，藏入机体，以减小飞行阻力；适时放下起落装置，以发挥其功能。

大多数普通类型固定翼无人机使用轮式起落架，但是也可以安装浮筒式起落架以便在水上工作，或者安装用于雪上着陆的滑橇式起落架。最常用的轮式起落架由三个轮子组成，按照轮子分布方式分为前三点式和后三点式两种。前三点式起落架是两个主轮保持一定间距左右对称地安装在固定翼无人机重心稍后处，前轮安装在固定翼无人机头部的下方。后三点式起落架是两个主轮（主起落架）布置在固定翼无人机的重心之前并靠近重心，尾轮（尾支撑）远离重心安装在固定翼无人机的尾部。由于固定翼无人机质量小且对于起降距离没有严格要求，所以前三点式起落架采用较多。

5．动力装置

动力装置主要用来产生拉力和推力，使飞机前进。无人机的动力系统，通常有电机和内燃机两种，其中以电机为主。动力系统各个部分之间是否匹配、动力系统与整机是否匹配，直接影响到整机效率、稳定性，所以说动力系统是至关重要的。

6．固定翼无人机布局

（1）主要布局类型

按机翼和机身连接的上下位置来分，可分为上单翼、中单翼和下单翼三种类型，如图11a所示。

按机翼弦平面有无上反角来分，可分为上反翼、无上反翼与下反翼三种类型，如图11b所示。

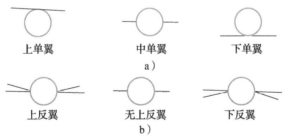

图11　固定翼无人机主要布局类型

按立尾的数量来分，可分为单立尾、双立尾和无立尾三种类型。

（2）尾翼的布局

1）单立尾布局。这种布局具有使平尾避开机翼尾流的影响、操纵效率高的优点。

2）双立尾布局。常规双立尾布局是指在机身上装有两个立尾的布局形式，以增加航向稳定性。

3）V形尾翼布局。V形尾翼具有较好的隐身性能和较小的干扰阻力，在隐身飞机和无人机中被广泛采用。

2. 工作页

学校名称		任课教师	
班级		学生姓名	
学习领域	学习领域：无人机操控飞行		
学习情境	学习情境2：多旋翼无人机水平航线飞行	学习时间	30min
工作任务	F：固定翼无人机	学习地点	理实一体化教室

固定翼无人机

请完成下列单选题：（每题1分，共10分）

(1) （　　） 由可拆卸的模块化机体组成，既方便携带，又可以在短时间内完成组装、起飞。

    A. 机体结构 　　　B. 航电系统 　　　C. 动力系统 　　　D. 起降系统

(2) （　　） 由飞行控制系统计算机、感应器、无线通信、空电电池组成，满足飞行控制系统的需要。

    A. 机体结构 　　　B. 航电系统 　　　C. 动力系统 　　　D. 地面控制站

(3) （　　） 由动力蓄电池、螺旋桨、无刷电机组成，提供飞机飞行所需的动力。

    A. 机体结构 　　　B. 航电系统 　　　C. 动力系统 　　　D. 起降系统

(4) （　　） 由弹射绳、弹射架、降落伞组成，帮助飞机完成弹射起飞和伞降着陆。

    A. 机体结构 　　　B. 航电系统 　　　C. 动力系统 　　　D. 起降系统

(5) （　　） 包括地面站计算机、手柄、电台等通信设备，用以辅助完成路线规划任务和飞行过程的监控。

    A. 机体结构 　　　B. 航电系统 　　　C. 动力系统 　　　D. 地面控制站

(6) （　　） 主要用来产生拉力和推力，使飞机前进。

    A. 机身 　　　B. 机翼 　　　C. 动力装置 　　　D. 起落架

(7) （　　） 的主要功用是产生升力，以支持飞机在空中飞行，同时也起到一定的稳定和操纵作用。

    A. 机身 　　　B. 机翼 　　　C. 尾翼 　　　D. 起落架

(8) （　　） 的主要功用是装载乘员、旅客、武器、货物和各种设备，将飞机的其他部件连接成一个整体。

    A. 机身 　　　B. 机翼 　　　C. 尾翼 　　　D. 起落架

(9) （　　） 的作用是操纵飞机俯仰和偏转，保证飞机能平稳飞行。

    A. 机身 　　　B. 机翼 　　　C. 尾翼 　　　D. 起落架

(10) （　　） 大多由减振支柱和机轮组成，作用是起飞滑跑、着陆滑跑、地面滑行和停放时支撑机体，既支承无人机质量，又可吸收飞机着陆时和滑跑中的冲击能量。

    A. 机身 　　　B. 机翼 　　　C. 尾翼 　　　D. 起落架

2.4　任务计划

学习情境02

课程思政点睛

1）任务计划环节是在理实一体化学习之后，为培养学生先谋后动的思维意识和习惯而进行的训练，学生小组合作完成工作计划的制订。

2）利用规范性、标准性非常高的具体计划引导学生养成严谨、认真、负责任的职业态度和工匠精神。

3）通过对规范、环保、安全方面的强调和要求，培养学生的环境保护意识、安全意识及大局观。

教学实施指导

1）教师指导学生独立学习2.4.1多旋翼无人机模拟器水平航线飞行流程（信息页），2.4.2多旋翼无人机VR水平航线飞行流程（信息页）及2.4.3多旋翼无人机外场水平航线飞行流程（信息页），要求学生划出关键信息，找到关键步骤。

2）学生分组讨论，合作完成多旋翼无人机水平航线飞行工作计划的流程图海报。

3）教师选出一个组来介绍讲解海报内容，教师进行评价。教师强调修改工作计划时要注意标准、规范、安全、环保、时间及成本控制意识的训练。

2.4.1　多旋翼无人机模拟器水平航线飞行流程（信息页）

1. 模拟器对尾矩形航线飞行

学习目标：能够操控无人机在对尾姿态下按如图1所示路线进行对尾矩形航线匀速飞行。

建议学时：4学时。

教具准备：模拟器，计算机。

学习安排：

1）遥控器内八字打杆解锁飞机，轻推油门杆起飞，保持2m左右高度悬停，如图2所示。

2）压左副翼同时轻推升降舵，缓慢调整无人机飞至左后锥筒区域，开始悬停10s，如图3所示。

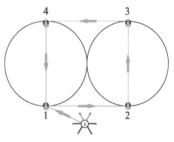

图1　对尾矩形航线示意图

图2　解锁无人机后轻推油门杆起飞　　　图3　无人机在左后锥筒悬停

3）可以稳定悬停后，继续保持对尾姿态不变，压右副翼操纵无人机飞向右后锥筒，控制速度保持缓慢移动，过程中保持飞行高度不变，如图4所示。

注意：其间通过观察无人机相对驾驶员不同位置的姿态变化加强对无人机视角的理解，通过副翼舵控制飞行速度，升降舵控制直线飞行轨迹横向的精确性。

4）无人机飞到右后锥筒悬停，高度不变，悬停10s，如图5所示。

图4　无人机保持姿态自左后锥筒直线飞向右后锥筒　　图5　无人机飞至右后锥筒保持姿态悬停

5）稳定悬停后，保持姿态，推升降舵操纵无人机飞向右前锥筒，保持前进并控制速度，同时注意保持飞行高度不变，如图6所示。

注意：在此阶段是直线向前飞行，练习时注意加强目视参照训练，无人机的直线轨迹在目视中因为是点透视所以是斜线。通过升降舵控制飞行速度，副翼舵控制直线飞行轨迹横向的精确性。

6）无人机飞至右前锥筒悬停，高度不变，悬停10s，如图7所示。

图6　无人机自右后锥筒飞向右前锥筒　　　　图7　无人机在右前锥筒悬停

7）稳定悬停后，保持姿态，压左副翼操纵无人机飞向左前锥筒，保持前进并控制速度，同时注意保持飞行高度不变，如图8所示。

注意：由于距离较远，需要驾驶员观察无人机位置，减小横向飞行时的偏差，如果前两条边飞行时出现了方向舵带杆操作导致无人机姿态不是朝向正前方，此阶段仅打副翼舵会因为方向不正飞出斜线，需要及时调整无人机姿态。

8）无人机飞至左前锥筒悬停，高度不变，悬停10s，如图9所示。

图8　无人机自右前锥筒直线飞行至左前锥筒　　图9　无人机在左前锥筒保持悬停

9）稳定悬停后，保持姿态，拉升降舵操纵无人机飞向左后锥筒，保持后退并控制速度，同时注意保持飞行高度不变，如图10所示。

10）飞至左后锥筒后收舵稳定无人机，矩形航线飞行练习结束。

图10　无人机自左前锥筒直线
飞行至左后锥筒

任务考核：

这里考核的是主要舵面和次要舵面协调控制的能力，如果飞行轨迹不够直，需要反复练习这条轨迹。

注意：飞机直线运动时可以先压住主要舵面，辅助舵面随时调整保持直线运动的精确。

2. 模拟器矩形航线飞行

学习目标： 能够操控飞机在保持机头与航线同向时，按如图 11 所示路线进行矩形航线匀速飞行。

建议学时： 4 学时。

教具准备： 模拟器，计算机。

学习安排：

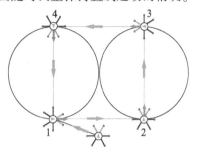

图 11　方向同航线的矩形水平
飞行练习示意图

1）遥控器内八字打杆解锁飞机，轻推油门杆起飞，保持 2m 左右高度悬停后，右扭方向舵使其右转 90° 至对右姿态。

2）拉升降舵同时轻压左副翼，缓慢调整无人机飞至左后锥筒区域，开始悬停 10s，如图 12、图 13 所示。

图 12　起飞后飞至左后锥筒

图 13　无人机在左后锥筒对右悬停

3）可以稳定悬停后，继续保持无人机姿态不变，推升降舵操纵无人机飞向右后锥筒，控制速度保持缓慢移动，过程中保持飞行高度，如图 14 所示。

注意：其间通过升降舵控制飞行速度，副翼舵控制直线飞行轨迹横向的精确性。

4）无人机飞到右后锥筒悬停，高度不变，悬停 10s，如图 15 所示。

图 14　无人机自左后锥筒前进至右后锥筒

图 15　无人机到达右后锥筒

5）稳定悬停后，左扭方向舵操纵无人机机头左转朝向正前方，推升降舵操纵无人机飞向右前锥筒，保持前进并控制速度，同时注意飞行高度不变，如图 16 所示。

注意：通过升降舵控制飞行速度，副翼舵控制直线飞行轨迹横向的精确性。

6）无人机飞至右前锥筒悬停，高度不变，悬停 10s，如图 17 所示。

7）稳定悬停后，左扭方向舵操纵无人机机头左转朝向正左方，推升降舵操纵无人机飞向左前锥筒，保持前进并控制速度，同时注意飞行高度不变，如图 18 所示。

注意：由于距离较远，需要驾驶员观察无人机位置，减小横向飞行时的偏差。如果无人机方向不是朝向正左方，此阶段仅打升降舵会因为方向不正飞出斜线，需要及时调整无人机姿态。

图 16 无人机自右后锥筒前进至右前锥筒　　　图 17 无人机到达右前锥筒

8）无人机飞至左前锥筒悬停，高度不变，悬停 10s，如图 19 所示。

图 18 无人机自右前锥筒前进至左前锥筒　　　图 19 无人机到达左前锥筒

9）稳定悬停后，左扭方向舵操纵无人机机头左转朝向正后方，推升降舵操纵无人机飞向左后锥筒，保持前进并控制速度，同时注意飞行高度不变，如图 20 所示。

10）飞至左后锥筒后收舵稳定无人机，矩形航线飞行练习结束，如图 21 所示。

图 20 无人机自左前锥筒前进至左后锥筒　　　图 21 无人机到达左后锥筒

任务考核：

这里考核的是不同姿态和距离操纵无人机直线飞行时舵面协调控制的能力，如果轨迹不够直，需要反复练习这条轨迹。

注意：在上一阶段训练的基础上，每次执行在锥筒上对准方向可能会有一定偏差，多加练习来熟悉不同位置的不同姿态的正确方向很有必要。

3. 模拟器米字航线飞行

学习目标：能够操控无人机按如图 22 所示路线进行米字航线匀速飞行。

建议学时：10 学时。

教具准备：模拟器，计算机。

学习安排：

1）遥控器内八字打杆解锁飞机，轻推油门杆起飞，保持 2m 左右高度悬停后，右扭方

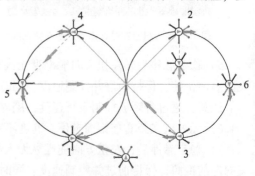

图 22 米字航线飞行示意图

向舵使其右转90°至对右姿态，如图23所示。

2）将飞机悬停在左后锥筒区域，保持飞行高度不变，时间5s以上，如图24所示。

图23　解锁无人机后起飞至一定高度，　　　图24　无人机保持对右姿态缓慢飞至左后锥筒
　　　　右转90°至对右姿态

3）观察中心筒位置，继续保持无人机对右姿态不变，推升降舵同时压左副翼，操纵无人机飞向中心筒，控制速度保持缓慢移动，并继续保持斜线飞行，观察右前锥筒位置，飞向右前锥筒，过程中注意保持飞行高度，如图25、图26所示。

图25　无人机自左后锥筒飞向中心筒　　　　　图26　无人机自中心筒飞向右前锥筒

注意：飞机的斜向运动需要副翼和升降舵同时打杆，而不是一前一后依次打杆。

4）无人机飞到右前锥筒区域，收舵保持悬停，高度和方向不变，悬停5s，如图27所示。

5）右扭方向舵使机头右转90°朝向右后锥筒，轻推升降舵前往右后锥筒，如图28所示。

图27　无人机在右前锥筒保持对右姿态悬停　　　图28　无人机自右前锥筒飞向右后锥筒

6）到达右后锥筒后继续右扭方向舵，操纵无人机机头转向正左，保持悬停5s，如图29所示。

7）观察中心筒位置，继续保持无人机姿态不变，推升降舵同时压右副翼，操纵无人机飞向中心筒，控制速度保持缓慢移动，并继续保持斜线飞行，观察左前锥筒位置，飞向左前锥筒，过程中保持飞行高度，如图30、图31所示。

8）到达左前锥筒后收舵，保持在锥筒区域悬停5秒，如图32所示。

图29　无人机在右后锥筒保持对左姿态

9）左扭方向舵，轻推升降舵，操纵无人机飞向左侧锥筒，注意操纵副翼修正位置，如图33所示。

图30 无人机自右后锥筒飞向中心筒

图31 无人机自中心筒飞向左前锥筒

图32 无人机飞至左前锥筒保持对左姿态悬停

图33 无人机飞至左侧锥筒过程中

10）到达左侧锥筒之后，保持无人机机头方向向后，悬停5s以上，如图34所示。

11）观察中心筒位置，继续保持无人机对头姿态不变，压杆左副翼，操纵无人机飞向中心筒，控制速度保持缓慢直线移动，同时修正无人机前后位置，并观察右侧锥筒位置，继续飞向右侧锥筒，过程中保持飞行高度，如图35、图36所示。

12）飞至右侧锥筒区域后，收舵稳定无人机，保持在右侧锥筒上方悬停5s以上，如图37所示。

图34 无人机飞至左侧锥筒保持对头姿态悬停

图35 无人机自左侧锥筒飞向中心筒

图36 无人机自中心筒飞向右侧锥筒

图37 无人机对头姿态飞至右侧锥筒悬停

任务考核：

飞行过程中一定要保持轨迹的精准（考核副翼和升降舵的精准协调打舵能力），飞行高度的统一（考核油门舵的快速修正能力），熟悉无人机在不同位置姿态移动时的参照物，如果没达到这几点要求，需要反复练习这条航线。

2.4.2　多旋翼无人机 VR 水平航线飞行流程（信息页）

1. VR 对尾矩形航线飞行

学习目标：操控无人机在 VR 系统中的飞行场地的锥筒上方进行矩形飞行练习。

建议学时：4 学时。

教具准备：整套 VR 模拟设备。

学习安排：

1）操控无人机起飞后稳定高度，如图 1 所示。

2）操控无人机前往左后锥筒。

3）操控无人机缓慢且平稳地飞行到左前锥筒上方区域，之后操纵副翼舵使无人机向右平移，如图 2、图 3 所示。

图 1　遥控器内八字打杆解锁无人机，　　　　图 2　保持飞行高度在 2m 左右，轻推
　　　轻推油门起飞　　　　　　　　　　　　　　　升降舵飞向左前锥筒

4）时刻注意无人机飞行速度和锥筒位置，可以参照右上角小地图，如图 4 所示。

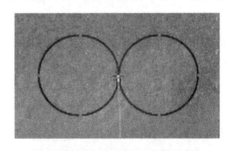

图 3　无人机水平移动飞行　　　　　　　　图 4　右上角小地图无人机位置参考

5）到达右前锥筒后，操纵升降舵向后平移，如图 5 所示。

6）到达右后锥筒后，操纵副翼舵向左平移到达航线终点，如图 6 所示。

图 5　操纵升降舵向后平移，观察右后　　　　图 6　飞机到达航线终点
　　　锥筒位置，如有偏移，提早修正

注意：VR 练习所选用机型和正常外场飞行时选用机型一致，也可调整 VR 练习内的天气因素来锻炼手感和操控方法。VR 模拟飞行训练过程中注意观察锥筒位置，控制好飞行速度。

2．VR 矩形航线飞行

学习目标： 操控无人机在 VR 系统中的飞行场地上保持机头朝锥筒的方向进行飞行（与上一课时不同之处是加入了机头方向的变化，飞机达到目标锥筒后需要操纵方向舵改变机头方向进行飞行）。

建议学时： 4 学时。

教具准备： 整套 VR 模拟设备。

学习安排：

1）操控无人机起飞后稳定高度，如图 7 所示。

2）操控无人机前往左后锥筒，如图 8 所示。

图7　遥控器内八字打杆解锁无人机，
轻推油门起飞

图8　保持飞行高度在 2m 左右，操控升降舵
以及副翼飞向左后锥筒

3）操控无人机缓慢且平稳地飞行到左前锥筒上方区域，之后操纵方向舵将机头转至正对右（90°），如图9所示。

4）时刻注意无人机飞行速度和锥筒位置，飞机达到右前锥筒位置后，机头转至对头（180°），如图10所示。

图9　机头转至对右（90°）后继续保持平稳飞行

图10　对头状态下找准右后锥筒位置，控制飞机速度

5）飞机到达右后锥筒后，操纵方向舵调转机头至正对左（270°），并操纵升降舵前进至左后锥筒，如图11所示。

注意：

1）本节课内容和上一课时相比，增加了操纵方向舵的问题，飞机到达目标位置后，注意观察机头方向，如有问题，及时调整。

2）如飞行过程中对于飞机的位置判断得不够清楚，可通过右上角小地图查看飞机所处位置以及飞机所飞行的航迹。

图 11　机头调至正对左状态，操纵升降舵前进至左后锥筒，控制好飞机速度

3. VR 米字航线飞行

学习目标：操控无人机在 VR 系统中的飞行场地上保持机头朝指定的方向进行飞行，米字航线的每一个航点之上需要进行一个 5s 的悬停。

建议学时：4 学时。

教具准备：整套 VR 模拟设备。

学习安排：

1）操控无人机起飞后稳定高度，如图 12 所示。

2）控制飞机速度，判别机头方向，飞行至左后锥筒，如图 13 所示。

图 12　遥控器内八字打杆解锁无人机，轻推　　　　图 13　操纵升降舵以及副翼舵
　　　油门起飞，机头转至正对右（90°）　　　　　　（可斜打杆），控制好舵量

3）斜打杆操纵无人机飞行至右前锥筒位置，如图 14 所示。

4）控制飞行速度，观察右后锥筒位置，操控无人机飞行至右后锥筒，如图 15 所示。

图 14　飞机平稳达到右前锥筒位置后，　　　　图 15　操纵升降舵水平飞行至右后锥筒，
　　　操纵方向舵将机头旋转至对头状态　　　　　　到达锥筒正上方后进行 5s 的悬停

5）操纵升降舵配合副翼（可斜打杆）经过中心筒飞行至左前锥筒，如图 16 所示。

6）操纵升降舵配合副翼（可斜打杆）飞行至左侧锥筒，如图 17 所示。

图16　右后锥筒悬停时调整机头为正对左状态，
斜打杆飞行至左前锥筒

图17　飞机达到左侧锥筒位置后，调整机头
方向至对头状态进行悬停

7）控制飞机速度，观察右侧锥筒位置，操纵副翼舵水平飞行至右侧锥筒正上方进行悬停，如图18所示。

注意：本课时内容难点主要在于斜打杆的操作，学习初期可能对于舵量的大小控制得不够好，所以后期需要对有所欠缺的操控方式进行多次练习。在飞机飞行过程中，要进行打舵或者修舵的时候，应时刻注意观察机头的位置，可以想象自己与飞机处于同一视角，避免出现错舵、点舵问题。

图18　飞机到达右侧锥筒正上方进行悬停

2.4.3　多旋翼无人机外场水平航线飞行流程（信息页）

1. 对尾矩形航线飞行

学习目标： 能够操控飞机在对尾姿态下按如图1所示路线进行对尾矩形航线匀速飞行。

建议学时： 4学时。

教具准备： 无人机1架，遥控器，标志筒4个。

学习安排：

1）无人机起飞后保持在起降点上方2m左右高度悬停，如图2所示。

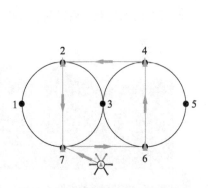

图1　对尾矩形航线飞行路线示意图

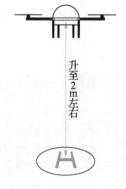

图2　起飞完成并保持高度悬停

2）压左副翼同时轻推升降舵，将无人机移动至航线起始点7并悬停10s，如图3、图4所示。

3）稳定悬停后，继续保持对尾姿态不变，压右副翼舵操纵无人机飞到点6并悬停10s，飞行过程中控制飞机高度稳定，速度保持匀速，如图5、图6所示。

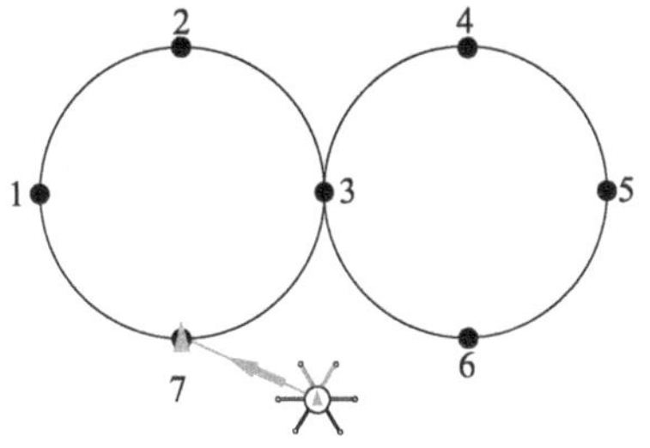

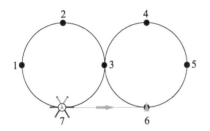

图3 无人机在起降点

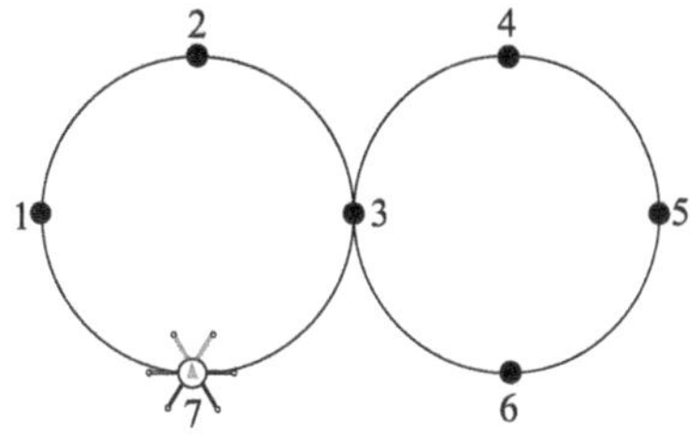

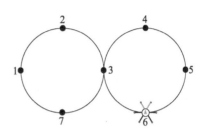

图4 无人机移动至航线起始点7

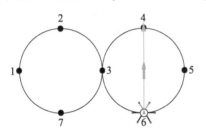

图5 无人机在点7保持对尾开始移动

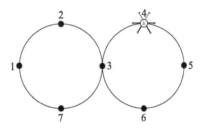

图6 无人机移动至点6

4）稳定悬停后，继续保持对尾姿态不变，推升降舵操纵无人机飞到点4并悬停10s，飞行过程中控制飞机高度稳定，速度保持匀速，如图7、图8所示。

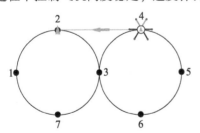

图7 无人机在点6保持对尾开始移动

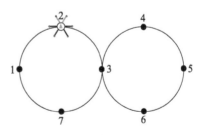

图8 无人机移动至点4

5）稳定悬停后，继续保持对尾姿态不变，压左副翼舵操纵无人机飞到点2并悬停10s，飞行过程中控制飞机高度稳定，速度保持匀速，如图9、图10所示。

图9 无人机在点4保持对尾开始移动

图10 无人机移动至点2

6）稳定悬停后，继续保持对尾姿态不变，拉升降舵操纵无人机飞到点7并悬停10s，飞行过程中控制飞机高度稳定，速度保持匀速，如图11、图12所示。

7）无人机飞回点7后，保持飞机稳定悬停，对尾矩形航线飞行练习结束。

注意：本阶段主要练习两个舵量的连续打舵配合，分清主舵次舵，航线与既定航线出现偏差时，及时调整主次舵量。飞行过程中应始终保持对尾姿态，操控飞机移动时不要误操作方向舵，移动过程中时刻保持飞行高度稳定，飞行速度保持匀速。飞行至目标点后及时收舵，采用姿态模式时注意提前收舵。

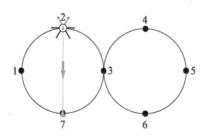

图 11　无人机在点 2 保持对尾开始移动

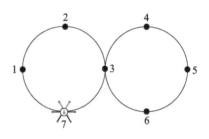

图 12　无人机移动至点 7

2．矩形航线飞行

学习目标：能够操控飞机在保持机头与航线同向时，按如图 13 所示路线进行矩形航线匀速飞行。

建议学时：4 学时。

教具准备：无人机 1 架，遥控器，标志筒 4 个。

学习安排：

1）无人机起飞后保持在起降点上方 2m 左右高度悬停，如图 14 所示。

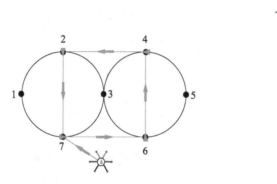

图 13　方向同航线的矩形水平飞行练习示意图　　图 14　起飞完成并保持高度悬停

2）悬停稳定后，将无人机移动至点 7 并右扭方向舵使其右转 90° 至对右姿态，如图 15、图 16 所示。

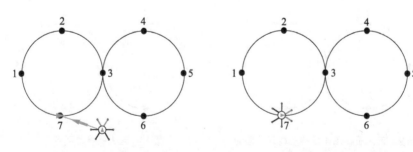

图 15　无人机起飞后移动到点 7　　图 16　无人机移动至点 7 后右转至对右姿态

3）悬停稳定后，将无人机移动至点 6 并左扭方向舵使其左转 90° 至对尾姿态，如图 17、图 18 所示。

4）悬停稳定后，将无人机移动至点 4 并左扭方向舵使其左转 90° 至对左姿态，如图 19、图 20 所示。

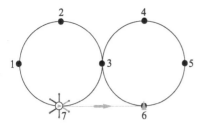

图 17　悬停稳定后飞向点 6

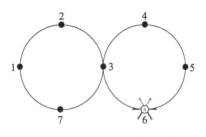

图 18　无人机移动至点 6 后左转至对尾姿态

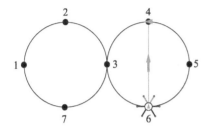

图 19　悬停稳定后飞向点 4

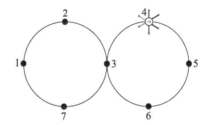

图 20　无人机移动至点 4 后左转至对左姿态

5）悬停稳定后，将无人机移动至点 2 并左扭方向舵使其左转 90°至成对头姿态，如图 21、图 22 所示。

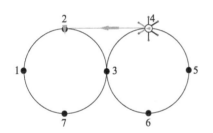

图 21　悬停稳定后飞向点 2

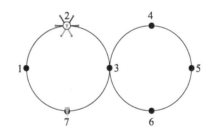

图 22　无人机移动至点 2 后左转至对头姿态

6）悬停稳定后，将无人机移动至点 7 并保持稳定悬停，矩形航线飞行练习结束，如图 23、图 24 所示。

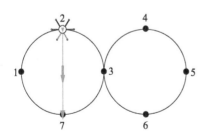

图 23　悬停稳定后飞向点 7

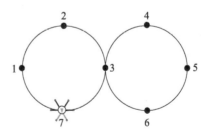

图 24　无人机移动至点 7 后保持稳定悬停

注意：与对尾矩形航线飞行练习不同的是，本练习在每进行下一条平直航线飞行前需要把机头方向调整为正对下个目标点。在调整方向时需要注意飞机的悬停稳定状态，时刻保持副翼与升降舵的小舵量调整，防止飞机还没有进行航线飞行就已经偏离航线。

3. 米字航线飞行

学习目标：能够操控无人机按如图 25 所示路线进行米字航线匀速飞行。

建议学时：10 学时。

教具准备：无人机 1 架，遥控器，标志筒 8 个。

学习安排：

1）无人机起飞后保持在起降点上方 2m 左右高度悬停，悬停稳定后，右扭方向舵使其右转 90° 至对右姿态并飞行至点 7 悬停 5s，如图 26、图 27 所示。

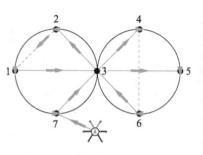

图 25 米字航线飞行示意图

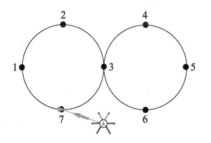

图 26 无人机起飞后右转至对右姿态并移动到点 7 　图 27 无人机移动至点 7 后悬停 5s

2）悬停稳定后，保持对右姿态不变，推升降舵的同时压左副翼操控无人机以斜线飞行状态移动至点 4 并悬停 5s。悬停稳定后，右扭方向舵使其右转 90° 至对头姿态，如图 28、图 29 所示。

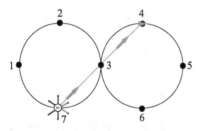
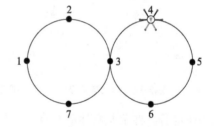

图 28 悬停稳定后移动至点 4 　　　　图 29 移动至点 4 后悬停 5s 并调整为对头姿态

3）调整为对头姿态后，推升降舵操控无人机直线飞行至点 6 并悬停 5s。悬停稳定后，右扭方向舵使其右转 90° 至对左姿态，如图 30、图 31 所示。

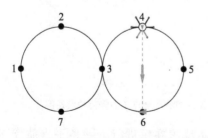
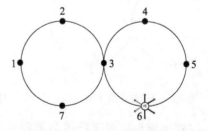

图 30 调整为对头后移动至点 6 　　　　图 31 移动至点 6 后悬停 5s 并调整为对左姿态

4）调整为左对姿态后，推升降舵的同时压右副翼操控无人机以斜线飞行状态移动至点 2 并保持对左悬停 5s，如图 32、图 33 所示。

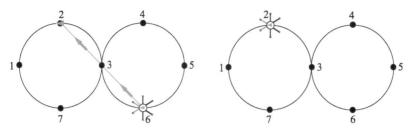

图 32　调整为对左后移动至点 2　　　图 33　移动至点 2 后悬停 5s

5）悬停稳定后，推升降舵的同时压左副翼操控无人机以斜线飞行状态移动至点 1 并保持对左悬停 5s。悬停稳定后，左扭方向舵使其左转 90°至对头姿态，如图 34、图 35 所示。

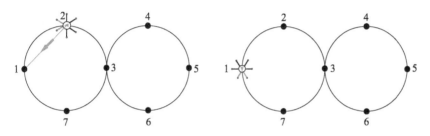

图 34　保持对左姿态移动至点 1　　　图 35　移动至点 1 后悬停 5s 并调整为对头姿态

6）调整为对头姿态后，压左副翼操控无人机直线飞行移动至点 5 并保持对头悬停，米字航线飞行练习结束，如图 36、图 37 所示。

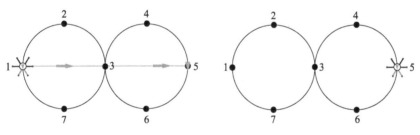

图 36　调整为对头后移动至点 5　　　图 37　移动至点 5 后悬停

注意：本练习操控步骤较多，在飞行前一定要熟记各航点上航向的变化。飞行过程中部分航线较长，应时刻保持匀速飞行与高度稳定以保证航线的准确性。航线中斜线飞行较多，目标点的位置就变得尤为重要，驾驶员不光要盯着无人机本身，也要时刻掌握目标点的位置，做到眼睛看着筒，心里想着怎么能到达筒的位置。驾驶员不要想着飞机和筒在哪个位置，而是应该把无人机当成自己，想着该怎么到达目标点。

2.5　任务决策

课程思政点睛

任务决策环节是在任务计划的基础上，跟教练对任务计划进行修改确认，或者是对多种计划方案进行优中选优。指导学生吸收采纳教师或其他人的建议，能够对自己的学习知识体系进行重新梳理，不断地接受他人的合理化意见或建议，是虚心、进取心的表现，同时也是尊重他人、客观公正对待自己的人生态度。在任务实施之前对自己的计划进行确认与调整，是严谨、认真、负责的态度的体现，也有助于精益求精的工匠精神养成。

教学实施指导

1）教师指导学生个人独立按照任务决策的关键要素完成任务决策表。

2）教师选出一个学生代表和自己进行任务决策，其他学生观察，并进行口头评价、补充、改进。

3）学生修改并提交自己的任务决策方案表格，教师对每个学生制订的任务决策方案进行确认。学生获得教师对自己所做决策方案的确认信息后才有资格进行任务实施。

多旋翼无人机水平航线飞行任务决策

多旋翼无人机水平航线飞行任务决策表

决策类型	决策方案
与教练决策	请和教练沟通任务计划实施的可能性（包括：模拟器、VR、外场的练习顺序，练习过程的规范性、安全性、环保性，练习质量的把控，工作任务的时间控制和成本控制，任务的考核等），并记录决策结果与教练的建议
意见或建议	

2.6 任务实施

课程思政点睛

1）任务实施是学生最喜欢的操作环节，在此抓住时机对学生进行严谨、规范、标准操作训练。

2）要求学生必须按照前期经过决策的任务计划执行，养成先谋后动的工作意识，深入思考后才可以操作，严禁冒失和鲁莽行事。

3）在操作过程中要求学生在一个团队内必须通力合作，分工明确，提高工作效率，以此训练学生未来步入社会工作的团队合作能力和时间把控能力。

4）若在操作中万一有违规操作或者是失误、错误出现，要求学生必须如实告知，不但不会被批评，反而会因诚信而得分。

教学实施指导

1）学生查阅 2.4.1 多旋翼无人机模拟器水平航线飞行流程（信息页），观看 2.6.1 多旋翼无人机模拟器水平航线飞行视频，独立进行模拟器水平航线飞行操作，考核通过后方可进行 VR 水平航线飞行。

2）学生查阅 2.4.2 多旋翼无人机 VR 水平航线飞行流程（信息页），观看 2.6.2 多旋翼无人机 VR 水平航线飞行视频，独立进行 VR 水平航线飞行操作，考核通过后方可进行外场水平航线飞行。

3）学生查阅 2.4.3 多旋翼无人机外场水平航线飞行流程（信息页），观看 2.6.3 多旋翼无人机外场水平航线飞行视频以及教练的示范动作，进行外场水平航线飞行练习。

4）学生独立进行水平航线飞行考试。

2.6.1 多旋翼无人机模拟器水平航线飞行视频

1. 模拟器对尾矩形航线飞行　　2. 模拟器矩形航线飞行　　3. 模拟器米字航线飞行

2.6.2 多旋翼无人机 VR 水平航线飞行视频

1. VR 对尾矩形航线飞行　　2. VR 矩形航线飞行　　3. VR 米字航线飞行

2.6.3 多旋翼无人机外场水平航线飞行视频

1. 对尾矩形航线飞行　　2. 矩形航线飞行　　3. 米字航线飞行

学生在团队内，独立地完成 GPS 模式与姿态模式下的矩形航线及米字航线飞行，以通过模拟考试为标志结束任务实施。

2.7 任务检查

课程思政点睛

任务检查环节包含三个层次的内容：

首先是复盘检查，对任务实施过程和任务实施结果进行检查，确保实施质量。教师严格要求学生对照标准和规范进行检查，养成学生严谨规范、认真负责的职业态度和职业精神，高标准、严要求、精益求精的工匠精神。

其次是对场地、工位、设备、环境等进行 5S 管理，养成规范、卫生、环保意识。

最后是对任务计划的调整改进，依据实施过程和结果，对前期做的工作计划进行优化，目的是训练学生自我改进、自我优化的自我管理能力，以此实现学生不断地进步提高。

教学实施指导

1）教师提供多旋翼无人机水平航线飞行模拟考试分析表。要求学生小组合作完成飞

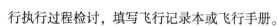

行执行过程检讨，填写飞行记录本或飞行手册。

2）小组合作完成对场地、工位、设备、环境等的5S。

3）学生小组成员对工作计划、过程和结果进行监督和评估，记录优缺点及改进建议，并口头表达。教师要重点引导学生表达对队友的支持性意见，并训练学生接纳他人建议。

多旋翼无人机水平航线飞行模拟考试分析及5S

多旋翼无人机水平航线飞行模拟考试分析表

科目	考试要求及规范	扣分项	修正方法	注意要点
矩形航线	在安全高度2～2.3m进行对尾矩形航线飞行。操纵副翼摇杆和升降舵控制无人机沿着矩形路线飞行。首先，将无人机对尾飞至右后锥筒上方并悬停。这时再向左拨动副翼摇杆，无人机即向左直线飞行。飞行至左后锥筒后悬停，再推升降舵前飞向左前锥筒。再向右拨动副翼摇杆，无人机向右平移至右前锥筒，最后拉升降舵将无人机向后倒飞回到右后锥筒，完成对尾矩形航线飞行	水平偏差扣分：无人机的几何中心点的垂直投影偏离目标点，导致扣分	当无人机左右平移出现远离目标点时，需要在操控副翼时轻轻推拉升降舵进行位置修正；反之，当无人机前后平移出现远离目标点时，需要在操控升降舵时轻压左右副翼进行位置修正	此科目能够增强在对尾姿态不同方向飞行时的操控感觉。如果练习过程中无人机偏离目标点，可以使用副翼摇杆和升降舵稍做调整，克制使用方向摇杆调整航向的冲动
	在安全高度2～2.3m进行矩形航线飞行。操纵方向摇杆和升降舵控制无人机保持机头朝移动方向沿着矩形路线飞行。首先，操控无人机对尾悬停在右后锥筒上方，推升降舵前飞至右前锥筒上方悬停，再向左拨动方向舵操控无人机向左偏航90°，此时飞机姿态对左。之后，推升降舵前飞至左前锥筒上方悬停，再向左拨动方向舵操控飞机向左偏航90°，此时无人机姿态对头。推升降舵前飞至左后锥筒上方悬停，再向左拨动方向舵操控飞机向左偏航90°，此时无人机姿态对右。推升降舵前飞至右后锥筒上方，完成机头朝前矩形航线飞行	航向偏差扣分：无人机的几何中心点的垂直投影偏离目标点，导致扣分	当无人机前飞出现偏离目标点时，需保持推杆前飞，同时使用副翼进行位置修正回到航线上，并微调航向对准目标点	此科目能够增强在无人机不同航向和在无人机前飞时对于航向是否对准目标点的感觉。如果练习过程中无人机偏离目标点，可以使用方向舵和升降舵配合稍做调整，要克制使用副翼摇杆调整航线偏离的冲动
米字航线	航线顺序如下：航线1，左后点到右前点（以对右姿态斜线飞行）。航线2，右后点到左前点（以对左姿态斜线飞行）。航线3，最左点到最右点（以对头姿态直线飞行）。在飞行时3条航线都经过中心点，要求飞行高度1.5～2.5m，速度0.3～2m/s，每个锥筒悬停5～10s，水平偏差小于1.5m	水平偏差扣分：无人机的几何中心点的垂直投影偏离航线1m以上，导致扣分	在飞行过程中首先判断无人机平移时是否偏离航线，出现偏离时需要在第一时间操控升降舵与副翼舵进行位置修正。例如：无人机由左后点对右飞到右前点，这时无人机斜线飞行，当无人机偏离航线时需要及时修正升降舵和副翼舵量，修正无人机垂直投影位置到航线上，避免出现扣分	此科目难点，一是在于斜线飞行时控制升降舵和副翼舵的舵量，二是视觉上判断点与点之间航线的位置
		航向偏差：航向偏差导致航线飞行方向偏差	当无人机出现航向偏差时需要及时修正，轻扭方向舵以确保航向偏差在15°以内	

2.8　任务交付

学习情境02

课程思政点睛

1）任务交付与任务接受呼应，特别适合对学生进行社会主义核心价值观中友善、和谐价值的训练。

2）如何做到和伙伴友善合作，如何做到站在公司立场为公司的利益和效率着想，如何站在客户角度为客户着想等。

3）在指导学生进行水平航线飞行任务交付话术训练时，全面体现友善、和谐的价值。

教学实施指导

教师指导学生依据2.8.1多旋翼无人机水平航线飞行任务交付剧本（中英文），参考2.8.2多旋翼无人机水平航线飞行任务交付视频（中英文），以角色扮演方式进行任务交付。

2.8.1　多旋翼无人机水平航线飞行任务交付剧本（中英文）

学习情境描述

作为与无人机行业应用相关专业的学生，为了满足并适应未来的就业岗位需求，最低要求经过培训学习考取AOPA无人机超视距驾驶员执照，并能够通过对无人机的操控飞行，最终完成无人机测绘作业、无人机航拍作业、无人机巡线检查作业、无人机应急救助作业等。为了实现这样的工作目标，学院项目团队专门制订了培训实施计划，把无人机操控飞行项目拆分成若干个工作任务（学习情境），会伴随着项目进程陆续给出。

本次工作任务（学习情境）是希望通过各项目组成员的精诚合作，能够进行多旋翼无人机的水平航线飞行操控，并要求在3天内顺利完成。操控过程注意标准规范、工作效率、经济效益与安全注意事项。

1. 任务完成，正常交付

组　　　长：领导，您好！经过我们团队3天的努力，我们已经按照多旋翼无人机水平航线飞行的流程与标准规范，全部顺利完成了水平航线飞行。

Hello, Director! After three days' efforts, our group have successfully completed all horizontal route flights in strict accordance with the specifications and standards of multi-rotor UAV horizontal route flights.

项目负责人：好的，你们辛苦了。已经通过教练给你们的模拟考试了吧？

All right. Thank you! Have you passed all the mock exam given by the instructor?

组　　　长：是的，已经全部通过！

Yes, it's all passed!

项目负责人：完美。你们先休息一下，一会儿再布置新的任务给你们。

Perfect. Have a rest. I will assign you a new mission later.

组　　　长：好嘞，等您。

OK.

2. 任务未完成，异常交付

组　　　长：领导，您好！不好意思跟您说，我们团队虽然已经很努力了，但是没有在规定时间内完成水平航线飞行任务。

Hi, Director! I'm sorry to tell you that although our group has tried very hard, we have yet to complete the horizontal route flights mission on time.

项目负责人： 啊?! 为什么? 到底哪里出了问题?

Ah?! Why so? What went wrong?

组　　长： 真的非常抱歉，主要是我们专业技术水平还不够娴熟，再加上团队合作不够顺畅，导致了工作结果出现问题。

I'm really sorry. Since there is still much to be desired in our professional proficiency and group cooperation, we fail to finish the work on time.

项目负责人： 算了。意识到问题的原因就好，下次多注意。那你们自己能解决吗? 需不需要其他团队的帮助?

Come on. Just draw the lesson next time. Can you handle it by yourselves? Do you need help from other groups?

组　　长： 我们自己能解决，不需要帮助。不过，还需要点时间。

We can handle it by ourselves. We don't need help. But it will take some time.

项目负责人： 多久?

How long will it take?

组　　长： 两个小时吧。

About two hours.

项目负责人： 好吧。再给你们团队两个小时，必须全部通过。

All right. Two more hours for your group to pass.

组　　长： 谢谢您了! 我们这就继续开工。您走好!

Thank you very much! We will continue with our work. See you!

2.8.2 多旋翼无人机水平航线飞行任务交付视频（中英文）

1. 多旋翼无人机水平航线飞行任务交付（中文）　　2. 多旋翼无人机水平航线飞行任务交付（英文）

2.9　巩固拓展

课程思政点睛

　　巩固拓展环节是充分利用学生的课余时间布置高质量的作业，对课上所学及完成的任务进行温故知新，同时训练学生举一反三、迁移新任务的解决问题能力。任务选择注意课程内容的延续性及拓展性，稍微增加难度，在小组主持作业的情况下，既要对学生克服困难独立完成任务的职业素养进行训练，也要对学生团队合作、高效率高质量完成任务的能力和素养进行训练。

教学实施指导

1）完成信息化系统中的所有理论测试题，全部满分通过。

2）以小组为单位熟练多旋翼无人机水平航线飞行操控。

新任务迁移：固定翼无人机水平航线飞行

学习情境 3
多旋翼无人机起降自旋

3.0 教学准备

知识目标

- 无人机发射。
- 无人机回收。
- 起飞前准备与检查。
- 飞行基本动作。
- 起落（五边）航线飞行。
- 侧风、大逆风、顺风起落航线飞行。
- 起降操纵要点。
- 自旋操纵要点。

技能目标

- 模拟器起飞。
- 模拟器360°自旋。
- 模拟器降落。
- VR 起飞、360°自旋、降落。
- 起飞。
- 360°自旋。
- 降落。

素养目标

- 能够提炼总结简单的事实文本。
- 能够在两人对话中有效沟通并交换信息。
- 能够把自己的观点表达清楚。
- 能够在团队中承担自己的角色功能。
- 能够在团队中有积极的合作意识。
- 能够在制订计划时尽可能考虑全面。
- 能够控制自己的情绪，跟伙伴友好合作。
- 能够认真倾听并及时记录。
- 能够进行简单的图文展示。
- 能够严谨、规范地执行工作任务，遵守无人机法律法规。
- 能够随机应变，灵活处理飞行过程中的突发问题。
- 能够识别"黑飞"等不法飞行并及时制止与上报。
- 能够具有创新、创业精神和意识。

3.1 任务接受

课程思政点睛

任务接受环节特别适合对学生进行社会主义核心价值观中的友善、和谐价值的训练。如何做到和伙伴友善合作，如何做到站在公司立场为公司的利益和效率着想，如何做到站在客户角度为客户着想等，在指导学生进行起降自旋任务接受的话术训练时，教师要及时、适时地对学生进行引导训练，全面体现友善、和谐的价值。

任务接受环节涉及第4个演练月的企业经营，在布置演练月4财务核算任务时，严格要求学生具备诚信经营意识，做到严谨、规范、一丝不苟，同时还要有独特的创新意识和不屈不挠的创业精神。

教学实施指导

1）教师指导学生依据 3.1.1 多旋翼无人机起降自旋任务接受剧本（中英文），学习过程参考 3.1.2 多旋翼无人机起降自旋任务接受视频（中英文），采取角色扮演的方法完成任务接受。

2）角色扮演之后明确了工作任务，完成 3.1.3 多旋翼无人机起降自旋任务工单。

3.1.1　多旋翼无人机起降自旋任务接受剧本（中英文）

学习情境描述

作为与无人机行业应用相关专业的学生，为了满足并适应未来的就业岗位需求，最低要求经过培训学习考取 AOPA 无人机超视距驾驶员执照，并通过对无人机的操控飞行，最终能够完成无人机测绘作业、无人机航拍作业、无人机巡线检查作业、无人机应急救助作业等。为了实现这样的工作目标，学院项目团队专门制订了培训实施计划，把无人机操控飞行项目拆分成若干个工作任务（学习情境），并会伴随着项目进程陆续给出。

本次工作任务（学习情境）是希望通过各项目组成员的精诚合作，能够进行多旋翼无人机的起降自旋操控，并要求在 3 天内顺利完成。操控过程注意标准规范、工作效率、经济效益与安全注意事项。

组　　长：领导，您好！这次是什么新任务？

Hi, Director! What's the new mission?

项目负责人：您好！上次你们项目组全部通过了水平航线飞行考核。这次任务是能够分别在辅助模式与姿态模式下进行多旋翼无人机的起降及 360°自旋。

Hello! Your group passed all the horizontal route flights test. Next mission is able to take off, land and spin 360° of the multi-rotor UAV in auxiliary mode and attitude mode respectively.

组　　长：好的！知道了。不过，起降及 360°自旋有什么特殊的具体要求吗？

OK! I see. However, are there any specific requirements for take-off, landing and 360°spin?

项目负责人：没有什么特殊要求，你们按照多旋翼无人机起降自旋的标准规范操作，保证飞行质量就行了。

Nothing special. All you need to do is follow the specifications and standards of take-off, landing and spin of a multi-rotor UAV, and ensure the quality of the flight.

组　　长：好，没问题！规范和标准我们一定严格遵守。

No problem! We will strictly follow the specifications and standards.

项目负责人：另外，操作过程要嘱咐组员，注意谨慎安全操作，千万要在教练的指导下进行。谁损坏，谁赔偿。请注意安全与成本。

In addition, in the operation process, please remind your fellow group members that they must be careful and safe operation, do under the guidance of the instructor. Whoever causes damage must compensate. Please pay attention to security and cost.

组　　　长:	好的！您放心，我会嘱咐团队成员小心安全地操作。给我们多长时间完成任务？

All right! Don't worry. I will tell the group members to be careful. How much time we are allowed to finish the job?

项目负责人: 3 天内必须保质保量完成。完成后，由飞行教练员检验。

It must be perfectly accomplished within 3 days . Then it is inspected by the flight instructor.

组　　　长: 明白了。您放心！还有要嘱咐的吗?

I see. Don't worry about it. Anything more?

项目负责人: 没有了。那就拜托了。有问题随时联系。

No more. Just go ahead. Please feel free to contact me if you have any questions.

组　　　长: 好的！您慢走！再联系。

OK. See you! Keep in touch.

3.1.2　多旋翼无人机起降自旋任务接受视频（中英文）

1. 多旋翼无人机起降自旋任务接受（中文）　2. 多旋翼无人机起降自旋任务接受（英文）

3.1.3　多旋翼无人机起降自旋任务工单

项目名称	无人机操控飞行		
项目单位			
项目负责人		联系电话	
项目地址			
项目时间			
任务名称	多旋翼无人机起降自旋		

工作任务描述：

　　作为与无人机行业应用相关专业的学生，为了满足并适应未来的就业岗位需求，最低要求经过培训学习考取 AOPA 无人机超视距驾驶员执照，并通过对无人机的操控飞行，最终能够完成无人机测绘作业、无人机航拍作业、无人机巡线检查作业、无人机应急救助作业等。为了实现这样的工作目标，学院项目团队专门制订了培训实施计划，把无人机操控飞行项目拆分成若干个工作任务（学习情境），并会伴随着项目进程陆续给出。

　　本次工作任务（学习情境）是希望通过各项目组成员的精诚合作，能够进行多旋翼无人机的起降及 360° 自旋操控，并要求在 3 天内顺利完成。操控过程注意标准规范、工作效率、经济效益与安全注意事项。

飞行前检查记录：			
飞行任务完成情况记录：			
驾驶员：		组长：	
教练员签字：		项目负责人签字：	
成本核算：		完成时间：	

3.2　任务分析

课程思政点睛

任务分析环节以多旋翼无人机起降自旋视频为切入点，在此教师要简介无人机飞行故障，告知学生无人机飞行故障60%～70%发生在起降阶段，培养学生安全意识。

同时，以操作视频启发、引导学生分析任务本身，有助于学生深入思考自己完成任务需要的知识点、技能点与素养点。教师要抓住机会及时训练学生在视频中提取专注、严谨、规范、标准、合法、安全、精益求精的工匠精神。

教学实施指导

教师指导学生利用餐垫法完成任务分析。

1）学生小组合作制作餐垫，划分中心餐垫区和个人餐垫区。

2）学生首先个人独立观看多旋翼无人机起降自旋视频，在个人餐垫区独立认真书写：要完成本任务都需要哪些关键信息。

3）学生小组合作讨论出本组的关于完成任务的关键点，达成共识并写在中心餐垫上。

4）教师指定小组，逐条讲解展示，其他小组学生领会理解，补充改进。

多旋翼无人机起降自旋视频

1. GPS模式下起降自旋视频　　2. 姿态模式下起降自旋视频

3.3　理实一体化学习

课程思政点睛

1）以无人机的发射回收阶段是事故率最高的环节，引导学生在安全性方面的认识，帮助学生树立安全观和在安全面前人民至上的观点，任何时候都不能有懈怠麻痹心理。

2）通过旋转木马法、学习站法、餐垫法的学习指导，培养学生独立、民主、公平、友善、诚信、合作、和谐、敬业等价值观。

教学实施指导

教师提供给学生为完成本任务（多旋翼无人机起降自旋）必要的学习资料（6个模块），要求并指导学生利用旋转木马法、学习站法及餐垫法完成理实一体化学习。学生按照教师的要求，认真完成6个模块的企业内部培训，力争自己解决问题。为后续完成工作任务（多旋翼无人机起降自旋）进行企业运营，积累专业知识、技能与素养。

旋转木马法学习

1）学生独立学习3.3.1信息页，划出关键词，完成3.3.1工作页。

2）学生按照教师指示站成旋转木马队形，在教师指示下完成旋转木马的讲授互学展示。

学习站法学习

1）学生分为4组，每组学生按照教师的要求进入自己的学习站，个人独立学习相应的3.3.2～3.3.5信息页，并完成各自对应的3.3.2～3.3.5工作页。同一个学习站的学生小组合作讨论，对学习结果（即工作页的结果）进行更正、改进、完善，达成共识。学生按照教师指定的轮站顺序轮换学习站学习，直至完成3.3.2～3.3.5所有信息页与工作页的学习。

2）学生以竞争方式获得展示学习结果的机会，使用实物投影仪进行展示讲解，本小组的同学补充完善，力求不给其他小组机会。而其他小组的同学进行倾听、补充、改进、完善，都会获得相应的奖励。

餐垫法学习

1）学生制作餐垫，独立学习3.3.6信息页，划出关键词，书写在各自区域的餐垫上。

2）转换餐垫进行互学。

3）小组合作讨论，达成共识并将结果书写在中心餐垫上。进行小组讲解展示与评价。

3.3.1　无人机发射与回收

1．信息页

学习领域	学习领域：无人机操控飞行		
学习情境	学习情境3：多旋翼无人机起降自旋	学习时间	30min
工作任务	A：无人机发射与回收	学习地点	理实一体化教室

无人机发射与回收

1．无人机发射

根据功能和任务场地的不同，无人机可以选用多种发射方式，主要有手抛发射、零长发射、弹射式发射、起落架滑跑起飞、垂直起飞等。

在地面发射时，无人机使用较为广泛的发射方式是零长发射与弹射式发射。大展弦比机翼的无人机，特别是长航时无人机，通常惯用起落架滑跑起飞的方式。空中发射方式的主要优点是机动性高，发射点活动范围大，可降低无人机燃油载量和航程要求，小型、轻型无人机多采用这种发射方式。容器式发射装置常用于发射轻型无人机，或用于军舰和潜艇上发射无人机。垂直起飞方式是旋翼无人机广为采用的起飞方式。

（1）手抛发射

手抛发射方式比较简单，一般由1人或2人操作即可完成，如图1所示。手抛发射的无人机一般质量、尺寸较小。手抛发射作业难度相对较大，手抛发射员必须经过系统的训练才能进行作业。无人机抛出的瞬间，起降驾驶员就要操纵遥控器进行控制，迅速调整飞机油门和姿态。手抛发射的无人机通常要求最大尺寸小于3m，发射质量多数小于7kg。

图1　无人机手抛发射

（2）零长发射

零长发射方式是指把无人机安装在零长发射装置上，在一台或多台助飞火箭发动机推力作用下飞离发射装置。无人机起飞后，抛掉助飞火箭，由机上主发动机完成飞行任务。比如有的无人机在机身尾部装有1台涡喷发动机，在其后通过推力杆连接1台助飞火箭发动机。在助飞火箭作用下，无人机从车载零长发射装置上发射。助飞火箭工作数秒后自动分离无人机，由涡喷发动机完成飞行任务。还有的无人机在机身下部两侧各装1台可弃式助飞火箭，在2台助飞火箭作用下，无人机由零长发射架上起飞。助飞火箭工作1.3s后被抛掉，无人机由机上涡喷发动机完成飞行任务。

（3）弹射式发射

弹射式发射（图2）是把无人机安装在轨道式弹射发射架上，在压缩空气、橡皮筋或液压弹射装置的作用下，无人机能够迅速获得一个冲力，使无人机速度瞬间达到飞行所需速度，从而达到起飞的目的。一般情况下，在南方作业的人员比较喜欢弹射式发射，但是由于科技的进步，弹射式发射有被手抛发射和垂直起飞取代的趋势。

（4）起落架滑跑起飞

大多数无人机，尤其是轻、微型无人机，采用固定起落架；航程较远和飞行时间较长的大、小型无人机采用可收放起落架。无人机起飞滑跑跑道短，对跑道的要求也不如有人机那样苛刻。起落架滑跑起飞（图3）是固定翼无人机起飞最主要的方式，但是其起降场地需要有满足起飞条件的跑道，局限性较大。

图2 弹射式发射 　　　　　　　　图3 起落架滑跑起飞

（5）垂直起飞

1）旋翼垂直起飞。旋翼垂直起飞的特点是以旋翼作为无人机的升力工具，旋转旋翼使无人机垂直起飞。由于这种起飞方式不受场地面积与地理条件的限制，所以适用范围广。

2）固定翼垂直起飞。固定翼无人机垂直起飞有两种情况。一种是飞机在起飞时，以垂直姿态安置在发射场上，由飞机尾支座支撑飞机，在机上发动机作用下起飞。另一种是在机上配备垂直起飞用发动机，在该发动机推力作用下，飞机垂直起飞。采用后一种起飞方式的无人机上装有两种发动机，一种是巡航用涡轮风扇发动机，它沿无人机纵轴方向安装于机下发动机短舱内；另一种是起飞（着陆）用涡轮喷气发动机，装于机身内重心处，发动机轴线相对于飞机垂直线前倾20°。涡轮喷气发动机只在无人机起飞（着陆）阶段工作30s左右，由它提供85%的垂直起飞升力，由涡轮风扇发动机提供15%的垂直起飞升力，在这两种发动机的作用下，飞机垂直起飞（着陆）。

2. 无人机回收

无人机的回收方式可归纳为伞降回收、空中回收、起落架滑跑着陆、拦阻网回收、气垫着陆和垂直着陆回收等类型。

（1）伞降回收

对应于手抛、弹射式发射的无人机，一般采用伞降回收（图4），这是一种较普通的回收方式。无人机结束飞行任务之后，小油门或熄火状态滑翔到降落点上空盘旋降高，当下降到预定高度后开伞降落，然后由地面人员进行回收。

降落伞由主伞和减速伞（又称阻力伞）二级伞组成。当无人机完成任务后，地面站发遥控指令给无人机，使发动机慢车，飞机减速，降高。到达合适飞行高度和速度时，开减速伞，使飞机急剧减速，降高，此时发动机已停车；当无人机降到某飞行高度和速度时，回收控制系统发出信号，使主伞开伞，先呈收紧充气状态，过了一定时间，主伞完全充气；无人机悬挂在主伞下慢慢着陆，机下触地开关接通，使主伞与无人机脱离。这是对伞降回收过程最简单的描述，省略了中间环节和过程。为尽量减少无人机回收后的损伤，特别是为保护机载任务设备，有些无人机还在机体触地部位安装减振装置，充气袋是一种常用的减振装置。同时还要考虑到机体着地部位尽可能远离任务设备舱。

图4 伞降回收

（2）空中回收

使用有人机在空中回收无人机的方式目前只在美国被采用。采用这种回收方式，在有人机上必须有空中回收系统，在无人机上除了有阻力伞和主伞之外，还需有钩挂伞、吊索和可旋转的脱落机构。其回收过程简单描述如下：地面站发出遥控指令，阻力伞开伞，同时使发动机停车；当无人机在阻力伞作用下降到一定高度和一定速度时，回收控制系统发出开主伞控制信号，打开钩挂伞和主伞，主伞先呈收紧充气状态，不久，就完全充气；此时钩挂伞高于主伞，确保钩挂伞下面的吊索指向主伞前进的方向，在吊索上安装指示方向的风向旗，使有人机便于辨认和钩住钩挂伞；这时，有人机逆风进入，钩住无人机钩挂伞与吊索，当无人机被钩住时，主伞自动脱离无人机，有人机用绞盘绞起无人机，空中悬挂运走。这种回收方式不会损伤无人机。但是为回收无人机要出动有人机，费用高；在回收时要求有人机飞行员有较高的驾驶技术；受天气与风速影响大，加上伞的性能无法事先估计，其回收的可靠性低。随着回收技术的提高，空中回收的可靠性将会提高。

（3）起落架滑跑着陆

滑跑着陆，对应于滑跑起飞。滑跑着陆对跑道有一定的要求，比如：跑道上无杂物，跑道要平直且有足够的长度。固定翼无人机滑跑着陆对无人机驾驶员操纵技术要求很高，事故一般发生在这个阶段。

采用这种回收方式的无人机对跑道要求不如有人机苛刻。有些无人机的起落架被设计成局部较脆弱的结构，允许着陆时撞地损坏，吸收能量。在着陆滑跑时，可用尾钩钩住地面拦截绳，大大缩短着陆滑跑距离。

（4）拦阻网或"天钩"回收

用拦阻网系统回收无人机是目前世界上小型无人机较普遍采用的回收方式之一。拦阻网系统通常由拦阻网、能量吸收装置和自动引导设备组成。能量吸收装置与拦阻网相连，其作用是吸收无人机撞网的能量，免得无人机触网后在网上不停弹跳，以致损伤。自动引导设备一般是一部置于网后的电视摄像机，或是装在拦阻网架上的红外接收机，由它们及时向地面站报告无人机返航路线的偏差。

当无人机返航时，地面控制站要求无人机以小角度下滑，最大速度不得超过120km/h，操纵人员通过电视监视器监视无人机飞行，并根据地面电视摄像机拍摄的图像，或红外接收机接收到的无人机信号，确定返航路线的偏差，然后半自动地控制无人机，修正飞行路线，使之对准地面摄像机的瞄准线，飞向拦阻网。无人机触网时的过载通常不能大于6G，以免拦阻网遭到较大损坏。

（5）气垫着陆

无人机气垫着陆是在无人机的机腹四周装上"橡胶裙边"，中间有一个带孔的气囊，发动机把空气压入气囊，压缩空气从囊孔喷出，在机腹下形成高压空气区——气垫，气垫能够支托无人机贴近地面，而不与地面发生猛烈撞击。气垫着陆的最大优点是，无人机能在未经平整的地面、泥地、冰雪地或水上着陆，不受地形条件限制。此外，该方式不受无人机大小、质量限制，且回收率高，可以达到1min回收1架次，而空中则是1h回收1架次。

（6）垂直着陆回收

垂直起降固定翼无人机和旋翼无人机都采用垂直着陆回收方式。垂直着陆回收方式只需小面积回收场地，因不受回收区地形条件的限制而特别受到军方青睐。

1）旋翼无人机垂直着陆。旋翼无人机垂直着陆的特点是以旋翼旋转作为获取升力的来源，操纵旋翼的旋转速度，使无人机垂直着陆。

2）固定翼无人机垂直着陆。固定翼无人机垂直着陆的特点是以发动机推力直接抵消重力。这种着陆方式又可分成两类：一是在无人机上配备着陆时用的专用发动机，着陆时，控制机上的主发动机和专用发动机的油门，使其在主发动机推力的垂直分力和专用发动机推力的共同作用下，减速、垂直着陆；二是在回收时呈垂直姿态，在发动机推力的垂直分力作用下，减速、垂直着陆。

2．工作页

学校名称		任课教师	
班级		学生姓名	
学习领域	学习领域：无人机操控飞行		
学习情境	学习情境3：多旋翼无人机起降自旋	学习时间	30min
工作任务	A：无人机发射与回收	学习地点	理实一体化教室

无人机发射与回收

请完成下列单选题：（每题1分，共5分）

(1) 无人机的发射方式可归纳为手抛发射、零长发射、弹射式发射、起落架滑跑起飞、母机空中发射、容器式发射装置发射和垂直起飞等类型。下列说法正确的是（　　）。

  A．在地面发射时，无人机使用较为广泛的发射方式是母机空中发射与零长发射

  B．无人机安装在轨道式发射装置上，在压缩空气、橡皮筋或液压等弹射装置作用下起飞，无人机飞离发射装置后，在辅助发动机作用下完成飞行任务

  C．容器式发射装置是一种封闭式发射装置，兼备发射与存储无人机功能。它有单室式和多室式两种类型

(2) 无人机的回收方式可归纳为伞降回收、空中回收、起落架滑跑着陆、拦阻网回收、气垫着陆和垂直着陆等类型。下列说法错误的是（　　）。

  A．空中回收时，在大飞机上必须有空中回收系统，在无人机上除了有阻力伞和主伞之外，还需有钩挂伞、吊索和可旋转的脱落机构

  B．多数采用起落架滑跑着陆的无人机，起落架被设计成局部较坚固，局部较脆弱

  C．用拦阻网系统回收无人机是目前世界上小型无人机采用的回收方式之一

(3) 关于伞降回收，下列说法正确的是（　　）。

  A．回收伞均由主伞、减速伞和阻力伞三级伞组成

  B．当无人机完成任务后，地面站发遥控指令给无人机或由无人机自主执行，使无人机减速、降高及发动机停车

  C．无人机悬挂在主伞下慢慢着陆，机下触地开关接通，使主伞收回无人机内

(4) 关于拦阻网或"天钩"回收，下列说法正确的是（　　）。

  A．用拦阻网系统回收无人机是目前世界上中型无人机较普遍采用的回收方式之一

  B．拦阻网系统通常由拦阻网和能量吸收装置组成

  C．能量吸收装置与拦阻网相连，其作用是吸收无人机撞网的能量，免得无人机触网后在网上不停弹跳，以致损伤

(5) 关于垂直起飞和着陆回收，下列说法错误的是（　　）。

  A．垂直起降是旋翼无人机的主流发射与回收方式

  B．部分特种固定翼无人机也可采用垂直方式发射与回收

  C．垂直起降的固定翼无人机均安装有专用的辅助动力系统

3.3.2 起飞前准备与检查

1. 信息页

学习领域	学习领域：无人机操控飞行		
学习情境	学习情境3：多旋翼无人机起降自旋	学习时间	30min
工作任务	B：起飞前准备与检查	学习地点	理实一体化教室

起飞前准备与检查

1. 了解起降

据不完全统计，无人机系统的事故有60%以上发生在起降阶段。作为无人机系统的机长或驾驶员，必须理解并熟练掌握无人机起降阶段的正常飞行程序与技术以及应急飞行程序与技术，以保证系统的安全运行。无人机驾驶员分为两大类：

1）飞行操作手。通过地面站界面、控制台上的鼠标、按键、飞行摇杆操纵无人机的驾驶员称为飞行操作手，也有将其称为内部驾驶员。

2）起降操作手。通过专用的遥控器、外部控制盒操纵无人机的驾驶员称为起降操作手，也有将其称为外部驾驶员。

飞行操作手参与无人机起降阶段、巡航阶段的操纵；起降操作手仅参与起降阶段的操纵。

多数的无人机系统都有这两类驾驶员。少数的军用无人机系统中，飞行器及地面站上安装有完善的全向视频显示系统，在起降阶段，飞行操作手使用飞行摇杆可以完全替代起降操作手的职能，这类无人机系统可以不设置起降操作手，但出于安全考虑，往往需要增设起降观察员或起降引导员。部分民用无人机系统出于简便和成本原因，飞行操作手无飞行摇杆硬件，仅通过鼠标、按键控制飞行。

起降阶段是无人机操纵中最难的控制阶段，起降控制程序应简单、可靠、灵活，操纵人员可直接通过操纵杆、开关和按键快捷介入控制通道，控制无人机起降。由于无人机的类别及起飞质量不同，其起飞降落的操纵方式也有所不同。当前国内民用无人机的起降，可采用自主控制、人工遥控或组合控制等模式进行控制。自主控制是指在起降阶段，操纵人员无须介入控制回路，无人机借助于机载传感器信息或必要的辅助引导信息，由机载计算机执行控制程序，可自动完成无人机的发射和回收控制。人工遥控是指无人机驾驶员通过无线电数据链路，利用地面站获取的无人机状态信息，发送无人机控制指令，引导无人机发射与回收。

2. 了解无人机性能

在受到运营人指派，负责一套无人机系统的运行后，机长或驾驶员应做的第一件事情就是了解并掌握本系统的关键性能，特别是飞行相关性能。

（1）目标无人机着陆性能

以JL-6无人机为例，其着陆性能相关参数见表1。

表1 JL-6无人机着陆性能

襟翼/发动机条件	接地速度/(km/h)	制动/m	不制动/m
不放襟翼/怠速	110	150	220
15°襟翼/怠速	95	120	160
40°襟翼/怠速	85	100	130
不放襟翼/停车	110	140	210
15°襟翼/停车	95	120	140

（2）目标无人机速度范围

以 JL-6 无人机为例，其速度范围相关参数见表 2。

表 2 JL-6 无人机速度范围

高度	空载 90kg	满载 130kg
海平面	80～130km/h	100～128km/h
1000m	90～140km/h	110～138km/h
3000m	120～170km/h	140～165km/h

（3）目标无人机速度限制

以 JL-6 无人机为例，其速度限制相关参数见表 3。

表 3 JL-6 无人机速度限制

速度	限制/（km/h）
俯冲最大允许速度（海平面）	170
失速速度（海平面、空载）	70
失速速度（海平面、满载）	90
机动速度（不放襟翼）	110
机动速度（40°襟翼）	100
有利速度（海平面）	110

（4）目标无人机发动机性能

以 JL-6 无人机为例，其发动机性能相关参数见表 4。

表 4 JL-6 无人机发动机性能

型号	工作状态	转速/（r/min）	节风门（%）	连续工作时间
林巴贺 L275-E	极限	7000	115	5min
	额定	6500	100	不限
	低空稳定怠速	2000	25	不限

（5）收放起落架对飞行影响

1）收起落架。姿态遥控状态下，起落架收起后，全机阻力减小，速度会加快，应减小油门保持空速在合理范围。

舵面遥控状态下，起落架收起后，机头会轻微上仰，应保持好飞行状态，并轻推（松）升降舵调整。同时全机阻力减小，速度加快，应减小油门保持空速在合理范围。

2）放起落架。姿态遥控状态下，起落架放下后，全机阻力增加，速度会减小，应增大油门保持空速在合理范围。

舵面遥控状态下，起落架放下后，机头会轻微下俯，应保持好飞行状态，并轻拉（收）升降舵调整。同时全机阻力增加，速度减小，应增大油门保持空速在合理范围。

（6）收放襟翼对飞行的影响

1）收襟翼。姿态遥控状态下，襟翼收起后，全机阻力减小，速度会加快，注意观察即可。

舵面遥控状态下，襟翼收起后，机头会轻微下俯，应保持好飞行状态，并轻拉升降舵调整。同时全机阻力减小，速度会加快，注意观察即可。

2）放襟翼。姿态遥控状态下，襟翼放下后，全机阻力增加，速度会减小，应增大油门保持空速在合理范围。特别是放 40°襟翼，需要给油门以较大的增量。

舵面遥控状态下，襟翼放下后，机头会轻微上仰，应保持好飞行状态，并轻推升降舵调整。同时全机阻力增加，速度会减小，应增大油门保持空速在合理范围。特别是放 40°襟翼，需要给油门以较大的增量。

（7）节风门最小位置

起飞前飞行操作手和起降操作手调整好的最小节风门位置就是本次起降的最小极限位置，任何时刻都不能使地面站控制面板和外部控制盒的节风门杆（旋钮）小于这个位置。

3. 起飞前飞行器检查

本项及以下各项检查均为机长或驾驶员必须执行的检查。由于无人机系统的不同，部分检查需要由机务或专业地检人员执行。以下检查根据系统不同不分先后。

1）无人机外观及对称性检查。

2）无人机称重及重心检查。

3）舵面结构及连接检查。

4）起飞（发射）、降落（回收）装置检查。

5）螺旋桨正反向及紧固检查。

4. 起飞前控制站检查

1）控制站电源、天线等的连接检查。

2）控制站电源检查。

3）控制站软件检查。

4）卫星定位系统检查。

5）预规划航线及航点检查。

5. 起飞前通信链路检查

1）链路拉距或场强检查。

2）飞行摇杆舵面及节风门反馈检查。

3）外部控制盒舵面及节风门反馈检查。

6. 动力装置检查与起动

1）发动机油量检查。

2）发动机油路检查。

3）发动机外部松动检查。

4）发动机起动后怠速转速、振动、稳定性检查。

5）发动机极限转速、振动检查。

6）发动机节风门、大小油针、控制缆（杆）检查。

7）发动机节风门跟随性检查。

8）微型无人机应进行不同姿态发动机稳定性检查。

9）电机正反转检查。

10）动力装置起动后与其他系统的干扰检查。

2. 工作页

学校名称		任课教师	
班级		学生姓名	
学习领域	学习领域：无人机操控飞行		
学习情境	学习情境3：多旋翼无人机起降自旋	学习时间	30min
工作任务	B：起飞前准备与检查	学习地点	理实一体化教室

起飞前准备与检查

请完成下列单选题：（每题1分，共23分）

(1) 据统计，无人机系统事故有60%以上发生在（   ）。

    A. 起降阶段　　　　　　B. 巡航阶段　　　　　　C. 滑跑阶段

(2) 通过地面站界面、控制台上的鼠标、按键、飞行摇杆操纵无人机的驾驶员称为（   ）。

    A. 飞行员　　　　　　B. 起降操作手　　　　　　C. 飞行操作手

(3) 通过专用的遥控器、外部控制盒操纵无人机的驾驶员称为（   ）。

    A. 飞行员　　　　　　B. 起降操作手　　　　　　C. 飞行操作手

(4) 无人机系统中，起降操作手一般不参与（   ）的控制。

    A. 起飞阶段　　　　　　B. 降落阶段　　　　　　C. 巡航阶段

(5) 当前国内民用无人机的主要控制方式不包括（   ）。

    A. 自主控制　　　　　　B. 人工遥控　　　　　　C. 人工智能控制

(6) 对于无人机关键性能，无人机驾驶员（   ）。

    A. 不必了解　　　　　　B. 视情况了解　　　　　　C. 必须了解

(7) 无人机驾驶员关于无人机速度限制不需要了解的是（   ）。

    A. 俯冲最大速度

    B. 不同高度、质量下的失速速度

    C. 静止时飞机零漂速度

(8) 操纵无人机，起飞前需要了解的无人机基本性能不包括（   ）。

    A. 无人机着陆性能

    B. 无人机速度范围

    C. 无人机升限

(9) 无人机驾驶员关于无人机速度范围不需要了解的是（   ）。

    A. 海平面高度不同质量下的速度范围

    B. 极限高度内的速度范围

    C. 极限高度外的速度范围

(10) 无人机飞行时收起起落架，会使飞机（   ）

    A. 全机阻力减小　　　　　　　　　　B. 全机阻力增大

    C. 全机阻力无明显变化

(11) 无人机定速遥控飞行时收起起落架，驾驶员（   ）。

    A. 需增加油门以保持空速

    B. 需减小油门以保持空速

    C. 无需做相关动作

(12) 无人机飞行时放下起落架，会使飞机（   ）。

    A. 全机阻力减小　　　　B. 全机阻力增大　　　　C. 全机阻力无明显变化

（13）无人机定速遥控飞行时放下起落架，驾驶员（　　　）。

    A. 需增加油门以保持空速

    B. 需减小油门以保持空速

    C. 无需做相关动作

（14）无人机飞行时放下襟翼，会使飞机（　　　）。

    A. 飞行速度减小　　　　B. 飞行速度增大　　　　C. 飞行速度无明显变化

（15）无人机定速遥控飞行时放下襟翼，驾驶员（　　　）。

    A. 需增加油门以保持空速

    B. 需减小油门以保持空速

    C. 无需做相关动作

（16）无人机飞行时收起襟翼，会使飞机（　　　）。

    A. 飞行速度减小

    B. 飞行速度增大

    C. 飞行速度无明显变化

（17）无人机定速遥控飞行时收起襟翼，驾驶员（　　　）。

    A. 需增加油门以保持空速

    B. 需减小油门以保持空速

    C. 无需做相关动作

（18）无人机驾驶员进行的起飞前飞行器检查内容不必包括（　　　）。

    A. 舵面结构及连接检查

    B. 起飞（发射）、降落（回收）装置检查

    C. 飞行器涂装检查

（19）无人机驾驶员进行的起飞前控制站检查内容不必包括（　　　）。

    A. 控制站软件检查

    B. 控制站操作系统检查

    C. 预规划航线及航点检查

（20）无人机驾驶员进行的起飞前通信链路检查内容不必包括（　　　）。

    A. 链路设备型号

    B. 飞行摇杆舵面及节风门反馈检查

    C. 外部控制盒舵面及节风门反馈检查

（21）无人机驾驶员进行的起飞前动力装置检查内容不必包括（　　　）。

    A. 发动机油量检查

    B. 发动机起动后怠速转速、振动、稳定性检查

    C. 发动机生产厂家检查

（22）无人机驾驶员关于无人机发动机不需要了解的是（　　　）。

    A. 极限状态的连续工作时间

    B. 低空稳定怠速

    C. 发动机生产日期

（23）操纵无人机起飞前，对于动力装置不需要检查的是（　　　）。

    A. 发动机稳定性检查

    B. 发动机生产日期

    C. 发动机油路检查

3.3.3 飞行基本动作

1. 信息页

学习领域	学习领域：无人机操控飞行		
学习情境	学习情境3：多旋翼无人机起降自旋	学习时间	30min
工作任务	C：飞行基本动作	学习地点	理实一体化教室

飞行基本动作

飞行摇杆是与有人机类似的常规操作方式，包括姿态遥控和舵面遥控功能。实际飞行中，飞行摇杆的舵面遥控功能极少使用。外部控制盒为与航模遥控器类似的方式，包括姿态遥控和舵面遥控功能。

1. 地面滑行

地面滑行主要由起降操作手执行。

姿态遥控和舵面遥控的操作手法一致，主要通过操作方向舵摇杆进行控制。

2. 爬升

爬升主要由飞行操作手执行。各高度爬升时均保持节风门在100%。爬升时保持飞行状态的方法与平飞基本相同，其特点是：

1) 根据地面站地平仪位置关系，检查与保持俯仰状态。根据飞行高度将俯仰角调整到理论值（如+2°），使用姿态遥控控制。如俯仰角偏高或偏低，应柔和地向前顶杆或向后带杆，保持好正常的位置关系。

2) 大型、小型无人机爬升时，油门较大，螺旋桨扭转气流作用较强，如左偏力矩较大，必须适当扭右舵，才能保持好飞行方向。

3) 爬升中，如速度降低太多，应迅速减小俯仰角。

4) 长时间爬升，发动机温度容易过高，要注意检查和调整。

3. 定高平飞

平飞主要由飞行操作手执行。各高度平飞时均保持节风门在适当位置（如45%）。

平飞时应根据地面站界面上地平仪位置关系，判断无人机的俯仰状态和坡度；根据目标点方向，判断飞行方向；不断检查空速、高度和航向指示；同时观察发动机指示，了解发动机工作情况。

平飞时，作用在无人机上的各力和各力矩均应平衡。无人机的平衡经常受各种因素的影响而被破坏，使飞行状态发生变化。飞行中，应及时发现和不断修正偏差，才能保持好平飞。其主要方法是：

1) 根据地平仪位置关系，检查与保持俯仰状态。根据飞行高度将俯仰角调整到理论值，使用姿态遥控控制。如俯仰角偏高或偏低，应柔和地向前顶杆或向后带杆，保持好正常的位置关系。

2) 根据飞机标志在地平仪天地线上是否有倾斜，判断无人机有无坡度。如有坡度，向影响无人机倾斜的反方向适当压杆修正。无人机无坡度时，注意检查航向变化，如变化较大，应向反方向轻扭舵杆，不使无人机产生侧滑。

3) 根据目标点方向与飞行轨迹方向，检查与保持飞行方向。如飞行轨迹方向偏离目标方向，应检查无人机有无坡度和侧滑，并及时修正。如果轨迹方向偏离目标方向5°以内，应柔和地向偏转的反方向适当扭舵杆，当轨迹方向对正目标点时回舵；如偏离目标方向超过5°，应协调地适当压杆扭舵，使无人机对正目标点，然后改平坡度，保持好预定的方向。

4) 由于侧风影响，无人机会偏离目标方向。此时，应采用改变航向的方法修正。

4. 下降

下降主要由飞行操作手执行。各高度下降时均保持节风门在适当位置（如15%）。

下降时保持飞行状态的方法与平飞基本相同，其特点是：

1）根据地平仪位置关系，检查与保持俯仰状态。根据飞行高度将俯仰角调整到理论值（如−3°），使用姿态遥控控制。如俯仰角偏高或偏低，应柔和地向前顶杆或向后带杆，保持好正常的位置关系。

2）大型、小型无人机下降时，由于收小油门后，螺旋桨扭转气流减弱，如无人机有右偏趋势，必须抵住左舵，以保持飞行方向。

3）下降中，速度过大时，应适当增加带杆量，减小下滑角。

5. 平飞、爬升、下降的状态转换

1）爬升转平飞。注视地平仪，柔和地松杆，然后收油门至45%。当地平仪的位置关系接近平飞时，保持，使飞机稳定在平飞状态。如果要在预定高度上将飞机转为平飞，应在上升至该高度前10~20m时，开始改平飞。

2）平飞转下降。注视地平仪，稍顶杆，同时收油门至15%。当地平仪的位置关系接近下降时，保持，使飞机稳定在下降状态。

3）下降转平飞。注视地平仪，柔和地加油门至45%，同时拉杆。当地平仪的位置关系接近平飞时，保持，使无人机稳定在平飞状态。如果要在预定高度上将无人机转为平飞，应在下降至该高度前20~30m时，开始改平飞。

4）平飞转爬升。注视地平仪，柔和地加油门至100%，同时稍拉杆转为爬升。当机头接近预定状态时，保持，使无人机稳定在爬升状态。

平飞、爬升、下降转换时易产生的偏差：没有及时检查地平仪位置关系，造成带坡度飞行；动作粗，操纵量大，造成飞行状态不稳定；推杆、拉杆方向不正，干扰其他通道。

6. 转弯

转弯是改变飞行方向的基本动作。转弯时，起着支配地位的，主要是无人机的坡度。坡度形成，无人机即进入转弯；改平坡度，转弯即停止。在一定条件下的转弯中，坡度增大，机头会下俯，速度随即增大；坡度减小，则相反。因此，转弯时注意力主要应放在保持坡度上，这是做好转弯的关键。多数无人机需要方向舵的参与进行协调转弯，可有效减小转弯半径并减少侧滑。个别需要执行对地正射任务的无人机必须进行无坡度转弯，此时应向转弯方向压方向舵，副翼反打，以保证坡度水平。

（1）平飞转弯

1）转弯前，观察地图，选好退出转弯的方向，根据转弯坡度的大小，加油门5%~10%，保持好平飞状态。

2）注视地平仪，协调地向转弯方向压杆扭舵，使无人机形成10°（以此为例）的坡度，接近10°时，稳杆，保持好坡度，使无人机均匀稳定地转弯。

3）转弯中，主要是保持好10°的坡度。如坡度大，应协调地适当回杆回舵；如坡度小，则适当增加压杆扭舵量。机头过高时，应向转弯一侧的斜前方适当推杆并稍扭舵；机头过低时，则应适当增加向斜后方的拉杆量并稍回舵。当转弯中同时出现两种以上偏差时，应首先修正坡度的偏差，接着修正其他偏差。

4）转弯后段，注意检查目标方向，判断退出转弯的时机。当飞行轨迹方向距离目标方向10°~15°时，注视地平仪，根据接近目标方向的快慢，逐渐回杆。

（2）爬升转弯和下降转弯

爬升转弯和下降转弯的操纵方法与平飞转弯基本相同，其不同点是：

1）爬升转弯节风门为100%。转弯前，应保持好爬升状态；转弯中，注意稳住杆，防止机头上仰，保持好地平仪的位置关系；退出转弯后，保持好爬升状态。

2）下滑转弯节风门为15%。转弯中，应保持好下滑状态。

（3）转弯时易产生的偏差

1）进入和退出转弯时，动作不协调，产生侧滑。

2）转弯中，未保持好机头与天地线的位置关系，以致速度增大或减小。

3）转弯后段，未注意检查退出转弯的方向，以致退出方向不准确。

2. 工作页

学校名称		任课教师	
班级		学生姓名	
学习领域	学习领域：无人机操控飞行		
学习情境	学习情境3：多旋翼无人机起降自旋	学习时间	30min
工作任务	C：飞行基本动作	学习地点	理实一体化教室

飞行基本动作

请完成下列单选题：（每题1分，共49分）

（1）无人机飞行摇杆常规操作方式是（　　）。

　　A. 姿态遥控和舵面遥控　　B. 自主控制　　　　　　C. 人工修正

（2）无人机驾驶员操纵无人机地面滑行时，下列描述正确的是（　　）。

　　A. 主要通过控制方向舵杆量操纵

　　B. 主要通过控制副翼杆量操纵

　　C. 主要通过控制升降舵杆量操纵

（3）无人机驾驶员操纵无人机着陆滑跑时，关于油门状态描述正确的是（　　）。

　　A. 无人机接地后，为保证安全，一般将油门收为零

　　B. 无人机接地后，将油门保持大车状态，准备随时复飞

　　C. 无人机接地后，着陆滑跑一段距离再收油门

（4）关于无人机驾驶员操纵无人机制动时机，下列描述正确的是（　　）。

　　A. 无人机接地后，马上制动

　　B. 无人机接地后，待速度降到安全范围内再制动

　　C. 无人机接地后，待飞机滑停后再制动

（5）关于无人机驾驶员遥控无人机起飞滑跑，下列描述正确的是（　　）。

　　A. 迅速将油门推至大车并快速拉杆起飞

　　B. 逐渐将油门推至大车并在速度达到起飞速度时柔和拉杆起飞

　　C. 迅速将油门推至大车，飞机速度积累到足够时自动起飞

（6）无人机爬升时，油门较大，螺旋桨左偏力矩较大，需适当操纵方向舵（　　）。

　　A. 左偏　　　　　　　　　　B. 右偏　　　　　　　　　　C. 不必干涉

（7）姿态遥控模式下操纵无人机爬升，俯仰角偏高时，下列操纵中正确的是（　　）。

　　A. 柔和地向前顶杆　　　　B. 柔和地向后带杆　　　C. 柔和地向右扭舵

（8）姿态遥控模式下操纵无人机爬升，俯仰角偏低时，下列操纵中正确的是（　　）。

　　A. 柔和地向前顶杆　　　　B. 柔和地向后带杆　　　C. 柔和地向右扭舵

（9）姿态遥控模式下操纵无人机爬升，无人机带左坡度时，下列操纵中正确的是（　　）。

　　A. 柔和地向前顶杆　　　B. 柔和地向左压杆　　C. 柔和地回杆或向右压杆

（10）姿态遥控模式下操纵无人机爬升，无人机带右坡度时，下列操纵中正确的是（　　）。

　　A. 柔和地向前顶杆　　　B. 柔和地回杆或向左压杆

　　C. 柔和地向右压杆

（11）姿态遥控模式下操纵无人机爬升，无人机航向向右偏离时，下列操纵中正确的是（　　）。

　　A. 柔和地向前顶杆　　　B. 柔和地向左扭舵　　C. 柔和地向右扭舵

（12）姿态遥控模式下操纵无人机爬升，无人机航向向左偏离时，下列操纵中正确的是（　　）。

　　A. 柔和地向前顶杆　　　B. 柔和地向左扭舵　　C. 柔和地向右扭舵

（13）姿态遥控模式下操纵无人机爬升，无人机速度降低太多时，下列操纵中正确的是（　　）。

　　A. 迅速减小俯仰角　　　B. 迅速增大俯仰角　　　C. 迅速关闭发动机

（14）姿态遥控模式下操纵无人机爬升，无人机爬升率过小时，下列操纵中正确的是（　　）。

　　A. 柔和地减小俯仰角　　B. 柔和地增大俯仰角　　C. 迅速停止爬升

（15）操纵无人机长时间爬升，发动机温度容易过高，正确的操纵是（　　）。

　　A. 适时定高飞行，待各指标正常后再继续爬升

　　B. 发现发动机各参数不正常时，迅速转下降

　　C. 不必操纵，信任发动机自身性能

（16）无人机定高平飞时，驾驶员面对地面站界面，（　　）。

　　A. 可切至自主控制模式，放松休息

　　B. 可短暂休息，偶尔关注一下飞机状态

　　C. 应密切判断飞机的俯仰状态和坡度

（17）无人机定高平飞时，驾驶员面对地面站界面，（　　）。

　　A. 可切至自主控制模式，放松休息

　　B. 可短暂休息，偶尔关注一下飞机状态

　　C. 应根据目标点方向，密切判断飞行方向

（18）无人机定高平飞时，驾驶员面对地面站界面，（　　）。

　　A. 可切至自主控制模式，放松休息

　　B. 可短暂休息，偶尔关注一下飞机状态

　　C. 应不断检查空速、高度和航向指示

（19）无人机定高平飞时，驾驶员面对地面站界面，（　　）。

　　A. 可切至自主控制模式，放松休息

　　B. 可短暂休息，偶尔关注一下飞机状态

　　C. 应不断观察发动机指示，了解发动机工作情况

（20）无人机驾驶员操纵无人机定高平飞时，正确的操纵是（　　）。

　　A. 不断检查空速、高度和航向指示　　　　　B. 定高平飞结束前可以休息

　　C. 偶尔关注一下空速、高度和航向指示

（21）无人机驾驶员操纵无人机定高平飞，航迹偏离时，下列描述正确的是（　　）。

　　A. 如果轨迹方向偏离目标方向5°以内，应柔和地向偏转的反方向适当扭舵杆

　　B. 如果轨迹方向偏离目标方向5°以内，应柔和地向偏转的方向适当扭舵杆

　　C. 如果轨迹方向偏离目标方向5°以内，应快速地向偏转的反方向大幅度扭舵杆

（22）无人机驾驶员操纵无人机定高平飞时，下列操纵正确的是（　　）。

　　A. 如航迹方向偏离目标方向超过5°，应缓慢地向偏转的反方向适当扭舵杆

　　B. 如航迹方向偏离目标方向超过5°，应协调压杆扭舵，使飞机对正目标，然后改平坡度

　　C. 如航迹方向偏离目标方向超过5°，应柔和地向偏转的方向适当扭舵杆

（23）无人机在遥控下降时，驾驶员应注意（　　）。

　　A. 无人机下降时，油门收小，螺旋桨扭转气流减弱，飞机有右偏趋势，需抵住左舵

　　B. 无人机下降时，油门收小，螺旋桨扭转气流减弱，飞机有右偏趋势，需抵住右舵

　　C. 无人机状态不会发生变化，不需做任何准备

（24）无人机在遥控下降中，速度过大时，驾驶员应（　　）。

　　A. 适当减小带杆量，增大下滑角　　　　　　B. 适当增加带杆量，减小下滑角

　　C. 顺其自然，让其自动恢复状态

（25）无人机驾驶员姿态遥控模式下操纵无人机下降时，正确的操纵是（　　）。

　　A. 如俯仰角过小，应柔和地向前顶杆　　　　B. 如俯仰角过小，应柔和地向后带杆

　　C. 如俯仰角过小，应柔和地向左压杆

(26) 无人机驾驶员操纵无人机下降时，关于油门状态描述正确的是（   ）。

　　A. 大油门保证飞机速度　　　　　　B. 小油门便于飞机下降

　　C. 油门置于中间状态，留足操纵空间

(27) 无人机驾驶员姿态遥控模式下操纵无人机下降，速度过大时，正确的操纵是（   ）。

　　A. 适当减小带杆量，增大下滑角　　B. 适当减小带杆量，减小下滑角

　　C. 适当增加带杆量，减小下滑角

(28) 无人机驾驶员操纵无人机下降到10m以下时，应重点关注的信息是（   ）。

　　A. 飞机下降速度、姿态和空速　　　B. 飞机剩余油量

　　C. 飞机航行灯开闭状态

(29) 遥控无人机由爬升转为预定高度平飞，应在（   ）。

　　A. 到达预定高度时，开始改平飞　　B. 超过预定高度10~20m时，开始改平飞

　　C. 上升至预定高度前10~20m时，开始改平飞

(30) 遥控无人机由平飞转为下降时，（   ）。

　　A. 注视地平仪，稍顶杆，收油门　　B. 注视地平仪，稍拉杆，收油门

　　C. 注视地平仪，稍拉杆，推油门

(31) 遥控无人机由下降转为平飞时，（   ）。

　　A. 注视地平仪，柔和地加油门，同时拉杆

　　B. 注视地平仪，快速地加油门，同时拉杆

　　C. 注视地平仪，柔和地加油门，同时顶杆

(32) 遥控无人机由下降转为预定高度平飞，应在（   ）。

　　A. 到达预定高度时，开始改平飞　　B. 超过预定高度20~30m时，开始改平飞

　　C. 下降至预定高度前20~30m时，开始改平飞

(33) 遥控无人机由平飞转爬升时，（   ）。

　　A. 注视地平仪，柔和地加油门至100%，同时稍拉杆

　　B. 注视地平仪，快速地加油门至100%，同时快速拉杆

　　C. 注视地平仪，快速地加油门至100%，同时快速顶杆

(34) 遥控无人机平飞、爬升和下降转换时，产生偏差的主要原因不包括（   ）。

　　A. 动作粗，操纵量大，造成飞行状态不稳定

　　B. 天气状况不佳

　　C. 推杆、拉杆方向不正，干扰其他通道

(35) 无人机驾驶员操纵无人机拉平时，下列描述正确的是（   ）。

　　A. 小偏差时不必修正，待形成一定偏差时修正即可

　　B. 应快速根据飞机偏差大幅度修正

　　C. 正确的拉平动作，必须按照实际情况，主动地、有预见地、机动灵活地去操纵飞机

(36) 无人机驾驶员操纵无人机平飞转爬升时，下列操纵易产生偏差的是（   ）。

　　A. 及时检查地平仪位置关系，及时修正偏差

　　B. 动作柔和，且有提前量

　　C. 推杆、拉杆方向不正

(37) 遥控无人机平飞转弯前，（   ）。

　　A. 根据转弯坡度大小，减油门5%~10%，保持好平飞状态

　　B. 根据转弯坡度大小，加油门5%~10%，保持好平飞状态

　　C. 保持当前油门状态

（38）遥控无人机平飞转弯过程中，（   ）。

  A. 注视地平仪，协调地向转弯方向压杆扭舵，形成一定坡度后，稳杆保持

  B. 注视地平仪，协调地向转弯反方向压杆扭舵，形成一定坡度后，稳杆保持

  C. 注视地平仪，向转弯方向压杆，同时向反方向扭舵

（39）遥控无人机平飞转弯过程中，（   ）。

  A. 如果坡度过大，应协调地适当增加压杆扭舵量

  B. 如果坡度过大，应协调地适当回杆回舵

  C. 如果坡度过小，应协调地适当回杆回舵

（40）遥控无人机平飞转弯后段，（   ）。

  A. 当飞行轨迹方向距离目标方向 10°~15°时，注视地平仪，根据接近目标方向的快慢，逐渐回杆

  B. 当飞行轨迹方向到达目标方向时，注视地平仪，逐渐回杆

  C. 当飞行轨迹方向超过目标方向 10°~15°时，注视地平仪，逐渐回杆

（41）遥控无人机转弯时，产生偏差的主要原因不包括（   ）。

  A. 进入和退出转弯时，动作不协调 B. 天气状况不佳

  C. 转弯中，未保持好机头与天地线的位置关系

（42）无人机驾驶员操纵无人机转弯时，下列描述错误的是（   ）。

  A. 坡度形成，飞机即进入转弯 B. 改平坡度，飞机转弯即停止

  C. 可以在只操纵方向舵、不形成坡度的情况下实现快速高效转弯

（43）无人机驾驶员操纵无人机转弯时，可能出现情况是（   ）。

  A. 在一定条件下的转弯中，坡度增大，机头下俯，速度随即增大

  B. 在一定条件下的转弯中，坡度增大，机头上仰，速度随即减小

  C. 在一定条件下的转弯中，坡度增大，机头上仰，速度随即增大

（44）无人机驾驶员操纵无人机坡度转弯时，同时操纵方向舵的作用是（   ）。

  A. 进行协调转弯，可有效减小转弯半径并减少侧滑

  B. 进行协调转弯，可有效增大转弯半径并减少侧滑

  C. 进行协调转弯，可有效减小转弯半径并增大侧滑

（45）无人机驾驶员操纵无人机无坡度转弯，正确的操纵方式是（   ）。

  A. 向转弯方向压方向舵，副翼同方向打，以保证坡度水平

  B. 向转弯方向压方向舵，副翼反打，以保证坡度水平

  C. 向转弯方向压方向舵，副翼同方向打，以形成坡度

（46）无人机驾驶员操纵无人转弯时，下列描述正确的是（   ）。

  A. 机头过高时，应向转弯一侧的斜后方适当拉杆并稍扭舵

  B. 机头过高时，应向转弯一侧的斜前方适当推杆并稍扭舵

  C. 机头过高时，应向转弯一侧的斜前方适当推杆并稍回舵

（47）无人机驾驶员操纵无人转弯时，下列描述正确的是（   ）。

  A. 机头过低时，应向转弯一侧的斜后方适当拉杆并稍回舵

  B. 机头过低时，应向转弯一侧的斜前方适当推杆并稍扭舵

  C. 机头过低时，应向转弯一侧的斜前方适当推杆并稍回舵

（48）转弯时易产生偏差的原因不包括（   ）。

  A. 进入和退出转弯时，动作不协调

  B. 转弯中，未保持好机头与天地线的位置关系

  C. 发动机推力不足

（49）旋翼机下降过程中，正确的操纵是（   ）。

  A. 一直保持快速垂直下降 B. 下降速度先慢后快 C. 下降速度先快后慢

3.3.4 起落（五边）航线飞行

1. 信息页

学习领域	学习领域：无人机操控飞行		
学习情境	学习情境3：多旋翼无人机起降自旋	学习时间	30min
工作任务	D：起落（五边）航线飞行	学习地点	理实一体化教室

起落（五边）航线飞行

起落航线又称五边航线，是由起飞、建立航线、着陆目测和着陆组成的。任何一次无人机飞行都离不开起飞和着陆，由于无人机的遥控飞行多用于应急情况下，因此着陆目测和着陆是练习的重点。起落航线飞行，时间短、动作多，各动作之间联系紧密，准确性要求高。因此，必须通过模拟器和实物训练系统严格训练，严格要求，扎扎实实地训练好这一科目，为其他的飞行科目打下良好基础。

1. 建立（应急）航线

建立（应急）航线时，无人机操作手根据机场或应急着陆场位置，操纵无人机沿（应急）规划的航线飞行，并保持规定的高度、速度，以便准确地进行目测、着陆的飞行过程。

建立（应急）航线内容：

1）检查飞行平台、发动机、机载设备的故障状态、油量、电量。

2）决定着陆场或迫降场。

3）决定控制方式。

4）决定飞行操作手、起降操作手交接时机。

5）决定起落架、襟翼收放时机。

6）如果条件允许，第一时间飞回本场上空。

2. 着陆目测

着陆目测时，操作手根据当时的飞行高度以及无人机与降落地点的距离，进行目视判断，操纵无人机沿预定方向降落在预定的地点（通常为跑道中心）。准确的目测是使无人机在预定着陆点前后一定范围内接地。没有达到这一范围内就接地的，称为目测低；超过这一范围才接地的，称为目测高。

无人机的目测与有人机相比有两大不同：

1）有人机是从飞机观察着陆场，无人机是从着陆场观察飞机。

2）有人机飞行员可自行观察仪表参考值，无人机起降操作手通过地面站人员获取仪表参考值。

着陆目测需重点决断着陆方向和三、四转弯位置。

水平能见度大于1000m时，着陆目测由起降操作手决断，三转弯前无人机交给起降操作手控制；水平能见度小于1000m时，着陆目测由飞行操作手决断，四转弯后无人机交给起降操作手控制。

风向对着陆目测的影响如图1所示。

逆风着陆时，由于风的影响，第三转弯后，无人机逐渐远离着陆点；第四转弯后，下滑距离和平飘距离缩短，风速越大，影响越大。顺风着陆时，则相反。因此，逆风较大时，目测容易低（即提前接地）；顺风着陆时，目测容易高（即推迟接地）。

气温较高时，跑道上空上升气流明显，会使下滑距离和平飘距离增大。气温降低时则相反。因此，气温增高时目测容易高，气温降低时目测容易低。

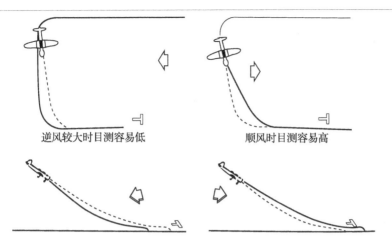

图1　风向对着陆目测影响

下滑方向虽不能直接影响目测的准确性，但是当下滑方向偏差较大时，就会分散操作手的注意力。此外，修正方向偏差时，也容易造成下滑点、下滑速度的变化，从而导致判断和修正目测的困难。

从以上分析可知，影响目测的因素是多方面的。其中气象条件是客观存在的，其他条件都可以通过操作手的主观努力去适应。因此，做目测时，必须根据当时的气象条件，控制好第四转弯点的位置和高度；保持好预定的下滑点、下滑速度和下滑方向；准确控制油门，才能使无人机沿预定的下滑线降落于预定的地点。

（1）三转弯

第三转弯的时机、角度、高度都会影响目测的准确性，因此，必须认真地做好第三转弯，如图2所示。

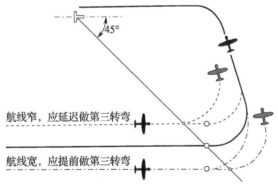

图2　三转弯示意图

1）三转弯点安排到跑道外侧（即地面站的另一侧）。

2）三转弯点高度控制在 100～150m。

3）转弯前，注意观察第三、第四转弯之间有无障碍物遮蔽视线或通信，同时选择好第四转弯点，作为退出第三转弯的检查目标。

4）判断进入三转弯时机时，应考虑第四边航线长短，航线和着陆标志线交叉与无人机纵轴和着陆标志线交叉造成的影响，并做必要的修正。

5）三转弯中，应保持好飞行状态，适时检查空速、高度。转弯坡度为20°，速度为110km/h。

6）退出转弯后，保持好平飞。平飞中应检查高度、速度；检查航迹是否对正预定的第四转弯点，该点距着陆点的距离是否适当；跑道上有无障碍物；观察无人机状态，判断下滑时机。

7）当无人机与跑道延长线的夹角为 25°～30°时，收油门至合适位置，推杆下滑，保持 110km/h 的速度。要特别注意高度，目测判断，控制好进入第四转弯的高度、位置，判断进入第四转弯的时机。

（2）四转弯

1）当无人机与跑道延长线夹角为 10°～15°时，进入四转弯。进入时的高度为 80～100m，速度为 110km/h，坡度通常为 20°。确定进入四转弯的时机，应考虑到第四转弯的角度。如转弯角度大于 90°，应适当提前；如小于 70°，应适当延迟。

2）转弯中，注意无人机接近跑道延长线的快慢和转弯剩余角（跑道延长线与无人机纵轴的夹角）的减小是否相适应。转弯中应保持好飞行状态，适时检查速度、高度，发现偏差及时修正。第四转弯进入正常时，当转弯剩余角为 25°～30°时，无人机应正好在跑道外侧边线上。如无人机接近跑道延长线较快，而转弯剩余角减小较慢时，表明进入已晚，应立即协调地增大坡度和转弯角速度；反之，则应适当减小坡度，调整转弯半径，以便退出转弯时能对正跑道。

3）起降操作手做四转弯时，四转弯退出点位置为距着陆点 200m，高度 30m；飞行操作手做四转弯时，四转弯退出点位置为距着陆点 500m，高度 60m。

4）退出第四转弯后，这时起降操作手在控制无人机，飞行操作手向起降操作手以每次 2s 的间隔报空速。起降操作手稍推杆，控制住俯仰对准下滑点（下滑点位于距着陆点 50m 的跑道中线上）。油门收至 15%，速度保持在 120km/h。当下滑线正常时，应注意检查速度。如速度大，表明目测高，应适当收小油门；反之，则应适当加大油门修正。加、减油门时应及时用舵，使无人机不带坡度和侧滑，对正跑道下滑。

5）下滑至高度 10m，做好着陆准备：检查下滑速度，是否向预定的下滑点下滑，根据目测判断收怠速油门的时机；检查下滑方向，是否正对跑道；观察跑道上有无障碍物。

（3）第四转弯前判断与修正目测的方法

第三转弯后至第四转弯前的飞行中，主要根据无人机能否对正预定的第四转弯点、保持预定的高度来判断与修正目测。第四转弯点的位置是由第三转弯的时机和角度决定的。第四转弯高度是由下滑时机和动作决定的。

转弯目测误差影响如图 3 所示。

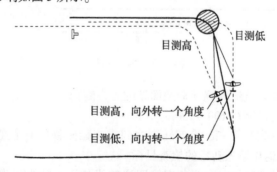

图 3　转弯目测误差影响

第三转弯后，如高度正常而航迹未对正预定的第四转弯点，靠近或远离着陆点时，表明目测高或目测低，应向航线外侧或内侧转一个角度进行修正。转弯的角度，一般不应超过 20°，并应注意其对第四转弯进入时机的影响。

第三转弯后，如无人机的航迹正常，而高度高于150m或低于100m时，转入下滑的时机应提前或延迟。下滑中，如估计到第四转弯时的高度将高于预定的高度时，应及时地收小油门，必要时可收至20%，增大下滑角；反之，则应适当地加大油门，减小下滑角，必要时可转为平飞进行修正。待接近预定高度时，再转为正常下滑。

飞行中气象条件是经常变化的，因此，做目测时，第三转弯的时机和转弯角度要根据当时的气象情况做必要的调整，转弯后，还要经常检查航迹和飞行高度，发现偏差及时修正。

（4）第四转弯后判断与修正目测的方法

如发现目测稍高或稍低，一般不改变下滑点位置，应适当地收小或加大油门，保持好与当时气象条件相适应的下滑速度，飞向预定下滑点。

目测过低时，应在加大油门的同时适当增加带杆量（姿态遥控为回杆量），减小下滑角（必要时可平飞一段时间），当接近正常下滑线时，再重新对好下滑点，适当收小油门，保持好下滑角和相应的速度，对准预定下滑点下滑。目测过高时，修正方法相反。

修正目测加、收油门的量，主要根据偏差的大小和当时的气象条件来决定。偏差大，加、收油门量相应大一些；反之，则小一些。风速较大或气温低时，如目测低，加油门量相应大些；如目测高，收油门量则不应过多。风速小或气温高时，则相反。

开始收油门的时机和收油门动作的快慢以及收怠速油门的时机，应根据当时无人机的实际下滑点和预定下滑点是否一致来确定。收油门的动作应柔和均匀，通常在转入平飘时，将油门收完。

但在下列情况下，收油门的时机应适当延迟，收油门的动作应适当减慢（主轮接地前应收完）：实际下滑点在预定下滑点后面；当时的高度低于预定高度；速度小、下沉快；逆风较大。若实际下滑点在预定下滑点前面，则相反。

（5）下滑方向的判断与修正

四转弯后下滑方向的好坏，不仅影响无人机的着陆方向、着陆动作，而且会影响到目测的判断与修正。

假设起降操作手的站位位于内侧跑道边缘线上，野外起降点跑道宽度为12m，无人机翼展为6m。

首先，应判断无人机是否在跑道中线延长线上。如果无人机下滑过程中近侧翼尖距离内侧跑道边缘线的距离始终接近半翼展，则接近跑道中线。

其次，检查无人机纵轴是否与着陆方向一致。如无人机偏离跑道中线延长线较大，应先压杆压舵操纵无人机飞向跑道中线，待无人机接近跑道中线时，再根据当时交叉角的大小，适当提前压杆压舵，使无人机纵轴与中心线重合。如无人机在跑道中线延长线上，只是纵轴与中心线略有交叉，应柔和压舵修正，使无人机纵轴与着陆方向一致。在0.5m以下低空修正方向时，仅使用方向舵，防止坡度过大，翼尖擦地。

注意：

1）下滑至高度3m仍未进入跑道或目测过高、过低时，应果断复飞。

2）禁止用改变无人机接地姿势的方法延长或缩短平飘距离来修正目测偏差。

3. 着陆

无人机从一定高度（无人机一般定为10m，有人机为25m）下滑并降落于地面直至滑跑停止的运动过程称为着陆。着陆分为下滑、拉平、平飘、接地和着陆滑跑五个阶段。

注意：姿态遥控下的拉平并不是将姿态保持到0°，而是将升降速度控制为0。

1）下滑至高度10m（应凭目力判断，根据无人机翼展估测），保持好下滑角，判断无人机的高度和接近地面的快慢，以便及时地开始拉平。

2）下滑至高度3m，开始拉平，根据无人机离地的高度、下沉的快慢和无人机状态，相应地柔和拉杆（姿态遥控为回杆再拉杆），使无人机随着高度的降低逐渐减小俯角，减小下降率，在0.5m高度上转入平飘。

3）无人机转入平飘（不下沉也不飘起），应稳住杆，判明离地高度。根据无人机下沉快慢、俯仰角的大小和当时的高度相应地继续柔和拉杆。平飘前段，速度较大，下沉较慢，拉杆量应小一些。平飘后段，速度较小，下沉较快，拉杆量应适当增大，随着无人机下沉，相应地增大仰角，在0.2m高度上，拉成正常两点姿势。平飘过程中，仍应根据无人机与地面的相对运动，检查与保持好飞行方向，使无人机不带坡度和产生侧滑。

4）无人机在0.2m的高度上呈两点接地姿势后，应随着无人机的下沉，继续柔和地拉杆，保持住两点姿势，使主轮轻轻地接地（主轮接地时无人机速度控制在80~90km/h，从拉平到主轮接地是一个空速逐渐从110km/h减到80km/h的过程）。接地瞬间，地面对主轮的反作用力和摩擦力对无人机重心形成下俯力矩，因此，必须稳住杆，才能保持接地时两点姿势不变。

5）无人机确实两点滑跑后，应稳住杆保持两点姿势，控制方向舵保持滑跑方向。起降操作手报接地信息。随着速度的减小，机头自然下俯，待前轮接地后，将升降舵推过中立位置。

6）着陆滑跑后段，稳住方向舵并做微量修正，保证无人机沿中线滑行，在速度小于40km/h后制动。

（1）着陆分析

着陆是起落航线飞行的重要一环。要做好着陆，就应当正确地观察地面关系、掌握好收油门动作和准确地把无人机拉平。

1）正确地观察地面关系是做好着陆的基础。着陆时，无人机高度、速度、状态、下降率等随时都在变化。只有正确地观察地面关系，才能判明这些变化的情况，相应地操纵杆舵，做好着陆。

观察地面关系的目的是判断高度、下沉情况、飞行状态和运动的方向，同时了解速度和目测的情况，以便准确地操纵无人机着陆。但着陆的各个阶段的注意力应各有侧重。下滑至高度10m，侧重判断无人机离地的高度和接近地面的快慢，确定开始拉平的时机。拉平过程中，侧重注意高度的降低和下降率的减小是否相适应。平飘时，侧重注意无人机的离地高度和下沉情况，后段还要适当注意无人机俯仰姿态。在有侧重的同时，照顾到其他。当然，这种侧重不是一成不变的。例如，拉平前飞行方向与跑道有交叉，则应在判断开始拉平时机的同时，修正好方向，以便既不延误开始拉平的时机，又能修正好方向的偏差，从而做好着陆。

初学操控飞行时，每次着陆都要按照规定的时机，观察地面关系，切忌乱变。只有这样，才能形成正确反射。要求深刻理解观察地面关系的意义，熟练掌握判断方法，起降操作手站姿端正，应将外部控制盒放于腰部高度，不要抱于胸前。

2）掌握好收油门的动作是做好着陆的重要条件。掌握好收油门的动作，既是为了准确地做好目测，也是为了逐渐减小飞行速度，配合拉平动作，使无人机以正常的速度和状态转为平飘。收油门过早、过粗，速度减小快，使拉平时的速度小，无人机下沉快，容易拉平低或者进入平飘时仰角较大；反之，容易拉平高、拉飘或者平飘仰角较小，均不利于正常着陆。着陆收油门动作的基本要领是适时、柔和而均匀。

根据飞行体会，应做到：

①在目测正常的情况下，收油门时机不要晚。早一些比较主动，可以慢慢收，也可停一停再收。收晚了势必造成动作粗鲁，影响着陆动作，容易目测高。

②收油门的过程要拉长一些，拉长了可以使动作柔和、速度减小均匀，有利于做好着陆工作。

③收完油门的时机要准确，保证无人机以正常速度和状态转入平飘。目测正常时，通常是在结束拉平时收完油门。

3）准确地把无人机拉平是做好着陆的关键。实践证明，掌握了拉平动作以后，整个着陆就比较容易学会，同时，对保证飞行安全也极为重要。

开始拉平的时机和拉杆（姿态遥控为回杆再拉杆）动作的快慢与分量直接影响拉平轨迹和无人机转入平飘的高度。

开始拉平的时机是根据当时无人机俯角的大小和下降的快慢而定的。无人机以正常的下滑角下滑时，下滑至高度3m应开始拉平，使无人机随着高度的降低，逐渐减小下滑角，在0.5m的高度上平飘。如果拉平前无人机的俯角大、下降快，那么仍按正常的时机和动作拉杆，就必然拉平低，所以开始拉平的时机应稍早一些；反之，开始拉平的时机应稍晚一些。

拉平过程中，拉杆的快慢和分量必须与当时的离地高度、下降快慢和飞行状态相适应。下降快，拉杆也应快一些；反之，则慢一些。如果高度高于0.5m较多，无人机就要转入平飘，即应暂停拉杆；反之，若即将接近0.5m高度，无人机下降仍较快，则适当多拉一点，目的都是使无人机下降至0.5m高度时转为平飘。总之，正确的拉杆动作，必须按照实际情况，主动地、有预见性地、机动灵活地去操纵无人机，这样才能做好着陆。

（2）着陆偏差的修正

在掌握着陆技术的过程中，错误、偏差是难免的。为了掌握着陆技术、保证安全，必须了解产生偏差的原因，熟练地掌握着陆偏差的修正方法。

1）产生着陆偏差的主要原因：

①精神过分紧张，对着陆存在顾虑，因而注意力分配不当，操纵动作犹豫、不适量。

②着陆条件不好。例如，目测高容易拉平高；目测低、速度小容易拉平低或跳跃；油门没有收完、速度大容易拉平高或拉飘；下滑方向不好，易分散看地面的精力，造成着陆偏差。

③转移视线看地面的时机、角度、距离不固定、不正确。

④其他如生硬拉杆、粗猛拉杆都会造成着陆偏差。

出现着陆偏差时，必须看好地面，判明离地高度、下沉快慢、无人机状态，遵守操纵规则，再沉着果断地修正。

2）修正拉平高的方法。无人机结束拉平时的高度高于0.5m，称为拉平高。修正方法是：

①拉平过程中，发现有拉高的趋势，应停止拉杆或减小拉杆量，让无人机下沉。然后，根据无人机离地的高度、下沉的快慢和俯仰状态，柔和均匀地拉杆，使无人机在0.5m高度上转为平飘。

②拉平高时，如果无人机随即下沉，应稳住杆，待无人机下沉到0.5m，再柔和拉杆，做正常着陆；如果无人机不下沉，应稍松杆（注意收完油门），使无人机缓慢下沉到0.5m时做正常着陆。

③拉平高度在3m以上，又未能及时修正，应进行复飞。

3）修正拉平低的方法。无人机结束拉平时的高度低于0.5m，称为拉平低。修正方法是：

①拉平过程中，发现有拉平低的趋势时，应适当地增大拉杆量，使无人机在0.5m高度转入平飘。由于拉杆动作较快、量较大，无人机在刚转入平飘时可能向上飘起，应注意防止和及时修正。

②拉平低，但高度在0.3m以上时，可按正常方法着陆。如果高度在0.3m以下，应特别注意准确地判断高度和无人机下沉情况。当无人机有下沉趋势时，在不使无人机飘起的情况下，及时适量地拉杆增大仰角，使无人机以正常两点姿势接地。

③如果无人机下沉较快，以较小的两点姿势接地时，应注意稍拉住杆，保持住两点姿势，防止前轮撞地。但也要防止接地时拉杆过多引起跳跃。

④如结束拉平时高度过低而速度较大，应适当地多拉一点杆，避免三点接地。如果已经三点接地，应及时稳住杆，避免无人机跳跃。

4) 修正拉飘的方法。在拉平或平飘过程中无人机向上飘起的现象称为拉飘。修正方法是：

①发现拉飘时，应立即柔和推杆或松杆制止无人机继续上飘。

②制止无人机上飘后，应迅速判明高度。0.5m以下且仰角不大时应稳住杆，待无人机下沉再柔和拉杆，做正常着陆；0.5m以上或仰角较大时，应柔和推杆或松杆减小仰角，使无人机缓慢下沉，然后做正常着陆。

5) 修正跳跃的方法。无人机接地后跳离地面的现象称为跳跃。修正方法是：

①无人机跳离地面时，应稳住杆，迅速判明离地的高度和飞机状态。

②如果无人机跳跃没有超过0.5m且仰角不大时，应轻拉住杆，待无人机下沉时做正常着陆。

③跳离地面的高度有超过0.5m的趋势或仰角较大时，应立即适当地推杆或松杆，不使无人机跳起过高或仰角过大。当无人机下沉时，柔和拉杆，做正常着陆。

④如因修正侧风不当，带偏流接地并跳跃时，除按跳跃处理外，还应向偏流的反方向（侧风方向）适当压坡度，并轻打反舵，避免重新带偏流接地。

4. 复飞

(1) 复飞条件

当着陆条件不具备时，不应勉强着陆，应果断地进行复飞。

在下列情况下应复飞：

1) 飞行指挥员命令复飞时。

2) 跑道上有飞机或其他障碍物影响着陆安全时。

3) 高度低于3m还未进入跑道或目测过高、过低，未做好着陆准备时。

4) 着陆航向偏差较大，且未及时修正时。

5) 其他情况下认为必要时。

(2) 复飞的操纵方法

1) 决定复飞后，及时柔和地加满油门，保持好方向，同时柔和拉杆使无人机逐渐转入爬升，保持好爬升状态。

2) 低高度复飞时，在加油门的同时应观察好前方地面（高度2m以下，无人机下沉时，还应继续做着陆动作），待加满油门无人机转入爬升后，再将注意力转移至远方。

3) 复飞后，在40°襟翼、起落架放下的情况下，节风门保持100%。

4) 如需收襟翼时，因升力系数下降，无人机要下沉，应适当地拉杆，以免无人机高度下降过多。

2. 工作页

学校名称		任课教师	
班级		学生姓名	
学习领域	学习领域：无人机操控飞行		
学习情境	学习情境3：多旋翼无人机起降自旋	学习时间	30min
工作任务	D：起落（五边）航线飞行	学习地点	理实一体化教室

起落（五边）航线飞行

请完成下列单选题：（每题1分，共45分）

(1) 起落航线（五边航线）组成内容不包括（　　）。

 A. 起飞、建立航线 B. 着陆目测、着陆 C. 任务飞行

(2) 起落航线的重要组成部分应急航线相关内容不包括（　　）。

 A. 检查飞行平台、发动机、机载设备的故障状态、油量、电量

 B. 决定着陆场或迫降场

 C. 任务执行情况

(3) 着陆目测是操作手对飞机飞行高度和着陆点进行目视判断，对于目测质量的评判为（　　）。

 A. 飞机没有达到目测接地范围就接地的，称为目测低

 B. 飞机没有达到目测接地范围就接地的，称为目测高

 C. 飞机超过目测接地范围才接地的，称为目测低

(4) 无人机着陆目测与有人机相比，不同之处为（　　）。

 A. 有人机是从飞机观察着陆场，无人机是从着陆场观察飞机

 B. 有人机为第三视角，无人机为第一视角

 C. 有人机驾驶员通过地面人员获取仪表参考值，无人机起降操作手可自行观察仪表参考值

(5) 无人机着陆目测需要重点决断着陆方向和（　　）。

 A. 一转弯位置   B. 二转弯位置   C. 三、四转弯位置

(6) 遥控无人机着陆时，（　　）。

 A. 逆风较大时，目测容易高（即推迟接地）

 B. 逆风较大时，目测容易低（即提前接地）

 C. 逆风对着陆没有影响

(7) 遥控无人机着陆时，（　　）。

 A. 机场气温较高时，跑道上升气流明显，会导致下滑距离增长

 B. 机场气温较高时，跑道下降气流明显，会导致下滑距离增长

 C. 机场气温较高时，跑道下降气流明显，会导致下滑距离减小

(8) 遥控无人机进入四转弯时，（　　）。

 A. 如飞机接近跑道延长线较快，而转弯剩余角减小较慢时，表明进入早，应立即协调地减小坡度和转弯角速度

 B. 如飞机接近跑道延长线较快，而转弯剩余角减小较慢时，表明进入晚，应立即协调地增大坡度和转弯角速度

 C. 如飞机接近跑道延长线较快，而转弯剩余角减小较慢时，表明进入晚，应立即协调地减小坡度和转弯角速度

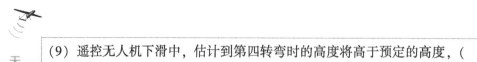

(9) 遥控无人机下滑中，估计到第四转弯时的高度将高于预定的高度，（　　　）。

A. 应及时地收小油门，必要时可收至20%，增大下滑角

B. 应适当地加大油门，减小下滑角　　　　　C. 应转为平飞进行修正

(10) 遥控无人机四转弯后，（　　　）。

A. 目测过高时，应在加大油门的同时适当增加带杆量，减小下滑角，必要时可平飞一段

B. 目测过低时，应在加大油门的同时适当增加带杆量，减小下滑角，必要时可平飞一段

C. 等飞机降到较低高度时，再做偏差调整

(11) 起落航线飞行中，开始一转弯和结束四转弯的高度一般不得低于（　　　）。

A. 50m　　　　　　　　B. 100m　　　　　　　　C. 150m

(12) 遥控无人机进入下滑后，（　　　）。

A. 当下滑线正常时，如速度大，表明目测高，应适当收小油门

B. 当下滑线正常时，如速度大，表明目测低，应适当增加油门

C. 当下滑线正常时，如速度小，表明目测高，应适当收小油门

(13) 遥控无人机着陆的过程不包括（　　　）。

A. 下滑和拉平　　　　　B. 平飘接地和着陆滑跑

C. 下降和定高

(14) 遥控无人机着陆到平飘阶段，（　　　）。

A. 平飘前段，速度较大，下沉较慢，拉杆量应小一些

B. 平飘前段，速度较大，下沉较慢，拉杆量应大一些

C. 平飘后段，速度较小，下沉较快，拉杆量应适当减小

(15) 遥控无人机着陆，修正目测偏差时，（　　　）。

A. 偏差大，加、收油门量应相应大一些

B. 偏差大，加、收油门量应相应小一些

C. 加、收油门量不必调整

(16) 遥控无人机着陆时，逆风风速大或气温低时，（　　　）。

A. 如目测低，加油门量应相应小些　　　　　B. 如目测高，收油门量应相应大些

C. 如目测低，加油门量应相应大些

(17) 遥控无人机着陆时，下列情况中，收油门的时机应适当延迟，收油门的动作应适当减慢的是（　　　）。

A. 实际下滑点在预定下滑点前面　　　　　B. 实际下滑点在预定下滑点后面

C. 实际下滑点与预定下滑点吻合

(18) 遥控无人机着陆时，下列情况中，收油门的时机应适当延迟，收油门的动作应适当减慢的是（　　　）。

A. 当时的高度低于预定高度　　　　　B. 当时的高度高于预定高度

C. 当时的高度与预定高度吻合

(19) 遥控无人机着陆时，下列情况中，收油门的时机应适当延迟，收油门的动作应适当减慢的是（　　　）。

A. 速度小、下沉快　　　B. 速度大、下沉慢　　　C. 下沉速度与预定速度吻合

(20) 遥控无人机着陆时，下列情况中，收油门的时机应适当延迟，收油门的动作应适当减慢的是（　　　）。

A. 顺风较大　　　　　　B. 逆风较大　　　　　　C. 无风情况

（21）遥控无人机着陆时，下列情况中，收油门的时机应适当提前，收油门的动作应适当加快的是（ ）。

A. 实际下滑点在预定下滑点前面　　B. 实际下滑点在预定下滑点后面

C. 实际下滑点与预定下滑点吻合

（22）遥控无人机着陆时，下列情况中，收油门的时机应适当提前，收油门的动作应适当加快的是（ ）。

A. 当时的高度低于预定高度　　　　B. 当时的高度高于预定高度

C. 当时的高度与预定高度吻合

（23）遥控无人机着陆时，下列情况中，收油门的时机应适当提前，收油门的动作应适当加快的是（ ）。

A. 速度小、下沉快　　B. 速度大、下沉慢　　C. 下沉速度与预定速度吻合

（24）遥控无人机着陆时，下列情况中，收油门的时机应适当提前，收油门的动作应适当加快的是（ ）。

A. 顺风较大　　　　　B. 逆风较大　　　　　C. 无风情况

（25）遥控无人机着陆时，收油门过早、过粗，速度减小快，使拉平时的速度小，飞机下沉快，（ ）。

A. 容易拉平高或者进入平飘时仰角较小

B. 容易拉平低或者进入平飘时仰角较大

C. 对飞机无影响

（26）遥控无人机着陆时，收油门过晚、过细，速度减小慢，使拉平时的速度大，飞机下沉慢，（ ）。

A. 容易拉平高或者进入平飘时仰角较小

B. 容易拉平低或者进入平飘时仰角较大

C. 对飞机无影响

（27）遥控无人机着陆时，收油门的基本要领是（ ）。

A. 适时、柔和　　　　B. 适时、快速　　　　C. 跟着感觉操作

（28）遥控无人机着陆时，关于收油门描述正确的是（ ）。

A. 收油门时机不要早，晚一些比较主动，可以快速收

B. 收油门时机不要早，收早了势必造成动作粗，影响着陆动作

C. 收油门时机不要晚，早一些比较主动，可以慢慢收，也可停一停再收

（29）遥控无人机着陆时，关于收油门描述正确的是（ ）。

A. 收油门的过程要拉长一些，拉长了可以使动作柔和、速度减小均匀，有利于着陆

B. 收油门的过程要尽量短，短了可以使动作柔和、速度减小均匀，有利于着陆

C. 收油门的过程可以随意些，跟着感觉就好

（30）遥控无人机着陆时，如果拉平前飞机的俯角较大、下降快，应（ ）。

A. 稍早些拉杆　　　　B. 稍晚些拉杆　　　　C. 还按正常时机拉杆

（31）遥控无人机着陆拉平时，拉杆的快慢和下降速度的关系是（ ）。

A. 下降快，拉杆应慢一些　　　　　　B. 下降快，拉杆应快一些

C. 下降快，还按正常时机拉杆

（32）遥控无人机着陆拉平时，拉杆的快慢和下降速度的关系是（ ）。

A. 下降慢，拉杆应慢一些　　　　　　B. 下降慢，拉杆应快一些

C. 下降慢，还按正常时机拉杆

（33）遥控无人机着陆拉平时，对拉平操作描述不恰当的是（ ）。

A. 正确的拉平动作，必须考虑实际情况

B. 应主动地、有预见地、机动灵活地去操纵飞机

C. 应严格按高度值执行动作

(34) 遥控无人机着陆时，产生着陆偏差的主要原因不包括（　　）。
  A. 精神过分紧张，对着陆存有顾虑，因而注意力分配不当，操纵动作犹豫、不适量
  B. 着陆条件不好　　　　　　　　　　　　　　C. 飞机型号不同

(35) 遥控无人机着陆时，拉平高的修正方法是（　　）。
  A. 发现有拉高的趋势，应停止拉杆或减小拉杆量，让飞机下沉
  B. 发现有拉高的趋势，应停止拉杆或增加拉杆量，让飞机上升
  C. 发现有拉高的趋势，应继续拉杆

(36) 遥控无人机着陆时，面对拉平高，正确的操作方式是（　　）。
  A. 拉平高时，如果飞机随即下沉，应稳住杆，待飞机下沉到一定高度时，再柔和拉杆
  B. 拉平高时，如果飞机不下沉，应稍拉杆，使飞机下沉到预定高度
  C. 发现有拉高的趋势，应推杆

(37) 遥控无人机着陆时，拉平低的修正方法是（　　）。
  A. 发现有拉低的趋势，应适当地增大拉杆量
  B. 发现有拉低的趋势，应停止拉杆或减小拉杆量
  C. 发现有拉低的趋势，应推杆

(38) 遥控无人机着陆时，面对拉平低，正确的操作方式是（　　）。
  A. 如结束拉平高度过低且速度较大时，应适当地多拉一点杆，避免三点接地
  B. 如结束拉平高度过低且速度较大时，应适当地少拉一点杆，避免三点接地
  C. 如结束拉平高度过低且速度较大时，应停止继续拉杆

(39) 遥控无人机着陆时，拉飘的修正方法是（　　）。
  A. 发现拉飘时，应立即继续拉杆
  B. 发现拉飘时，应立即柔和推杆制止飞机继续上飘
  C. 发现拉飘时，稳住并保持杆量

(40) 遥控无人机着陆时，接地后跳跃的修正方法是（　　）。
  A. 飞机跳离地面时，应迅速推杆，压住飞机状态
  B. 飞机跳离地面时，应迅速拉杆，避免再次坠落弹起
  C. 飞机跳离地面时，应稳住杆，迅速判明离地的高度和飞机状态

(41) 以下选项中容易让驾驶员产生飞机比实际位置偏高的错觉的是（　　）。
  A. 常规跑道　　　　　　B. 向上带斜坡的地形　　　　C. 向下带斜坡的地形

(42) 遥控无人机着陆时，下列情况中需要复飞的是（　　）。
  A. 飞机稍稍偏离期望下滑线　　　　　　　　　　B. 飞机油料不足
  C. 跑道上有飞机或其他障碍物影响着陆安全时

(43) 遥控无人机复飞时，正确的操纵方式是（　　）。
  A. 迅速推满油门，同时快速拉杆转入爬升
  B. 保持油门，快速拉杆转入爬升
  C. 柔和加满油门，保持好方向，同时柔和拉杆使飞机逐渐转入爬升，保持好爬升状态

(44) 遥控无人机复飞后，襟翼收起时，描述正确的操纵动作是（　　）。
  A. 升力系数下降，飞机要下沉，应适当地拉杆
  B. 升力系数增大，飞机要上升，应适当地推杆
  C. 操纵动作几乎不受影响

(45) 无人机驾驶员操纵无人机复飞时，关于油门状态描述正确的是（　　）。
  A. 逐渐推至大车状态　　B. 保持小油门　　　　　　　C. 逐渐收至小车状态

3.3.5　侧风、大逆风、顺风起落航线飞行

1. 信息页

学习领域	学习领域：无人机操控飞行		
学习情境	学习情境3：多旋翼无人机起降自旋	学习时间	30min
工作任务	E：侧风、大逆风、顺风起落航线飞行	学习地点	理实一体化教室

侧风、大逆风、顺风起落航线飞行

在侧风、大逆风、顺风条件下进行起落航线飞行与在一般逆风条件下进行起落航线飞行相比较，有相同点，也有不同点。只有注意了特殊点，才能在不同的条件下正确地进行起落航线飞行。

1. 侧风起落航线

在航线飞行中，无人机因受侧风的影响产生偏流和改变地速，从而偏离预定的航迹。因此，第三转弯后，应使无人机航迹对正预定的第四转弯点。如无人机处于顺侧风时，地速增大，收油门下滑和进入第四转弯的时机均应适当提前，或适当增大第四转弯的坡度；如无人机处于逆侧风时，则相反。退出第四转弯后，应使无人机对正跑道中线。侧风较大时，也可将无人机位置向稍靠近侧风方向的一侧调整。下滑及着陆时修正侧风影响的方法有侧滑和侧滑与改变航向相结合两种。

（1）用侧滑的方法修正

退出第四转弯后，应根据无人机偏离跑道的情况，判明偏流的方向及影响的大小，及时适量地向侧风方向压杆形成坡度，并蹬反舵制止无人机转弯，使无人机纵轴与着陆标志线平行。当侧滑角与偏流角相适应时，无人机即对正跑道中线下滑。

下滑中由于各高度上的风向、风速可能不一致，因此，应经常检查下滑方向，及时改变修正量，始终对正跑道中线下滑。在用侧滑修正时，下降率增大，目测容易低，应适当加油门修正（消除侧滑后，应适当收小油门，防止目测高）。着陆时，应根据侧风影响的大小，在拉平中或即将接地时改平坡度，并适当地回舵，使无人机以两点姿势平稳接地。接地后，应及时向侧风反方向压舵，保持好滑跑方向。

（2）用侧滑与改变航向相结合的方法修正

侧风较大时，可用侧滑与改变航向相结合的方法修正。

采用这个方法时，退出第四转弯的时机应根据风向适当提前或延迟（左转航线飞行时，跑道右侧风时机提前，跑道左侧风时机延迟），以便退出第四转弯后，机头对向侧风方向的跑道附近，形成一个航向修正角进行下滑。然后向侧风方向适当压杆并压左舵制止无人机转弯，形成一个侧滑角。当偏航角和侧滑角与偏流角适应时，无人机即沿着跑道中线的延长线下滑。若无人机还有偏离跑道中线的现象，应适当增减侧滑角或偏航角，直到无人机不再偏离跑道中线时为止。无人机即将接地时，将坡度改平，接地后，及时向侧风的方向适当压舵，使无人机纵轴与跑道平行，保持好滑跑方向。

2. 大逆风起落航线

1）第三转弯时机应适当提前，以便第四转弯点距离着陆点比正常略近一些。第三转弯后，适当延迟下滑时机，进入第四转弯的高度应比正常风速时略高。

2）第四转弯后，地速减小，下滑角增大，下滑点应适当前移，并及时加大油门保持相应的速度下滑。大逆风飞行时，目测容易低。当速度小时，要适当多加些油门，速度稍大时，收油门量不宜过多。

3）下滑速度较大，舵面效用较强。因此，要认真看好地面，开始拉平的时机应比正常稍晚，拉杆动作应柔和，防止拉平高。

4）拉平后，速度减小较快，平飘距离缩短。因此，收完油门的时机不要提前，收油门动作更应柔和均匀，以免平飘中无人机下沉过快。

5）平飘前段，速度较大，无人机下沉较慢，拉杆的动作应柔和，防止拉飘。速度减小到一定程度时，无人机下沉较快，应根据无人机接近地面的快慢及时适量地拉杆。

6）平飘中，如果气流不稳，无人机可能产生突然飘起、突然下沉、突然偏转等现象。此时，必须审时度势，沉着地进行修正。

7）着陆后，速度减小快，制动不要太早。

3. 顺风起落航线

1）进入第三转弯的时机应适当延迟，转弯的角度应适当减小，使第四转弯点距着陆点的距离适当远一些。进入第四转弯的高度应比正常稍低，因此收油门下滑和进入时机应适当提前。

2）第四转弯后，地速增大，下滑角减小。因此，下滑点应适当后移，下滑速度比正常小一些。调整下滑速度时，加油门量应注意不要多，收油门的时机适当提前。

3）下滑速度较小，舵面效用较弱。因此，在拉平过程中，拉杆动作应及时、适量，防止拉平低。

4）由于地速较大，平飘距离较长，在平飘过程中，应特别注意判断无人机下沉的快慢，柔和及时拉杆，防止拉飘和跳跃。

5）在着陆滑跑过程中，应及时制动，以免滑跑距离过长。应注意避开机场边的障碍物。

4. 着陆后检查

飞行器外观检查；燃油动力飞行器需要称重检查；各系统电量检查；下载飞行参数并检查。

5. 飞行任务完成后要做的工作

检讨飞行执行过程；填写飞行日志或记录本。

6. 机长起降阶段操纵技术训练

1）在模拟器实施系统检查程序，不少于1h；在实物训练系统实施系统检查程序，不少于3h。

2）在模拟器实施正常飞行程序指挥，不少于3h；在实物训练系统实施正常飞行程序指挥，不少于10h。

3）在模拟器实施应急飞行程序指挥，包括规避航空器、发动机故障、链路丢失、应急回收、迫降等，不少于3h；在实物训练系统实施应急飞行程序指挥，包括规避航空器、发动机故障、链路丢失、应急回收、迫降等，不少于10h。

7. 驾驶员起降阶段操纵技术训练

1）在模拟器实施飞行前检查，不少于1h；在实物训练系统实施飞行前检查，不少于3h。

2）在模拟器实施正常飞行程序操作，不少于3h；在实物训练系统实施正常飞行程序操作，不少于10h。

3）在模拟器实施应急飞行程序操作，包括发动机故障、链路丢失、应急回收、迫降等，不少于3h；在实物训练系统实施应急飞行程序操作，包括发动机故障、链路丢失、应急回收、迫降等，不少于10h。

2. 工作页

学校名称		任课教师	
班级		学生姓名	
学习领域	学习领域：无人机操控飞行		
学习情境	学习情境3：多旋翼无人机起降自旋	学习时间	30min
工作任务	E：侧风、大逆风、顺风起落航线飞行	学习地点	理实一体化教室

侧风、大逆风、顺风起落航线飞行

请完成下列单选题：（每题1分，共30分）

（1）遥控无人机着陆时，如果飞机处于顺侧风时，（   ）。
     A. 地速增大，收油门下滑和四转弯时机均应适当提前
     B. 地速减小，收油门下滑和四转弯时机均应适当延后
     C. 地速增大，收油门下滑和四转弯时机均应适当延后

（2）遥控无人机着陆时，如果飞机处于逆侧风时，（   ）。
     A. 地速增大，收油门下滑和四转弯时机均应适当提前
     B. 地速减小，收油门下滑和四转弯时机均应适当延后
     C. 地速增大，收油门下滑和四转弯时机均应适当延后

（3）遥控无人机着陆时，对用侧滑的方法修正侧风影响的正确描述是（   ）。
     A. 判明偏流方向及影响大小，适量向侧风方向压杆形成坡度并反扭舵抵制飞机转弯
     B. 判明偏流方向及影响大小，适量向侧风反方向压杆形成坡度并反扭舵抵制飞机转弯
     C. 判明偏流方向及影响大小，适量向侧风方向压杆形成坡度并同向扭舵抵制飞机转弯

（4）遥控无人机着陆时，对用侧滑的方法修正侧风影响描述正确的是（   ）。
     A. 下降率增大，目测容易低，应适当加油门修正
     B. 下降率增大，目测容易高，应适当减油门修正
     C. 下降率减小，目测容易低，应适当加油门修正

（5）遥控无人机着陆时，对用侧滑与改变航向相结合的方法修正侧风影响描述正确的是（   ）。
     A. 退出第四转弯的时机应根据风向适当提前或延迟
     B. 退出第四转弯的时机一律适当提前
     C. 退出第四转弯的时机一律适当延迟

（6）遥控无人机着陆时，关于大逆风着陆描述正确的是（   ）。
     A. 第三转弯时机应适当延后，以便第四转弯点距着陆点比正常略近一些
     B. 第三转弯时机应适当提前，以便第四转弯点距着陆点比正常略近一些
     C. 第三转弯时机应适当提前，以便第四转弯点距着陆点比正常略远一些

（7）遥控无人机着陆时，关于大逆风着陆描述正确的是（   ）。
     A. 第三转弯后，适当提前下滑时机，进入第四转弯的高度应比正常风速时略低
     B. 第三转弯后，适当延迟下滑时机，进入第四转弯的高度应比正常风速时略高
     C. 第三转弯后，适当提前下滑时机，进入第四转弯的高度应比正常风速时略高

（8）遥控无人机着陆时，关于大逆风着陆描述正确的是（   ）。
     A. 四转弯后，地速减小，下滑角增大，下滑点应适当前移，并及时减小油门保持相应的速度下滑

B. 四转弯后，地速增加，下滑角减小，下滑点应适当后移，并及时减小油门保持相应的速度下滑

C. 四转弯后，地速减小，下滑角增大，下滑点应适当前移，并及时加大油门保持相应的速度下滑

（9）遥控无人机着陆时，关于大逆风着陆描述正确的是（　　）。

A. 下滑速度较大，舵面效用较强，开始拉平的时机应比正常稍晚

B. 下滑速度较大，舵面效用较强，开始拉平的时机应比正常稍早

C. 下滑速度较小，舵面效用较弱，开始拉平的时机应比正常稍早

（10）遥控无人机着陆时，关于大逆风着陆描述正确的是（　　）。

A. 拉平后，速度减小加快，平飘距离缩短

B. 拉平后，速度减小加快，平飘距离增长

C. 拉平后，速度增大加快，平飘距离缩短

（11）遥控无人机着陆时，关于大逆风着陆描述正确的是（　　）。

A. 平飘前段，速度较大，飞机下沉较慢，拉杆的动作应快速，防止拉飘

B. 平飘前段，速度较大，飞机下沉较慢，拉杆的动作应柔和，防止拉飘

C. 平飘前段，速度较小，飞机下沉较快，拉杆的动作应快速，防止下沉过快

（12）遥控无人机着陆时，关于大逆风着陆描述正确的是（　　）。

A. 着陆后，立即制动　　　　B. 着陆后，地速减小快，制动不要太早

C. 着陆后，地速减小慢，制动不要太晚

（13）遥控无人机着陆时，关于顺风着陆描述正确的是（　　）。

A. 进入三转弯的时机应适当延迟，转弯的角度应适当减小，使第四转弯点距着陆点的距离适当远一些

B. 进入三转弯的时机应适当提前，转弯的角度应适当增大，使第四转弯点距着陆点的距离适当近一些

C. 正常时机三转弯即可，第四转弯点距着陆点距离远近不影响安全着陆

（14）遥控无人机着陆时，关于顺风着陆描述正确的是（　　）。

A. 进入四转弯的高度应比正常稍低，收油门下滑和进入时机应适当提前

B. 进入四转弯的高度应比正常稍高，收油门下滑和进入时机应适当延后

C. 进入四转弯的高度应比正常稍低，收油门下滑和进入时机应适当延后

（15）遥控无人机着陆时，关于顺风着陆描述正确的是（　　）。

A. 四转弯后，地速减小，下滑角增大，下滑点应适当前移，下滑速度比正常大一些

B. 四转弯后，地速增大，下滑角减小，下滑点应适当后移，下滑速度比正常小一些

C. 四转弯后，地速增大，下滑角减小，下滑点应适当前移，下滑速度比正常大一些

（16）遥控无人机着陆时，关于顺风着陆描述正确的是（　　）。

A. 下滑速度较大，舵面效用较强，在拉平过程中拉杆动作应及时、适量，防止拉平高

B. 下滑速度较小，舵面效用较弱，在拉平过程中拉杆动作应及时、适量，防止拉平低

C. 跟无风情况下一样，不需要特别操作

（17）遥控无人机着陆时，关于顺风着陆描述正确的是（　　）。

A. 地速较大，平飘距离较长　　　　B. 地速较小，平飘距离较短

C. 地速正常，平飘距离正常

（18）遥控无人机着陆时，关于顺风着陆描述正确的是（　　）。

A. 着陆滑跑中，应及时制动，以免滑跑距离过长

B. 着陆滑跑中，应延后制动，以免滑跑距离过短

C. 着陆滑跑中，按正常时机制动即可

(19) 侧风中着陆，为了修正偏流，可以采用的既修正偏流，又使飞机的升阻比不减小的方法是（　　）。

  A. 侧滑法 B. 改变航向法和侧滑法相结合 C. 改变航向法

(20) 无人机前轮偏转的目的（　　）。

  A. 主要是为了地面拖飞机   B. 是保证飞机滑行转弯和修正滑跑方向

  C. 是前轮摆振时减小受力

(21) 无人机积水路面上起飞，其起飞距离与正常情况相比，（　　）。

  A. 变长   B. 变短   C. 不变

(22) 无人机左侧风中起飞，侧风有使飞机机头（　　）偏转的趋势。

  A. 向左   B. 向右

  C. 视风速的大小不同可能向左也可能向右

(23) 着陆后检查内容不包括（　　）。

  A. 飞行器外观检查

  B. 燃油动力飞行器需要称重检查   C. 气象检查

(24) 下列不属于飞行后进行的内容是（　　）。

  A. 检讨飞行执行过程   B. 填写飞行日志或记录本

  C. 规划飞行航线

(25) 下列不属于对无人机机长训练要求的是（　　）。

  A. 在模拟器实施系统检查程序，不少于1h

  B. 在实物训练系统实施系统检查程序，不少于3h

  C. 取得仪表资格

(26) 下列不属于对无人机机长训练要求的是（　　）。

  A. 有参与研制飞行模拟器经历

  B. 在实物训练系统实施正常飞行程序指挥，不少于10h

  C. 在模拟器实施正常飞行程序指挥，不少于3h

(27) 下列属于对无人机机长训练要求的是（　　）。

  A. 在模拟器实施应急飞行程序指挥，包括规避航空器、发动机故障、链路丢失、应急回收、迫降等，不少于3h

  B. 在模拟器实施正常飞行程序操作，不少于3h

  C. 在实物训练系统实施正常飞行程序操作，不少于10h

(28) 下列属于对无人机驾驶员训练要求的是（　　）。

  A. 在模拟器实施应急飞行程序操作，包括发动机故障、链路丢失、应急回收、迫降等，不少于3h

  B. 在模拟器实施正常飞行程序指挥，不少于3h

  C. 在实物训练系统实施正常飞行程序指挥，不少于10h

(29) 下列不属于对无人机驾驶员训练要求的是（　　）。

  A. 在模拟器实施飞行前检查，不少于1h

  B. 在实物训练系统实施飞行前检查，不少于3h

  C. 在实物训练系统实施应急飞行程序指挥，包括规避航空器、发动机故障、链路丢失、应急回收、迫降等，不少于10h

(30) 下列不属于对无人机驾驶员训练要求的是（　　）。

  A. 在模拟器实施正常飞行程序操作，不少于3h

  B. 在实物训练系统实施正常飞行程序操作，不少于10h

  C. 在模拟器实施应急飞行程序指挥，包括规避航空器、发动机故障、链路丢失、应急回收、迫降等，不少于3h

3.3.6　起降自旋的操纵原理

1．信息页

学习领域	学习领域：无人机操控飞行		
学习情境	学习情境3：多旋翼无人机起降自旋	学习时间	30min
工作任务	F：起降自旋的操纵原理	学习地点	理实一体化教室

起降自旋的操纵原理

1．起降的操纵原理

（1）直升机垂直起飞阶段的操纵

驾驶员柔和上提总距杆，使桨距增大，旋翼拉力增大，以便产生足够拉力使直升机离开地面转入上升，同时使发动机可用功率增大，以满足功率平衡。随着上提总距杆，旋翼的反转矩增大，力图使机头左偏，为了保持方向平衡需相应蹬右舵。蹬右舵后，尾桨拉力增大，构成左滚力矩，为保持横侧力矩平衡，又需要向右压杆，使桨尖平面右倾，产生向右的侧向力进而形成右滚力矩，以平衡尾桨拉力的左滚力矩。为了保持侧向力平衡，低置尾桨直升机都有一个微小右坡度。因此，驾驶杆左右操纵方法应是，先向右压杆，待形成右坡度后稳住杆。一般直升机都有旋翼前倾角，为克服旋翼前倾角的影响，直升机应有一个上仰角。因此，在垂直起飞时，需要适当向后带些杆。

（2）垂直着陆阶段的操纵

减速悬停时，应柔和下放总距杆，同时用驾驶杆、脚蹬和总距杆的配合动作，使直升机下降，下降率不超过2m/s；接地前应进一步减小下降率，使接地时的下降率不大于0.2m/s。一般顺时针旋翼、低置尾桨的直升机都带有右坡度，所以，右主轮先接地。在右主轮接地后还应继续柔和下放总距杆，并适当向右后方带住杆，使左轮与前轮轻轻接地，然后继续下放总距杆直到最低位置。

2．自旋的操纵原理

自旋即绕轴悬停回转，是直升机在悬停基础上绕通过重心的铅垂线偏转而改变方向的飞行，是直升机接近地面飞行时经常采用的机动飞行方式。在风速不大的条件下，直升机可向左、右做任意角度的回转。直升机实施悬停回转的高度一般不低于3m。

（1）绕轴回转的操纵原理

实施绕轴悬停回转，应柔和地向转弯方向蹬舵，通过改变尾桨拉力，形成航向操纵力矩，直升机即向蹬舵方向回转。随着回转角速度增大，航向阻尼力矩也增大。当阻尼力矩增至与航向操纵力矩相等时，直升机即保持稳定的角速度做悬停回转。

操纵直升机做悬停回转时，改变尾桨桨距，引起尾桨所需功率改变，在发动机可用功率不变的情况下，将使旋翼和尾桨的功率重新分配，从而影响旋翼拉力的大小。因此需要操纵总距杆进行修正。

蹬舵后，尾桨拉力的改变还会破坏直升机侧向力矩和滚转力矩的平衡，直升机将出现滚转和侧向移位现象。为了保持侧向力矩和滚转力矩平衡，应同时向转弯方向压杆。退出悬停回转时，应根据回转角速度的大小，适当地提前蹬反舵制止旋转，同时注意操纵总距杆保持高度，操纵驾驶杆保持直升机的侧向平衡。

（2）左、右回转的特点

直升机悬停回转时，由于旋翼和尾桨功率要重新分配，直升机随回转方向不同而出现上升或下降高度的趋势，这就造成了左、右回转时总距杆的操纵不同。右回转时，蹬右舵，尾桨桨距增大，尾桨拉力增大，尾桨所需功率也增大，在发动机功率不变的条件下，旋翼功率要减小，直升机有下降高度的趋势，应适当地上提总距杆。左回转时，蹬左舵，尾桨桨距减小，尾桨所需功率减小，功率重新分配，旋翼功率增大，直升机有上升高度的趋势，应适当下放总距杆。

（3）有风时绕轴回转

以直升机在逆风悬停中做360°右回转为例，说明风的影响。如图所示，直升机从悬停进入右回转，逆风变为左逆侧风，转到90°变为左正侧风；转过90°后变为左顺侧风，到180°时变为顺风；转过180°后变为右顺侧风，到270°时变为右正侧风；转过270°后变为右逆侧风，到360°又回到逆风位置。可见，在悬停回转中，风的影响是不断变化的。

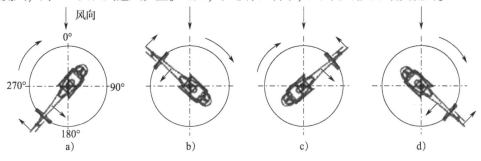

图　360°自旋

在有风的条件下做悬停回转，应根据风向、风速用舵保持回转角速度，用总距杆保持高度，用驾驶杆保持不位移。在转向风去的方向时，垂直安定面的航向稳定力矩起阻止转弯的作用，应向回转方向加大蹬舵量，以保持回转角速度。反之，转向风来的方向时，为保持回转角速度不变，应适当地向回转的反方向增加蹬舵量。增加左舵量时，直升机有增加高度的趋势，要适当下放总距杆；增加右舵量时，则应上提总距杆。在回转中为保证直升机不出现水平位移现象，在360°回转中驾驶杆应始终向风来的方向倾斜。

3.4　任务计划

课程思政点睛

1）任务计划环节是在理实一体化学习之后，为培养学生先谋后动的思维意识和习惯而进行的训练，学生小组合作完成工作计划的制订。

2）利用规范性、标准性非常高的具体计划引导学生养成严谨、认真、负责任的职业态度和工匠精神。

3）通过对规范、环保、安全方面的强调和要求，培养学生的环境保护意识、安全意识及大局观。

教学实施指导

1）教师指导学生独立学习3.4.1多旋翼无人机模拟器起降自旋流程（信息页），3.4.2多旋翼无人机VR起降自旋流程（信息页）及3.4.3多旋翼无人机外场起降自旋流程（信息页），要求学生划出关键信息，找到关键步骤。

2）学生分组讨论，合作完成多旋翼无人机起降自旋工作计划的流程图海报。

3）教师选出一个组来介绍讲解海报内容，教师进行评价。教师强调修改工作计划时要注意标准、规范、安全、环保、时间及成本控制意识的训练。

3.4.1 多旋翼无人机模拟器起降自旋流程 （信息页）

1. 模拟器起飞与降落

学习目标： 能够通过模拟器解锁无人机后稳定起飞至一定高度，飞行至原起飞点降落。

建议学时： 1学时。

教具准备： 模拟器，计算机。

学习安排：

1）遥控器内八字打杆解锁无人机，轻推油门杆起飞，保持2m左右高度悬停，如图1所示。

2）飞行一段距离后，回到起飞点（工字标志），缓慢操纵无人机稳定降落，如图2所示。

图1　解锁无人机后轻推油门杆起飞　　　　图2　无人机在起飞地点降落

注意：

1）内八字打杆解锁无人机后，方向舵、副翼舵、升降舵迅速归中，油门舵保持在最低，美国手动作如图2所示（日本手油门舵在右侧，左右手姿势相反）。然后轻推油门起飞，起飞过程中注意操纵升降舵和副翼修正无人机水平位置。

2）在飞行时，油门基本置于中位，需要调整飞行高度时，相应修正后稳定保持。

3）准备降落时，飞至目标位置上方，从中立位下拉油门杆，注意幅度应很小，密切关注无人机高度和水平位置变化，保持缓慢匀速下降至1m左右高度，此时如果下降过快，应将油门杆归中甚至稍微前推减缓下降速度，如果下降停止，保持轻拉油门杆，在无人机接地前，尽量以最慢速度下降。降落过程中需要密切关注副翼和升降舵修正，保证稳定安全降落。

2. 模拟器自旋飞行

学习目标： 能够操控无人机在中心筒位置悬停并自旋一周。

建议学时： 4学时。

教具准备： 模拟器，计算机。

学习安排：

1）解锁无人机，轻推油门杆起飞，保持2m左右高度，轻推升降舵操纵无人机飞至中心筒上方，如图3所示。

2）稳定无人机后，左/右扭方向舵保持无人机匀速转向，原地旋转360°，如图4所示。

图3　起飞后飞至中心筒　　　　　　　图4　无人机在中心筒上方转向

注意：在旋转过程中，保持方向匀速转动，中途不要停止，直到转完一周继续对尾。操纵无人机转向时，密切修正副翼和升降舵，保证无人机在锥筒上方区域，需要加强练习观察无人机飞行动态能力、操控方向能力、提前打舵修正能力、打舵的多通道联合揉舵能力。这四项能力是在不断地反复练习中，通过手眼配合和提前预判，加强反应速度，进而达到熟练。

3.4.2　多旋翼无人机 VR 起降自旋流程（信息页）

1. VR 起飞

学习目标：操控无人机在 VR 系统中的飞行场地进行定点起飞练习。

建议学时：0.5 学时。

教具准备：整套 VR 模拟设备。

学习安排：

1）检查遥控器各杆位是否正常，如图 1 所示。

2）检查遥控器为美国手，还是日本手，如图 2 所示。

图 1　所有杆位应处于中立位置　　　　图 2　美国手油门舵在左，日本手油门舵在右

3）大拇指和食指同时捏住左右两杆，进行内八解锁，如图 3 所示。

4）观察电机带动螺旋桨进行转动，油门回至中位，如图 4 所示。

图 3　内八字打杆解锁无人机　　　　图 4　观察飞机电机的转动

5）轻推油门杆至中间略上位置，起飞后观察飞机姿态，如图 5 所示。

6）到达指定飞行高度即可将油门松至中位，如图 6 所示。

图 5　飞机缓缓上升　　　　　　　　图 6　飞机到达指定高度

注意：

1）飞机起飞之前必须了解遥控器油门的位置，避免出现美国手和日本手串控。

2）解锁之后应该避免打舵，防止飞机侧翻，离地后再进行位置修正。

2. VR 降落

学习目标：操控无人机在 VR 系统中的飞行场地进行定点降落练习。

建议学时：0.5 学时。

教具准备：整套 VR 模拟设备。

学习安排：

1）操纵无人机在一定高度定点悬停，尽量避免飞机晃动幅度过大，如图 7 所示。

2）轻拉油门杆，观察飞机高度是否发生变化，如发生变化，控制好油门杆的舵量，不需要猛拉或者回杆，如图 8 所示。

图 7　无人机定点悬停　　　图 8　轻拉油门杆，观察飞机高度变化

3）飞机下降速度控制在 3m/s，下降过程中，飞机位置如果发生偏移，尽快修正，如图 9 所示。

4）飞机落地之后，等待螺旋桨停转后，将油门杆回至中位。飞机接地时，升降舵和副翼舵不可以打动，以免侧翻，如图 10 所示。

图 9　飞机下降　　　　　　图 10　飞机接地

注意：下降过程中寻找平稳落地点，控制好油门舵量，平稳下降。接地瞬间油门收至最小，避免操纵副翼以及升降舵发生侧翻。

3. VR 360°定高自旋

学习目标：操控无人机在 VR 系统中的飞行场地中心筒上进行 360°的定高自旋。

建议学时：1 学时。

教具准备：整套 VR 模拟设备。

学习安排：

1）操纵无人机起飞后稳定高度，如图 11 所示。

2）轻推升降舵匀速前进至中心筒，如图 12 所示。

图 11　遥控器内八字解锁无人机，
轻推油门起飞无人机

图 12　到达中心筒进行悬停，
修正至正对尾状态

3）匀速转动方向舵，观察机头所在位置，如图 13 所示。

4）自旋过程中不得有停顿的现象，如图 14 所示。

图 13　如飞机在旋转过程中偏离中心筒，
观察机头位置，及时修正

图 14　尽量避免出现错舵、点舵等现象

5）定高自旋完成后，飞机依然处于对尾状态悬停在中心筒正上方，如图 15 所示。

注意：本课时内容难点主要在于起飞降落时油门杆的控制以及舵量的控制，避免粗猛起飞和降落，避免离地与接地瞬间打舵，以免侧翻。飞机在定高自旋过程中，要进行打舵或者修舵的时候，时刻注意观察机头的位置，可以想象自己与飞机处于同一视角，避免出现错舵、点舵问题。自旋完成后，飞机的高度、位置以及机头方向需要和飞机初始的姿态尽量保持一致。

图 15　定高自旋完成后需要保证高度、
位置以及方向的偏差足够小

3.4.3　多旋翼无人机外场起降自旋流程（信息页）

1. 外场起飞降落

学习目标：能够操控无人机进行稳定起飞降落。

建议学时：1 学时。

教具准备：无人机 1 架，遥控器。

学习安排：

1）遥控器内八字打杆解锁无人机，使电机转动，如图 1 所示。

2）电机解锁后使油门杆处于中立位，如图 2 所示。

3）双杆回中后，轻推油门使无人机稳定升高，达到约 2m 高度后油门回中，如图 3 所示。

4）降落时，保证飞机全程处于稳定悬停的前提下，缓缓下拉油门使无人机处于匀速下降状态，在离地约 1m 高度放慢下降速度或停止下降以减缓下降冲击，待稳定后继续缓慢下降，待无人机接地时快速收油门至最低直至电机停转，如图 4 所示。

图 1　内八字打杆解锁无人机

图 2　双杆回中立位

图 3　起飞完成

图 4　无人机接地时油门收至最低位

注意：内八字解锁后一定要等电机开始转动后再将操纵杆归中，然后轻推油门起飞，起飞过程中注意操纵升降舵和副翼修正无人机水平位置。据统计，无人机系统的事故 60% 以上发生在起降阶段。作为无人机系统的机长或驾驶员，必须理解和熟练掌握无人机起降阶段的正常和应急飞行程序和技术，确保系统的安全运行。对于无人机关键性能，无人机驾驶员必须了解，包括起降性能、速度范围、速度限制等。

2. 外场自旋飞行

学习目标：能够操控无人机在中心筒位置悬停并完成 360°自旋。

建议学时：4 学时。

教具准备：无人机 1 架，遥控器，标志筒 1 个。

学习安排：

1）完成无人机起飞后，将无人机移动至中心筒正上方保持稳定悬停，如图 5 所示。

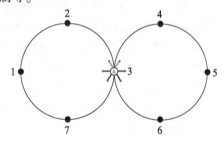

图 5　起飞后飞至中心筒正上方

2）稳定无人机后，左/右扭方向舵保持无人机匀速转向，原地旋转 360°。

注意：在旋转过程中，保持方向匀速转动，不可忽快忽慢，整个 360°自旋自偏航角开始变化开始至动作完成时长在 12～15s。在自旋即将完成前，适当放慢旋转速度，防止收杆不及时导致过度旋转。

3.5　任务决策

课程思政点睛

任务决策环节是在任务计划的基础上，跟教练对任务计划进行修改确认，或者是对多种计划方案进行优中选优。指导学生吸收采纳教师或其他人的建议，能够对自己的学习知识体系进行重新梳理，不断地接受他人的合理化意见或建议，是虚心、进取心的表现，同时也是尊重他人、客观公正对待自己的人生态度。在任务实施之前对自己的计划进行确认与调整，是严谨、认真、负责的态度的体现，也有助于精益求精的工匠精神养成。

教学实施指导

1）教师指导学生个人独立按照任务决策的关键要素完成任务决策表。

2）教师选出一个学生代表和自己进行任务决策，其他学生观察，并进行口头评价、补充、改进。

3）学生修改并提交自己的任务决策方案表格，教师对每个学生制订的任务决策方案进行确认。学生获得教师对自己所做决策方案的确认信息后才有资格进行任务实施。

多旋翼无人机起降自旋任务决策

多旋翼无人机起降自旋任务决策表

决策类型	决策方案
与教练决策	请和教练沟通任务计划实施的可能性（包括：模拟器、VR、外场的练习顺序，练习过程的规范性、安全性、环保性，练习质量的把控，工作任务的时间控制和成本控制，任务的考核等），并记录决策结果与教练的建议
意见或建议	

3.6 任务实施

课程思政点睛

1）任务实施是学生最喜欢的操作环节，在此抓住时机对学生进行严谨、规范、标准操作训练。

2）要求学生必须按照前期经过决策的任务计划执行，养成先谋后动的工作意识，深入思考后才可以操作，严禁冒失和鲁莽行事。

3）在操作过程中要求学生在一个团队内必须通力合作，分工明确，提高工作效率，以此训练学生未来步入社会工作的团队合作能力和时间把控能力。

4）若在操作中万一有违规操作或者是失误、错误出现，要求学生必须如实告知，不但不会被批评，反而会因诚信而得分。

教学实施指导

1）学生查阅3.4.1多旋翼无人机模拟器起降自旋流程（信息页），观看3.6.1多旋翼无人机模拟器起降自旋视频，独立进行模拟器起降自旋操作，考核通过后方可进行VR起降自旋。

2）学生查阅3.4.2多旋翼无人机VR起降自旋流程（信息页），观看3.6.2多旋翼无人机VR起降自旋视频，独立进行VR起降自旋操作，考核通过后方可进行外场起降自旋。

3）学生查阅3.4.3多旋翼无人机外场起降自旋流程（信息页），观看3.6.3多旋翼无人机外场起降自旋视频以及教练的示范动作，进行外场起降自旋练习。

4）学生独立进行起降自旋考试。

3.6.1 多旋翼无人机模拟器起降自旋视频

1. 模拟器定点起降

2. 模拟器360°自旋

3.6.2 多旋翼无人机 VR 起降自旋视频

1. VR 定点起降

2. VR 360°自旋

3.6.3 多旋翼无人机外场起降自旋视频

1. 定点起降

2. 360°自旋

学生在团队内，独立地完成 GPS 模式与姿态模式下的起降自旋，以通过模拟考试为标志结束任务实施。

3.7 任务检查

课程思政点睛

任务检查环节包含三个层次的内容：

首先是复盘检查，对任务实施过程和任务实施结果进行检查，确保实施质量。教师严格要求学生对照标准和规范进行检查，养成学生严谨规范、认真负责的职业态度和职业精神，高标准、严要求、精益求精的工匠精神。

其次是对场地、工位、设备、环境等进行 5S 管理，养成规范、卫生、环保意识。

最后是对任务计划的调整改进，依据实施过程和结果，对前期做的工作计划进行优化，目的是训练学生自我改进、自我优化的自我管理能力，以此实现学生不断地进步提高。

教学实施指导

1）教师提供多旋翼无人机起降自旋模拟考试分析表。要求学生分组，小组合作检讨飞行执行过程，填写飞行记录本或飞行手册。

2）小组合作完成对场地、工位、设备、环境等的 5S。

3）学生小组成员对工作过程和工作结果进行监督和评估，记录优缺点及改进建议，并口头表达。教师要重点引导学生对队友的支持性意见的表达，并训练学生接纳他人建议。

多旋翼无人机起降自旋模拟考试分析表

科目	考试要求及规范	扣分项	修正方法	注意要点
定高定点起飞	起飞操纵流程：将两个摇杆打到内八3s进行解锁（左摇杆向右下，右摇杆向左下），螺旋桨开始转动时将方向、副翼、升降三个摇杆回到中位，油门保持最低位，最后匀速轻推油门至飞机离开地面并保持油门杆量。当飞机到达理想高度，微收油门保持飞机高度稳定。要求飞机垂直速度0.3~0.5m/s	垂直速度扣分：飞机在起飞时会出现窜高或掉高（油门突然增大或减小）现象均会导致失败	当飞机出现窜高时，驾驶员应先保持油门量使飞机稳定下来，再轻收油门使飞机匀速缓慢上升	此科目难点在于油门量的把控，增加和减少油门量时需要匀速且少量调整。需要注意的是，飞机在地面且螺旋桨在旋转时，严禁方向、副翼、升降三个摇杆参与修正（即保持中位零舵量）
定高定点降落	降落操纵流程：将飞机悬停至降落点上方高度1m，轻收油门保持飞机匀速缓慢下降，当飞机接触地面后将油门收到最低至螺旋桨停转上锁。要求飞机垂直速度0.3~0.5m/s	垂直速度扣分：飞机在降落时会出现窜高或掉高（油门突然增大或减小）现象均会导致失败	当飞机出现掉高时，驾驶员应立即推油门保持高度悬停，避免持续下降使飞机坠落地面，当飞机稳定后轻收油门降落	
360°自旋	操纵无人机在中心筒上方完成航向顺时针或逆时针旋转360°。悬停水平范围：以中心筒为圆心，半径2m的圆；高度范围：1.5~3m	动作超时扣分：无人机产生30°航向转动时计算动作开始，超过1min未完成360°自旋触发扣分判定	语音播报"开始自旋"时，为避免超时扣分，需及时操纵无人机飞到中心筒上方，避免长时间悬停。悬停后，操纵方向舵，保持舵量，使飞机匀速无停顿旋转一周，控制每秒转动25°~40°	操纵无人机旋转一周时方向不可停顿，开始旋转后不可反向操纵方向舵使飞机向反方向旋转
		高度偏差扣分：无人机产生30°航向转动时计算动作开始并记录初始高度，高度上下偏差超过0.5m触发扣分判定	当操纵无人机自旋时发现飞机有升高或降高趋势，需在第一时间操控油门舵干预飞机升降高趋势。例如：发现飞机有降高趋势时轻推油门进行干预并维持自旋开始时的高度，如无人机出现升高趋势则反向操控油门修正	操控油门舵时需柔和打舵，匀速缓慢地修正无人机高度，避免无人机出现窜高、掉高现象，垂直速度不超过0.3m/s
		角速度偏差扣分：无人机产生30°航向转动时计算动作开始，航向变化过程角速度低于8 (°)/s、高于45 (°)/s触发扣分判定	控制无人机自旋角速度为25 (°)/s~40 (°)/s为宜，避免过快或过慢导致角速度偏差过大而扣分	熟练控制方向舵，感受舵量大小与飞机角速度变化的关系

3.8 任务交付

课程思政点睛

1）任务交付与任务接受呼应，特别适合对学生进行社会主义核心价值观中友善、和谐价值的训练。

2）如何做到和伙伴友善合作，如何做到站在公司立场为公司的利益和效率着想，如何站在客户角度为客户着想等。

3）在指导学生进行起降自旋任务交付话术训练时，全面体现友善、和谐的价值。

教学实施指导

教师指导学生依据3.8.1多旋翼无人机起降自旋任务交付剧本（中英文），参考3.8.2多旋翼无人机起降自旋任务交付视频（中英文），以角色扮演方式进行任务交付。

3.8.1 多旋翼无人机起降自旋任务交付剧本（中英文）

学习情境描述

作为与无人机行业应用相关专业的学生，为了满足并适应未来的就业岗位需求，最低要求经过培训学习考取AOPA无人机超视距驾驶员执照，并通过对无人机的操控飞行，最终能够完成无人机测绘作业、无人机航拍作业、无人机巡线检查作业、无人机应急救助作业等。为了实现这样的工作目标，学院项目团队专门制订了培训实施计划，把无人机操控飞行项目拆分成若干个工作任务（学习情境），会伴随着项目进程陆续给出。

本次工作任务（学习情境）是希望通过各项目组成员的精诚合作，能够进行多旋翼无人机的起降自旋操控，并要求在3天内顺利完成。操控过程注意标准规范、工作效率、经济效益与安全注意事项。

1. 任务完成，正常交付

组　　长：领导，您好！经过我们团队3天的努力，我们已经按照多旋翼无人机起降自旋的流程与标准规范，全部顺利完成了起降自旋飞行。

Hello, Director! After three days' efforts, we have successfully completed take-off, landing and spin flight in accordance with the multi-rotor UAV take-off, landing and spin process and standard specifications.

项目负责人：好的，你们辛苦了。已经通过教练给你们的模拟考试了吧？

All right. Thank you! Have you passed the mock exam the instructor gave you?

组　　长：是的，已经全部通过！

Yes, it's all passed!

项目负责人：完美。你们先休息一下，一会儿再布置新的任务给你们。

Perfect. Have a rest. I will assign you a new mission later.

组　　长：好嘞，等您。

OK.

2. 任务未完成，异常交付

组　　长：领导，您好！不好意思跟您说，我们团队虽然已经很努力了，但是没有在规定时间内完成起降自旋任务。

Hi, Director! I'm sorry to tell you that although our group has tried very hard, we have yet to complete the take-off, landing and spin mission on time.

项目负责人：啊？！为什么？到底哪里出了问题？

Ah？！Why so? What went wrong?

组　　长：真的非常抱歉，主要是我们专业技术水平还不够娴熟，再加上团队合作不够顺畅，导致了工作结果出现问题。

I'm really sorry. Since there is still much to be desired in our professional proficiency and group cooperation, we fail to finish the work on time.

项目负责人：算了。意识到问题的原因就好，下次多注意。那你们自己能解决吗？需不需要其他团队的帮助？

Come on. Just draw the lesson next time. Can you handle it by yourselves? Do you need help from other groups?

组　　长：我们自己能解决，不需要帮助。不过，还需要点时间。

We can handle it by ourselves. We don't need help. But it will take some time.

项目负责人：多久？

How long will it take?

组　　长：两个小时吧。

About two hours.

项目负责人：好吧。再给你们团队两个小时，必须全部通过。

All right. Two more hours for your group to pass.

组　　长：谢谢您了！我们这就继续开工。您走好！

Thank you very much! We will continue with our work. See you!

3.8.2　多旋翼无人机起降自旋任务交付视频（中英文）

1．多旋翼无人机起降自旋任务交付（中文）　　　2．多旋翼无人机起降自旋任务交付（英文）

3.9　巩固拓展

课程思政点睛

巩固拓展环节是充分利用学生的课余时间布置高质量的作业，对课上所学及完成的任务进行温故知新，同时训练学生举一反三、迁移新任务的解决问题能力。任务选择注意课程内容的延续性及拓展性，稍微增加难度，在小组主持作业的情况下，既要对学生克服困难独立完成任务的职业素养进行训练，也要对学生团队合作、高效率高质量完成任务的能力和素养进行训练。

教学实施指导

1）完成信息化系统中的所有理论测试题，全部满分通过。

2）以小组为单位熟练多旋翼无人机起降自旋操控。

新任务迁移：固定翼无人机起降及360°自旋

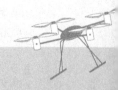

学习情境 4
多旋翼无人机水平单圆飞行

4.0 教学准备

知识目标

- 大气成分。
- 大气结构。
- 大气基本要素。
- 大气特性。
- 大气对流。
- 气团与锋面。
- 雷暴对飞行影响。
- 积冰对飞行影响。
- 能见度对飞行影响。
- 低空风切变对飞行影响。
- 山地气流对飞行影响。
- 航空气象资料分析与应用。

技能目标

- 模拟器 8 字航点悬停。
- 模拟器四分之一圆、半圆、四分之三圆、水平单圆飞行。
- VR 8 字航点悬停。
- VR 四分之一圆、半圆、四分之三圆、水平单圆飞行。
- 8 字航点悬停。
- 四分之一圆飞行。
- 半圆飞行。
- 四分之三圆飞行。
- 水平单圆飞行。

素养目标

- 能够提炼总结简单的事实文本。
- 能够在两人对话中有效沟通并交换信息。
- 能够把自己的观点表达清楚。
- 能够在团队中承担自己的角色功能。
- 能够在团队中有积极的合作意识。
- 能够在制订计划时尽可能考虑全面。
- 能够控制自己的情绪，跟伙伴友好合作。
- 能够认真倾听并及时记录。
- 能够进行简单的图文展示。
- 能够严谨、规范地执行工作任务，遵守无人机法律法规。
- 能够随机应变，灵活处理飞行过程中的突发问题。
- 能够识别"黑飞"等不法飞行并及时制止与上报。
- 能够具有创新、创业精神和意识。

4.1 任务接受

课程思政点睛

任务接受环节特别适合对学生进行社会主义核心价值观中的友善、和谐价值的训练。

如何做到和伙伴友善合作，如何做到站在公司立场为公司的利益和效率着想，如何做到站在客户角度为客户着想等，在指导学生进行水平单圆飞行任务接受的话术训练时，教师要及时、适时地对学生进行引导训练，全面体现友善、和谐的价值。

任务接受环节涉及第 5 个演练月的企业经营，在布置演练月 5 财务核算任务时，严格要求学生具备诚信经营意识，做到严谨、规范、一丝不苟，同时还要有独特的创新意识和不屈不挠的创业精神。

教学实施指导

1）教师指导学生依据 4.1.1 多旋翼无人机水平单圆飞行任务接受剧本（中英文），学习过程参考 4.1.2 多旋翼无人机水平单圆飞行任务接受视频（中英文），采取角色扮演的方法完成任务接受。

2）角色扮演之后明确了工作任务，完成 4.1.3 多旋翼无人机水平单圆飞行任务工单。

4.1.1 多旋翼无人机水平单圆飞行任务接受剧本（中英文）

学习情境描述

作为与无人机行业应用相关专业的学生，为了满足并适应未来的就业岗位需求，最低要求经过培训学习考取 AOPA 无人机超视距驾驶员执照，并通过对无人机的操控飞行，最终能够完成无人机测绘作业、无人机航拍作业、无人机巡线检查作业、无人机应急救助作业等。为了实现这样的工作目标，学院项目团队专门制订了培训实施计划，把无人机操控飞行项目拆分成若干个工作任务（学习情境），并会伴随着项目进程陆续给出。

本次工作任务（学习情境）是希望通过各项目组成员的精诚合作，能够进行多旋翼无人机的水平单圆飞行操控，并要求在 3 天内顺利完成。操控过程注意标准规范、工作效率、经济效益与安全注意事项。

组　　长：领导，您好！这次是什么新任务？

Hi, Director! What's the new mission?

项目负责人：您好！上次你们项目组全部通过了起降与 360° 自旋考核。这次任务是能够分别在辅助模式与姿态模式下进行多旋翼无人机的水平单圆飞行。

Hello! Your group passed the take-off and landing with 360° spin test. The mission is capable of single-circle flight of the multi-rotor UAV in auxiliary mode and attitude mode respectively.

组　　长：好的！知道了。不过，水平单圆飞行有什么特殊的具体要求吗？

OK! I see. However, are there any specific requirements for single-circle flight?

项目负责人：没有什么特殊要求，你们按照多旋翼无人机水平单圆飞行的标准规范操作，保证飞行质量就行了。

Nothing special. All you need to do is follow the standard specifications for a single-circle flight of the multi-rotor UAV, just keep the flight quality.

组　　长：好，没问题！规范和标准我们一定严格遵守。

No problem! We will strictly follow the specifications and standards.

项目负责人：另外，操作过程要嘱咐组员，注意谨慎安全操作，千万要在教练的指导下进行。谁损坏，谁赔偿。请注意安全与成本。

In addition, in the operation process, please remind your fellow group members that they must be careful and safe operation, do under the guidance of the instructor. Whoever causes damage must compensate. Please pay attention to security and cost.

组　　长：好的！您放心，我会嘱咐团队成员小心安全地操作。给我们多长时间完成任务？

All right! Don't worry. I will tell the group members to be careful. How much time we are allowed to finish the job?

项目负责人：3天内必须保质保量完成。完成后，由飞行教练员检验。

It must be perfectly accomplished within 3 days. Then it is inspected by the flight instructor.

组　　长：明白了。您放心！还有要嘱咐的吗？

I see. Don't worry about it. Anything more?

项目负责人：没有了。那就拜托了。有问题随时联系。

No more. Just go ahead. Please feel free to contact me if you have any questions.

组　　长：好的！您慢走！再联系。

OK. See you! Keep in touch.

4.1.2　多旋翼无人机水平单圆飞行任务接受视频（中英文）

1. 多旋翼无人机水平单圆飞行任务接受（中文）　　2. 多旋翼无人机水平单圆飞行任务接受（英文）

4.1.3　多旋翼无人机水平单圆飞行任务工单

项目名称	无人机操控飞行		
项目单位			
项目负责人		联系电话	
项目地址			
项目时间			
任务名称	多旋翼无人机水平单圆飞行		

工作任务描述：

　　作为与无人机行业应用相关专业的学生，为了满足并适应未来的就业岗位需求，最低要求经过培训学习考取 AOPA 无人机超视距驾驶员执照，并通过对无人机的操控飞行，最终能够完成无人机测绘作业、无人机航拍作业、无人机巡线检查作业、无人机应急救助作业等。为了实现这样的工作目标，学院项目团队专门制订了培训实施计划，把无人机操控飞行项目拆分成若干个工作任务（学习情境），并会伴随着项目进程陆续给出。

　　本次工作任务（学习情境）是希望通过各项目组成员的精诚合作，能够进行多旋翼无人机的水平单圆飞行操控，并要求在3天内顺利完成。操控过程注意标准规范、工作效率、经济效益与安全注意事项。

飞行前检查记录：

飞行任务完成情况记录：

驾驶员：	组长：
教练员签字：	项目负责人签字：
成本核算：	完成时间：

4.2　任务分析

课程思政点睛

任务分析环节以多旋翼无人机水平单圆飞行视频为切入点，在此教师要简介水平单圆飞行，告知学生水平单圆飞行是水平 8 字飞行的基础训练，是事关无人机操控的关键技能，学生要以平和心态稳扎稳打，宽基础重技能。

同时，以一个操作视频启发、引导学生分析任务本身，有助于学生深入思考自己完成任务需要的知识点、技能点与素养点。教师要抓住机会及时训练学生在视频中提取专注、严谨、规范、标准、合法、安全、精益求精的工匠精神。

教学实施指导

教师指导学生利用餐垫法完成任务分析。

1）学生小组合作制作餐垫，划分中心餐垫区和个人餐垫区。

2）学生首先个人独立观看多旋翼无人机水平单圆飞行视频，在个人餐垫区独立认真书写：要完成本任务都需要哪些关键信息。

3）学生小组合作讨论出本组的关于完成任务的关键点，达成共识并写在中心餐垫上。

4）教师指定小组，逐条讲解展示，其他小组学生领会理解，补充改进。

多旋翼无人机水平单圆飞行视频

1. GPS 模式下水平
单圆飞行视频
2. 姿态模式下水平
单圆飞行视频

4.3　理实一体化学习

课程思政点睛

1）以飞行气象知识影响

无人机的安全飞行为重点，引导学生对"生命至上、安全至上"观点的认识，帮助学生树立安全观和正确的人生观。

2）通过学习站法、旋转木马法的学习指导，培养学生独立、民主、公平、友善、诚信、合作、和谐、敬业等价值观。

教学实施指导

教师提供给学生为完成本任务（多旋翼无人机水平单圆飞行）必要的学习资料（8 个模块），要求并指导学生利用学习站法和旋转木马法完成理实一体化学习。学生按照教师的要求，认真完成 8 个模块的企业内部培训，力争自己解决问题。为后续完成工作任务（多旋翼无人机水平单圆飞行）进行企业运营，积累专业知识、技能与素养。

学习站法学习

1）学生分为 3 组，每组学生按照教师的要求进入自己的学习站，个人独立学习相应的 4.3.1 ~ 4.3.3 信息页，并完成各自对应的 4.3.1 ~ 4.3.3 工作页。同一个学习站的学生小组合作讨论，对学习结果（即工作页的结果）进行更正、改进、完善，达成共识。学生按照教师指定的轮站顺序轮换学习站学习，直至完成 4.3.1 ~ 4.3.3 所有信息页与工作页的学习。

2）学生以竞争方式获得展示学习结果的机会，使用实物投影仪进行展示讲解，本小组的同学补充完善，力求不给其他小组机会。而其他小组的同学进行倾听、补充、改进、完善，都会获得相应的奖励。

3）同样，以学习站法完成 4.3.4 ~ 4.3.7 共四份学习资料的学习、展示及评价。

旋转木马法学习

1）学生独立学习 4.3.8 信息页，划出关键词，完成 4.3.8 工作页。

2）以旋转木马法完成 2 ~ 3 轮工作页的展示讲解、评价。

4.3.1 大气结构与要素

1. 信息页

学习领域	学习领域：无人机操控飞行		
学习情境	学习情境4：多旋翼无人机水平单圆飞行	学习时间	30min
工作任务	A：大气结构与要素	学习地点	理实一体化教室

大气结构与要素

1. 大气成分

飞行所处的大气是环绕地球并贴近其表面的一层空气包层。它是地球相当重要的一个组成部分，就像海洋或陆地一样。然而，空气不同于陆地和水是因为它是多种气体的混合物。它有质量也有重量，还有不确定的形状。

空气像其他任何流体一样，由于分子内聚力的缺乏，当受到非常微小的压力时就会流动和改变形状。例如，气体会充满任何装它的容器，膨胀和传播直到其外形达到容器的限制。

大气的组成包括约78%的氮气、约21%的氧气以及约1%的其他气体，如氢气和氦气。由于部分气体比其他气体重，较重的气体，如氧气，有天然的下降趋势，会占据地球的表面，而较轻的气体会升到较高的区域。这就解释了为什么大多数氧气存在于10668m高度以下。

因为气体有质量也有重量，它是一种物体，作为一种物体，科学定律会像对其他物体一样对气体起作用。大气驻留于地球表面之上，它有重量，在海平面上产生的平均压强为1013.25hPa。由于其浓度是有限的，在更高的高度上，空气就更加稀薄。由于这个原因，18000ft（5486.4m）高度的大气重量仅仅是海平面时的一半。

大气是一种混合物，它由三个部分组成：干洁空气、水汽和大气杂质。

（1）干洁空气

干洁空气无色、无味，是构成大气的最主要部分，一般意义上所说的空气，就是指这一部分。干洁空气主要由氮气和氧气构成，其体积分别约占干洁空气整体的78%和21%。余下的约1%由其他几种气体构成，这些气体称为痕量气体，如二氧化碳、臭氧、氢气、氖气等。干洁空气的这一比例在50km高度以下基本保持不变。在自然的温度和压力条件下，干洁空气的所有成分都远离液化，维持气体状态。

在构成干洁空气的多种成分中，对天气影响较大的是二氧化碳和臭氧。除臭氧外，大气中的气体几乎不直接吸收太阳辐射，大量的太阳辐射可穿过大气层到达地面，使地面增温。二氧化碳对地球具有"温室效应"的作用，这是因为二氧化碳基本上不直接吸收太阳短波辐射，而地面受热后放出的长波辐射却能被二氧化碳吸收，这样热量就不能大量向外层空间散发，对地球起到了保温作用。二氧化碳主要来自有机物的腐烂、工业生产排放的废气、动物的呼吸等。现在随着社会工业生产和人类生活污染的不断增加，大气中的二氧化碳越来越多，对大气温度的影响已引起了人们的关注。气温变化会对天气、气候变化产生一系列重大影响，对飞行气象条件也会产生相应影响。二氧化碳可吸收并存储地表发出的长波辐射热能，是引起温室效应的主要气体，多集中在20km高度以下。通常是夜间多、白天少，阴天多、晴天少，城镇多、农村少。

臭氧能强烈吸收太阳紫外线，它是氧分子在太阳辐射作用下离解为氧原子，氧原子再和别的氧分子结合而形成的。在海拔 15～50km 的高度上，即平流层靠上的部分，是一个臭氧含量相对集中的层次，称为臭氧层。臭氧通过吸收大部分太阳紫外辐射而增温，改变了大气温度的垂直分布。同时，也使地球生物免受了过多紫外线的照射。由于汽车、飞机及其他工业生产等大量废气的排放，臭氧层已遭到一定程度的破坏，科学家已观测到南极上空的臭氧空洞，即臭氧层遭到破坏后出现的臭氧减少或消失。这对地球上的天气、气候、地球生物等都可能产生长久的影响。高空飞行需考虑紫外线可能对人造成的伤害，因而应采取防护措施。

（2）水汽

地表和潮湿物体表面的水分蒸发进入大气就形成了大气中的水汽。大气中的水汽含量平均占整个大气体积的 0～5%，并随着高度的增加而逐渐减少。水汽的地理分布也不均匀，水汽含量（按体积比）平均为：从极区的0.2%到热带的2.6%，干燥的内陆沙漠近于零，而在温暖的海面或热带丛林地区可达3%～4%。水汽是成云致雨的物质基础，因此大多数复杂天气都出现在中低空，高空天气往往很晴朗。水汽随着大气运动而运动，并可在一定条件下发生状态变化，即气态、液态和固态之间的相互转换。这一变化过程伴随着热量的释放或吸收，如水汽凝结成水滴时要放出热量，放出的热量称为凝结潜热。反之，液态的水蒸发成水汽时要吸收热量。水汽直接冻结成冰的过程称为凝华，而冰直接变成水汽的过程称为升华。

在大气中运动的水汽，通过状态变化传输热量，如甲地水汽移到乙地凝结，或低层水汽上升到高层冻结，就把热量从一个地方带到了另一个地方。热量传递是大气中的一个重要物理过程，与气温及天气变化关系密切。

水汽是自然条件下，大气中唯一可发生相变的物质。水的相变是天气变化的关键过程。

1）水的存在状态。

①气态的水汽，人眼不可见，但可存在于任何温度的大气中。

②液态的云、雾、雨可存在于 -40～100℃ 的大气中，温度低于0℃的液态水为过冷却水。

③固态的冰、雪、冰雹等一般存在于温度不高于0℃的大气中。

2）水汽对天气的作用。

①水汽的相变会形成云、雾、雨、雪等天气现象。

②水汽可吸收和存储地表的长波辐射，影响近地面层气温。

③水在相变过程中吸收或释放的潜热可影响局部的气温。

3）水汽来源与分布。水汽主要来源于江河湖海及植物表面的蒸发，通过对流和湍流向上扩散，通过平流向其他地方输送，通过相变形成降水，再次回到地表。

①在垂直方向上，水汽含量随高度升高而减少。观测表明，2km 高度上水汽含量约为近地面的一半，5km 高度上则减少为近地面的1/10，在 10km 以上则减少为近地面的1/100，再往上就更少了。但个别气层中出现水汽含量随高度升高而增大的情形也是有的。

②水平分布极不均匀，各地水汽含量随季节和气象条件不同有较大变化。一般来说，低纬度地区水汽多，高纬度地区水汽少；沿海地区水汽多，内陆地区水汽少；山谷森林水汽多，沙漠旱地水汽少。

（3）大气杂质

大气杂质又称大气气溶胶粒子，是指悬浮于大气中的固体微粒或水汽凝结物。固体微粒包括各种吸湿性粒子、烟粒、盐粒、尘粒等。烟粒主要来源于物质燃烧，盐粒主要是溅入空中的海水蒸发后留下的盐核，而尘粒则是被风吹起的土壤微粒和火山喷发后在空中留下的尘埃。水汽凝结物包括大气中的水滴和冰粒。

1）对天气的作用。就物理化学性质、大小、形状而言，大气杂质差异很大，其直径一般处于微米级。例如，PM2.5指的是大气中直径小于或等于2.5μm的细颗粒物。由于大气杂质较气态分子的直径大几个量级，因此，它对天气的作用主要表现为：

①大量聚集时会使大气透明度变差，能见度降低。

②作为水汽凝结核，可促使云、雾、降水等天气的形成。

③通过散射太阳辐射和吸收地表长波辐射而影响气温。

此外，大气气溶胶可衰减激光、红外和无线电波的传播能量，对一些武器装备、通信设备的使用产生影响。

2）分布与扩散。大气杂质主要来源于地表与人类活动，因此，常积聚在大气底层，但其分布随地区、时间和天气条件而变化。

①一般是陆上多于海上，城市多于农村，冬季多于夏季，夜间多于白天。

②空气中的对流、湍流可将其扩散到空中，空气的水平运动可将其输送到远方，大雨滴的碰撞、冲刷和沉降作用可使其含量降低。

2. 温度垂直递减率

大气分层的主要依据是气层气温的垂直分布，通常在处理时将温度随高度的改变看作是均匀的。在实际运用中，通常用气温垂直递减率γ表示（单位为℃/100m）。

气温垂直递减率定义为

$$\gamma = -\frac{\Delta T}{\Delta Z}$$

式中，ΔT为温度的变化值；ΔZ为高度的变化值。

实际使用时，γ通常采取每上升100m气温的降低值来表示。例如，高度上升100m，气温降低了0.65℃，则$\gamma = 0.65$℃/100m。

根据气层的γ值，可将气层分为常温层、等温层和逆温层。

1）常温层：$\gamma > 0$，气温随高度升高而降低，气层内易出现大气的垂直运动。

2）等温层：$\gamma = 0$，气温不随高度变化，此气层不利于大气的垂直运动。

3）逆温层：$\gamma < 0$，气温随高度升高而升高，此气层抑制大气的垂直运动。

3. 热力结构分层

整个大气层具有相当大的厚度，从垂直方向看，不同高度上的空气性质是不同的，但在水平方向上空气的性质相对一致，即大气表现出一定的层状结构。这一结构可通过对大气进行分层来加以描述。

大气垂直分层（见图）为五层：0～12km为对流层；12～55km为平流层；55～85km为中间层；85～800km为热层，又称电离层；800km以上

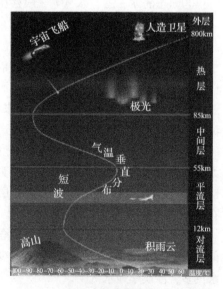

图 大气垂直分层

为外层，又称外逸层。

航空器活动集中在对流层和平流层。一般的无人机只能在对流层飞行，民航客机和战斗机可以在平流层飞行。现代民航客机一般巡航在对流层顶层、平流层底层。

（1）对流层

对流层因为空气有强烈的对流运动而得名，它的底界为地面，上界高度随纬度、季节、天气等因素而变化。平均而言，低纬度地区（南、北纬30°之间）上界高度为17～18km；中纬度地区（纬度30°～60°）为10～12km；高纬度地区（纬度在60°以上）为8～9km。同一地区对流层上界高度是夏季大于冬季，此外，天气变化对对流层的厚度也有一定影响。

对于整个大气层来说，对流层是很薄的一层，但由于大气是下密上疏的，因此对流层集中了约75%的大气质量和90%以上的水汽，云、雾、降水等天气基本上都出现在这一层，无人机也主要在这一层中飞行。对流层有以下主要特征：

1）气温随高度升高而降低。对流层大气热量的直接来源主要是空气吸收地面发出的长波辐射，靠近地面的空气受热后热量再向高处传递。因此在对流层，气温普遍随高度升高而降低，高山常年积雪就是这个道理。根据实际探测，对流层中的平均气温垂直递减率为0.65℃/100m。利用这一数值，如果已知某地地面气温，可以大致推算出该地某个高度上的气温。在对流层中虽然气温的普遍分布是随高度升高而降低，但有时也会出现气温随高度的升高而升高或者在一段高度内气温保持恒定的情况，我们称之为逆温层或者同温层。

2）气温、湿度的水平分布很不均匀。对流层与地面相接，其温、湿特性主要受地表性质的影响，故在水平方向上分布很不均匀。如南北方空气之间明显的温差，海陆之间空气的湿度差异等。

3）空气具有强烈的垂直混合。由于对流层低层的暖空气总是具有上升的趋势，上层冷空气总是具有下沉的趋势，加之温度水平分布不均匀，因此对流层中空气多垂直运动，具有强烈的垂直混合。

4）气层中有较强的对流和湍流运动，利于云和降水形成。

5）各地区天气变化非常复杂，气象要素水平分布不均匀。

对流层中，按气流和天气现象分布的特点，可细分为下层、中层、上层。对流层下层（离地1500m高度以下）的空气运动受地形扰动和地表摩擦作用最大，气流混乱；中层（从1500m高度到6000m高度）空气运动受地表影响较小，气流相对平稳，可代表对流层气流的基本运动趋势，云和降水大多生成于这一层；上层（从6000m高度到对流层顶）受地表影响更小，水汽含量很少，气温通常在0℃以下，各种云多由冰晶或过冷水滴组成。在离地1500m高度的对流层下层又称摩擦层。在1500m高度以上，即摩擦层以上的大气几乎不受地表摩擦作用的影响，故又称为自由大气。

对流层中的逆温是指气层中气温随高度升高而升高的现象。对流层中常见的逆温有辐射逆温、平流逆温，此外还有锋面逆温、湍流逆温、下沉逆温等。

①辐射逆温：晴朗微风的夜晚，地面因辐射而失去热量，近地面层冷却明显，较高气层冷却较慢，从地表开始向上气温递增而形成的逆温。

②平流逆温：暖空气平流到冷的地面或气层上，由于暖空气的下层受到冷地面或气层的影响而降温明显，上层受影响较小，降温较慢，从而形成的逆温。

逆温层内空气下冷上暖，气层稳定，不利于空气垂直运动的产生与发展，对逆温层下的热量、水汽以及大气气溶胶起着积聚作用，因此有助于雾、霾等低能见度天气的形成。某些云层的形成也与逆温层有很大关系。

（2）平流层

对流层之上是平流层。平流层范围从对流层顶到大约 55km 的高度上，现在大型喷气式运输机的高度可达到平流层低层。平流层中空气热量的主要来源是臭氧吸收太阳紫外辐射，因此平流层中气温随高度增高而升高，整层中空气几乎没有垂直运动，气流平稳，故称之为平流层。平流层主要特性是：

1）臭氧含量多，可强烈吸收太阳短波辐射，气温随高度升高而升高，层顶气温可达 0℃。

2）气层内的垂直混合作用显著减弱，整层几乎没有上下对流。

3）水汽和尘埃的含量极少，大气透明度好，但是，如果强烈喷发的火山灰冲破对流层顶而进入平流层中，将会在平流层中积聚较长时间。

4）该层天气晴朗，一般没有雷暴、积冰、颠簸等影响飞行。

5）空气中的风向、风速不变；温度大体不变，平均在 -56.5℃ 左右。

平流层中空气稀薄，水汽和杂质含量极少，只有极少数垂直发展相当旺盛的云才能伸展到这一层来，故天气晴朗，气流平稳，飞行气象条件好，飞行比较安全、舒适。但平流层中空气稀薄，导致飞机的机动性能变差。此外，天色暗淡，不受阳光直射的物体便不易看清，因此，目测（特别是向上观测）比较困难。

平流层大气受地表影响极小，空气运动几乎不受地形阻碍及扰动，因此气流运动和温、湿分布也比对流层有规律得多。

对流层与平流层之间的过渡气层称为对流层顶，它的作用就像一个盖子，阻挡下层水汽、杂质向上扩散，使得对流层顶上、下的飞行气象条件常有较大差异。

（3）中间层

中间层是从平流层顶到约 85km 高度的气层，又称中层。

中间层的显著特点是气温随高度升高再次下降，大约每上升 1km 气温下降 3.5℃，层顶年平均气温为 -113 ~ -83℃，气层有较强的垂直运动，夏季高纬度地区的晨昏时间可观测到 70 ~ 80km 高空很薄的夜光云。

（4）热层

热层是从中间层顶到 800km 高度的气层，又称暖层或电离层。

电离状态的大气具有反射无线电波的能力，对无线电通信有重要作用；可直接吸收太阳辐射，气温随高度迅速升高，层顶气温昼间可达 1700℃，夜间最低也在 200℃。

（5）外层

外层是大气的中性粒子可能逸入外层空间的气层，又称外逸层，是地球大气与星际空间的过渡带。外逸层大气极其稀薄，几乎完全处于电离状态，温度很高，气体粒子运动很快。

目前，一般的飞机在对流层和平流层中活动，平流层以上各层与航空活动关系不大。人造地球卫星、火箭、宇宙飞船和航天飞机等可以到达中层以上。因此，从航天考虑，通常把大气分为两部分：150km 高度以下的气层称为低层大气或稠密大气；150 ~ 930000km 高度的层次称为近地宇宙空间。在低层大气中飞行，由于受到很大的空气阻力，必须使用动力装置才能绕地球飞行，但在 150km 以上不需要开启动力装置，飞行器也能依靠惯性而绕地球飞行。

4．大气的基本要素

表示大气状态的物理量和物理现象通称为气象要素。气温、气压、空气湿度等物理量是气象要素，风、云、降水等天气现象也是气象要素，它们都能在一定程度上反映当时的大气状况。其中气温、气压和空气湿度称为三大气象要素。

（1）气温

气温是表示空气冷热程度的物理量，它实质上是空气分子平均动能大小的宏观表现。一般情况下我们可将空气看作理想气体，这样空气分子的平均动能就是空气内能，因此气温的升高或降低，也就是空气内能的增加或减少。气温通常用三种温标来度量，即摄氏温标（℃）、华氏温标（°F）和绝对温标（K）。摄氏温标将标准状况下纯水的冰点定为 0℃，沸点定为 100℃，其间分为 100 等分，每一等分为 1℃。华氏温标是将纯水的冰点定为 32°F，沸点定为 212°F，其间分为 180 等分，每一等分为 1°F，可见 1℃ 与 1°F 是不相等的。将摄氏度换算为华氏度的关系式为

$$°F = \frac{9}{5}℃ + 32$$

实际大气中，气温变化的基本方式有气温的非绝热变化和绝热变化两种。

1）非绝热变化。气温的非绝热变化是空气与外界有热量交换而引起的气温变化，其主要方式有辐射、乱流、传导和水相变化。

①辐射。辐射是物体之间以电磁波形式传送能量的方式。所有温度不低于绝对零度的物体，都要向周围放出辐射能，同时也吸收周围的辐射能。物体温度越高，辐射能力越强，辐射的波长越短。如物体吸收的辐射能大于其放出的辐射能，温度就要升高，反之，则温度降低。

a. 太阳是地球大气的最终能量来源。到达地球大气的太阳辐射，20% 被高层的离子和臭氧吸收，35% 被大气和云层散射和反射，而到达地表的太阳辐射量中，约 1/3 被地表吸收，1/3 被地表反射，剩余 1/3 被水汽蒸发消耗。

b. 地表是对流层大气的直接能量来源。地表通过吸收太阳的短波辐射，再发出能被大气吸收的长波辐射而影响气温的变化。不同的地理位置、不同的地形特点、不同的地表性质，导致地表吸收的太阳辐射量不同。例如，在北半球，山的南坡和山顶吸收太阳的热量比山的北坡和山谷多；新雪面或冰面的反射率大，地表吸收的太阳辐射量大大减少。

c. 大气对地表具有保持温度的作用。大气吸收、散射及云层反射等能够削弱太阳辐射，减缓地面增温。

大气吸收地表长波辐射的同时也向外发出长波辐射，其中大部分指向地面，称为大气逆辐射，它能够减缓地面温度降低。

大气杂质越多、云层越厚，其白天对太阳辐射的削弱及夜间对地面的保温越强。

②乱流。乱流是空气无规则的小范围涡旋运动。乱流使空气微团产生混合，气块间热量也随之得到交换。摩擦层下层由于地表的摩擦阻碍而产生扰动，以及地表增热不均匀而引起空气乱流，是乱流活动最强烈的层次，乱流是这一层中热量交换的重要方式之一。

大气乱流包括平流、对流与湍流。

a. 平流是指空气的水平运动。暖平流（平流到较冷地区的暖空气）可使一个地区气温升高，冷平流反之，从而实现不同地区间空气的能量传递。

b. 对流是指空气的垂直运动。当空气受热不均匀时，暖而轻的空气上升，冷而重的空气下降，可达到不同高度气层的热量混合。

c. 湍流又称紊流，是指空气的不规则运动，可使温度不同的相邻空气进行混合，发生热量交换。

③传导。传导是热量从温度较高的区域沿着物体传到温度较低的区域。由于空气的导热能力很差，因此这种导热方式只在贴近地面的气层中显得较为重要。夜间，地表发出长波辐射后的降温使贴近地面的大气温度降低，容易形成辐射逆温。

④水相变化。水在相变过程中，吸收或释放热量。蒸发、升华和融化过程吸收热量，凝结、凝华和冻结过程释放潜热，从而引起气温变化。在热带气旋和雷暴天气的发展中，潜热释放加剧对流的发展。

总的来说：

a. 太阳、地面和大气之间的热量交换主要通过辐射方式。

b. 在气团或气层之间，平流、对流和湍流是能量传递的主要方式。

c. 在地面与紧贴地面气层间，传导是非常重要的一种方式。

d. 在云、雨中，水汽相变导致的气温变化不可忽视。

2）绝热变化。绝热变化是指空气块与外界没有热量交换，仅由于其自身内能增减而引起的温度变化。例如，当空气块被压缩时，外界对它做的功转化为内能，空气块温度会升高；反之，空气块在膨胀时温度会降低。飞机在飞行中，其机翼前缘空气被压缩而增温，后缘涡流区空气因膨胀而降温，对现代高速飞机来说是非常明显的。实际大气中，当气块做升降运动时，可近似看作绝热过程。气块上升时，因外界气压降低而膨胀，对外做功消耗一部分内能，温度降低；气块下降时则相反，温度升高。

气块在升降过程中温度绝热变化的快慢用绝热直减率来表示。绝热直减率表示在绝热过程中，气块上升单位高度时其温度的降低值（或下降单位高度时其温度的升高值）。气块在升降过程中温度的绝热变化过程有两种情况，即伴随水相变化的绝热过程和不伴随水相变化的绝热过程。

引起空气温度变化的绝热因素与非绝热因素常常是同时存在的，但因条件不同而有主次之分。当气块做水平运动或静止不动时，非绝热变化是主要的；当气块做垂直运动时，绝热变化是主要的。

（2）气压

气压即大气压强，是指与大气相接触的面上，空气分子作用在每单位面积上的力。这个力是由空气分子对接触面的碰撞而引起的，也就是空气分子运动所产生的压力。常用的量度气压的单位有百帕（hPa）和毫米汞柱（mmHg）。

$$1hPa = 100N/m^2 = 0.75mmHg$$

在大气处于静止状态时，某一高度上的气压值等于其单位水平面积上所承受的上部大气柱的重量。随着高度增加，其上部大气柱越来越短，且气柱中空气密度越来越小，气柱重量也就越来越小。

航空上常用的几种气压有本站气压、修正海平面气压、场面气压和标准海平面气压。

1）本站气压是指气象台气压表直接测得的气压。由于各测站所处地理位置及海拔高度不同，本站气压常有较大差异。

2）修正海平面气压是由本站气压推算到同一地点海平面高度上的气压值。运用修正海平面气压，便于分析和研究气压水平分布情况。海拔高度大于1500m的测站不推算修正海平面气压，因为推算出的海平面气压误差可能过大，参考价值不大。

3）场面气压是指场面着陆区（跑道入口端）最高点的气压。场面气压也是由本站气压推算出来的。飞机起降时为了准确掌握其相对跑道的高度，就需要知道场面气压。场面气压也可由机场标高点处的气压代替。

4）标准海平面气压是大气处于标准状态下的海平面气压，其值为 1013.25hPa 或 760mmHg。海平面气压是经常变化的，而标准海平面气压是一个常数。

飞机飞行时，测量高度多采用无线电高度表和气压式高度表。无线电高度表所测量的是飞机相对于所飞越地区地表的垂直距离。无线电高度表能不断地指示飞机相对于所飞越地表的高度，并对地形的任何变化都很"敏感"，这既是很大的优点，又是严重的缺点。如果在地形多变的地区上空飞行，驾驶员试图按无线电高度表保持预定飞行高度，飞机航线将随地形起伏。而且，如果在云上或有限能见度条件下飞行，将无法判定飞行高度的这种变化是由于飞行条件受破坏造成的，还是由于地形影响引起的。这样就使无线电高度表的使用受到限制，因而它主要用于校正仪表和在复杂气象条件下着陆使用。

气压式高度表是主要的航行仪表。它是一个高度灵敏的空盒气压表，但刻度盘上标出的是高度，另外有一个辅助刻度盘可显示气压，高度和气压都可通过旋钮调定。高度表刻度盘是在标准大气条件下按气压随高度的变化规律而确定的，即气压式高度表所测量的是气压，根据标准大气中气压与高度的关系，就可以表示高度的高低。

（3）空气湿度

从前面我们已经知道，大气中含有水汽，大气中的水汽含量随时间、地点、高度、天气条件是在不断变化的。空气湿度就是用来度量空气中水汽含量多少或者空气干燥潮湿程度的物理量。

相对湿度为常用的湿度表示方法。

相对湿度 f 定义为空气中的实际水汽压 e 与同温度下的饱和水汽压 E 的百分比，即

$$f = \frac{e}{E} \times 100\%$$

相对湿度的大小直接反映了空气距离水汽饱和状态的程度。相对湿度越大，说明空气中的水汽越接近饱和。相对湿度的大小取决于两个因素：一个因素是空气中的水汽含量，水汽含量越多，水汽压越大，相对湿度越大；另一个因素是温度，在水汽含量不变的情况下，温度升高，饱和水汽压增大，相对湿度减小。

当空气中水汽含量不变且气压一定时，使空气达到水汽饱和的温度，称为露点。

气压一定时，露点的高低只与空气中的水汽含量的多少有关系。水汽含量越多，露点温度越高，即露点温度的高低反映了空气中水汽含量的多少。

当空气处于未饱和状态时，其露点温度低于气温，只有在空气达到饱和时，露点温度才和气温相等。所以可以用气温露点差来判断空气的饱和程度，气温露点差越小，空气越潮湿。

露点温度的高低还与气压的大小有关。在水汽含量不变的情况下，气压降低时，露点温度也会随之降低。实际大气中做上升运动的空气块，一方面由于体积膨胀而绝热降温，另一方面由于气压的减小，其露点温度也有所降低，但气温降低速度远远大于露点温度的降低速度，因而空气块只要能上升到足够的高度就可以达到饱和（气温和露点趋于一致）。一般而言，未饱和的空气每上升 100m，温度约下降 1℃，而露点温度约下降 0.2℃，因此气温露点差的减小速度约为 0.8℃/100m。

2. 工作页

学校名称		任课教师	
班级		学生姓名	
学习领域	学习领域：无人机操控飞行		
学习情境	学习情境4：多旋翼无人机水平单圆飞行	学习时间	30min
工作任务	A：大气结构与要素	学习地点	理实一体化教室

大气结构与要素

请完成下列单选题：（每题1分，共29分）

(1) 大气是由（　　）组成。
    A. 约78%的氮气、21%的氧气以及1%的其他气体
    B. 约75%的氮气、24%的氧气以及1%的其他气体
    C. 约78%的氮气、20%的氧气以及2%的其他气体

(2) 大气是一种混合物，它由（　　）组成。
    A. 空气和水汽凝结物　　　　　　　　B. 空气和固体微粒
    C. 空气、水汽及液体或固体杂质

(3) 约5500m高度的大气重量仅仅是海平面时的（　　）。
    A. 三分之一　　　　　　B. 一半　　　　　　C. 四分之一

(4) 地表和潮湿物体表面的水分蒸发进入大气就形成了大气中的水汽。大气中的水汽含量平均占整个大气体积的0～5%，并随着高度的增加而（　　）。
    A. 逐渐增加　　　　　B. 保持不变　　　　　C. 逐渐减少

(5) 大气分层的主要依据是（　　）。
    A. 气层气压的垂直分布特点　　　　　B. 气层气温的垂直分布特点
    C. 气层中风的垂直变化特点

(6) 在实际运用中，通常使用气温的垂直递减率单位为（　　）。
    A. ℃/1000m　　　　　B. ℃/500m　　　　　C. ℃/100m

(7) 对流层因为空气有强烈的对流运动而得名，它的底界为地面，上界高度随纬度、季节、天气等因素而变化。同一地区对流层上界高度（　　）。
    A. 冬季大于夏季　　　B. 夏季大于冬季　　C. 冬季与夏季相同

(8) 对流层的主要特征是（　　）。
    A. 气温随高度不变　　　　　　　　　B. 气温、湿度的水平分布均匀
    C. 空气具有强烈的垂直混合

(9) 以下选项中不是对流层的主要特征的是（　　）。
    A. 气温随高度升高而升高　　　　　　B. 气温、湿度的水平分布很不均匀
    C. 空气具有强烈的垂直混合

(10) 对流层（　　）的空气运动受地形扰动和地表摩擦作用最大，气流混乱。
    A. 上层　　　　　　　B. 中层　　　　　　C. 下层

(11) 对流层中的平均气温垂直递减率约为（　　）。
    A. 0.65℃/100m　　B. 6.5℃/100m　　C. 0.5℃/100m

(12) 对流层中，按气流和天气现象分布的特点，可分为下、中、上三个层次，对流层中层气流的基本特征是（　　）。
    A. 气流混乱　　　　　B. 气流相对平稳　　C. 水汽含量很少

(13) 平流层范围从对流层顶到大约55km的高度上，空气热量的主要来源是臭氧吸收太阳紫外辐射，因此（　　）。
    A. 平流层中气温随高度增高而升高　　B. 平流层中气温不随高度变化而变化
    C. 平流层中不含有水汽

（14）平流层对航空活动有利的方面是（　　　）。

　　A. 气流平稳、无恶劣天气、发动机推力增大

　　B. 气温低、飞机载重量增加、飞机真空速增大

　　C. 气流平稳、能见度好、空气阻力小

（15）气象上把气温垂直递减率等于零（即 $\gamma = 0$）的气层称为（　　　）。

　　A. 逆温层　　　　　　B. 等温层　　　　　　C. 不稳定气层

（16）从地球表面到外层空间，大气层依次是（　　　）。

　　A. 对流层、平流层、中间层、电离层和外逸层

　　B. 对流层、平流层、电离层、中间层和外逸层

　　C. 对流层、中间层、平流层、电离层和外逸层

（17）对流层的高度，在地球中纬度地区约为（　　　）。

　　A. 8km　　　　　　　B. 16km　　　　　　　C. 11km

（18）下列叙述属于平流层特点的是（　　　）。

　　A. 空气中几乎没有水蒸气　　　　　　B. 空气没有上下对流

　　C. 高度升高气温下降

（19）下列叙述不属于平流层的特点是（　　　）。

　　A. 空气中的风向、风速不变　　　　　　B. 温度大体不变，平均在 $-56.5℃$

　　C. 空气上下对流激烈

（20）在对流层内，空气的温度（　　　）。

　　A. 随高度增加而降低　　　　　　B. 随高度增加而升高

　　C. 随高度增加保持不变

（21）现代民航客机一般巡航在（　　　）。

　　A. 对流层顶层、平流层底层　　　　　　B. 平流层顶层

　　C. 对流层底层

（22）三大气象要素为（　　　）。

　　A. 气温、气压和空气湿度　　　　　　B. 气温、风和云

　　C. 风、云和降水

（23）不属于影响飞机机体腐蚀的大气因素是（　　　）。

　　A. 空气的相对湿度　　B. 空气压力　　　　C. 空气的温差

（24）绝对零度约等于（　　　）。

　　A. $-273℉$　　　　　B. $-273K$　　　　　C. $-273℃$

（25）下述物理量中，反映大气潮湿程度的量是（　　　）。

　　A. 饱和水汽压　　　　B. 相对湿度　　　　　C. 露点温度

（26）大气系统热量的主要来源是吸收太阳辐射，下列说法正确的是（　　　）。

　　A. 当太阳辐射通过大气层时，约有44%被大气直接吸收

　　B. 当太阳辐射通过大气层时，约有34%被大气直接吸收

　　C. 当太阳辐射通过大气层时，约有24%被大气直接吸收

（27）气压一定时，气温露点的高低可以表示（　　　）。

　　A. 空气的饱和程度　　B. 空气中的水汽含量　C. 空气中凝结核的含量

（28）关于升限，下列叙述中正确的是（　　　）。

　　A. 气温升高，大型飞机的升限要升高

　　B. 气温变化对喷气式飞机的升限没有影响

　　C. 气温升高，所有飞机的升限都要减小

（29）当气温高于标准大气温度时，飞机的载重量要（　　　）。

　　A. 增加　　　　　　　B. 减小　　　　　　　C. 保持不变

4.3.2 大气特性与对流

1. 信息页

学习领域	学习领域：无人机操控飞行		
学习情境	学习情境4：多旋翼无人机水平单圆飞行	学习时间	30min
工作任务	B：大气特性与对流	学习地点	理实一体化教室

大气特性与对流

1. 基本天气现象

国内外多年来的飞行事故统计资料分析表明，由气象因素造成的飞行事故占总事故数的1/4~1/3。按飞行各阶段划分，巡航阶段的飞行事故较少，其中约有一半与气象因素直接相关，主要是巡航途中遭遇恶劣天气；起飞和着陆阶段出现的事故最多，尤其是着陆，使得发生在机场周围的飞行事故约占总事故数的90%。

在飞行各个阶段，影响飞行的主要气象因素不完全一样，可大致分为：

1）起飞着陆阶段：侧风、阵风、下沉气流、风的垂直切变、下冲气流、视程障碍、雾、烟幕、雾霾、降雪、吹雪、沙尘暴、扬沙、低云、大雨、跑道积水/积冰/积雪、霜。

2）爬升、巡航、下滑阶段：云中湍流、晴空湍流、局部环流、地形波、低空急流、雷暴、台风、积冰、沙尘暴、扬沙、浮尘。

3）停场未入库阶段：雷暴、冰雹、龙卷风、阵风、山区下坡风、台风。

其他，如航站站址的选择与建设、备降机场的配置、航线确定以及机场、航线的适航率和社会经济效益分析等，与不同天气条件密切相关，一般属于航空气候的范畴。

2. 大气特性

地球表面有一层厚厚的大气层，由于地球引力的作用，大气被"吸"向地球，虽然空气很轻，但仍有重量，有了重量就会产生力量，它作用于物体的效果就是压力。大气压力是地球引力作用的效果。

（1）大气压力的度量

大气压力通常以水银气压计毫米汞柱（mmHg）来度量。测量大气压力的气压计有两种：

1）水银气压计。通过测量玻璃管内水银柱的高度来度量大气压。一部分水银暴露在大气压下，大气对水银施加一个力。压力增加，迫使管内的水银上升；压力下降时，水银从管内流出来，水银柱的高度降低。此类气压计通常在实验室或者天气观测站使用，其缺点是不易运输，读数困难。

2）无液气压计。无液气压计有一个密封的容器，称为真空膜盒，它可以随着气压的变化缩短或伸长。真空膜盒用机械式铰链连接到压力指示器来提供压力读数。一架飞机的高度计的压力传感部分本质上就是一个无液气压计。需要注意的是，虽然无液气压计易于运输和读数，但因为它使用了机械式铰链，所以不如水银气压计准确。

实际大气状态是不断变化着的，而飞机的性能和某些仪表（高度表、空速表等）的示度，都与大气状态有关。为了便于比较飞机性能和设计仪表，必须以一定的大气状态为标准。

目前由国际民航组织（ICAO）统一采用的标准海平面大气压力定义为1013.25hPa，海平面温度为59°F（15℃），海平面大气标准密度为1.2250kg/m³。

大气测量的基本单位为帕斯卡（Pa），此外还有百帕（hPa）、毫巴（mbar）。其换算关系是：1mbar = 1hPa = 100Pa。因此标准海平面大气压力为1013.25mbar。常见的毫巴压力读数范围为950 ~ 1040mbar。恒定压力图表和飓风压力报告是使用毫巴来表示的。

（2）海拔高度对大气压力的影响

在大气处于静止状态时，某一高度上的气压值等于其单位水平面积上所承受的上部大气柱的重量。随着高度增加，其上部大气柱越来越短，且气柱中空气密度越来越小，气柱重量也越来越轻。随着海拔升高，空气变得稀薄，大气压力也随着降低，一般来说，高度每增加1000ft（304.8m），大气压力就会降低1inHg（2.54cmHg）高度。分布于全球的气象站，为了提供一个记录和报告的标准，都会按照海拔高度每增加1000ft（304.8m）就近似降低1inHg（2.54cmHg）的规则将当地大气压换算为一个海平面压力。例如，一个位于海拔5000ft（1524m）的气象站，其读数为24.92inHg（约63.3cmHg），那么报告的海平面压力读数就是29.92inHg（约76.0cmHg）。使用公共的海平面压力读数可以帮助确保基于当前压力读数的飞机高度计的设定是准确的。

大气压力的降低对飞机性能有显著的影响。在较高的高度，伴随着大气压力的降低，起飞和着陆距离增加，爬升率会减小。

当一架飞机起飞时，升力须通过机翼周围的空气流动才能产生。如果空气稀薄，就需要更大的速度来获得足够的起飞升力，因此，地面滑跑距离就会更长。若一架飞机在海平面需要1000ft（304.8m）的滑跑距离，则在海平面5000ft（1524m）以上高度的机场将需要差不多两倍的滑跑距离。

（3）空气密度差异的影响

气温、气压和空气湿度的变化都会对飞机性能和仪表指示造成一定的影响，这种影响主要通过它们对空气密度的影响而实现。空气密度与气压成正比，与气温成反比。对局部空气而言，气温变化幅度比气压变化幅度要大得多，因此空气密度变化主要由气温变化引起。

实际大气中通常含有水汽，由于水的分子量（约为18）比空气平均分子量（约为29）要小得多，因此水汽含量不同的空气，密度也不一样，水汽含量越大，空气密度越小。暖湿空气的密度要比干冷空气的密度小得多。

飞机的飞行性能主要受大气密度的影响。如当实际大气密度大于标准大气密度时，一方面空气作用于飞机上的力要加大，另一方面发动机功率增大，推力增大。这两方面作用的结果就会使飞机飞行性能变好，即最大平飞速度、最大爬升率和起飞载重量会增大，而飞机起飞、着陆滑跑距离会缩短。当实际大气密度小于标准大气密度时，情况相反。

3. 大气的对流运动

（1）对流产生的原因

大气对流运动是由地球表面受热不均引起的。空气受热膨胀上升，受冷则下沉，进而产生了强烈而比较有规律的升降运动。温度越高，大气对流运动越明显。因此赤道地区对流效果最明显。

假定地球不自转，地球表面性质一样，对流层低纬度温度高，高纬度温度低，使得空气在赤道地区上升，极地地区下沉，在南北温差作用下，高空风为从赤道吹向极地，在气压梯度力的作用下，低空风为从极地吹向赤道，构成直接热力环流。

然而，地球自转产生的地球自转偏向力对风向产生了影响。以北半球为例，地球自转偏向力使得空气向右偏转，偏转的程度根据纬度的不同而变化，在极地最大，在赤道降低为零。地球的自转速度导致每个半球上整体的气流分开成三个明显的气流单元。在北半球，赤道地区的暖空气从地表向上升起，向北流动，同时因地球的自转而向东转向。

当前进到从赤道到北极距离的约 1/3 时，它不再向北流动，而是向东流动。这时空气会在大约北纬 30° 的带状区域变冷下降，导致它向地表下降的区域成为一个高压区域。然后它沿着地表向南流向赤道。地球自转偏向力使得气流向右偏转，因此在北纬 30° 与赤道之间产生了东北方向的信风。类似的力产生了纬度 30°～60° 范围内以及纬度 60° 到极地地区的围绕地球的循环单元。

循环模式由于季节变化、大陆和海洋的表面差异以及其他因素而变得更加复杂。地球表面的地形产生的摩擦力也会改变大气中空气的运动。距地表 2000ft（609.6m）内，地表和大气之间的摩擦力使空气的流动变慢。摩擦力减小了地球自转偏向力，使得风从它的路径转向。这是在地表的风向稍微不同于地表之上几千英尺高度的风向的原因。

（2）对流冲击力

使原来静止的空气产生垂直运动的作用力，称为对流冲击力。实际大气中，对流冲击力的形成有热力和动力两种原因，它们产生的对流分别称为热力对流和动力对流。

1）热力对流冲击力。热力对流冲击力是由地面热力性质差异引起的。白天，在太阳辐射作用下，山岩地、沙地、城市地区比水面、草地、林区、农村升温快，其上空气受热后温度高于周围空气，因而体积膨胀、密度减小，使浮力大于重力而产生上升运动。天气越晴朗，太阳辐射越强，这种作用越明显。夜晚情形正好相反，山岩地、沙地等地面降温快，其上空气冷却收缩，产生下沉运动。天气越晴朗，这种作用越明显。

2）动力对流冲击力。动力对流冲击力是空气运动时受到机械抬升作用而引起的，如山坡迎风面对空气的抬升、气流辐合辐散时造成的空气升降运动等，都属于动力对流冲击力。

对流气流可导致飞机颠簸。在温暖的天气，飞行在较低高度，有时会遇到湍流空气。因为低高度飞越不同的地表时，很有可能在路面和荒地上空遇到上升气流，在水体或者类似成片树林的广阔植被区域之上遇到下降气流。一般地，这些湍流环境可以通过飞在更高的高度来避免，甚至是飞在积云层之上。

对流气流在大陆和一大片水体相邻的区域特别明显，例如海洋、大的湖泊。在白天，陆地比水受热升温更快，所以陆地上的空气变得更热，密度更低。它上升后，原空间被更冷的来自水面上的稠密空气填充。风从海洋吹向陆地，称为海风。相反，在夜晚，风从陆地吹向海洋，称为陆风。

接近地面的对流气流会影响驾驶员控制飞机的能力。例如，在最后进近时，一方面，来自全无植被的地形的上升气流有时会造成漂浮效应，导致驾驶员飞过预期的着陆点；另一方面，在一大片水体或者稠密植被的区域之上进近会趋于产生一个下沉效应，导致不警惕的驾驶员着陆在不到预期的着陆点。

（3）风的模式

因为空气总是寻找低压区域，所以气流会从高压区域向低压区域流动。在北半球，从高压区域向低压区域流动的空气向右偏转，产生一个绕高压区域的顺时针循环，称为反气旋循环。而绕低压区域流动的空气因偏转产生一个逆时针循环，称为气旋循环。高压系统一般是干燥稳定的下降空气的区域，通常形成晴朗的天气。相反，空气流进低压区域会取代上升的空气，这时空气会趋于不稳定，通常会带来云量和降水量的增加，因此多造成坏天气。

对高、低压风模式的良好理解对制订飞行计划有很大的帮助，因为驾驶员可以利用有利的顺风。当计划一次从西向东的飞行时，沿高压系统的北边和低压系统的南边将会遇到有利风向。在返程飞行中，最有利的风向则是同一高压系统的南边或低压系统的北边。此外，一个额外的好处是能够更好地把握在一个给定区域沿着基于高低压占主导的飞行路线上可以预期什么样的天气。

（4）障碍物对风的影响

地面上障碍物影响风的流向。地面的地形和大的建筑物会分散风的流向，造成会快速改变方向和速度的阵风。这些障碍物包括人造建筑物（如飞机棚等）和大的自然障碍物（如山脉、峭壁或者峡谷等）。当飞进或者飞离靠近这些障碍物的飞机场时，驾驶员需要高度警惕。

和地面建筑物有关的湍流强度取决于障碍物的大小和风的基本速度。湍流会影响任何飞机的起飞和着陆性能，也会引发非常严重的危险。在飞行的着陆阶段，飞机可能由于湍流空气而下降，导致飞得太低而不能飞越进近时的障碍物。在山地区域时这种情况甚至更加明显。

风沿着迎风侧平稳地向上流动，上升的气流会帮助飞机飞越山脉的顶峰，而背风侧的效果则不一样。当空气流在山的背风侧向下时，空气顺着地形的轮廓流动，湍流逐渐增加。这就趋向于把飞机推向山的一侧。风越强，向下的压力和湍流就变得越强烈。

由于在山谷或者峡谷中地形对风的影响，强烈的向下气流可能相当严重。因此郑重地建议谨慎的驾驶员寻找一位合格的山地飞行指导员，在多山的地形或者靠近多山地区飞行前对山地进行调查。

4. 大气稳定度

大气稳定度是指整层空气的稳定程度，以大气的垂直运动加速度来判定。大气中某一高度的一团空气，如受到某种外力的作用，产生向上或向下运动时，可以出现三种情况：

1）稳定状态：移动后逐渐减速，并有返回原来高度的趋势。

2）不稳定状态：移动后，加速向上或向下运动。

3）中性平衡状态：如将它推到某一高度后，既不加速，也不减速。

大气稳定度对于形成云和降水有重要作用，有时也称大气垂直稳定度。简而言之，大气稳定度评价的是空气受到垂直方向扰动后，大气层结（温度和湿度的垂直分布）使该气团具有返回或远离原来平衡位置的趋势和程度。

（1）气温

气温对飞行造成的直接或间接影响是多方面的。

1）气温高低影响飞机滑跑距离。气温高时，空气密度小，一方面使发动机推力或螺旋桨拉力减小，飞机增速慢；另一方面，使飞机的升力减小，要求飞机的离地速度增大，所以飞机起飞的滑跑距离要长一些。反之，气温低时，空气密度大，飞机增速快，飞机升力增大，因此起飞的滑跑距离就短一些。

同理，飞机着陆时的滑跑距离也受气温影响。气温高时，空气密度小，阻力小，飞机减速慢，滑跑距离增加；反之，气温低时，滑跑距离缩短。

2）气温对飞机平飞的最大速度也有影响。气温低时，空气密度大，飞机发动机的推力增大，空气的阻力也增加，但阻力增加数值不及推力增加数值，综合结果还是使平飞最大速度增加；相反，飞机在超声速和低速飞行时，气温升高，平飞最大速度则会减小。

3）气温高低影响飞机空速表和高度表的示数。飞机上使用的空速表和高度表是根据标准密度和标准气压设计的。在纬度45°处的海平面上，气压为760mmHg，气温为15℃时，所对应的空气密度为1.225kg/m³，此密度称为标准密度，此气温称为标准气温。当实际空气密度与标准密度不一致或者实际气温与标准气温不一致时，就会影响到空速表和高度表示数的精准程度。

4）气温的变化常常引起各种天气变化，进而影响到飞行活动。气温的变化和由于地表性质不同而引起的气温分布不均，最容易形成小规模的地方性风，这种小规模的地方性风常常引起低空风的突然变化，产生旋涡，这种旋涡将造成飞机颠簸甚至失速。

夜间气温降低，低层常常出现逆温，这是形成雾和烟幕的有利条件。雾和烟幕使飞行能见度变低。

温度随高度的分布是决定大气稳定度和形成云、雷雨的重要条件。因云和雷雨以及大气不稳定而出现的晴空对流，是影响飞行稳定性甚至危及安全的天气现象。

（2）相对湿度

相对湿度是指空气中水汽压与饱和水汽压的百分比，即湿空气的绝对湿度与相同温度下可能达到的最大绝对湿度之比，也可以表示为湿空气中水蒸气分压力与相同温度下水的饱和压力之比。它反映了降雨、有雾的可能性。

（3）温度/露点关系

露点温度指空气在水汽含量和气压都不改变的条件下，冷却到饱和时的温度。形象地说，就是空气中的水蒸气变为露珠时候的温度。露点温度虽为温度值，但可以表示湿度，这是因为当空气中水汽达到饱和时，气温与露点温度相同；当水汽未达到饱和时，气温一定高于露点温度。露点与气温的差值可以表示空气中的水汽距离饱和的程度。在100%的相对湿度时，周围环境的温度就是露点温度。露点温度越小于周围环境温度，结露的可能性就越小，也就意味着空气越干燥。露点不受温度影响，但受压力影响。当潮湿的不稳定空气上升时，云经常在温度和露点一致的高度形成。当升高时，不饱和空气冷却速度约为 $5.40°F/1000ft$，而露点温度降低速度约为 $1°F/1000ft$。这就导致了温度的收敛，即露点变化速度约为 $4.4°F/1000ft$。在报告的温度和露点数据上应用收敛速度来确定云底的高度。

（4）确定空气到达饱和点的方法

空气中容纳水汽的数量随气温变化，气温越高，可以容纳的水汽就越多。在一定温度下，当空气不能再容纳更多的水汽时，就成了饱和空气。在温度一定的条件下，单位体积空气中容纳水汽的数量有一定的限度，如果水汽含量未达到此限度，称为未饱和空气；如果水汽含量超过此限度，称为过饱和空气；如果水汽含量恰好达到这个限度，则称为饱和空气。从分子运动角度看，若同一时间内逸出水面的水分子与落回水面的水汽分子恰好相等，则水与水汽之间达到平衡状态，蒸发停止，处于这种状态的空气称为饱和空气。

（5）露和霜

飞机外表面的冰、霜、雪等污染物会使飞机的外形发生变化，增加飞机质量，使飞机的外表面变得粗糙，增加阻力，减小升力。严重时会引起飞机失速和瞬间反常上仰，从而使操纵效能降低及起飞离地过程中出现非指令仰角变化和滚转，使飞行姿态难以控制，处置不当会严重危及飞行安全。

（6）雾

雾是从地表开始50ft（15.24m）高度内的云。它通常发生在接近地面的空气温度降低到空气的露点时。这时，空气中的水蒸气凝结，变成雾这种可见的形式。雾是按照它形成的方式来分类的，且依赖于当前温度和空气中水蒸气的多少。

（7）云

云是可见的指示物，而且通常也是将来天气的预示。对于云的形成，必须有足够的水蒸气和凝结核，以及空气可以冷却的条件。当空气冷却，到达它的饱和点，不可见的水蒸气变为可见的状态。机场上空高度较低的云会使驾驶员看不清跑道，直接影响飞机的起降。其中，危害最大的云是对流云，飞机一旦进入，易遭到电击，使仪表失灵，油箱爆炸，或者造成强烈颠簸、结冰，使操纵失灵，发生飞行事故。

2. 工作页

学校名称		任课教师	
班级		学生姓名	
学习领域	学习领域：无人机操控飞行		
学习情境	学习情境4：多旋翼无人机水平单圆飞行	学习时间	30min
工作任务	B：大气特性与对流	学习地点	理实一体化教室

大气特性与对流

请完成下列单选题：（每题1分，共38分）

（1）在标准大气中，海平面上的气温和气压值是（　　　）。
    A. 15℃，1000hPa   B. 0℃，760mmHg   C. 15℃，1013.25hPa

（2）大气压力的降低对飞机性能有显著的影响。在较高的高度，伴随着大气压力的降低，（　　　）。
    A. 起飞和着陆距离会增加，爬升率会减小
    B. 起飞和着陆距离会增加，爬升率也会增加
    C. 起飞和着陆距离会减小，爬升率也会减小

（3）气温、气压和空气湿度的变化都会对飞机性能和仪表指示造成一定的影响，这种影响主要通过它们对空气密度的影响而实现，下列描述正确的是（　　　）。
    A. 空气密度与气压成正比，与气温也成正比
    B. 空气密度与气压成正比，与气温成反比
    C. 空气密度与气压成反比，与气温成正比

（4）飞机的飞行性能主要受大气密度的影响。当实际大气密度大于标准大气密度时，（　　　）。
    A. 空气作用于飞机上的力要加大，发动机推力减小
    B. 空气作用于飞机上的力要减小，发动机推力增大
    C. 空气作用于飞机上的力要加大，发动机推力增大

（5）飞机按气压式高度表指示的一定高度飞行，在飞向低压区时，飞机的实际高度将（　　　）。
    A. 保持不变   B. 逐渐升高   C. 逐渐降低

（6）飞机在比标准大气冷的空气中飞行时，气压高度表所示高度将比实际飞行高度（　　　）。
    A. 相同   B. 低   C. 高

（7）在高海拔、寒冷、空气稀薄地区，飞行负载不变，飞行状态会（　　　）。
    A. 功率损耗增大，飞行时间减少   B. 最大起飞质量增加
    C. 飞行时间变长

（8）大气对流运动是由于地球表面受热不均引起的。空气受热膨胀上升，受冷则下沉，进而产生了强烈而比较有规则的升降运动。温度越高，大气对流运动越明显。因此对流效果最明显的是（　　　）。
    A. 北半球   B. 赤道地区   C. 南半球

（9）对飞机飞行安全性影响最大的阵风是（　　　）。
    A. 上下垂直于飞行方向的阵风
    B. 左右垂直于飞行方向的阵风
    C. 沿着飞行方向的阵风

（10）对起飞降落安全性造成不利影响的是（　　　）。
    A. 稳定的逆风场   B. 跑道上的微冲气流   C. 稳定的上升气流

（11）地球自转产生的地球自转偏向力对风向产生影响，下列描述正确的是（　　　）。
    A. 北半球，地球自转偏向力使得气流向东偏转

B. 北半球，地球自转偏向力使得气流向西偏转

C. 北半球，地球自转偏向力使得气流先向东再向西偏转

(12) 地球自转偏向力使得气流向右偏转，因此北纬30°到赤道之间产生（   ）信风。

    A. 东南方向   B. 东北方向   C. 西南方向

(13) 在地表的风向稍微不同于地表之上几千英尺高度的风向的原因是（   ）。

    A. 当地地形影响气压   B. 地面有较强的地转偏向力

    C. 风和地面之间的摩擦作用

(14) 使原来静止的空气产生垂直运动的作用力，称为（   ）。

    A. 对流冲击力   B. 气动作用力   C. 热力作用力

(15) 空气在做水平运动时，（   ）阻止了空气直接从高压区流向低压区。

    A. 惯性离心力   B. 地转偏向力   C. 摩擦力

(16) 白天，在太阳辐射作用下，山岩地、沙地、城市地区比水面、草地、林区、农村升温快，其上空气受热后温度高于周围空气，因而体积膨胀，密度减小，使浮力大于重力而产生上升运动。这种现象会引起（   ）。

    A. 压差作用力   B. 温差作用力   C. 热力对流冲击力

(17) 下列属于动力对流冲击力的是（   ）。

    A. 山坡迎风面对空气的抬升   B. 气流辐合辐散时造成的空气水平运动

    C. 气温变化造成的空气上升或下降

(18) 在温暖的天气飞行在较低高度，有时会遇上湍流空气，以下描述正确的是（   ）。

    A. 很可能在路面和荒地上空发生上升气流

    B. 在类似成片树林的广阔植被区域发生上升气流

    C. 在大片水体区域发生上升气流

(19) 接近地面的对流气流会影响驾驶员操控的能力，下列说法正确的是（   ）。

    A. 在最后进近时，来自全无植被的地形的下降气流有时会产生下沉效应，导致飞过预期的着陆点

    B. 在一大片水体或者稠密植被的区域之上进近会趋于产生下沉效应，导致着陆在不到预期的着陆点

    C. 在一大片水体或者稠密植被的区域之上进近会趋于产生漂浮效应，导致飞过预期的着陆点

(20) 下列说法正确的是（   ）。

    A. 因为空气总是寻找低压区域，所以气流会从高压区域向低压的区域流动

    B. 因为空气总是寻找高压区域，所以气流会从低压区域向高压的区域流动

    C. 是风产生了压力，所以风的尽头压力高

(21) 地面风具有明显日变化的主要原因是（   ）。

    A. 气压的变化   B. 摩擦力的变化   C. 乱流强度的变化

(22) 形成海陆风的对流性环流的原因是（   ）。

    A. 从水面吹向陆地的空气较暖，密度小，导致空气上升

    B. 陆地吸收和散发热量比水面快

    C. 从水面吹向陆地的空气冷，密度大，使空气上升

(23) 地面的地形和大的建筑物会（   ）。

    A. 汇聚风的流向   B. 造成方向和速度快速改变的阵风

    C. 造成方向和速度稳定的阵风

(24) 和地面建筑物有关的湍流强度取决于障碍物的大小和风的基本速度，在山地区域时湍流甚至更加明显。风越过山脊时，（   ）。

    A. 风沿着迎风侧平稳地向上流动   B. 风沿着迎风侧湍流逐渐增加

    C. 风沿着背风侧平稳地向下流动

（25）风吹来时，局地风向不断改变，风速一阵大一阵小的现象称为（　　　）。
　　A. 风的阵性　　　　B. 风切变　　　　C. 风向不定
（26）大气稳定度指整层空气的稳定程度，有时也称大气垂直稳定度，以（　　　）来判定。
　　A. 大气的气温垂直加速度运动
　　B. 大气的气温垂直速度运动
　　C. 大气的气压垂直速度运动
（27）大气中某一高度的一团空气，如受到某种外力的作用后，产生向上或向下运动时，称为稳定状态的是（　　　）。
　　A. 移动后，加速向上或向下运动
　　B. 移动后逐渐减速，并有返回原来高度的趋势
　　C. 外力作用消失后，以匀速持续运动
（28）气温高低对飞机滑跑距离的影响为（　　　）。
　　A. 气温高时，空气密度小，飞机增速慢，飞机的离地速度增大，起飞滑跑距离要长
　　B. 气温低时，空气密度小，飞机增速快，飞机升力减小，起飞滑跑距离要长
　　C. 气温高时，空气密度大，飞机增速快，飞机升力增大，起飞滑跑距离要短
（29）气温对飞机最大平飞速度的影响为（　　　）。
　　A. 气温低时，空气密度大，飞机发动机的推力增大，最大平飞速度增加
　　B. 气温低时，空气密度大，空气的阻力增加，最大平飞速度减小
　　C. 气温高时，空气密度小，空气的阻力减小，最大平飞速度增加
（30）夜间温度降低，低层常常出现逆温，会使得（　　　）。
　　A. 早晨天气晴朗　　B. 早晨有雾和烟幕　　C. 早晨有大风
（31）相对湿度是指（　　　）。
　　A. 空气中水汽含量与饱和水汽含量的百分比
　　B. 空气中水汽压与饱和水汽压的百分比
　　C. 空气中水分占空气总量的百分比
（32）露点温度指空气在水汽含量和气压都不改变的条件下，冷却到饱和时的温度。形象地说，就是空气中的水蒸气变为露珠时候的温度。以下描述正确的是（　　　）。
　　A. 当空气中水汽达到饱和时，气温与露点温度相同
　　B. 当水汽未达到饱和时，气温一定低于露点温度
　　C. 在100%的相对湿度时，周围环境的温度高于露点温度
（33）空气中容纳水汽的数量随气温变化，气温越高，则（　　　）。
　　A. 可以容纳的水汽就越少　　　　　　B. 可以容纳的水汽就越多
　　C. 当空气不能再容纳更多的水汽时，温度就会变化
（34）飞机外表面的冰、霜、雪等（　　　）。
　　A. 会引起飞机操纵效能增加　　　　　B. 会引起指令仰角变化和滚转
　　C. 会使外表面变得粗糙，增加阻力，减小升力
（35）雾通常发生在接近地面的空气温度降低到空气的露点时，是从地表开始（　　　）。
　　A. 50ft 内的云　　　B. 80ft 内的云　　　C. 100ft 内的云
（36）不属于云对安全飞行产生不利影响的原因是（　　　）。
　　A. 影响正常的目测　　B. 温度低造成机翼表面结冰
　　C. 增加阻力
（37）根据国际民航组织的规定，云满天时的云量为（　　　）。
　　A. 12　　　　　　　B. 8　　　　　　　C. 10
（38）机场上空高度较低的云会直接影响飞机的起降。其中，危害最大的云是（　　　）。
　　A. 对流云　　　　　B. 卷状云　　　　　C. 层状云

4.3.3　气团与锋面

1. 信息页

学习领域	学习领域：无人机操控飞行		
学习情境	学习情境4：多旋翼无人机水平单圆飞行	学习时间	30min
工作任务	C：气团与锋面	学习地点	理实一体化教室

气团与锋面

1. 气团

气团是指气象要素（主要指温度和湿度）水平分布比较均匀的大范围的空气团。在同一气团中，各地气象要素的重点分布几乎相同，天气现象也大致一样。气团的水平范围可达几千千米，垂直高度可达几千米到十几千米，常常从地面伸展到对流层顶。气团的分类方法主要有三种：第一种是按气团的热力性质不同，划分为冷气团和暖气团；第二种是按气团的湿度特征的差异，划分为干气团和湿气团；第三种是按气团的发源地，常分为北冰洋气团、极地气团、热带气团、赤道气团。

2. 气团的变性和天气

大气处在不断的运动中，当气团在广阔的源地上取得与源地大致相同的物理属性后，离开源地移至与源地性质不同的下垫面时，二者间发生了热量与水分的交换，则气团的物理属性又逐渐发生变化，这个过程称为气团的变性。

对于不同的气团来说，其变性的快慢是不同的。一般来说，冷气团移到暖的地区变性快，而暖的气团移到冷的地区变性慢。这是因为当冷气团离开源地后，气团低层要变暖、增温，逐渐趋于不稳定，对流易发展，能很快把低层的热量和水汽向上输送，所以，气团变性快；相反，当暖气团离开源地后，由于气团低层不断变冷，气团逐渐趋于稳定，对流不易发展，因此，气团变性较慢。

3. 锋面及其分类

因为不同气团之间的温度和湿度有相当大的差别，而且这种差别可以扩展到整个对流层，当性质不同的两个气团，在移动过程中相遇时，它们之间就会出现一个交界面，称为锋面。锋面就是温度、湿度等物理性质不同的两种气团的交界面，又称过渡带，这个过渡带自地面向高空冷气团一侧倾斜。在这一过渡带里，温度变化特别大。锋面与地面的交线，称为锋线。一般把锋面和锋线统称为锋。所谓锋，也可以理解为两种不同性质的气团的交锋。锋是冷暖气团之间的狭窄、倾斜过渡地带。由于锋两侧的气团性质上有很大差异，因此锋附近空气运动活跃，在锋中有强烈的升降运动，气流极不稳定，常造成剧烈的天气变化。因此，锋是最重要的天气系统之一。锋面的长度与气团的水平距离大致相当，由几百千米到几千千米，宽度比气团小得多，只有几十千米，最宽的也不过几百千米。垂直高度与气团相当，几千米到十几千米。锋面也有冷暖、动静之分。

4. 暖锋

暖锋是指锋面在移动过程中，暖空气推动锋面向冷气团一侧移动的锋。暖锋过境后，暖气团占据原来冷气团的位置。暖锋多在中国东北地区和长江中下游活动，大多与冷锋联系在一起。暖锋过境时，空气温暖湿润，气温上升，气压下降，天气多转云雨。暖锋与冷锋相对，但比冷锋移动速度慢，可能会引起连续性降水或雾。

5. 冷锋

冷气团主动向暖气团移动形成的锋称为冷锋。冷锋是我国最常见的一种锋，它可以活动于全国各地。但由于冷锋和高空槽的配置、移动快慢等不同，冷锋附近云和降水的分布也有明显的差别，有的主要出现在锋后，有的则主要出现在锋前。

（1）快速移动的冷锋

快速移动的冷锋受实际锋面后远处的强烈压力系统推动。地面和冷锋之间的摩擦力阻碍冷锋的运动，因此产生了一个陡峭的锋面。这就产生了一个非常狭窄的天气带，集中在锋面的前沿。如果被冷锋压倒的暖空气是相对稳定的，那么在锋面前方的一段距离内可能出现乌云密布的天空和下雨天气。如果暖空气不稳定，可能形成分散的雷暴和阵雨。沿锋面或锋面之前可能形成连续的雷暴雨带或者一条飑线。由于狂暴的雷暴是强烈且快速移动的，飑线对驾驶员来说是严重的危险。在快速移动的冷锋之后，天空通常很快放晴，冷锋留下了狂暴的阵风和更冷的温度。

（2）飞向逼近的冷锋

和暖锋一样，不是所有的冷锋都相同。向逼近的冷锋飞行，驾驶员会遇到不同的情况。云层从高空分散逐渐向低空分散变化，大气压力不断下降，能见度降低。天气变化呈现多样性。在冷锋附近还可能出现雷暴和阵雨。但冷锋过后天气逐渐变好。所以驾驶员需要使用关于锋面状况的知识，做出合理判断，远离锋面，安全飞行。

（3）冷锋和暖锋对比

暖锋和冷锋在特性上是非常不同的，相同的是每一个锋面都有危险。它们在速度、结构、天气现象和预报方面都是变化多端的。冷锋，它以 32~48km/h 的速度移动，相对暖锋移动得更快，暖锋只以 16~40km/h 的速度移动。冷锋也促使形成陡峭的锋面坡度。激烈的天气活动和冷锋有关，天气通常沿锋面在严重冷锋的前面远到 322km。暖锋导致低云幕高度、差的能见度和下雨天气，而冷锋导致突发的暴风雨、阵风、紊流，有时还有冰雹或者龙卷风。

冷锋是快速来临而很少有迹象，甚至是没有警告的，它们可以在几个小时内引起天气完全变化。过后，天气很快放晴，无限能见度的干燥空气取代了原先的暖空气。而暖锋对它们的来临提供了提前的警告，可能要好几天才能经过一个地区。

冷锋过境的次数以冬季最为频繁。冷锋一般向南到东南方向移动。冷锋影响前，一般吹东南风或南到西南风，气压降低，湿度增大，气温较高；冷锋影响时，风向转为偏北，气压逐渐升高，湿度减小，气温下降，一般会出现降水；冷锋过后，冷空气逐渐占据原来暖空气控制的地区，气温下降，气压上升，天气多转晴好。

6. 风的转向

风在锋面两侧有明显的逆向转变，即由锋后到锋前，风向呈逆时针方向变化，形成锋面气旋。锋面气旋在我国春季最多，秋季较少。它是一个发展深厚的低气压系统，其中心气压低，四周气压高。空气从外围向中心流动，呈逆时针方向旋转。所以，处于气旋前部（即东部）的地方，吹东南风；气旋后部（西部），吹西北风。气旋内部多为辐合上升气流，能造成大片降雨区。因此，当连续吹东南风时，往往预示着天气将要变坏。天气谚语说的"东南风雨祖宗，西北风一场空"和"东风雨，西风晴"是有一定实际意义的。

7. 静止锋

当来自北方的冷气团和来自南方的暖气团，两者势均力敌、强度相当时，它们的交锋区很少移动，这种锋面称为静止锋。

常常冷气团稍强时向南移一些，忽而暖气团强时向北推一些，使锋面呈现南北摆动的状况，又称准静止锋。春季、夏初和秋季的连阴雨天气和梅雨天气就是因静止锋的影响而造成的。

2. 工作页

学校名称		任课教师	
班级		学生姓名	
学习领域	学习领域：无人机操控飞行		
学习情境	学习情境4：多旋翼无人机水平单圆飞行	学习时间	30min
工作任务	C：气团与锋面	学习地点	理实一体化教室

气团与锋面

请完成下列单选题：（每题1分，共9分）

(1) 一般而言，气团的垂直高度可达几千米到十几千米，常常从地面伸展到对流层顶。水平范围为（　　）。

    A. 几十千米到几千千米　　　　B. 几十千米到几百千米

    C. 几千千米到几百千米

(2) 下列气团的分类方法正确的是（　　）。

    A. 冷气团和干气团　　　　B. 暖气团和湿气团

    C. 北冰洋气团、极地气团、热带气团、赤道气团

(3) 下面关于气团的叙述正确的是（　　）。

    A. 我国地域广大，能形成各种气团

    B. 气团离开源地，其性质将会发生变化

    C. 气团只形成于极地和大洋地区

(4) 关于锋面，下列描述正确的是（　　）。

    A. 锋面就是不同方向的风交汇的界面

    B. 锋面就是温度、湿度等物理性质不同的两种气团的交界面

    C. 锋面就是风场与地面的交线，也简称为锋

(5) 在锋面经过机场时，要特别注意的是（　　）。

    A. 可能出现高度极低的风切变　　B. 可能出现风沙天气

    C. 雨层云中的连续性小雨

(6) 暖锋是指（　　）。

    A. 锋面在移动过程中，暖空气推动锋面向冷气团一侧移动的锋

    B. 一侧气团温度明显高于另一侧气团温度的锋

    C. 温度较高与温度较低的两个气团交汇时，温度高的一侧

(7) 冷锋是指（　　）。

    A. 冷气团主动向暖气团移动形成的锋

    B. 一侧气团温度明显低于另一侧气团温度的锋

    C. 温度较高与温度较低的两个气团交汇时，温度低的一侧

(8) 当来自北方的冷气团和来自南方的暖气团，两者势均力敌、强度相当时，它们的交锋区很少移动，这种锋面称为（　　）。

    A. 静止锋　　　　　　　B. 交错锋　　　　　　C. 融合锋

(9) 气团是指气象要素（主要指温度、湿度和大气静力稳定度）在水平分布上比较均匀的大范围空气团。关于气团下列说法不正确的是（　　）。

    A. 水平范围大　　　　　B. 垂直范围大　　　　C. 水平温度梯度大

1. 信息页

学习领域	学习领域：无人机操控飞行		
学习情境	学习情境4：多旋翼无人机水平单圆飞行	学习时间	30min
工作任务	D：雷暴与飞行	学习地点	理实一体化教室

雷暴与飞行

由对流旺盛的积雨云引起的，伴有电闪雷鸣的局地风暴，称为雷暴。

1. 雷暴形成条件及气象要素的变化

雷暴是由强烈的积雨云产生的，形成强烈的积雨云需要三个条件：一是深厚而明显的不稳定气层；二是充沛的水汽；三是足够的冲击力。

雷暴产生之前，当地一般被暖湿空气所盘踞，所以常会感到闷热；雷暴发生时，积雨云中下沉的冷空气代替了原来的暖湿空气，所以温度骤然降低。夏季，一次强的雷暴过程常可使气温下降10℃以上；随着雷暴远离当地，降水结束，气温又慢慢开始回升。

当雷暴处于发展阶段时，地面风很小；雷暴到达成熟阶段以后，随着积雨云中迅速下沉的冷空气到达地面，风向突转，风力迅速增大，阵风风速常在20m/s，有时强烈的可以达到25m/s或以上，这种现象常常是雷雨即将来临的先兆。随着雷暴的远离，当地风力迅速减小。

雷暴所产生的降水是积雨云发展成熟的标志，大都是强度很大的阵性降水，降水的持续时间取决于通过当地的雷暴单体的数目、大小、速度和部位。

2. 一般雷暴结构

一般雷暴单体的生命史根据垂直气流状况可分为三个阶段：积云阶段、成熟阶段、消散阶段。

1）积云阶段：内部都是上升气流，并随高度的增加而增强。因为大量水汽在云中凝结并释放潜热，所以云中温度高于同高度上四周空气的温度。

2）成熟阶段：云中除上升气流外，局部出现有系统的下降气流和降水，产生并发展了强烈的湍流、积冰、闪电、阵雨和大风。

3）消散阶段：下降气流遍布云中，温度低于周围空气。一般雷暴单体的水平尺度为5~10km，高度可达12km，生命期大约1h。

3. 雷暴与飞行

据科学家统计，在全球范围内，差不多每秒钟就有近700次雷电奔驰落地，每小时约有1800场雷雨。雷声隆隆、电光闪闪，它们往往与狂风呼啸、暴雨滂沱交相呼应，显示出大自然无比强大的威力，构成了一幅蔚为壮观的画面。雷暴是一种极具危险性的天气现象，尽管现代科学技术已经创造了相当成熟的避雷装置和雷击防护措施，然而全球每年仍然存在由雷暴造成的大量灾祸，如影响飞机、舰船、电气机车等的航行（行驶），酿成空难、海难、车祸等交通事故；击毁建筑物、输电和通信线路等设施，造成各种事故；直接击伤、击毙人畜。此外，还可能引起次生火灾等。在这些灾祸中，航行于雷暴天气里的飞机、舰船遭到雷电袭击是最易发生的。

雷暴能产生对飞机危害很大的电闪雷击和冰雹袭击、风切变和湍流，使飞机颠簸、性能降低，强降雨使飞机气动性能变差、发动机熄火。虽然现在飞机性能、机载设备、地面导航设施都越来越先进，但这只是为尽早发现雷暴、顺利避开雷暴提供了更有利的条件。到目前为止，要完全消除雷暴对飞机的影响还不可能。

2．工作页

学校名称		任课教师	
班级		学生姓名	
学习领域	学习领域：无人机操控飞行		
学习情境	学习情境4：多旋翼无人机水平单圆飞行	学习时间	30min
工作任务	D：雷暴与飞行	学习地点	理实一体化教室

雷暴与飞行

请完成下列单选题：（每题1分，共10分）

（1）形成雷暴的基本条件是（　　　）。

  A．充足的水汽和上升运动

  B．充足的水汽、不稳定的大气和上升运动

  C．浓积云、充足的水汽和锋区

（2）雷暴处于发展阶段时，（　　　）。

  A．地面气压持续下降　　　B．地面气压持续上升　　　C．地面气压保持不变

（3）雷暴到达成熟阶段以后，随着积雨云中迅速下沉的冷空气到达地面，风向突转，风力迅速增大，阵风风速常在（　　　）。

  A．10m/s　　　　　　　B．20m/s　　　　　　　C．30m/s

（4）一般雷暴单体的生命史根据垂直气流状况可分为三个阶段：（　　　）。

  A．积云阶段、成熟阶段、消散阶段

  B．积云阶段、成风阶段、雷雨阶段

  C．温升阶段、降雨阶段、消散阶段

（5）在雷暴的生存周期中，（　　　）的特征使云中充满下降气流。

  A．积云阶段　　　　　　B．成熟阶段　　　　　　C．消散阶段

（6）雷暴对飞机产生很大危害，下列危害不确切的是（　　　）。

  A．雷击和冰雹袭击　　　B．风切变和湍流　　　C．数据链中断

（7）严重危害飞行安全的冰雹，通常与（　　　）有联系。

  A．普通雷暴云　　　　　B．强烈雷暴云　　　　　C．堡状高积云

（8）热雷暴的形成原因是（　　　）。

  A．地面水汽蒸发

  B．地面受热不均

  C．冷空气冲击暖空气而形成上升运动

（9）雷暴是由强烈的积雨云产生的，形成强烈的积雨云需要三个条件：（　　　）。

  A．深厚而明显的不稳定气层、剧烈的温差、足够的冲击力

  B．深厚而明显的不稳定气层、充沛的水汽、足够的冲击力

  C．强大的风力、充沛的水汽、足够的冲击力

（10）目视判断风切变的参照物，以下不正确的是（　　　）。

  A．雷暴冷性外流气流的尘卷风（云）

  B．卷积云带来的降雨

  C．雷暴云体下垂的雨幡

4.3.5 积冰与飞行

1. 信息页

学习领域	学习领域：无人机操控飞行		
学习情境	学习情境4：多旋翼无人机水平单圆飞行	学习时间	30min
工作任务	E：积冰与飞行	学习地点	理实一体化教室

积冰与飞行

飞机积冰是指飞机机体表面某些部位聚集冰层的现象。它主要是由云中的过冷水滴或云中的过冷却雨碰到飞机机体后结冰形成的，也可由水汽直接在机体表面凝华而成。飞机在云中飞行时间过长易导致积冰。在寒冷季节，地面露天停放的飞机也会形成积冰。积冰对飞行的危害非常严重，它会使飞机的空气动力性能变差，升力减小，阻力增大，影响飞机的稳定性和操纵性，甚至导致飞行事故。

1. 积冰的分类

飞机积冰主要分为三种：冰、雾凇、霜。

（1）冰

冰有明冰、毛冰（半透明混合体）、白冰（颗粒状冰）。

1）明冰：通常是在温度为 -10 ~ 0℃，含有大的过冷水滴的云中或过冷却雨区中飞行时形成的，呈透明玻璃状，平滑而坚固，主要出现在机翼水平安定面的前缘、飞机机头整流罩和发动机进气口。

2）毛冰：这种冰通常是在温度为 -10 ~ -6℃ 的少量过冷水滴、冰晶和雪花组成的混合云中飞行时产生的，其表面粗糙而不透明，色泽如白瓷，冻结得坚固而不透明，是最危险和最严重的一种积冰。

3）白冰：在温度为 -10℃ 以下，由比较均匀的小水滴组成的云中飞行时产生的，呈白色，比较疏松，附在飞机表面，不太牢固。如果飞行时间长，以及冰层厚度增大，也能造成严重威胁。

（2）雾凇

雾凇通常是在温度低于 -10℃ 的云中飞行时形成的一种白色大颗粒冰晶层，表面粗糙不平，附在飞机表面，不牢固，容易被气流吹走。

（3）霜

霜是由水汽凝结产生的白色小冰晶层，振动时容易从飞机表面脱落。霜对机翼空气动力性能有显著影响，当出现在座舱风窗玻璃上时，影响视野，使飞机操纵发生困难。

2. 积冰的形状

积冰的形状主要取决于冰的种类、飞行速度和气流绕过飞行器的不同部位的情况。积冰的形状一般分为槽状冰、楔状冰和混合冰。根据空勤人员获得的喷气式飞机积冰统计数据，槽状冰约占30%，楔状冰约占15%，而混合冰约占55%。

3. 积冰的强度

1）轻度结冰：如果在这种环境下长时间飞行的话（超过1h），可能会影响飞行。如果间断使用除冰/防冰设备除掉，防止冰的积聚，则不会影响飞行。

2）中度结冰：积聚得很快，甚至短时间内就会构成危险，因此需要使用除冰/防冰设备或改航。

3）严重积冰：积聚率非常快，除冰/防冰设备也不能减少或控制危险，必须立即改航。此情况必须向空中交通管制（ATC）系统报告。

4. 空中积冰天气和积冰概率

云是造成积冰的主要天气现象，此外还有飞行速度和机体曲率等因素。

（1）积云（Cu）和积雨云（Cb）

积云是由从近地面层向上抬升的垂直气流形成的，上行前的气温和湿度比较高，由于垂直运动的绝热变化，未达到饱和的空气达到饱和，形成云。云中水汽和水滴都比较大，会发生强烈积冰，同时，由于云中各部位的含水量和水滴大小的分布不同，中、上部是最强的积冰区域。在夏季，由于0℃等温线较高，在积云中飞行时，一般不会发生积冰，只有在积雨云和浓积云（Cu＋）的中、上部才有积冰；在纬度比较低的地区，0℃等温线的高度更高，厚度较小的浓积云也不会积冰。在春秋季节，北方的积状云中，通常在云的下部也可能积冰，而在南方，开始积冰的高度通常在云的中部。冬季，由于积云和积雨云出现的机会较少，所以由它们引起的积冰也不多。

（2）层云（St）和层积云（Sc）

层状云的水汽含量一般都较少，有时在较厚云层云顶附近多一些。因此，积冰强度为轻度或中度。层云和层积云是我国冬季常见的降雨云系，飞行中遇到的机会较多，积冰的机会也随之增多，如果整个云层有过冷却的降水，则云中都可能有中度以上的结冰。

（3）高积云（Ac）

由于高度高、温度低、厚度薄、水量少，因而积冰往往是轻度积冰。

（4）雨层云（Ns）和高层云（As）

这两种云只会形成轻度的积冰，但雨层云和高层云多在锋线上形成，范围广、厚度大，沿锋面伸展可达1000km以上，垂直锋面伸展也可达200～400km，其厚度相似，因此，飞机穿过它们所需时间较长，由于两种云都可能有积冰出现，导致飞行不稳甚至出现飞行危险。

5. 地面积冰的气象条件

1）冻雨。外界温度在0℃以下时，过冷状态的雨滴一旦与地面物体接触，便容易结冰。

2）冻结的降水，如雪、雨夹雪或冰雹。雪的种类（湿雪/干雪）与温度、露点有关。湿雪出现于温度和露点相差1℃以内、外界温度在－4～1℃时。干雪出现于温度与露点相差5℃以上，外界温度在－8℃以下时。

3）过冷的地面雾、冷低云。在寒冷天气条件下，带有过冷水滴的云会在物体表面结冰。

4）低温度、高湿度。温度在冰点或以下，相对湿度很高，飞机表面会形成霜。飞机停场过夜时以及飞机从巡航高度下降着陆后，飞机表面、燃油温度仍保持在冰点以下时，霜的积聚是很常见的。

5）在有水汽、雪水或雪地停机坪、滑行道和跑道上运作。或由于地面风、其他飞机或地面辅助设备不断把雪吹起来。

6. 积冰对飞行影响

飞机积冰会改变飞机的流线外形，恶化飞机的气动性能，还会使飞机重心偏移，破坏稳定性，使飞机操纵变得困难，破碎的冰体进入发动机内部还可能打坏发动机叶片。为了避免或减轻其影响，在飞行的不同阶段均应采取相应的防范措施。不同机型、机体的不同部位积冰对飞行的影响有不同的表现。

（1）升力面（机翼、尾翼）积冰

当机翼和尾翼积冰时，飞机的空气动力特性和飞行特性显著变坏，由于积冰，流线型部位的形状发生变化，翼型失真变形，导致摩擦阻力和压差阻力都增大。积冰使翼型变形，破坏空气绕过翼面的平滑流动，使升力明显地减小，失速加快，失速速度增大，临界迎角减小；同时会使飞机的质量增大，阻力增加，耗油率增加。根据有关方面的飞行试验，机翼、尾翼积冰时，其阻力增加占飞机因积冰引起总阻力增加的70%～80%。

当在大迎角下飞行时，影响更突出，如果积冰层较厚，还会使飞机的重心位置改变，从而影响飞机的稳定性，升力中心位移，操纵品质变差。当机翼前缘有1.3cm的积冰时，飞机升力就会减小50%，阻力增加50%，由此可见，积冰对飞行安全的影响严重。

机翼积冰导致机翼外形改变，升力减小，阻力增加，使飞机机动性能和起飞着陆性能降低。尾翼积冰导致飞机稳定性变差，尤其是平尾积冰，可能会使着陆的飞机出现机头下俯的情况，严重时可使飞机失去控制，垂直坠地（俗称海豚跳）。活塞式飞机尾翼上的积冰除影响飞机气动性能外，还影响航向的保持，飞机总向一侧偏转，驾驶员为了保持航向，不得不长时间蹬舵，容易疲劳。

（2）发动机积冰

在飞机其他部位没有积冰时，喷气式发动机进气道有时会有积冰。因为机翼和尾翼前部的动力增温，比喷气式发动机进气口处要大得多。飞行实践证明，当外界气温小于或等于5℃时，喷气式发动机进气口部分可以发生积冰。

进气道积冰将导致发动机内表面气动特性恶化，使进气速度场分布不均匀和使气流发生局部分离，引起压气机叶片的振动，冰屑脱离，进入压气机，而造成压气机的机械损伤，从而使发动机的推力降低，严重时，造成发动机损坏或熄火。

（3）螺旋桨积冰

螺旋桨积冰后，流过桨叶的气流变得比较紊乱，使拉力减小。同时，由于桨叶积冰不均匀，螺旋桨的重力和空气动力的平衡遭到破坏，引起发动机抖动。桨叶上脱落的冰块还可能损坏飞机蒙皮、座舱玻璃以及其他部件。

（4）空速管积冰

空速管和静压孔积冰，会使空速表、气压高度表、迎角指示器、马赫数指示器、升降速度表等一些重要驾驶仪表指示度失真，甚至完全失效，导致自动系统会提供错误信息，使驾驶员失去判断飞行状态的依据。如果飞机进入到这种飞行状态而驾驶员却没有觉察，这种情况就是非常危险的。飞机的迎风部位一旦出现积冰，驾驶员就应迅速判明空速管是否积冰。

（5）天线积冰

天线积冰有可能使无线电通信中断，天线积冰后使天线容易折断，同时还会改变天线的电容和电阻，影响发射和接收的效率，可能使无线电通信失效，中断联络；还可能使无线电罗盘失效，这对于仪表飞行来说也是很危险的。强烈积冰能使天线同机体相接，发生短路，造成无线电导航设备失灵。

（6）风窗玻璃积冰

风窗玻璃积冰会大大降低其透明度，使目测条件大大恶化，严重影响驾驶员视线。特别是在起飞、着陆阶段，影响目测会使飞机着陆发生困难，导致判断着陆高度不准确，进而影响着陆安全，严重时会出现危险。

（7）操纵面积冰

如果操纵面的主要区域有冰、雪、霜，会导致操纵面冻结在原有位置或运动受阻。

（8）起落架装置积冰

起落架装置上的积冰，会在收轮时损坏起落架装置或设备，积聚在起落架上的冰雪在起飞时脱落，会损坏飞机。

（9）飞机在地面积冰

飞机在地面停放和滑行时，也可能积冰。地面积冰时，冰的积聚是不对称的，首先在迎风的一面开始冻结，使飞机表面上冰层的厚度不一样，对安全性和正常性有很不利的影响。根据有关飞行试验，在机翼上有0.1in（0.254mm）的一层霜，会使失速速度增加约35%，起飞滑跑距离增长约一倍。当积冰的飞机起飞时，气流会从机翼上过早地和明显地分离，所以积冰的飞机离地升力系数比正常飞机小15%~20%，这相当危险。

2. 工作页

学校名称		任课教师	
班级		学生姓名	
学习领域	学习领域：无人机操控飞行		
学习情境	学习情境4：多旋翼无人机水平单圆飞行	学习时间	30min
工作任务	E：积冰与飞行	学习地点	理实一体化教室

积冰与飞行

请完成下列单选题：（每题1分，共13分）

(1) 在相同飞行速度和迎角情况下，翼面不清洁或前缘结冰的机翼升力（　　　）。
　　A. 大于基本翼型升力　　B. 等于基本翼型升力　　C. 小于基本翼型升力

(2) 飞机机翼前缘积冰对飞行的主要影响是（　　　）。
　　A. 增大了飞机质量，使起飞困难　　　　　　　B. 增大了临界迎角，使飞机易失速
　　C. 相同迎角，升力系数下降

(3) 飞机积冰是指飞机机体表面某些部位聚集冰层的现象，飞机积冰主要分为（　　　）三大种。
　　A. 冰、雾凇、霜　　　　B. 明冰、毛冰、白冰　　C. 坚冰、松冰、霜冰

(4) 下面关于飞机积冰的叙述正确的是（　　　）。
　　A. 高云由于高度高、温度低，大多由冰晶构成，不容易形成飞机积冰
　　B. 中云温度低于0℃，云层较厚，水滴含量大，积冰最严重
　　C. 低云云高低于2000m，温度高，不含过冷水滴，所以一般不出现飞机积冰

(5) 在下述各类飞机积冰中，对飞行影响最大的是（　　　）。
　　A. 雾凇和毛冰　　　　　B. 明冰和毛冰　　　　　C. 毛冰和霜

(6) 飞机积冰的产生，主要是由于云中存在（　　　）。
　　A. 大小不等的水滴　　B. 雪花和冰晶　　　C. 过冷水滴

(7) 积冰的形状主要取决于冰的种类、飞行速度和气流绕过飞行器的不同部位的情况。积冰的形状一般分为（　　　）。
　　A. 槽状冰、楔状冰和混合冰　　　　　　　B. 凸状冰、凹状冰和混合冰
　　C. 圆形冰、方形冰和混合冰

(8) 积冰强度可分为（　　　）。
　　A. 霜、雾凇和冰　　　B. 轻度、中度和重度　　C. 微弱、弱、中度和强

(9) 关于飞机积冰，下列正确的是（　　　）。
　　A. 飞机积冰一般发生在 -15 ~ -1℃ 的温度范围内
　　B. 在 -10 ~ -2℃ 温度范围内遭遇积冰的次数最多
　　C. 强烈的积冰主要发生在 -8 ~ -4℃ 的温度范围内

(10) 飞行高度不同，飞机积冰频率也不同，以下正确的是（　　　）。
　　A. 冬季在3000m以下各高度上飞行时，积冰几乎占56%
　　B. 冬季在3000m以上各高度上飞行时，积冰几乎占56%
　　C. 在6000m以上高度上飞行时，积冰占56%

(11) 当机翼和尾翼积冰时，下列描述不正确的是（　　　）。
　　A. 翼型失真（变形）　B. 摩擦阻力减少　　　　C. 压差阻力增大

(12) 进气道结冰将导致危险的后果，下列描述不正确的是（　　　）。
　　A. 使进气速度场分布不均匀和使气流发生局部分离，引起压气机叶片的振动
　　B. 冰屑脱离，进入压气机，造成压气机的机械损伤
　　C. 结冰堵塞进气道，使得进入压气机的气流明显减少，导致发动机富油停车

(13) 在飞行中遇到飞机积冰时，驾驶员应注意（　　　）。
　　A. 及时有力地修正飞行姿态的偏差，尽快脱离积冰区
　　B. 调整飞机马力，严格保持飞行高度和速度，尽快脱离积冰区
　　C. 柔和操纵飞机，保持飞行高度和平飞姿态，尽快脱离积冰区

4.3.6 能见度与飞行

1. 信息页

学习领域	学习领域：无人机操控飞行		
学习情境	学习情境4：多旋翼无人机水平单圆飞行	学习时间	30min
工作任务	F：能见度与飞行	学习地点	理实一体化教室

能见度与飞行

能见度与飞行活动的关系极为密切，它是决定目视飞行还是仪表飞行的条件之一，也是决定能否飞行的重要依据之一。

能见度是反应大气透明度的一个指标，航空界定义其为具有正常视力的人在当时的天气条件下还能够看清楚目标轮廓的最大距离。能见度和当时的天气情况密切相关。当出现降雨、雾、霾、沙尘暴等天气时，大气透明度较低，因此能见度较差。测量大气能见度一般可用目测的方法，也可以使用大气透射仪、激光能见度自动测量仪等测量仪器测量。

1. 相关定义

气象学中，能见度用气象光学视程表示。气象光学视程是指白炽灯发出色温为2700K的平行光束的光通量，在大气中削弱至初始值的5%所通过的路径长度。

白天能见度是指视力正常（对比感阈为0.05）的人，在当时天气条件下，能够从天空背景中看到和辨认的目标物（黑色、大小适度）的最大水平距离，实际上也是气象光学视程。

夜间能见度是指假定总体照明增加到正常白天水平，适当大小的黑色目标物能被看到和辨认出的最大水平距离；中等强度的发光体能被看到和识别的最大水平距离。

所谓"能见"，在白天是指能看到和辨认出目标物的轮廓和形体；在夜间是指能清楚看到目标灯的发光点。凡是看不清楚目标物的轮廓，认不清其形体，或者所见目标灯的发光点模糊，灯光散乱，都不能算"能见"。

在航空学中，能见度的定义为，以暗色作为背景，1000坎德拉能够被识别的最远距离。

2. 能见度分类

常用的能见度分类：

1）航空能见度：分为地面能见度和空中能见度。地面能见度是指在昼间以靠近地平线的天空为背景，能分辨视角大于20°的地面灰暗目标轮廓的最大距离。例如，一个宽度为58m，距离眼点10km的物体，其视角为20°，正常视力的人用肉眼刚好能够看得见，则能见度为10km。空中能见度是指在空中飞行时，透过座舱玻璃观测地面或空中目标的能见度。

2）有效能见度：指观测点四周一半以上的视野内能达到的最大水平距离。中国民用航空局观测和报告有效能见度。

3）主导能见度：指观测点四周一半或以上的视野内能达到的最大水平距离。

4）跑道能见度：指从跑道的一端沿跑道方向可以辨认跑道本身或接近跑道的目标物（夜间为指定的跑道边灯）的最大距离。

5）垂直能见度：指浑浊介质中的垂直视程。

6）倾斜能见度：指从飞行中的飞机驾驶舱观察未被云层遮蔽的地面上的明显目标

物（夜间为规定的灯光）时，能够辨认出来的最大距离。从地面向斜上方观察时的能见度也称为倾斜能见度。

7）最小能见度：指能见度因方向而异时，其中最小的能见距离。

3. 影响能见度的因素

在空气特别干净的北极或是山区，能见度能够达到 70 ~ 100km，然而能见度通常由于大气污染以及湿气而有所降低。霾（干）或雾（湿）会严重影响能见度，可将能见度降低至零。同样，沙尘暴、森林大火、雷雨、暴风雪等也对能见度造成巨大影响。

国际上对烟雾的能见度定义为不足 1km，薄雾的能见度为 1 ~ 2km，霾和烟的能见度为 2 ~ 5km。水滴通常被认作是烟雾和薄雾的重要组成部分，霾和烟的粒径相对要小一些，这表明一些探测器（如热影像仪）利用远红外，其波长为 10μm 左右，能更好地穿透霾和一些烟雾，因为其波长比粒径要大，红外辐射既没有被明显地改变方向，也没有被颗粒物完全吸收。能见度不足 100m 通常被认为为零。

4. 视程

（1）跑道视程

跑道视程（Runway Visual Range，RVR）是指在跑道中线，航空器上的驾驶员能辨清跑道面上的标志或跑道边灯或中线灯的距离。

这里所说的航空器上驾驶员所处的高度可以认为大约 5m。标志是指为了表示跑道中心线或接地线，用白漆在跑道表面画出的标志。

一般来说，RVR 是指在飞机的接地地点的能见距离。但实际上是不可能到跑道中间去观测的，这就必须取一个能代替接地地点的位置，使测量出的能见距离尽可能和接地地点测量的一致。国际民航组织建议这个位置应是离跑道中线一侧不超过 120m处。代表接地地点的观测，其观测位置应距离跑道入口处约 300m；代表跑道中间地段和较远地段的观测位置，应距离跑道入口 1000 ~ 1500m，但要距离跑道另一端 300m。决定这些点和有必要增加的点的确切位置时，应考虑航空、气象和气候的因素后，例如长跑道、沼泽地和其他有利于雾形成的区域，再予决定。

（2）视程障碍

视程障碍即视程障碍天气现象，是指空气中因存在水汽凝结物、干质悬浮物等而变得浑浊，并造成能见度下降的一类天气现象。视程障碍包括雾、轻雾、雪暴、吹雪、沙尘暴、扬沙、浮尘、烟幕、霾，是在一定的天气条件下产生的，反映着大气中不同物理过程，是天气变化的体现，也是天气预报的依据之一，对当地的生产、生活和交通运输都有极大的影响。

5. 空中能见度的观测

空中能见度，按照观测的方向不同，可分为水平能见度、垂直能见度、倾斜能见度三种。另外，还有着陆能见度，它是倾斜能见度的一个特例。着陆能见度是指飞机在下滑着陆过程中，驾驶员能看清跑道近端的最远距离，观测地段通常是在远距导航台和近距导航台之间。

（1）空中能见度的特点

空中能见度的大小主要受视程障碍天气影响。飞行员在空中判断能见度的好坏，通常是利用远处地面目标的清晰程度来判断，目标越清晰，空中能见度越好。

但是，空中能见度的大小还要考虑飞机运动状态、空间位置等因素导致的目标物与背景的亮度对比以及驾驶员视觉对比感阈变化的影响。因此，空中观察目标物（跑道、地标、空中目标等）比地面观测能见度要复杂得多，不能把地面能见度等同于空中能见度。与地面能见度相比，空中能见度有以下特点：

1）在空中观测目标，背景情况复杂多变，目标能见距离因背景不同而有很大差异。如地面暗色的目标，由于它们与地面亮度差异小，所以在空中难以辨别，而反光较强的目标则比较容易辨认。

2）由于飞机的运动，驾驶员相对于云、雾层、烟层的位置也不断发生变化，因此，空中能见度会有很大变化。

3）在同一天气条件下，从相同高度上观测各种地标的能见距离是不相同的。常见的地标中，大中城市和湖泊能见距离较大，水泥跑道、湖海次之，铁路、大路较小；从不同高度上观测同一地标，高度越低，能见距离越小。

4）向阳观测比背阳观测的能见度差很多。因此，在高空搜索目标，应背着阳光进行，但与飞机同高度上的目标物，在有阳光直接照射时，在较远的距离上也可以发现它。

5）着陆能见度一般都比地面能见度小，仅及地面能见度的一半左右。当有雾、烟幕等天气现象影响机场时，着陆能见度会比垂直能见度差很多。

飞机着陆时，高度已很低，驾驶员从飞机上观测跑道时的视线已接近水平方向（下滑角一般只有2°～3°），所以，地面能见度能够近似表明视线所通过的气层的透明度。但是，由于跑道与周围地表之间的亮度对比一般不及观测地面能见度时的亮度对比那么大，因此，着陆能见度要比地面能见度差。如机场有一层薄雾时，在机场上空垂直向下看，能看到跑道，当飞机准备下滑时就看不到跑道了。飞机着陆时要充分认清这一特点。

由以上分析可知，空中能见度是一个复杂的问题。在同一时间内，不同高度、不同方向以及观测不同目标的能见度，都会有很大差异。

（2）地面判断空中能见度

虽说地面观测能见度与空中观测能见度有很大区别，但是，在地面上观测空中垂直能见度，有助于飞行中更准确地判断空中能见度对飞行的影响。

由于空中无目标物，目前又无专门的观测仪器，在地面难以测定垂直能见度的具体数值，因此，只能用天顶方向的空气浑浊程度来代替，以"好""中""差""劣"4个等级来表示。空气浑浊程度，主要根据天空的颜色、日月及星光的明亮程度和云的清晰程度进行判定。

1）好：天空不浑浊。能清楚地看出云的细微结构；碧空或少云时，昼间天空呈蔚蓝色，夜间星月很明亮。

2）中：天空稍浑浊。能比较清楚地看出云的形态和结构；碧空或少云时，昼间天空呈浅蓝色，夜间星月较明亮。

3）差：天空比较浑浊。能够分辨云的情况，但是看中云和高云有些模糊；碧空或少云时，昼间天空多呈红色或橘黄色，夜间月亮呈红色或淡黄色，星光模糊。

4）劣：天空非常浑浊。难以分辨云的情况或只能模糊地分辨出低云的形状；碧空或少云时，昼间日光昏暗，天空多呈土黄色或灰白色，夜间星月很模糊，甚至看不见。

2. 工作页

学校名称		任课教师	
班级		学生姓名	
学习领域	学习领域：无人机操控飞行		
学习情境	学习情境4：多旋翼无人机水平单圆飞行	学习时间	30min
工作任务	F：能见度与飞行	学习地点	理实一体化教室

能见度与飞行

请完成下列单选题：（每题1分，共5分）

（1）能见度，是反映大气透明度的一个指标，测量大气能见度的错误方法有（   ）。

    A. 用望远镜目测

    B. 使用大气透射仪

    C. 使用激光能见度自动测量仪

（2）气象学中，能见度用气象光学视程表示。气象光学视程是指（   ）。

    A. 白炽灯发出色温为3000K的平行光束的光通量，在大气中削弱至初始值的10%所通过的路径长度

    B. 白炽灯发出色温为2700K的平行光束的光通量，在大气中削弱至初始值的5%所通过的路径长度

    C. 白炽灯发出色温为2500K的平行光束的光通量，在大气中削弱至初始值的5%所通过的路径长度

（3）下述天气现象中是稳定大气特征的是（   ）。

    A. 能见度极好

    B. 能见度较差

    C. 有阵性降水

（4）最小能见度是指（   ）。

    A. 能看到最近的物体距离

    B. 能见度因方向而异时，其中最小的能见距离

    C. 能见度因方向而异时，垂直和水平能见度最小的距离

（5）根据国际上对能见度的定义，下列选项中正确的是（   ）。

    A. 烟雾的能见度为不足1km

    B. 薄雾的能见度为1~3km

    C. 霾的能见度为3~5km

4.3.7 山地气流、低空风切变与飞行

1. 信息页

学习领域	学习领域：无人机操控飞行		
学习情境	学习情境4：多旋翼无人机水平单圆飞行	学习时间	30min
工作任务	G：山地气流、低空风切变与飞行	学习地点	理实一体化教室

山地气流、低空风切变与飞行

1. 山地气流

我国有很多地方是起伏不平的山地和丘陵，这些地方除受纬度和海、陆的影响以外，还由于山的高度、大小、坡度、坡向等种种因素的影响而具有独特的气候状态，称为山地气候。

山地对风的影响有两方面：一方面是山体本身的障碍影响，使气流被迫改变运行方向，一般山顶和峡谷风口的风速增大，例如我国新疆西部的阿拉山口每年平均有8级以上大风164天，最大风速超过气象站测风仪的最大刻度（40m/s）。由于山体的机械影响，还可以产生布拉风、焚风（干热风）等。另一方面，山地还可因热力影响形成山谷风。

因山坡和谷地上空自由大气的热力变化不同而引起的一种在山地常见的局地环流，称为山谷风。白天，山坡上空气比同高度上自由大气增热快，空气密度小，暖空气沿坡上升，同高度谷地的自由大气较冷，空气密度大，冷空气下沉后沿山坡流向山顶，补充暖空气的位置，称为谷风，山顶有从山坡上空流向山谷上空的气流称为反谷风。夜间，由于山坡上辐射冷却比同高度自由大气降温快，邻近坡面的空气迅速变冷、下沉，沿山坡流向谷地，称为山风，而同高度自由大气温度相对较暖，被挤上升，在上空流向坡地上空予以补偿，称为反山风。由于这种风一般沿坡面吹，又称上坡风（谷风）和下坡风（山风）。山谷风的周期为一昼夜，在晴朗少云的静稳天气条件下，山谷风比较明显。同时，由于白天山坡受热造成的温差比夜间辐射冷却造成的温差大，因此一般谷风风速大于山风风速。

山地湍流可由地表摩擦作用和风的垂直切变引起，此为动力湍流；也可由地表热力差异和坡向不同所产生的热力效应引起，此为热力湍流。动力湍流主要出现在山顶和背风坡上空以及山坡两侧绕山涡旋（绕垂直轴），湍流强度取决于风速大小和风向相对山脊的夹角以及气层稳定性。

在风向与山脊近似于正交，风速较大，且气层稳定度随高度趋于稳定的大气层结条件下，易形成背风风波（山波），即表现为在山脊背风侧上空形成波动气流，底层出现绕水平轴的强大涡流（滚轴流或滚转流），其中最强的阵风可达12m/s以上。若气层比较潮湿，可见结构清晰的低层云系，表现为几个强局地湍流区，影响到各种飞机的飞行。滚轴流区通常位于山脊背风侧后第一或第二波之下，当飞机在产生波动的背风山坡地表附近下降或爬升时，应避开滚轴流区。而且山脊附近的湍流区并非总能通过特殊云状来察觉，当然偶尔也可通过山脊附近，尤其是下风的尘暴来发觉。

2. 山地气流对飞行的影响

山地飞行的关键在于一定要在安全高度以上飞行，高度就是生命。飞过山脊后不应立即下降高度，以免坠入滚轴湍流中。在山谷飞行时，常靠近迎风坡飞行，飞出山口也不要过早地转弯，以免误入立轴湍流中。当飞机遭遇下沉气流，并超过其爬升能力而碰撞山体时，飞行员往往不能区分地形，也不能完全扭转当时的危境。在上升/下沉气流区

遭遇颠簸的严重性是飞机地速的函数，因为这种波动是驻波，当在下风位置飞行时，要比上风飞行遭遇中等至强烈湍流的机会更多。当在上风位置飞行时，可能有较长时间暴露于湍流之中，并遭遇分片性波动湍流，当这种流动湍流移向下风区时，它们将进一步发展，然后衰减。

在云中飞行，应保持与山的安全高度，同时注意云内负温情况，避免飞机积冰。山地飞行，气压高度表因受升降气流影响误差较高，可偏至数百米，应把握飞行高度，避免迷航。同时山区中午常出现局地雷暴，飞行时注意不要误入积雨云。山地风向变化大，起飞、降落必须注意当时风的情况。

3. 低空风切变

风切变是指短距离内气流运动速度和方向突然变化的现象。飞机在任何高度飞行时，都可能遇到风切变，但对飞行威胁最大的是发生在近地面层的风切变，即低空风切变。低空风切变是影响飞机起飞和着陆的主要危险天气之一。

（1）低空风切变的种类

风切变是指风矢量（风向、风速）在空中水平和/或垂直距离上的变化。对飞机起飞和着陆安全威胁最大的是低空风切变，即发生在着陆进场或起飞爬升阶段的风切变。它不仅能使飞机航迹偏离，而且可能使飞机失去稳定。如果飞行员判断失误和处置不当，则常会产生严重后果，世界上曾因此发生多起机毁人亡的事故。风切变还严重影响火箭飞行的稳定性，火箭设计和发射的环境限制条件包括风切变。风切变主要由锋面（冷暖空气的交界面）、逆温层、雷暴、复杂地形地物和地面摩擦效应等因素引起。

发生在低层（距地面500m）的风切变严重影响航空器的起降，发生在这一气层中的风切变称为低空风切变。为了确保安全，国际航空、航天和气象界都积极开展低空风切变的研究。风切变常分为以下几种：

1）风的水平切变，是风向和/或风速在水平距离上的变化。

2）风的垂直切变，是风向和/或风速在垂直距离上的变化。

3）垂直风的切变，是垂直风（即升降气流）在水平或航迹方向上的变化。下冲气流是垂直风的切变的一种形式，呈现为一股强烈的下降气流。范围小而强度很大的下冲气流称为微下冲气流。

沿着飞机的起降轨迹，可以把低空风切变分为4种形式：顺风切变、逆风切变、侧风切变和垂直风切变。不同形式的风切变对飞机轨迹的变化有不同的影响。

1）顺风切变：指的是沿飞机下滑或爬升轨迹，顺风分量增加的情况。飞机从小的顺风区进入到大的顺风区，从逆风区进入无风或顺风区，以及从大的逆风区进入小的逆风区，均遇到顺风切变。顺风切变可使飞机空速减小，升力下降，飞机下沉，危害性较大。

2）逆风切变：指的是沿飞机下滑或爬升轨迹，逆风分量增加的情况。飞机从小的逆风区进入到大的逆风区，从顺风区进入无风或逆风区，以及从大的顺风区进入小的顺风区，均遇到逆风切变。逆风切变使飞机空速增加，升力增大，飞机上升，危害性相对轻些。但如果逆风切变的高度低、强度大，或驾驶员未及时修正，也会使飞机冲出跑道。

3）侧风切变：指的是沿飞机下滑或爬升轨迹，侧风分量变化的情况。飞机从一种侧风或无侧风状态，进入另一种明显不同的侧风状态，即遇到侧风切变。侧风切变易使飞机侧滑、滚转或偏航，给飞行起降带来困难甚至危险。

4）垂直风切变：指的是飞机从无明显的升降气流区，进入强烈的升降气流区的情况。垂直风切变具有猝发性，会使飞机突然下沉，危害最大。

很多时候，常常是多种风切变形式同时出现，混杂交织。飞机起降中遭遇到低空风切变，常见表现是明显的颠簸，以及掉高度、损空速等情况。

（2）产生低空风切变的天气条件

产生低空风切变的原因主要有两大类：一类是大气运动本身的变化造成的；另一类则是地理、环境因素造成的。有时是两者综合而成。

1）产生低空风切变的天气背景。能够产生有一定影响的低空风切变的天气背景主要有三类：

①强对流天气。通常指雷暴、积雨云等天气。在这种天气条件影响下的一定空间范围内，均可产生较强的风切变。尤其在雷暴云体中的强烈下降气流区和积雨云的前缘阵风锋区更为严重。特别强的下降气流称为微下冲气流，是对飞行危害最大的一种，它是以垂直风为主要特征的综合风切变区。

②锋面天气。无论是冷锋、暖锋或锢囚锋均可产生低空风切变。不过其强度和区域范围不尽相同。这种天气的风切变多以水平风的水平和垂直切变为主（锋面雷暴天气除外）。一般来说其危害程度不如强对流天气的风切变。

③辐射逆温型的低空急流天气。秋冬季晴空的夜间，由于强烈的地面辐射降温而形成低空逆温层，该逆温层上面有动量堆集，风速较大，形成急流，而逆温层下面风速较小，近地面往往是静风，故有逆温风切变产生。该类风切变强度通常更小些，但它容易被人忽视，一旦遭遇，若处置不当也会发生危险。

2）地理、环境因素引起的风切变。地理、环境因素主要是指山地地形、水陆界面、高大建筑物、成片森林与其他自然的和人为的因素。这些因素也能引起风切变现象。其风切变状况与当时的盛行风状况（方向和大小）有关，也与山地地形的大小和复杂程度、迎风背风位置、水面的大小和机场离水面的距离、建筑物的大小和外形等有关。一般山地高差大、水域面积大、建筑物高大，不仅容易产生风切变，而且其强度也较大。

4. 低空风切变对起飞着陆的影响

以危害性最大的微下冲气流为例，它是以垂直风切变为主要特征的综合风切变区。由于在水平方向上，垂直运动的气流存在很大的速度梯度，即垂直风速会突然加剧，并且与地面撞击后转向与地面平行而变为水平风，风向以撞击点为圆心四面发散，因此在一个更大的区域内，又形成了水平风切变。如果飞机在起飞和降落阶段进入这个区域，就有可能造成失事。比如，当飞机着陆时，下滑通道正好通过微下冲气流，那么飞机会突然地非正常下降，偏离原有的下滑轨迹，有可能高度过低造成危险。当飞机飞出微下冲气流后，又进入了顺风气流，使飞机与气流的相对速度突然降低。由于飞机的飞行速度必须大于失速速度才能不失速，且飞机在着陆过程中本来就在不断减速，突然地减速很可能使飞机进入失速状态，飞行姿态不可控，而在如此低的高度和速度下，不可能留给驾驶员空间和时间来恢复控制，从而造成飞行事故。

严重的低空风切变，常发生在低空急流即狭长的强风区，对飞行安全威胁极大。这种风切变气流常从高空急速下冲，像向下倾泻的巨型水龙头，当飞机进入该区域时，先遇强逆风，后遇猛烈的下沉气流，随后又是强顺风，飞机就像狂风中的树叶被抛上抛下而失去控制，因此极易发生严重的坠落事件。

5. 低空风切变的识别及避让

及时、准确地判断和识别低空风切变的存在、类型和强度是确保飞机起飞、着陆安全的重要环节。因为某些强风切变实际上是不可抗拒的，避开它才是唯一有效的办法。

（1）目视判断法

1）雷暴冷性外流气流的尘卷风（云）。雷暴型风切变都有冷性外流气流，前缘阵风锋的强劲风速会把地面的尘土吹起相当的高度，尘土恰好随气流而动，结果往往呈现出外流气流外形高度，其高度也代表了强度。一旦驾驶员或地面人员见到尘云出现，应高度警惕，视其高度、距离立即采取措施。因为紧跟尘云的往往就是风速差平均可达25m/s，最大可达48m/s的强风切变，间隔时间仅几分钟。

2）滚轴状云。在雷暴型和强冷锋型风切变中，强烈的冷性外流气流往往存在着明显的涡旋运动结构。远处看时，像贴地滚滚而来的一堵云墙，气势磅礴。其色伴有尘云时多为黄褐色，不伴时多为乌黑灰暗的色泽。云底高度一般不太高，为几百米以下，这种云状预示着强烈的地面风和低空风切变的来临。

3）雷暴云体下垂的雨幡。与雷暴云体有关联的雨幡是下降气流、下冲气流乃至微下冲气流的有力征兆。雨幡的个体性状、颜色深浅、离地高度都和风切变的强度有关。通常雨幡下垂高度越低，个体性状越大，色泽越暗，预示着风切变越强，下冲气流的速度也越大。飞机飞行不能穿越雨幡。所以一旦见到雨幡就应重视，不仅要避免直接相遇，而且要保持一定距离，因为其可视雨柱四周相当范围内（1～2km）可能存在强烈的风切变。

（2）仪表判断法

一旦出现飞机遭遇风切变的情况，首先就会反映到仪表上来。如果驾驶员看到飞行仪表有异常指示，并结合驾驶员经培训和学习后所具有的风切变知识，就可较好地判断出风切变的存在、类型和强度，并确定风切变危害的严重程度。

1）空速表指示的非理性变化。这是飞行所依据的最重要的飞行仪表之一，也是飞机遭遇风切变时反应最灵敏的仪表之一。一般情况下，飞机遭遇风切变后都会发生空速表在短时间内指示值改变很大的现象。所以一旦出现空速表偏离正常值，即应警惕风切变危害。所有风切变飞行事故都证实，空速表指示值的迅速改变确系风切变危害存在的重要特征。需要特别注意的是，速度的改变，在穿越微下冲气流的情况下往往是先逆风使空速增加，紧接着就是顺风使空速迅速减小，而真正的危害发生在空速迅速下降的时刻。对驾驶员来说，不能被短时间的增速和"飞机往上拱"所迷惑。

2）高度表的不正常变化。正常下滑高度是驾驶员进近着陆的重要数据。飞机遭遇风切变的高度越低，也就越危险。如果高度表在下滑过程中指示出现异常，发生急剧掉高度，使飞机大幅度偏于正常值时，必须立即采取相应措施，特别是要在决断高度以上做出决定，应该及时拉起。当然也应注意在遭遇微下冲气流时，会出现短暂的遇强逆风使飞机高于正常下滑高度的现象，因为紧接着就会发生危险的掉高度，必须要提高警惕。

3）升降速度表波动。遭遇风切变时，升降速度表指示变化明显。如果见到升降速度表指示异常，特别是下降率骤然加大时，必须充分注意。如果发现在短时间内，升降速度表指示变化达到500ft/min（2.54m/s）时，即应认为遇到严重风切变而采取相应措施，立即拉升复飞。

4）俯仰姿态指示器。遭遇风切变时，俯仰角指示将马上发生变化，变化越快，则说明危害将越大。俯仰角指示突然改变值超过5°时，即应认为遭遇强烈风切变，应停止进近而复飞。

2. 工作页

学校名称		任课教师	
班级		学生姓名	
学习领域	学习领域：无人机操控飞行		
学习情境	学习情境4：多旋翼无人机水平单圆飞行	学习时间	30min
工作任务	G：山地气流、低空风切变与飞行	学习地点	理实一体化教室

山地气流、低空风切变与飞行

请完成下列单选题：（每题1分，共20分）

（1）下面关于山谷风的叙述正确的是（　　）。

    A. 白天风由山谷吹向山坡

    B. 山谷风是由于海陆差异而形成的热力环流

    C. 气流越山而过，称为山风

（2）关于山地对风的影响，以下描述错误的是（　　）。

    A. 由于山体本身的障碍影响，气流被阻滞不前

    B. 一般山顶和峡谷风口的风速增大

    C. 一般山底和峡谷风口的风速增大

（3）在山区飞行时应当注意，最强的乱流出现在（　　）。

    A. 山谷中间　　　　B. 山的迎风坡　　　　C. 山的背风坡

（4）当在山谷、山脊或山区作低空飞行时，在（　　）时最容易碰到乱流造成的危险。

    A. 山的背风面顺风飞行　　　　　　　B. 山的背风面逆风飞行

    C. 山的迎风面逆风飞行

（5）在山地背风坡中的下降气流中飞行，除造成飞机掉高度外，还可造成严重危害的原因是（　　）。

    A. 气压式高度表读数高于实际高度　　　B. 空速表误差增大

    C. 地速减小

（6）在山谷飞行时，应该采取的措施是（　　）。

    A. 靠近背风坡飞行　　　　　　　　　B. 靠近迎风坡飞行

    C. 飞出山口马上转弯

（7）气象上的风向是指（　　）。

    A. 风的去向　　　　　　　　　　　　B. 风的来向

    C. 气压梯度力的方向

（8）机场上常用风向袋来估计风速，当风向袋吹平时，风速已达（　　）。

    A. 5~6m/s　　　　B. 6~10m/s　　　　C. 10~12m/s

（9）机场上吹东风时，飞机起飞着陆的最好方向应是（　　）。

    A. 由西向东　　　　B. 由东向西　　　　C. 由北向南

（10）在处于雷暴区边缘的机场起飞或着陆时，要特别注意的危险天气是（　　）。

    A. 低空风切变　　　B. 冰雹和暴雨　　　C. 积冰和雷击

（11）发生在低层的风切变严重影响航空器的起降，发生在这一气层中的风切变称为低空风切变。低空风切变距地面一般约（　　）。

    A. 300m　　　　　B. 600m　　　　　C. 800m

（12）下述情况中容易碰到风切变的是（　　　）。

　　A. 在逆温层附近或靠近雷暴时

　　B. 当风速大于 65km/h 时

　　C. 有高气压时

（13）关于风切变出现的地点，下述说法正确的是（　　　）。

　　A. 仅在雷暴中出现

　　B. 在气压和温度急剧下降的地方出现

　　C. 在大气中任何高度上存在风向或风速变化的地方出现

（14）低空风切变主要的形成原因是（　　　）。

　　A. 雷暴、低空急流和锋面活动

　　B. 气流经过特定环境

　　C. 具体原因还不是特别明了

（15）飞机在着陆时遇到顺风切变，会出现下述现象中的（　　　）。

　　A. 飞机空速突然增大，升力增加，飞机抬升

　　B. 飞机高度下降，空速增大，超过正常着陆点着陆

　　C. 飞机空速突然减小，升力减小，飞机将掉至正常下滑线以下

（16）飞机在着陆时突然遇到逆风切变，会出现下述现象中的（　　　）。

　　A. 飞机空速突然增大，升力增加，飞机上仰并上升到下滑线之上

　　B. 飞机高度下降，空速减小，未到正常着陆点即提前着陆

　　C. 飞机空速突然减小，升力减小，飞机将掉至正常下滑线以下

（17）能够产生有一定影响的低空风切变的天气背景主要有三类：（　　　）。

　　A. 大风天气、强降雨天气、寒冷天气

　　B. 强对流天气、锋面天气、辐射逆温型的低空急流天气

　　C. 山地气流、昼夜交替天气、春夏之交天气

（18）风切变气流常从高空急速下冲，像向下倾泻的巨型水龙头，当飞机进入该区域时，（　　　）。

　　A. 先遇强逆风，后遇猛烈的下沉气流，随后又是强顺风

　　B. 先遇强顺风，后遇猛烈的上升气流，随后又是强逆风

　　C. 先遇强逆风，后遇猛烈的上升气流，随后又是强顺风

（19）和地面建筑物有关的湍流强度取决于（　　　），这会影响任何飞机的起飞和着陆性能，也会引发非常严重的危险。

　　A. 障碍物的多少和风的基本速度

　　B. 障碍物的大小和风的基本方向

　　C. 障碍物的大小和风的基本速度

（20）下列选项中不属于风切变的仪表判断法的是（　　　）。

　　A. 空速表指示的非理性变化

　　B. 俯仰角指示快速变化

　　C. 发动机转速和地速快速变化

1. 信息页

学习领域	学习领域：无人机操控飞行		
学习情境	学习情境4：多旋翼无人机水平单圆飞行	学习时间	30min
工作任务	H：航空气象资料应用	学习地点	理实一体化教室

航空气象资料应用

航空气象信息，指为航空活动决策提供的有效航空气象数据，包括飞行所需的机场和航线上的风、云、能见度、天气现象及气温、气压等航空气象要素信息，分为预报信息和实况信息，可从气象部门提供的航空天气预报和天气图、天气实况报告等气象资料中获取。

1. 地面天气图

地面天气图是天气分析和预报业务中最基本的天气图。图上除了填有地面的气温、露点、风向、风速、水平能见度和海平面气压等观测记录外，还填写有一部分高空气象要素的观测记录，如云和现在的天气现象等。此外，还填有一些反映最近时间内气象要素变化趋势的记录，如3h变压，最近6h内出现过的天气现象等。地面图的作用在于分析地面天气系统的分布和历史演变，进而推断未来的天气变化。

按照国际规定，地面图上各类资料的填图格式有两类：一类是陆地测站的填图格式，另一类是船舶测站的填图格式。

2. 卫星云图

（1）卫星云图的种类

卫星云图（Satellite Cloud Image）是由气象卫星自上而下观测到的地球上的云层覆盖和地表面特征的图像。利用卫星云图可以识别不同的天气系统，确定它们的位置，估计其强度和发展趋势，为天气分析和天气预报提供依据。在海洋、沙漠、高原等缺少气象观测台站的地区，卫星云图所提供的资料弥补了常规探测资料的不足，对提高预报准确率起了重要作用。

卫星云图可分为可见光云图和红外云图两类。

1）可见光云图。可见光云图利用云顶反射太阳光的原理制成，故仅能于白昼进行摄影。可见光云图可显示云层覆盖的面和厚度，比较厚的云层反射能力强，在可见光云图上会显示出亮白色，云层较薄则显示暗灰色，还可与红外云图结合起来，做出更准确的分析。

可见光云图是气象卫星上的扫描辐射计（早期用的是电视摄像机）用可见光通道感测并向地面站发送的卫星云图，图上亮度明暗反映了云的反照率和强弱。可见光云图在研究云团、云系等的移动和发展，以及在监测台风和其他天气系统的发生、发展及移动方面，均获得广泛应用，并取得较好成效。但由于云图是利用可见光波段所拍，其亮度和色调取决于云的性质和太阳高度角，同时夜间又拍不到，故受到一定的限制。

在可见光云图上，图像的黑白程度表示地面和云面的反照率大小，白色表示反照率大，黑色表示反照率小，这种黑白程度称为色调（亮度）。比较厚的云层显示出亮白色，云层较薄则显示暗灰色。

可见光云图上的色调粗略可分成6种黑白层次。

①黑色：海洋、湖泊、大的河流。

②深灰色：大面积森林覆盖区，玄武岩的土壤地区。

③灰色：牧场、草地、耕地。

④灰白色：沙漠、大陆上薄而小块的云区（如晴天积云）。

⑤白色：中等厚度的云（中云、低云和雾），积雪、冰冻的湖泊和海洋。

⑥浓白色：大块厚的云，尤其是积雨云。

2）红外云图。红外云图是气象卫星上的扫描辐射计利用红外辐射通道感测并向地面站发送的云图，其亮度大致反映了云层顶的温度，因而也反映了云顶的高度。一般温度越低、高度越高的云层，图上的色调越白；反之，色调越黑。红外遥感可以昼夜感测并向地面站发送云图，并可分析高云和云顶温度，提供了可见光云图不能提供的大量信息，但红外云图的分辨率低于可见光云图。实际上可把两者结合起来使用，互相取长补短，从而获得广泛的应用。

红外云图反映出被测物体表面的冷热情况，最黑的区域代表最暖的表面，最白的区域代表最冷的表面。因此，红外云图实际上是一张地表和云系的温度分布图。根据云图上的色调差异，可以判别云顶的高低：色调白，温度低，表示云顶高度高；色调黑，温度高，表示云顶高度低。

应用中通常把可见光云图和红外云图对比分析：依据可见光云图的色调大体确定云系的范围、厚度、强弱等，依据红外云图的色调大体确定云顶的高度。

（2）卫星云图上各类云的特征

1）卷状云。

①在可见光云图上，卷云的反照率低，呈灰—深灰色；若可见光云图上，卷云呈白色，则其云层很厚，或与其他云相重叠。

②在红外云图上，卷云顶温度很低，呈白色。卷云在红外线图像上呈现得最清楚，最易辨认。

③无论是在可见光云图还是在红外云图上，卷云都有纤维结构。

④在水汽图上，卷云是白亮的。

2）中云（高层云和高积云）。

①在卫星云图上，中云与天气系统相连，表现为大范围的带状、涡旋状、逗点状。

②在可见光云图上，中云呈灰白色到白色，可根据色调的差异判定云的厚度。

③在红外云图上，中云呈中等程度灰色，色调介于高低云之间。

3）积雨云。

①在卫星云图上的积雨云常是几个雷暴单体的集合。

②无论可见光云图还是红外云图，积雨云的色调都最白。

③积雨云顶比较光滑，只有当出现强穿透性对流云时，才在可见光云图上显示出不均匀的纹理。

④当高空风小时，积雨云呈圆形；高空风大时，顶部常有卷云砧，表现为椭圆形。

⑤在可见光云图上，积雨云常有暗影。

⑥积雨云的尺度相差很大。一般初生的较小，成熟的较大。

4）积云、浓积云。

①在气象卫星图像上的积云、浓积云实际上是积云群，这些积云群在地面观测中是不容易看到的，常表现为云带、积云线和开口细胞状结构，纹理为多皱纹、多起伏和不均匀。

②在可见光云图上，积云、浓积云的色调很白，但由于积云、浓积云高度不一，其纹理不均匀。

③在红外云图上的色调从灰白到白色不等，边界不整齐，纹理不均匀，这是由云区内对流云顶温度不一致引起的。

5）层云（雾）。

①在可见光云图上，层云（雾）表现为光滑均匀的云区；色调从白到灰白，若云层厚度超过300m，其色调很白；层云（雾）边界整齐清楚，与山脉、河流、海岸线走向一致。

②在红外云图上，层云色调较暗，与地面色调相近。

（3）重要天气系统云系特性

天气系统通常指引起天气变化和分布的高压、低压、高压脊、低压槽等具有典型特征的大气运动系统。气象卫星观测资料表明，大大小小的天气系统相互交织、互相作用，在大气运动过程中演变着。

1）气团。气团是指气象要素（主要指温度、湿度和大气静力稳定度）在水平分布上比较均匀的大范围空气团。其水平范围大、垂直范围大、水平温度梯度小、天气变化小。形成条件为：大范围性质比较均一的下垫面，有一个能使空气的物理性质在水平方向上均匀变化的环流场，也就是利于空气停滞或缓行的环流条件。

2）锋。锋是三度空间的天气系统。锋的宽度同气团宽度相比显得很狭窄，因而常把锋区看成一个几何面，称为锋面。锋面与地面的交线称为锋线，锋面和锋线统称为锋。凡伸到对流层中上层者，称为对流层锋；仅限于对流层低层（1.5km以下）者，称为近地面锋。锋是冷暖气团间的过渡带，因而锋两侧的温度、湿度、稳定度以及风、云、气压等气象要素有明显的差异，可以把锋看成是大气中气象要素的不连续面。

3）气旋与反气旋。气旋是中心气压低于四周的水平空气漩涡，在北半球，空气从四周以逆时针方向向中心辐合，在南半球则相反。

反气旋是中心气压高于四周的大型空气漩涡，在北半球，空气以顺时针从中心向四周辐散，在南半球则相反。以最外一条闭合等压线为界，气旋直径为 $10^2 \sim 10^3$ km 数量级；反气旋比气旋大得多，大的可占据最大的大陆或海洋，小的直径也可达数百千米。气旋的强度可用地面最大风速来度量。风速与水平气压梯度力成正比，中心气压值越低，气旋越强，反气旋越弱；中心气压值越高，反气旋越强，气旋越弱。

4）高空急流云系。高空急流云系是指表现为左界光滑整齐，与急流轴平行的卷云区。急流呈反气旋弯曲时，云系稠密，急流呈气旋性弯曲处，云系稀少或无云。

5）台风云系。在卫星云图上，台风由台风眼、中心稠密云区和螺旋云带组成，中心稠密云区边界越光滑、云形越圆、尺度越大、越稠密，台风强度越大。台风云带越宽、环绕台风中心的圈数越多，强度越大。

3. 各种天气预报图

（1）日常航空天气报告图

服务于飞行活动的专业气象预报，称为航空天气预报（Aviation Weather Forecast）。它比一般为公众服务的公益性天气预报在项目、时效和定量化等方面要求更高，通常包括云量、云状、云高、能见度、风、天气现象出现的时间及其变化，以及与飞行有关的飞机积冰、飞机颠簸、飞机尾迹等内容，特别注意分析预报中、小尺度天气系统以及地形、下垫面特征对局地天气的影响。

及时、准确的航空天气预报是顺利完成飞行任务、保障飞行安全的重要条件。无人机机组在起飞前也有必要了解和研究天气实况和天气预报，并据此制订飞行计划。只有这样才能在飞行过程中，针对复杂天气情况进行及时、正确的处置，圆满完成飞行任务。

超短时、短时和短期天气预报的内容是根据飞行活动的要求而确定的，主要包括：

1）云：云量、云状、云高，必要时还应预报云顶高、云厚、云的层次等。

2）能见度：有效气象能见度和空中能见度。

3）风：地面、飞行高度上及航线上的风向、风速、急流和垂直风切变的高度、位置和强度。

4）天气现象：地面或空中的各种天气现象，如雷暴、降水、雾、沙尘暴等。

5）气温：地面（跑道）气温、最高气温和最低气温；飞行高度上的气温及0℃层的高度。

此外，还包括对流层顶高度、飞机颠簸、飞机积冰、飞机尾迹等。

（2）航路天气预报图

航路天气预报是指自起飞机场到降落机场或目标区的整个航路地段的天气预报。它提供飞机在沿航线飞行过程中将会遭遇的天气以及降落站的天气。为了适应国际交换的需要，把航路适当分为几个区域，预报高、中、低三层高度上的风向、风速、气温、云量、云状、云底和云顶高度、地面有效能见度、0℃层高度，以及湍流和飞机积冰强度及其上下限、厚度，有必要时应包括云的层次、空中能见度情况，对流层顶高度和气温，急流的位置、高度、强度、走向等。

航路天气预报与机场预报不同，必须考虑飞机与天气系统或移动性天气现象的相对运动，并做出天气系统与飞机相遇的时间和地点的预报。

航路天气预报一般采用航路天气预报表的形式发布。但当天气变化复杂时，还应附上航路天气剖面图。当航路很长时，需分段填报，除按任务要求分段外，主要依据航线上不同天气表现来确定。

航路天气预报通常在起飞前1h由起飞航站气象台向机组提供。有效时限根据航路飞行所需时间来确定。考虑到飞机可能因某种原因提前或推迟降落，故对降落航站的天气预报的有效时限提前或延后各1h。

地面天气图是天气分析和预报业务中最基本的天气图。图上除地面气温、露点、风向、风速、水平能见度和海平面气压等观测记录外，还有高空气象要素的观测记录。

卫星云图是由气象卫星自上而下观测到的地球上的云层覆盖和地表面特征的图像。利用卫星云图可以识别不同的天气系统，确定它们的位置。

航路天气预报是指自起飞机场到降落机场或目标区的整个航路地段的天气预报。它提供飞机在沿航线飞行过程中将会遭遇的天气及降落站的天气。

4. 航空气象获取途径

航空气象技术装备主要包括航空气象观（探）测设备、气象情报传递和终端设备、各类计算机以及一些特殊装备。气象卫星和气象雷达是现代重要的航空气象设备。气象卫星能提供可见光云图、红外云图、空中风场、高空急流位置和强度、气温和水汽的垂直分布等。通过对卫星资料的分析，可获得准确的国际航线大气风的预报，从而使远程航行的意外事故大大减少。气象雷达包括测风、测云、测雨等多种类型，其中测雨雷达是观测对飞行安全威胁严重的强对流天气的有效工具。

天气预报是根据气象观测资料，应用天气学、动力气象学、统计学的原理和方法，对某区域未来一定时段的天气状况做出定性或定量的预测。天气预报的发展可分为三个阶段：单站预报、天气图预报、数值天气预报。天气预报可分为天气形势预报和气象要素预报。天气形势预报即未来某时段内各种天气系统的生消、移动和强度的变化。气象要素预报即预报气温、风、云、降水和天气现象等在未来某时段的变化。其中天气形势预报是气象要素预报的基础。

获取天气的途径主要有：

1）民航机场预报。

2）军用气象台站。

3）通过互联网查询气象信息，如中国气象数据网。

随着互联网的飞速发展，各种航空气象资料通过互联网进行传播也得到了广泛的应用，具有快速、彩色、高画质和动态等许多优点。

2. 工作页

学校名称		任课教师	
班级		学生姓名	
学习领域	学习领域：无人机操控飞行		
学习情境	学习情境4：多旋翼无人机水平单圆飞行	学习时间	30min
工作任务	H：航空气象资料应用	学习地点	理实一体化教室

航空气象资料应用

请完成下列单选题：（每题1分，共14分）

(1) 根据地面天气图上分析的等压线，我们能观察出（　　）。

    A. 降水区域　　　　　　　　B. 气压梯度　　　　　　　　C. 槽线位置

(2) 地面天气图上填写的气压是（　　）。

    A. 本站气压　　　　　　　　B. 海平面气压　　　　　　　C. 场面气压

(3) 以下不是卫星云图的是（　　）。

    A. 红外云图　　　　　　　　B. 可见光云图　　　　　　　C. 多光谱云图

(4) 在卫星云图上，红外云图的色调取决于（　　）。

    A. 目标反射太阳辐射的大小　B. 目标的温度　　　　　　　C. 目标的高低

(5) 在卫星云图上，可见光云图的色调取决于（　　）。

    A. 目标反射太阳辐射的大小　B. 目标的温度　　　　　　　C. 目标的高低

(6) 下列选项中不是卫星云图上卷状云特征的是（　　）。

    A. 在可见光云图上，卷云呈灰—深灰色

    B. 在红外云图上，卷云顶温度很低，呈白色

    C. 无论可见光还是红外云图，卷云没有纤维结构

(7) 下列选项中不是卫星云图上中云特征的是（　　）。

    A. 在卫星云图上，中云与天气系统相连，表现为大范围的带状、涡旋状、逗点状

    B. 在可见光云图上，中云呈灰白色到白色，可根据色调的差异判定云的厚度

    C. 在红外云图上，中云呈深灰色，色调介于高低云之间

(8) 下列选项中不是卫星云图上积雨云特征的是（　　）。

    A. 在卫星云图上的积雨云常是几个雷暴单体的集合

    B. 无论可见光还是红外云图，积雨云的色调都最白

    C. 积雨云的尺度相差不大。一般初生的较小，成熟的较大

(9) 下列选项中不是卫星云图上层云（雾）特征的是（　　）。

    A. 在可见光云图上，层云（雾）表现为光滑均匀的云区

    B. 层云（雾）边界整齐清楚，与山脉、河流、海岸线走向一致

    C. 在红外云图上，层云色调较亮，与地面色调相差较大

(10) 从（　　）资料上可以预先了解到航线高度的风、云、气温及颠簸、积冰等情况。

    A. 等压面预报图　　　　　　B. 重要天气预报图　　　　　C. 航路天气预报图

(11) 航路天气预报通常在起飞前（　　）由起飞航站气象台向机组提供。

    A. 1h　　　　　　　　　　　B. 2h　　　　　　　　　　　C. 3h

(12) 以下不属于天气预报分类的是（　　）。

    A. 天气形势预报　　　　　　B. 气象要素预报　　　　　　C. 大风降温预报

(13) 卫星云图主要可分为（　　）两类。

    A. 红外云图和可见光云图　　B. 红外云图和色调强化卫星云图

    C. 色调强化卫星云图和可见光云图

(14) 在重要天气预报图上用黑色的断线围起来的区域，表示有（　　）。

    A. 晴天积云　　　　　　　　B. 晴空颠簸　　　　　　　　C. 西风急流

4.4 任务计划

课程思政点睛

1）任务计划环节是在理实一体化学习之后，为培养学生先谋后动的思维意识和习惯而进行的训练，学生小组合作完成工作计划的制订。

2）利用规范性、标准性非常高的具体计划引导学生养成严谨、认真、负责任的职业态度和工匠精神。

3）通过对规范、环保、安全方面的强调和要求，培养学生的环境保护意识、安全意识及大局观。

教学实施指导

1）教师指导学生独立学习4.4.1 多旋翼无人机模拟器水平单圆飞行流程（信息页），4.4.2 多旋翼无人机 VR 水平单圆飞行流程（信息页）及4.4.3 多旋翼无人机外场水平单圆飞行流程（信息页），要求学生划出关键信息，找到关键步骤。

2）学生分组讨论，合作完成多旋翼无人机水平单圆飞行工作计划的流程图海报。

3）教师选出一个组来介绍讲解海报内容，教师进行评价。教师强调修改工作计划时要注意标准、规范、安全、环保、时间及成本控制意识的训练。

4.4.1 多旋翼无人机模拟器水平单圆飞行流程（信息页）

1. 模拟器 8 字航点飞行

学习目标：能够操纵飞机在八位姿态下按如图1所示7个位置进行悬停练习。

建议学时：4 学时。

教具准备：模拟器，计算机。

学习安排：

1）模拟器界面左侧选择 8 字航点训练科目，解锁无人机起飞，推升降舵操纵无人机至中心筒对尾悬停5s 以上，如图 2 所示。

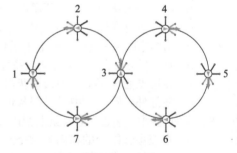

图 1 8 字航点悬停位置示意图

2）推升降舵同时左扭方向舵操纵无人机左转90°，并通过副翼和升降舵修正无人机位置至左前 2 号锥筒区域，保持对左姿态悬停5s 以上，如图 3 所示。

图2 解锁无人机后操纵至中心筒对尾悬停

图3 无人机在左前锥筒对左姿态悬停

3）推升降舵同时左扭方向舵操纵无人机左转90°，并通过副翼和升降舵修正无人机位置至左侧 1 号锥筒区域，保持对头姿态悬停5s 以上，如图 4 所示。

通过观察无人机相对驾驶员不同位置的姿态变化，加强在不同位置下不同姿态的视觉经验，一开始可以参照地图显示，通过副翼和升降舵控制无人机保持在目标锥筒位置。

4）推升降舵同时左扭方向舵操纵无人机左转90°，并通过副翼和升降舵修正无人机位置至左后7号锥筒区域，保持对右姿态悬停5s以上，如图5所示。

图4　无人机在左侧锥筒对头姿态悬停　　　图5　无人机飞至左后锥筒保持对右姿态悬停

5）重复之前斜向飞行方式，操纵无人机飞至右前4号锥筒，保持对右姿态悬停5s以上，如图6所示。

6）推升降舵同时右扭方向舵操纵无人机右转90°，并通过副翼和升降舵修正无人机位置至右侧5号锥筒区域，保持对头姿态悬停5s以上，如图7所示。

图6　无人机飞至右前锥筒保持对右姿态悬停　　　图7　无人机在右侧锥筒对头姿态悬停

7）推升降舵同时右扭方向舵操纵无人机右转90°，并通过副翼和升降舵修正无人机位置至右后6号锥筒区域，保持左姿态悬停5s以上，如图8所示。

图8　无人机左姿态悬停

任务考核：

1）开始考核，内八解锁飞机，稳定至1.5～3m高度后，轻推升降舵操纵无人机对尾悬停在中心筒上方区域内进入考核流程，按照练习顺序3-2-1-7-3-4-5-6-3号锥筒位置（图1），每个锥筒悬停3s以上，考核通过，如图9所示。

2）中途飞出范围、进入目标锥筒姿态偏差过大、悬停时间不够、超时均会导致考核失败，如图10所示。

图9　8字航点考核通过　　　　　　图10　8字航点考核失败

2. 模拟器四分之一圆形航线飞行

学习目标：能够操纵无人机按照8字航点悬停位置顺序，在相邻两个锥筒之间偏航同时沿圆形弧线飞行，练习每个四分之一圆形弧线飞行，左右两圆共八段。

建议学时：4学时。

教具准备：模拟器，计算机。

学习安排：

1）模拟器界面左侧选择水平8字弧线1/4训练科目，解锁无人机起飞，推升降舵操纵无人机至中心筒对尾稳定悬停，步骤同上一练习。

2）推升降舵同时缓慢左扭方向舵，操纵无人机缓慢前进同时进行左转，如图11所示。

3）通过升降舵控制无人机前进速度，保持无人机持续左转，左转角度越接近对左姿态，无人机应当越接近左前2号锥筒，如图12所示。

图11　无人机飞出中心筒沿圆弧前进　　　图12　无人机沿圆弧前进接近左前锥筒

4）无人机完全转成对左姿态，轻拉升降舵减速保持对左姿态悬停在左前锥筒区域，如图13所示。

①至此第一段四分之一圆形航线训练结束。圆形航线同样是升降舵为主操纵面，副翼为辅助操纵面，同时要保持无人机方向持续转动，这就要通过升降舵和方向舵协调控制，保证前进速度和转向速度同步。

②巩固飞行中观察无人机的能力，让提前观察目标点的技能成为一种本能反应。

③在升降舵和方向舵协调好的情况下，利用副翼舵面让轨迹操控变得更为精准。

5）操纵无人机继续沿圆形弧线前进，飞往左侧1号锥筒，如图14所示。

图13　无人机在左前2号锥筒对左姿态悬停　　图14　无人机沿圆形弧线飞第二段1/4圆弧

6）接近左侧锥筒后收舵减速，保持无人机在左侧锥筒区域悬停，第二段四分之一圆形航线练习结束，如图 15 所示。

7）操纵无人机继续沿圆形弧线前进，飞往左后 7 号锥筒，如图 16 所示。

图 15　无人机在左侧锥筒对头姿态悬停

图 16　无人机沿圆形弧线飞第三段 1/4 圆弧

8）接近左后锥筒后收舵减速，保持无人机在锥筒区域悬停，第三段四分之一圆形航线练习结束，如图 17 所示。

9）操纵无人机继续沿圆形弧线前进，飞往中心筒，如图 18 所示。

图 17　无人机在左后锥筒对右姿态悬停

图 18　无人机沿圆形弧线飞第四段 1/4 圆弧

10）接近中心筒后收舵减速，保持无人机在锥筒区域悬停，第四段四分之一圆形航线练习结束，如图 19 所示。

11）操纵无人机继续沿圆形弧线前进，飞往右前 4 号锥筒，如图 20 所示。

图 19　无人机在中心筒对尾姿态悬停

图 20　无人机沿圆形弧线飞第五段 1/4 圆弧

12）接近右前锥筒后收舵减速，保持无人机在锥筒区域悬停，第五段四分之一圆形航线练习结束，如图 21 所示。

13）操纵无人机继续沿圆形弧线前进，飞往右侧 5 号锥筒，如图 22 所示。

14）接近右侧锥筒后收舵减速，保持无人机在锥筒区域悬停，第六段四分之一圆形航线练习结束，如图 23 所示。

15）操纵无人机继续沿圆形弧线前进，飞往右后 6 号锥筒，如图 24 所示。

图21 无人机在右前锥筒对右姿态悬停

图22 无人机沿圆形弧线飞第六段1/4圆弧

图23 无人机在右侧锥筒对头姿态悬停

图24 无人机沿圆形弧线飞第七段1/4圆弧

16）接近右后锥筒后收舵减速，保持无人机在锥筒区域悬停，第七段四分之一圆形航线练习结束，如图25所示。

17）操纵无人机继续沿圆形弧线前进，飞往中心筒，如图26所示。

图25 无人机在右后锥筒对左姿态悬停

图26 无人机沿圆形弧线飞第八段1/4圆弧

18）接近中心筒后收舵减速，保持无人机在中心筒区域悬停，第八段四分之一圆形航线练习结束，如图27所示。

图27 无人机在中心筒对尾姿态悬停

任务考核：

1）通过练习每段四分之一圆形航线，熟悉曲线飞行操作方式，保证航向和航迹正确情况下，考核通过，如图28所示。

2）飞行过程中，方向和位置偏差过大、超时均会导致考核失败，如图29所示。

图28　四分之一圆形航线考核通过　　　图29　四分之一圆形航线考核失败

这项任务可以锻炼在各个四分之一圆形航线上的操纵能力，熟悉方向舵、升降舵和副翼联合操纵，为之后飞行做好基础。

3. 模拟器四分之二圆形航线飞行

学习目标： 能够操纵无人机按照8字航点悬停位置顺序，练习每个二分之一圆形弧线飞行，左右两圆共四段。

建议学时： 4学时。

教具准备： 模拟器，计算机。

学习安排：

1）模拟器界面左侧选择水平8字弧线1/2训练科目，解锁无人机起飞，推升降舵操纵无人机至中心筒对尾稳定悬停，步骤同上一练习。

2）推升降舵同时缓慢左扭方向舵，操纵无人机缓慢前进同时进行左转，如图30所示。

3）无人机完全转成对左姿态，此时飞至左前2号锥筒上方，不停顿，继续保持沿圆形航线飞行，如图31所示。

图30　无人机飞出中心筒沿圆弧前进　　图31　无人机对左姿态经过左前2号锥筒

4）同上一阶段四分之一圆形航线第二段训练，无人机继续沿圆形航线飞至左侧1号锥筒，如图32所示。

注意：至此第一段四分之二圆形航线训练结束，需要注意的是这一段航线相当于两个四分之一圆形航线连续飞行，在左前筒上方时不收舵，继续保持前进与方向转动速度，飞向下一个锥筒。

5）以左侧锥筒悬停位置作为出发点，继续操纵无人机飞行，经左后7号锥筒飞至中心筒，如图33所示。

图32　无人机飞至左侧1号锥筒对头悬停　　图33　无人机对右姿态经过左后7号锥筒

6）无人机沿半圆弧线飞至中心筒悬停，完成第二段四分之二圆形航线，如图34所示。

7）以中心筒悬停位置作为出发点，继续操纵无人机飞行，经右前4号锥筒飞向右侧5号锥筒，如图35所示。

图34　无人机飞至中心筒对尾悬停　　　　图35　无人机对右姿态经过右前4号锥筒

8）操纵无人机沿半圆弧线飞至右侧5号锥筒悬停，完成第三段四分之二圆形航线，如图36所示。

9）以右侧锥筒悬停位置作为出发点，继续操纵无人机飞行，经右后6号锥筒飞向中心筒，如图37所示。

图36　无人机飞至右侧锥筒对头悬停　　　　图37　无人机对左姿态经过右后6号锥筒

10）操纵无人机沿半圆弧线飞至中心筒悬停，完成第四段四分之二圆形航线，如图38所示。

图38　无人机飞至中心筒对尾悬停

任务考核：

1）通过练习每段四分之二圆形航线，熟悉半圆曲线飞行操作方式，保证航向和航迹正确情况下，考核通过，如图39所示。

2）飞行过程中，方向和位置偏差过大、超时均会导致考核失败，如图40所示。

图 39　四分之二圆形航线考核通过　　　　图 40　四分之二圆形航线考核失败

4. 模拟器四分之三圆形航线飞行

学习目标： 能够操纵无人机按照 8 字航点悬停位置顺序，练习三个四分之一圆形航线连续飞行，左右两圆共三段四分之三圆形航线。

建议学时： 4 学时。

教具准备： 模拟器，计算机。

学习安排：

1）模拟器界面左侧选择水平 8 字弧线 3/4 训练科目，解锁无人机起飞，推升降舵操纵无人机至中心筒对尾稳定悬停，步骤同上一练习。

2）推升降舵同时缓慢左扭方向舵，操纵无人机沿圆形航线前进，经过左前 2 号锥筒后，继续沿圆形航线飞向左侧 1 号锥筒，完成四分之二圆形航线飞行后，在左侧锥筒不停顿，继续操纵无人机飞向左后 7 号锥筒，如图 41 所示。

3）操纵无人机沿圆形航线飞至左后 7 号锥筒悬停，如图 42 所示。

图 41　无人机对头姿态经过左侧 1 号锥筒　　　图 42　无人机飞至左后锥筒对右悬停

注意：此阶段包含三段四分之一圆形航线，在锥筒上方经过时注意无人机朝向，如果经过 2 号或 1 号锥筒时航向偏差过大，会直接影响后面圆形航线的准确度，注意练习提前预判无人机走向。

4）继续从左后 7 号锥筒出发，推升降舵同时缓慢左扭方向舵，操纵无人机沿圆形航线前进；经过中心筒后，右扭方向舵，保持前进，继续沿圆形航线飞向右前 4 号锥筒；到达右前锥筒后，不停顿，继续操纵无人机飞向右侧 5 号锥筒，如图 43 所示。

5）操纵无人机沿圆形航线飞至右侧 5 号锥筒悬停，如图 44 所示。

图 43　无人机对右姿态经过右前锥筒　　　图 44　无人机对头姿态在右侧锥筒悬停

6）继续从右侧锥筒出发，推升降舵同时缓慢右扭方向舵，操纵无人机沿圆形航线前进；经过右后6号锥筒后，保持前进，继续沿圆形航线飞向中心筒；到达中心筒后不停顿，左扭方向舵，操纵无人机飞向左前2号锥筒，如图45所示。

7）操纵无人机沿圆形航线飞至左前2号锥筒悬停，三段四分之三圆形航线训练结束，如图46所示。

图45　无人机对尾姿态方向舵反打经过中心筒　　　图46　无人机对左姿态在左前锥筒悬停

注意：四分之三圆形航线后两段都会经过中心筒，需要多练习方向舵的左右迅速转换，才可以在经过中心筒时不出现航向偏差或者速度控制偏差。

任务考核：

1）通过练习三段四分之三圆形航线，熟悉连续三段1/4圆形曲线飞行操作方式，保证航向和航迹正确情况下，考核通过，如图47所示。

2）飞行过程中，方向和位置偏差过大、超时均会导致考核失败，如图48所示。

图47　四分之三圆形航线考核通过　　　图48　四分之三圆形航线考核失败

5. 模拟器圆形航线飞行

学习目标：能够操纵无人机按照8字航点悬停位置顺序，练习完整圆形航线飞行，左右两圆共两段。

建议学时：4学时。

教具准备：模拟器，计算机。

学习安排：

1）模拟器界面左侧选择完整一圈—左圆训练科目，解锁无人机起飞，推升降舵操纵无人机至中心筒对尾稳定悬停，步骤同上一练习。

2）推升降舵同时缓慢左扭方向舵，操纵无人机沿圆形航线前进，按照顺序经过左前2号锥筒－左侧1号锥筒－左后7号锥筒；在左后锥筒不停顿，继续操纵无人机沿圆形航线飞向中心筒，如图49所示。

3）操纵无人机到达中心筒对尾悬停，完成左侧圆形航线训练，如图50所示。

4）模拟器界面左侧选择完整一圈—右圆训练科目，解锁无人机起飞，推升降舵操纵无人机至中心筒对尾稳定悬停，步骤同上一练习。

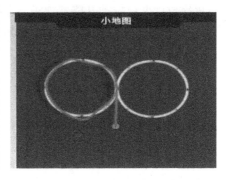

图 49　无人机对右姿态经过左后锥筒　　　　图 50　无人机左侧圆形航线飞行轨迹

5）推升降舵同时缓慢右扭方向舵，操纵无人机沿圆形航线前进，按照顺序经过右前4 号锥筒 – 右侧 5 号锥筒 – 右后 6 号锥筒；在右后锥筒不停顿，继续操纵无人机沿圆形航线飞向中心筒，如图 51 所示。

6）操纵无人机到达中心筒对尾悬停，完成右侧圆形航线训练，如图 52 所示。

图 51　无人机对左姿态经过右后锥筒　　　　图 52　无人机右侧圆形航线飞行轨迹

注意：此阶段练习完整圆形航线，需要熟练操纵无人机协调转弯，保持航向与无人机所在的圆形航线方向一致，同时保持航向转动速度与前进速度协调一致，出现左右偏差通过副翼微调修正，不可以只用升降舵来修正。左右两圆练习方式相同，但是左右方向舵手感以及左右两圆目视均会不同，注意加强练习。

4.4.2　多旋翼无人机 VR 水平单圆飞行流程 （信息页）

1. VR 8 字航点飞行

学习目标：操控无人机在 VR 系统中的飞行场地进行 8 字航点训练，控制飞机前往目标锥筒进行悬停，目标锥筒顺序依次为左圈 3 – 2 – 1 – 7 – 3，右圈 3 – 4 – 5 – 6 – 3，每个锥筒保持悬停 5s 以上，悬停时注意修正，观察飞机姿态，锥筒编号如图 1 所示。

建议学时：1 学时。

教具准备：整套 VR 模拟设备。

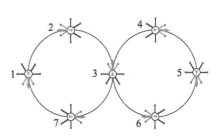

图 1　锥筒编号示意图

学习安排：

1）操纵无人机起飞后稳定高度，如图 2 所示。

2）前往 3 号中心筒，开始飞行。

3）前推升降舵同时左扭方向舵操纵无人机左转，并通过副翼和升降舵进行修正，飞至左前 2 号锥筒，飞机姿态为对左，航向 270°，进行 5s 悬停。

4）悬停完成后继续推动升降舵前进，左扭方向舵转向，如偏离航线，及时修正，然后飞至左侧 1 号锥筒，飞机姿态为对头，航向 180°，进行 5s 悬停，如图 3 所示。

图 2　飞机在起降点悬停　　　　　　　　　图 3　到达 1 号锥筒的姿态

5）推升降舵同时左扭方向舵操纵无人机左转，并通过副翼和升降舵进行修正，飞至左后 7 号锥筒，飞机姿态为对右，航向 90°，进行 5s 悬停，如图 4 所示。

6）悬停完成后继续推动升降舵前进，左扭方向舵转向，如偏离航线，及时修正，然后飞至 3 号中心锥筒，飞机姿态为对尾，航向 360°，进行 5s 悬停，如图 5 所示。

图 4　到达 7 号锥筒悬停时的姿态　　　　　图 5　到达 3 号锥筒悬停时的姿态

7）悬停完成后，调整飞机姿态，推动升降舵前进，向右扭动方向舵转向，然后飞至右前 4 号锥筒处，飞机姿态为对右，航向 90°，进行 5s 悬停。

8）悬停完成后，继续操纵无人机前进转向，飞至右侧 5 号锥筒，飞机姿态为对头，航向 180°，进行 5s 悬停。

9）重复之前飞行方式，操纵无人机飞至右后 6 号锥筒，飞机姿态为对左，航向 270°，进行 5s 悬停，如图 6 所示。

图 6　到达 6 号锥筒悬停时的姿态

10）悬停完成后，继续操纵无人机前进转向，飞至 3 号中心筒，飞机姿态为对尾，航向 360°，进行 5s 悬停。

注意：

1）飞行期间注意观察飞机在每个锥筒位置处的方向和姿态，前期飞行中可参照小地图的飞机位置来进行修正，后期在加强训练的过程中需要依靠自己的方向感和空间感来进行修正。

2）8 字航点飞行时，在 GPS 模式下，飞机会处于定点模式，飞机飞至目标点即进行悬停；姿态模式下，在悬停过程中应密切注意飞机的晃动，及时修正。

2. VR 四分之一圆形航线飞行

学习目标：操控无人机在 VR 系统中的飞行场地进行四分之一圆形航线训练，飞行过程中的目标锥筒顺序依次为 3-2，2-1，1-7，7-3，3-4，4-5，5-6，6-3，每完成一条弧线即进行悬停，每次悬停之前所飞行的弧线为 1/4 弧线。

建议学时：1 学时。

教具准备：整套 VR 模拟设备。

学习安排：

1）操纵无人机起飞后，稳定高度悬停，然后前往 3 号中心筒，开始飞行，如图 7 所示。

2）前推升降舵同时缓慢左扭方向舵，操纵无人机缓慢前进同时进行左转，机头角度越接近对左姿态，飞机应当越接近左前 2 号锥筒的正上方；到达 2 号锥筒时的姿态为对左，航向 270°。

3）操纵无人机继续沿圆形弧线前进，飞往左侧 1 号锥筒；接近左侧 1 号锥筒后收舵减速，保持无人机在左侧 1 号锥筒区域悬停，悬停时飞机姿态为对头，航向 180°，如图 8 所示。

图 7　飞机正在前往中心筒　　　　　图 8　在 1 号锥筒时的姿态

4）操纵无人机继续沿圆形弧线前进，飞往左后 7 号锥筒；1 号与 7 号锥筒在视角中看似相互离得很近，实则所有弧线的长度以及角度的改变都是相似的，所以要注意观察飞机与航线相对位置，如有偏差，及时修正；最后飞机到达左后 7 号锥筒时的姿态为对右，航向 90°，如图 9 所示。

5）操纵无人机继续沿圆形弧线前进，飞往 3 号中心筒；接近中心筒后收舵减速，保持无人机在锥筒区域悬停，飞机悬停时的姿态为对尾，航向 360°，如图 10 所示。

图 9　在 7 号锥筒时的姿态　　　　　图 10　在 3 号锥筒时的姿态

6）右圈的飞行操作和注意事项与左圈相似，操纵升降舵前进的同时右压方向舵进行右转弯，沿圆形弧线前进。到达右前 4 号锥筒时，飞机姿态为对右，航向 90°，如图 11 所示。飞机到达右侧 5 号锥筒悬停时，姿态对头，航向 180°，如图 12 所示。到达 6 号锥筒时，飞机姿态为对左，航向 270°，如图 13 所示。飞机到达 3 号锥筒悬停时的姿态为对尾，航向 360°，如图 14 所示。

注意：以上步骤为圆形航线的 VR 模拟飞行教学，讲解在飞行过程中遇到的问题，以及修正方法。本课时和 8 字航点飞行的区别主要是后者需要控制飞机飞向锥筒，和在锥筒上进行悬停，但是本课时不仅要控制好飞机在锥筒上悬停的姿态，更要训练飞往锥筒时是沿航线行进的，主要依靠升降舵和方向舵的配合，飞行过程中不能过于依赖副翼修正。

四分之一圆形航线飞行过程中，在 GPS 模式下，前进和转向的速度相互配合，姿态模式下，因为惯性的问题，到达锥筒之前，提前进行收舵减速。

图 11　在 4 号锥筒时的姿态

图 12　在 5 号锥筒时的姿态

图 13　在 6 号锥筒时的姿态

图 14　在 3 号锥筒时的姿态

3. VR 四分之二圆形航线飞行

学习目标： 操控无人机在 VR 系统中的飞行场地进行四分之二圆形航线训练，目标锥筒的顺序依次为 3 - 2 - 1，1 - 7 - 3，3 - 4 - 5，5 - 6 - 3，按照序号飞行，飞行完成后进行悬停，每次悬停之前所飞行的弧线为 2/4 弧线。

建议学时： 1 学时。

教具准备： 整套 VR 模拟设备。

学习安排：

1）操纵无人机起飞后稳定高度，前往 3 号中心筒，开始飞行。

2）推升降舵同时缓慢左扭方向舵，操纵无人机缓慢前进同时进行左转，飞机经过左前 2 号锥筒时不做停留，继续保持沿圆形航线飞行，到达左侧 1 号锥筒时的姿态为对头，航向 180°，如图 15 所示。

3）从左侧 1 号锥筒出发后，沿航线飞行，经左后 7 号锥筒飞至中心筒，到达中心筒时姿态为对尾，航向 360°，如图 16 所示。

图 15　经过 2 号锥筒不做停留

图 16　在 3 号锥筒悬停时的姿态

4）继续操纵无人机沿航线飞行，经右前 4 号锥筒飞至右侧 5 号锥筒，到达右侧 5 号锥筒时姿态为对头，航向 180°，如图 17 所示。

5）从右侧5号锥筒出发后，沿航线飞行，经过右后6号锥筒不做停留，继续沿航线飞行，到达3号中心筒，到达中心筒时飞机姿态为对尾，航向360°，如图18所示。

图17　在5号锥筒悬停时姿态　　　　　　图18　在3号锥筒悬停时姿态

四分之二圆形航线相当于两个四分之一圆形航线连续飞行，飞行方法都是一致的，唯一不同之处是四分之二圆形航线的完整弧线未完成时不得停留。应熟悉半圆曲线飞行操作方式，完成后可在锥筒上方进行悬停。

四分之二圆形航线中，在GPS模式下，推升降舵同时缓慢扭动方向舵，操纵无人机缓慢前进同时进行转弯，直至目标锥筒位置；姿态模式下，控制好飞机前进时的速度，适当进行减速，利用副翼进行修正，到达目标锥筒之前进行收舵减速。

4．VR 四分之三圆形航线飞行

学习目标：操控无人机在VR系统中的飞行场地进行四分之三圆形航线训练，飞行过程中的目标锥筒顺序依次为3-2-1-7，7-3-4-5，5-6-3-2，按照序号飞行，飞行完成后进行悬停，每次悬停之前所飞行的弧线为3/4弧线。

建议学时：1学时。

教具准备：整套VR模拟设备。

学习安排：

1）操纵无人机起飞后稳定高度，前往3号中心筒，开始飞行。

2）前推升降舵同时缓慢左扭方向舵，操纵无人机沿圆形航线进行飞行，经过左前2号锥筒和左侧1号锥筒，飞行过程中不得停顿，直至飞机飞至左后7号锥筒进行悬停，悬停时飞机姿态为对右，航向90°，如图19所示。

3）悬停完成后从左后7号锥筒出发，前推升降舵的同时缓慢左扭方向舵，沿圆形航线飞行至3号中心筒，不做停留，过筒后缓慢右转方向舵，经过右前4号锥筒，不做停留，直至到达右侧5号锥筒进行悬停，悬停时飞机姿态为对头，航向180°。

图19　没有到达目标锥筒位置时不得停顿

4）悬停完成后，从右侧5号锥筒出发，前推升降舵的同时缓慢右扭方向舵，沿航线飞行，经过6号锥筒至3号中心筒，不做停留，过筒后缓慢左转方向舵，直至到达左前2号锥筒进行悬停，悬停时飞机姿态为对左，航向180°。

四分之三圆形航线依靠之前课时的合并，训练的目的是让大家在飞行过程中可以连贯起来，注意把控飞机前进的速度、转向的角度，以及修正飞机的姿态，飞行过程中注意沿航线进行飞行，不得存在停顿的现象。

四分之三圆形航线飞行时，在GPS模式下，飞机处于定点模式，晃动幅度比较小，控制前进速度同时转方向沿航线飞行，如出现偏离，及时用副翼修正；姿态模式下，注意控制飞机速度，飞机存在惯性，注意观察飞机与航线相对位置。

5. VR 圆形航线飞行

学习目标：操控无人机在 VR 系统中的飞行场地进行圆形航线训练，飞行过程中注意升降舵与方向舵的配合，不能长时间依靠副翼进行修正。

建议学时：1 学时。

教具准备：整套 VR 模拟设备。

学习安排：

1）操纵无人机起飞后稳定高度，如图 20 所示。

2）轻推升降舵匀速前进至 3 号中心筒，如图 21 所示。

图 20　在起降点悬停

图 21　匀速前进至 3 号中心筒

3）到达 3 号中心筒后进行悬停，飞机对尾，如图 22 所示。

4）操纵升降舵前进，出筒后左扭方向舵开始转方向，沿航线飞行，如图 23 所示。

图 22　准备出筒

图 23　前往 2 号锥筒

5）到达左前 2 号锥筒时，机头方向为对左，航向 270°，如图 24 所示。

6）经过左前 2 号锥筒后，观察航线位置缓慢飞行，到达左侧 1 号锥筒时，机头位置为对头，航向 180°，如图 25 所示。

图 24　正在经过 2 号锥筒

图 25　注意方向、速度，不得提前转正

7）继续从左侧 1 号锥筒出发，前推升降舵同时缓慢左扭方向舵，操纵无人机沿圆形航线进行飞行，到达左后 7 号锥筒时，飞机姿态为对右，航向 90°，如图 26 所示。

8）左后 7 号锥筒出筒后，前推升降舵同时缓慢左扭方向舵，收尾的弧线注意可能偏大或者偏小，应及时修正，避免出现直角弯；到达中心筒后飞机姿态为对尾，航向 360°，如

图 27 所示。

图 26　每条弧线的 1/2 处，机头的方向　　　　图 27　到达中心筒后，飞机姿态为对尾
总是改变了 45°

9）右圈飞行方式和左圈极其相似，前推升降舵同时右扭方向舵进行右转，飞行过程中注意观察航线位置。到达右前 4 号锥筒时，飞机的姿态为对右，航向 90°，如图 28 所示。飞行至右侧 5 号锥筒时，飞机姿态为对头，航向 180°，如图 29 所示。到达右后侧 6 号锥筒位置时，飞机姿态为对左，航向 270°，如图 30 所示。到达 3 号中心筒位置时，飞机姿态为对尾，航向 360°，如图 31 所示。

图 28　经过 4 号锥筒时姿态　　　　　　图 29　经过 5 号锥筒时姿态

图 30　经过 6 号锥筒时姿态　　　　　　图 31　到达 3 号锥筒时姿态

本项目难点主要在于飞行过程中升降舵和方向舵的配合，机头的方向处于即将对正的状态时，飞机也应到达到目标锥筒的位置。飞机在弧线飞行过程中，到达指定锥筒位置的时候，机头的方向总是固定的，飞到弧线的 1/2 处，机头的方向总是改变了 45°，在达到这些要求的同时，观察下一个锥筒进行飞行。

圆形航线飞行过程中，在 GPS 状态下，飞机相对稳定，注意观察航线位置；姿态模式下，从中心筒出发时，轻推升降舵，让飞机依靠惯性进行飞行，过筒后根据飞机前进的速度进行转向，如出现侧滑状态，及时减速并使用副翼修正，航线收尾处记得收舵减速。

4.4.3　多旋翼无人机外场水平单圆飞行流程（信息页）

1. 外场 8 字航点飞行

学习目标：能够操控无人机在对应点位以规定姿态进行稳定悬停，各航点规定航向如

图 1 所示。

建议学时： 2 学时。

教具准备： 无人机 1 架，遥控器，标志筒 7 个。

学习安排：

1）无人机起飞后，轻推升降舵保持稳定移动至中心筒（点 3），并悬停 5s，如图 2 所示。

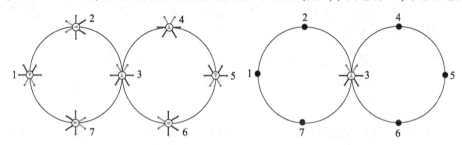

图 1　各航点航向示意图　　　　　图 2　移动至点 3 保持悬停

2）悬停完成后，移动无人机至点 2 正上方，到达点 2 后调整无人机至对左姿态并悬停 5s，如图 3 所示。

3）悬停完成后，移动无人机至点 1 正上方，到达点 1 后调整无人机至对头姿态并悬停 5s，如图 4 所示。

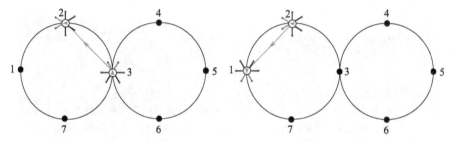

图 3　对左姿态点 2 保持悬停　　　　　图 4　对头姿态点 1 保持悬停

4）悬停完成后，移动无人机至点 7 正上方，到达点 7 后调整无人机至对右姿态并悬停 5s，如图 5 所示。

5）悬停完成后，移动无人机至点 3 正上方，到达点 3 后调整无人机至对尾姿态并悬停 5s，如图 6 所示。

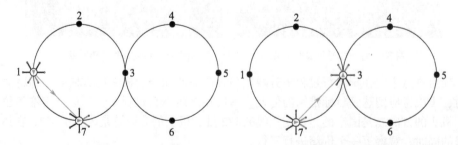

图 5　对右姿态点 7 保持悬停　　　　　图 6　对尾姿态点 3 保持悬停

6）悬停完成后，移动无人机至点 4 正上方，到达点 4 后调整无人机至对右姿态并悬停 5s，如图 7 所示。

7）悬停完成后，移动无人机至点 5 正上方，到达点 5 后调整无人机至对头姿态并悬停 5s，如图 8 所示。

8）悬停完成后，移动无人机至点 6 正上方，到达点 6 后调整无人机至对左姿态并悬停 5s，如图 9 所示。

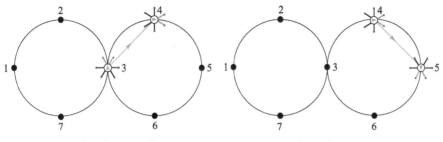

图7　对右姿态点4保持悬停　　　　　图8　对头姿态点5保持悬停

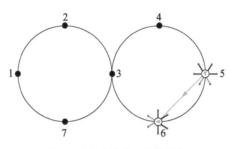

图9　对左姿态点6保持悬停

注意：练习8字航点悬停是为了让初次接触8字练习的同学快速掌握无人机在整条航线中重要的点位上应当是什么样的姿态以及位置。由于是第三视角飞行，当无人机不在驾驶员正前方时，并不能第一时间分辨无人机的位置偏差是否为正位，所以学生在练习航点悬停时要注意悬停的位置是否为航点的正上方，通过电子监控或者教练员纠正后，要总结真实位置与视觉位置到底存在什么样的偏差。

2. 外场四分之一圆形航线飞行

学习目标： 能够操控无人机以规定的四分之一圆形航线转动航向并匀速飞行至目标点进行稳定悬停，每个点到下一个点之间的弧线都是一段四分之一弧线，如图10所示。

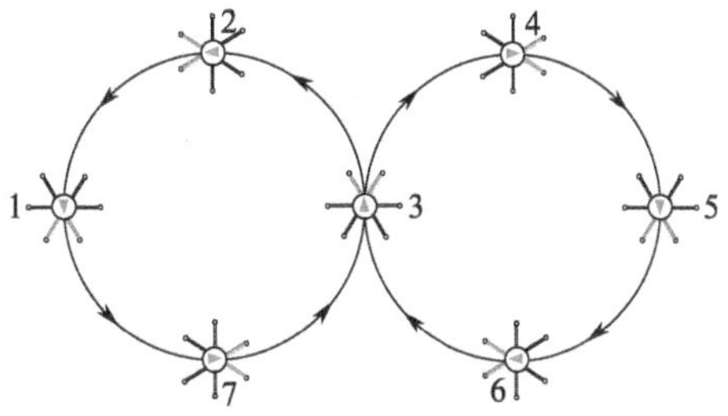

建议学时： 2学时。

教具准备： 无人机1架，遥控器，标志筒7个。

学习安排：

图10　四分之一弧线示意图

1）在点3悬停稳定后，轻推升降舵保持
0.8～1.2m/s的稳定飞行速度并向左转动航向，以整体均匀的转速飞往点2；到达点2时，无人机呈对左姿态并转为悬停，如图11所示。

2）在点2悬停稳定后，轻推升降舵保持0.8～1.2m/s的稳定飞行速度并向左转动航向，以整体均匀的转速飞往点1；到达点1时，无人机呈对头姿态并转为悬停，如图12所示。

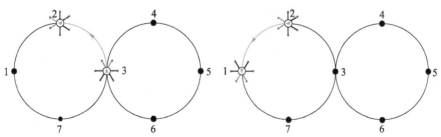

图11　点3至点2四分之一弧线　　　　图12　点2至点1四分之一弧线

3）在点1悬停稳定后，轻推升降舵保持0.8~1.2m/s的稳定飞行速度并向左转动航向，以整体均匀的转速飞往点7；到达点7时，无人机呈对右姿态并转为悬停，如图13所示。

4）在点7悬停稳定后，轻推升降舵保持0.8~1.2m/s的稳定飞行速度并向左转动航向，以整体均匀的转速飞往点3；到达点3时，无人机呈对尾姿态并转为悬停，如图14所示。

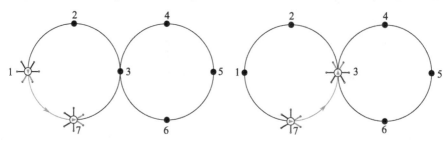

图13　点1至点7四分之一弧线　　　　　图14　点7至点3四分之一弧线

5）在点3悬停稳定后，轻推升降舵保持0.8~1.2m/s的稳定飞行速度并向右转动航向，以整体均匀的转速飞往点4；到达点4时，无人机呈对右姿态并转为悬停，如图15所示。

6）在点4悬停稳定后，轻推升降舵保持0.8~1.2m/s的稳定飞行速度并向右转动航向，以整体均匀的转速飞往点5；到达点5时，无人机呈对头姿态并转为悬停，如图16所示。

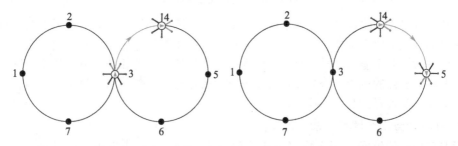

图15　点3至点4四分之一弧线　　　　　图16　点4至点5四分之一弧线

7）在点5悬停稳定后，轻推升降舵保持0.8~1.2m/s的稳定飞行速度并向右转动航向，以整体均匀的转速飞往点6；到达点6时，无人机呈对左姿态并转为悬停，如图17所示。

8）在点6悬停稳定后，轻推升降舵保持0.8~1.2m/s的稳定飞行速度并向右转动航向，以整体均匀的转速飞往点3；到达点3时，无人机呈对尾姿态并转为悬停，如图18所示。

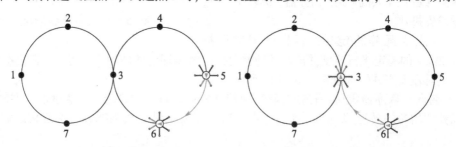

图17　点5至点6四分之一弧线　　　　　图18　点6至点3四分之一弧线

注意：开始四分之一弧线练习代表着学生要严格按照固定航线轨迹完成飞行，在熟悉点位的前提下使无人机按照航线飞行。飞行过程中注意飞行速度的匀速，也要注意每段四分之一弧线都是要完成90°的航向偏转。在飞行过程中航向的变化应是匀速的，不可以转一下，停一下，再转一下，否则实际航线就是一段段的直线组成的多边形而不是圆形，学生要完成的是顺畅的弧线飞行。

3. 外场四分之二圆形航线飞行

学习目标：能够操控无人机以规定的四分之二圆形航线转动航向并匀速飞至目标点

进行稳定悬停，每个点到下一个点之间的弧线都是一段四分之二弧线，如图 19 所示。

建议学时：2 学时。

教具准备：无人机 1 架，遥控器，标志筒 7 个。

学习安排：

1）在点 3 悬停稳定后，轻推升降舵保持 0.8 ~ 1.2m/s 的稳定飞行速度并向左转动航向，以整体均匀的转速飞往点 1；到达点 1 时，无人机呈对头姿态并转为悬停，如图 20 所示。

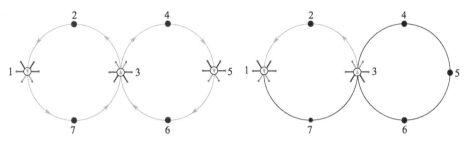

图 19　四分之二弧线示意图　　　　图 20　点 3 至点 1 四分之二弧线

2）在点 1 悬停稳定后，轻推升降舵保持 0.8 ~ 1.2m/s 的稳定飞行速度并向左转动航向，以整体均匀的转速飞往点 3；到达点 3 时，无人机呈对尾姿态并转为悬停，如图 21 所示。

3）在点 3 悬停稳定后，轻推升降舵保持 0.8 ~ 1.2m/s 的稳定飞行速度并向右转动航向，以整体均匀的转速飞往点 5；到达点 5 时，无人机呈对头姿态并转为悬停，如图 22 所示。

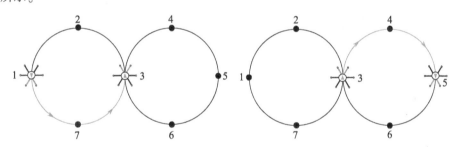

图 21　点 1 至点 3 四分之二弧线　　　　图 22　点 3 至点 5 四分之二弧线

4）在点 5 悬停稳定后，轻推升降舵保持 0.8 ~ 1.2m/s 的稳定飞行速度并向右转动航向，以整体均匀的转速飞往点 3；到达点 3 时，无人机呈对尾姿态并转为悬停，如图 23 所示。

4. 外场四分之三圆形航线飞行

学习目标：能够操控无人机以规定的四分之三圆形航线转动航向并匀速飞行至目标点进行稳定悬停，每个点到下一个点之间的弧线都是一段四分之三弧线。

建议学时：2 学时。

教具准备：无人机 1 架，遥控器，标志筒 7 个。

学习安排：

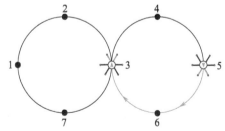

图 23　点 5 至点 3 四分之二弧线

1）在点 3 悬停稳定后，轻推升降舵保持 0.8 ~ 1.2m/s 的稳定飞行速度并向左转动航向，以整体均匀的转速飞往点 7；到达点 7 时，无人机呈对右姿态并转为悬停，如图 24 所示。

2）在点 7 悬停稳定后，轻推升降舵保持 0.8 ~ 1.2m/s 的稳定飞行速度并向左转动航向，当航向回到 360°/0° 后变为向右转动航向，以整体均匀的转速飞往点 5；到达点 5 时，无人机呈对头姿态并转为悬停，如图 25 所示。

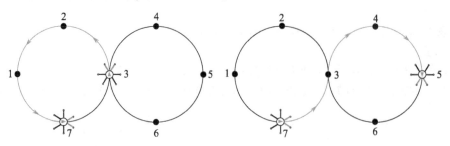

图 24　点 3 至点 7 四分之三弧线　　　　图 25　点 7 至点 5 四分之三弧线

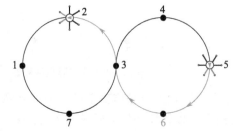

图 26　点 5 至点 2 四分之三弧线

3）在点 5 悬停稳定后，轻推升降舵保持 0.8 ~ 1.2m/s 的稳定飞行速度并向右转动航向，当航向回到 360°/0° 后变为向左转动航向，以整体均匀的转速飞往点 2；到达点 2 时，无人机呈对左姿态并转为悬停，如图 26 所示。

5. 外场圆形航线飞行

学习目标：能够操控无人机以规定的完整圆形航线转动航向并匀速飞行至目标点进行稳定悬停。

建议学时：6 学时。

教具准备：无人机 1 架，遥控器，标志筒 7 个。

学习安排：

1）在点 3 悬停稳定后，轻推升降舵保持 0.8 ~ 1.2m/s 的稳定飞行速度并向左转动航向，以整体均匀的转速完成左侧圆形航线，飞回点 3 时无人机呈对尾姿态并转为悬停，如图 27 所示。

2）在点 3 悬停稳定后，轻推升降舵保持 0.8 ~ 1.2m/s 的稳定飞行速度并向右转动航向，以整体均匀的转速完成右侧圆形航线，飞回点 3 时无人机呈对尾姿态并转为悬停，如图 28 所示。

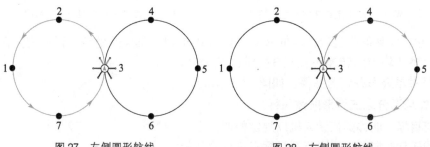

图 27　左侧圆形航线　　　　　　　　图 28　右侧圆形航线

注意：学生练习完整圆形航线飞行时要十分注意航线飞行的流畅度，主要是匀速飞行与每个航点的航向准确性。当学生发现某个位置常常发生同样的问题或者异常时，可以返回去练习出现问题的阶段。

4.5　任务决策

课程思政点睛

任务决策环节是在任务计划的基础上，跟教练对任务计划进行修改确认，或者是对多种计划方案进行优中选优。指导学生吸收采纳教师或其他人的建议，能够对自己的学习知识体系进行重新梳理，不断地接受他人的合理化意见或建议，是虚心、进取心的表现，同时也是尊重他人、客观公正对待自己的人生态度。在任务实施之前对自己的计划进行确认与调整，是严谨、认真、负责的态度的体现，也有助于精益求精的工匠精神养成。

教学实施指导

1）教师指导学生个人独立按照任务决策的关键要素完成任务决策表。

2）教师选出一个学生代表和自己进行任务决策，其他学生观察，并进行口头评价、补充、改进。

3）学生修改并提交自己的任务决策方案表格。教师对每个学生制订的任务决策方案进行确认。学生获得教师对自己所做决策方案的确认信息后才有资格进行任务实施。

多旋翼无人机水平单圆飞行任务决策

多旋翼无人机水平单圆飞行任务决策表

决策类型	决策方案
与教练决策	请和教练沟通任务计划实施的可能性（包括：模拟器、VR、外场的练习顺序，练习过程的规范性、安全性、环保性，练习质量的把控，工作任务的时间控制和成本控制，任务的考核等），并记录决策结果与教练的建议
意见或建议	

4.6 任务实施

课程思政点睛

1）任务实施是学生最喜欢的操作环节，在此抓住时机对学生进行严谨、规范、标准操作训练。

2）要求学生必须按照前期经过决策的任务计划执行，养成先谋后动的工作意识，深入思考后才可以操作，严禁冒失和鲁莽行事。

3）在操作过程中要求学生在一个团队内必须通力合作，分工明确，提高工作效率，以此训练学生未来步入社会工作的团队合作能力和时间把控能力。

4）若在操作中万一有违规操作或者是失误、错误出现，要求学生必须如实告知，不但不会被批评，反而会因诚信而得分。

教学实施指导

1）学生查阅4.4.1多旋翼无人机模拟器水平单圆飞行流程（信息页），观看4.6.1多旋翼无人机模拟器水平单圆飞行视频，独立进行模拟器水平单圆飞行操作，考核通过后方可进行 VR 水平单圆飞行。

2）学生查阅4.4.2多旋翼无人机 VR 水平单圆飞行流程（信息页），观看4.6.2多旋翼无人机 VR 水平单圆飞行视频，独立进行 VR 水平单圆飞行操作，考核通过后方可进行外场水平单圆飞行。

3）学生查阅 4.4.3 多旋翼无人机外场水平单圆飞行流程（信息页），观看 4.6.3 多旋翼无人机外场水平单圆飞行视频以及教练的示范动作，进行外场水平单圆飞行练习。

4）学生独立进行水平单圆飞行考试。

4.6.1 多旋翼无人机模拟器水平单圆飞行视频

1. 模拟器8字航点飞行　　2. 模拟器四分之一圆飞行　　3. 模拟器半圆飞行

4. 模拟器四分之三圆飞行　　5. 模拟器水平单圆飞行

4.6.2 多旋翼无人机 VR 水平单圆飞行视频

1. VR 8 字航点飞行　　2. VR 四分之一圆飞行　　3. VR 半圆飞行

4. VR 四分之三圆飞行　　5. VR 水平单圆飞行

4.6.3 多旋翼无人机外场水平单圆飞行视频

1. 8 字航点飞行　　2. 四分之一圆飞行　　3. 半圆飞行

4. 四分之三圆飞行　　5. 水平单圆飞行

学生在团队内，独立地完成 GPS 模式与姿态模式下的水平单圆飞行，以通过模拟考试为标志结束任务实施。

4.7 任务检查

课程思政点睛

任务检查环节包含三个层次的内容：

首先是复盘检查，对任务实施过程和任务实施结果进行检查，确保实施质量。教师严格要求学生对照标准和规范进行检查，养成学生严谨规范、认真负责的职业态度和职业精神，高标准、严要求、精益求精的工匠精神。

其次是对场地、工位、设备、环境等进行5S管理，养成规范、卫生、环保意识。

最后是对任务计划的调整改进，依据实施过程和结果，对前期做的工作计划进行优化，目的是训练学生自我改进、自我优化的自我管理能力，以此实现学生不断地进步提高。

教学实施指导

1）教师提供多旋翼无人机水平单圆飞行模拟考试分析表。要求学生分组，小组合作检讨飞行执行过程，填写飞行记录本或飞行手册。

2）小组合作完成对场地、工位、设备、环境等的5S。

3）学生小组成员对工作过程和工作结果进行监督和评估，记录优缺点及改进建议，并口头表达。教师要重点引导学生对队友的支持性意见的表达，并训练学生接纳他人建议。

多旋翼无人机水平单圆飞行模拟考试分析及5S

多旋翼无人机水平单圆飞行模拟考试分析表

科目	考试要求及规范	扣分项	修正方法	注意要点
水平单圆飞行	水平单圆飞行操纵流程：飞机由中心点对尾开始飞行，边前进边转方向，依次飞过左前、最左、左后点再回到中心点。要求高度1.5~3m，水平速度0.3~3m/s，水平偏差1m以内，航向偏差10°~20°	航向偏差扣分：在单圆飞行时，飞机从起点到终点航向旋转360°，所以在任意航点都有相对应的航向，如果偏差达到20°以上，出现扣分	在飞行过程中时刻关注飞机当前航向与当前位置既定航向的偏差。同时关注下一个正方位角目标点的位置，综合判断当前航向的偏差。若发现当前航向有所欠缺，在保持匀速飞行的前提下加大方向杆的舵量，待航向调整至正确后适当回杆。若航向较大，相应地减少方向杆的舵量。飞行时不要紧盯飞机本身，多关注下一个目标点与当前的位置与航向关系	控制航向的难点在于判断圆形航线任意一点的航向，其次避免出现航向转多。所以8字航点科目为此阶段基础（注意：禁止航向转多后再向回旋转航向）
		水平偏差扣分：无人机的几何中心点的垂直投影偏离航线1m导致扣分	当飞机出现偏离圆形航线时，判断飞机位置处于圆内圆外（选择使用左副翼还是右副翼进行位置修正）。使用副翼修正时应保持方向舵和升降舵，同时操控副翼微量且缓慢修正，切记不要猛打副翼，避免位置修过。当位置修正后，柔和放掉副翼，保持方向和升降舵继续飞行	当飞机飞行时，判断飞机有向圆内或圆外偏移趋势时，第一时间操控副翼进行修正，如偏离较多，修正不及时，会导致飞机较长时间不在既定航线上飞行
		速度偏差扣分：飞机出现过快冲出圆形航线，或速度较慢甚至停止，此次飞行失败	当飞机出现速度过快时，应及时控制升降舵，减小升降舵杆量，将飞行速度降低	水平速度需要熟练操纵升降舵进行控制，注意升降舵需要柔和收推杆，禁止高频率推杆收杆（俗称点舵）

4.8 任务交付

课程思政点睛

1）任务交付与任务接受呼应，特别适合对学生进行社会主义核心价值观中友善、和谐价值的训练。

2）如何做到和伙伴友善合作，如何做到站在公司立场为公司的利益和效率着想，如何站在客户角度为客户着想等。

3）在指导学生进行水平单圆飞行任务交付话术训练时，全面体现友善、和谐的价值。

教学实施指导

教师指导学生依据4.8.1多旋翼无人机水平单圆飞行任务交付剧本（中英文），参考4.8.2多旋翼无人机水平单圆飞行任务交付视频（中英文），以角色扮演方式进行任务交付。

4.8.1 多旋翼无人机水平单圆飞行任务交付剧本（中英文）

学习情境描述

作为与无人机行业应用相关专业的学生，为了满足并适应未来的就业岗位需求，最低要求经过培训学习考取AOPA无人机超视距驾驶员执照，并通过对无人机的操控飞行，最终能够完成无人机测绘作业、无人机航拍作业、无人机巡线检查作业、无人机应急救助作业等。为了实现这样的工作目标，学院项目团队专门制订了培训实施计划，把无人机操控飞行项目拆分成若干个工作任务（学习情境），并会伴随着项目进程陆续给出。

本次工作任务（学习情境）是希望通过各项目组成员的精诚合作，能够进行多旋翼无人机的水平单圆飞行操控，并要求在3天内顺利完成。操控过程注意标准规范、工作效率、经济效益与安全注意事项。

1. 任务完成，正常交付

组　　长：领导，您好！经过我们团队3天的努力，我们已经按照多旋翼无人机水平单圆飞行的流程与标准规范，全部顺利完成了水平单圆飞行。

Hello, Director! After three days' efforts, we have successfully completed the single-circle flight of multi-rotor UAV according to the process and standard specifications of single-circle flight.

项目负责人：好的，你们辛苦了。已经通过教练给你们的模拟考试了吧？

All right. Thank you! Have you passed the mock exam the instructor gave you?

组　　长：是的，已经全部通过！

Yes, it's all passed!

项目负责人：完美。你们先休息一下，一会儿再布置新的任务给你们。

Perfect. Have a rest. I will assign you a new mission later.

组　　长：好嘞，等您。

OK.

2. 任务未完成，异常交付

组　　长：领导，您好！不好意思跟您说，我们团队虽然已经很努力了，但是没有在规定时间内完成水平单圆飞行任务。

Hi, Director! I'm sorry to tell you that although our group has tried very hard, we have yet to complete the single-circle flight mission on time.

项目负责人：啊?! 为什么? 到底哪里出了问题?

Ah? ! Why so? What went wrong?

组　　长：真的非常抱歉，主要是我们专业技术水平还不够娴熟，再加上团队合作不够顺畅，导致了工作结果出现问题。

I'm really sorry. Since there is still much to be desired in our professional proficiency and group cooperation, we fail to finish the work on time.

项目负责人：算了。意识到问题的原因就好，下次多注意。那你们自己能解决吗? 需不需要其他团队的帮助?

Come on. Just draw the lesson next time. Can you handle it by yourselves? Do you need help from other groups?

组　　长：我们自己能解决，不需要帮助。不过，还需要点时间。

We can handle it by ourselves. We don't need help. But it will take some time.

项目负责人：多久?

How long will it take?

组　　长：两个小时吧。

About two hours.

项目负责人：好吧。再给你们团队两个小时，必须全部通过。

All right. Two more hours for your group to pass.

组　　长：谢谢您了! 我们这就继续开工。您走好!

Thank you very much! We will continue with our work. See you!

4.8.2　多旋翼无人机水平单圆飞行任务交付视频（中英文）

1. 多旋翼无人机水平单圆飞行任务交付（中文）　　2. 多旋翼无人机水平单圆飞行任务交付（英文）

4.9　巩固拓展

课程思政点睛

巩固拓展环节是充分利用学生的课余时间布置高质量的作业，对课上所学及完成的任务进行温故知新，同时训练学生举一反三、迁移新任务的解决问题能力。任务选择注意课程内容的延续性及拓展性，稍微增加难度，在小组主持作业的情况下，既要对学生克服困难独立完成任务的职业素养进行训练，也要对学生团队合作、高效率高质量完成任务的能力和素养进行训练。

教学实施指导

1）完成信息化系统中的所有理论测试题，全部满分通过。

2）以小组为单位熟练多旋翼无人机水平单圆飞行操控。

新任务迁移：固定翼无人机水平单圆飞行

学习情境 5
多旋翼无人机水平 8 字飞行

5.0 教学准备

知识目标
- 民航管理法规。
- 中国民用航空法律体系。
- 民用航空器国籍登记。
- 民用航空器权利登记。
- 空中交通管制。
- 无人机空域管理。
- 无人机适航管理。
- 无人机运行管理。
- 无人机人员管理。
- 无人机驾驶员管理规定。
- 无人机驾驶员合格审定规则。
- 民用航空飞行规则。
- 无人机飞行手册。

技能目标
- 模拟器水平 8 字飞行。
- VR 水平 8 字飞行。
- 辅助模式下水平 8 字飞行。
- 姿态模式下水平 8 字飞行。

素养目标
- 能够提炼总结简单的事实文本。
- 能够在两人对话中有效沟通并交换信息。
- 能够把自己的观点表达清楚。
- 能够在团队中承担自己的角色功能。
- 能够在团队中有积极的合作意识。
- 能够在制订计划时尽可能考虑全面。
- 能够控制自己的情绪，跟伙伴友好合作。
- 能够认真倾听并及时记录。
- 能够进行简单的图文展示。
- 能够严谨、规范地执行工作任务，遵守无人机法律法规。
- 能够随机应变，灵活处理飞行过程中的突发问题。
- 能够识别"黑飞"等不法飞行并及时制止与上报。
- 能够具有创新、创业精神和意识。

5.1 任务接受

课程思政点睛

任务接受环节特别适合对学生进行社会主义核心价值观中的友善、和谐价值的训练。如何做到和伙伴友善合作，如何做到站在公司立场为公司的利益和效率着想，如何做到站在客户角度为客户着想等，在指导学生进行水平8字飞行任务接受的话术训练时，教师要及时、适时地对学生进行引导训练，全面体现友善、和谐的价值。

任务接受环节涉及第6个演练月的企业经营，在布置演练月6财务核算任务时，严格要求学生具备诚信经营意识，做到严谨、规范、一丝不苟，同时还要有独特的创新意识和不屈不挠的创业精神。

教学实施指导

1）教师指导学生依据5.1.1多旋翼无人机水平8字飞行任务接受剧本（中英文），学习过程参考5.1.2多旋翼无人机水平8字飞行任务接受视频（中英文），采取角色扮演的方法完成任务接受。

2）角色扮演之后明确了工作任务，完成5.1.3多旋翼无人机水平8字飞行任务工单。

5.1.1 多旋翼无人机水平8字飞行任务接受剧本（中英文）

学习情境描述

作为与无人机行业应用相关专业的学生，为了满足并适应未来的就业岗位需求，最低要求经过培训学习考取AOPA无人机超视距驾驶员执照，并通过对无人机的操控飞行，最终能够完成无人机测绘作业、无人机航拍作业、无人机巡线检查作业、无人机应急救助作业等。为了实现这样的工作目标，学院项目团队专门制订了培训实施计划，把无人机操控飞行项目拆分成若干个工作任务（学习情境），并会伴随着项目进程陆续给出。

本次工作任务（学习情境）是希望通过各项目组成员的精诚合作，能够进行多旋翼无人机的水平8字飞行操控，并要求在3天内顺利完成。操控过程注意标准规范、工作效率、经济效益与安全注意事项。

组　　长：领导，您好！这次是什么新任务？

Hi, Director! What's the new mission?

项目负责人：您好！上次你们项目组全部通过了水平单圆飞行考核。这次任务是能够分别在辅助模式与姿态模式下进行多旋翼无人机的水平8字飞行。

Hello! Your group all passed the horizontal single-circle flight examination. This mission is to perform the horizontal figure 8 flight of the multi-rotor UAV in auxiliary mode and attitude mode respectively.

组　　长：好的！知道了。不过，水平8字飞行有什么特殊的具体要求吗？

OK! I see. However, are there any specific requirements for horizontal figure-eight flight?

项目负责人：没有什么特殊要求，你们按照多旋翼无人机水平8字飞行的标准规范操作，保证飞行质量就行了。

Nothing special. All you need to do is follow the standard specifications for the horizontal figure-eight flight of multi-rotor UAVs, and just keep the flight quality.

组　　长：好，没问题！规范和标准我们一定严格遵守。

No problem! We will strictly follow the specifications and standards.

项目负责人：另外，操作过程要嘱咐组员，注意谨慎安全操作，千万要在教练的指导下进行。谁损坏，谁赔偿。请注意安全与成本。

In addition, in the operation process, please remind your fellow group members that they must be careful and safe operation, do under the guidance of the instructor. Whoever causes damage must compensate. Please pay attention to security and cost.

组　　长：好的！您放心，我会嘱咐团队成员小心安全地操作。给我们多长时间完成任务？

All right! Don't worry. I will tell the group members to be careful. How much time we are allowed to finish the job?

项目负责人：3 天内必须保质保量完成。完成后，由飞行教练员检验。

It must be perfectly accomplished within 3 days. Then it is inspected by the flight instructor.

组　　长：明白了。您放心！还有要嘱咐的吗？

I see. Don't worry about it. Anything more?

项目负责人：没有了。那就拜托了。有问题随时联系。

No more. Just go ahead. Please feel free to contact me if you have any questions.

组　　长：好的！您慢走！再联系。

OK. See you! Keep in touch.

5.1.2　多旋翼无人机水平 8 字飞行任务接受视频（中英文）

1. 多旋翼无人机水平 8 字飞行任务接受（中文）　　2. 多旋翼无人机水平 8 字飞行任务接受（英文）

5.1.3　多旋翼无人机水平 8 字飞行任务工单

项目名称	无人机操控飞行		
项目单位			
项目负责人		联系电话	
项目地址			
项目时间			
任务名称	多旋翼无人机水平 8 字飞行		

工作任务描述：

　　作为与无人机行业应用相关专业的学生，为了满足并适应未来的就业岗位需求，最低要求经过培训学习考取 AOPA 无人机超视距驾驶员执照，并通过对无人机的操控飞行，最终能够完成无人机测绘作业、无人机航拍作业、无人机巡线检查作业、无人机应急救助作业等。为了实现这样的工作目标，学院项目团队专门制订了培训实施计划，把无人机操控飞行项目拆分成若干个工作任务（学习情境），并会伴随着项目进程陆续给出。

　　本次工作任务（学习情境）是希望通过各项目组成员的精诚合作，能够进行多旋翼无人机的水平 8 字飞行操控，并要求在 3 天内顺利完成。操控过程注意标准规范、工作效率、经济效益与安全注意事项。

飞行前检查记录：	
飞行任务完成情况记录：	
驾驶员：	组长：
教练员签字：	项目负责人签字：
成本核算：	完成时间：

5.2 任务分析

课程思政点睛

任务分析环节以多旋翼无人机水平 8 字飞行视频为切入点，在此教师要重点说明水平 8 字飞行技能是 AOPA 驾驶员执照的技能考核要求，必须熟练、规范、标准掌握这一飞行技能，从而杜绝飞行事故的发生。

同时，以一个操作视频启发、引导学生分析任务本身，有助于学生深入思考自己完成任务需要的知识点、技能点与素养点。教师要抓住机会及时训练学生在视频中提取专注、严谨、规范、标准、合法、安全、精益求精的工匠精神。

教学实施指导

教师指导学生利用餐垫法完成任务分析。

1）学生小组合作制作餐垫，划分中心餐垫区和个人餐垫区。

2）学生首先个人独立观看多旋翼无人机水平 8 字飞行视频，在个人餐垫区独立认真书写：要完成本任务都需要哪些关键信息。

3）学生小组合作讨论出本组的关于完成任务的关键点，达成共识并写在中心餐垫上。

4）教师指定小组，逐条讲解展示，其他小组学生领会理解，补充改进。

多旋翼无人机水平 8 字飞行视频

1. GPS 模式下水平
8 字飞行视频

2. 姿态模式下水平
8 字飞行视频

5.3 理实一体化学习

课程思政点睛

1）以民用航空法及相关规章制度的学习，培养学生对航空法的了解和认知，帮助学生学法、知法、懂法、用法。

2）以无人机相关法规的学习，培养学生在无人机行业的法律意识，帮助其判别正规飞行与黑飞、违规飞行，培养学生及时发现不法行为并以正规途径上报的能力。

3）以空域、领空的知识点，培养学生"国家主权和国家领土神圣不可侵犯"的主权意识。

4）通过学习站法的学习指导，培养学生独立、民主、公平、友善、诚信、合作、和谐、敬业等价值观。

教学实施指导

教师提供给学生为完成本任务（多旋翼无人机水平 8 字飞行）必要的学习资料（5 个模块），要求并指导学生利用学习站法完成理实一体化学习。学生按照教师的要求，认真完成 5 个模块的企业内部培训，力争自己解决问题。为后续完成工作任务（多旋翼无人机水平 8 字飞行）进行企业运营，积累专业知识、技能与素养。

学习站法学习

1）学生分为 5 组，每组学生按照教师的要求进入自己的学习站，个人独立学习相应的 5.3.1～5.3.5 信息页，并完成各自对应的 5.3.1～5.3.5 工作页。同一个学习站的学生小组合作讨论，对学习结果（即工作页的结果）进行更正、改进、完善，达成共识。学生按照教师指定的轮站顺序轮换学习站学习，直至完成 5.3.1～5.3.5 所有信息页与工作页的学习。

2）学生以竞争方式获得展示学习结果的机会，使用实物投影仪进行展示讲解，本小组的同学补充完善，力求不给其他小组机会。而其他小组的同学进行倾听、补充、改进、完善，都会获得相应的奖励。

5.3.1 民航法及民用航空器管理

1. 信息页

学习领域	学习领域：无人机操控飞行		
学习情境	学习情境5：多旋翼无人机水平8字飞行	学习时间	30min
工作任务	A：民航法及民用航空器管理	学习地点	理实一体化教室

民航法及民用航空器管理

法律是一种特殊的行为规范，由国家制定或认可，依靠国家强制力来保证实施，具有强制性。法律对全体社会成员具有普遍约束力。

民用航空法（民航法）是指调整民用航空活动中所产生的各种社会关系的法律法规的总和，隶属于国家法律体系，对航空有关的活动具有普遍约束性，保证航空活动安全、有序发展。

1. 航空法

（1）航空活动

航空活动分类如图1所示。

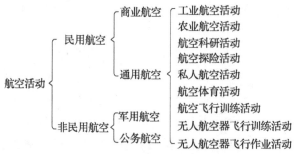

图1　航空活动分类

（2）航空法

1）广义航空法：所有与调整航空活动相关的法律关系的法律规范，包括全部国际航空公约、各国颁布的以航空法命名的航空法法典、其他法律中关于民用航空的法律规范、各国政府发布的有关航空的行政法规、民航主管部门发布的民用航空规章和关于航空的立法司法解释，即只要是与航空活动有关联的法律、法规。

2）狭义航空法：仅以航空法命名的航空法典，具体规定航空活动的相关法律、法规、条文。

3）航空法：调整和规范人类航空活动及其相关制度与法律关系的，涵盖了公法与私法范畴的，国际与国内各种原则、规范与规则的总称。

2. 民用航空法

（1）民用航空

民用航空是指除军用航空和公务航空以外的一切使用航空器进行航空飞行的活动。

民航系统主要由政府部门 、民航企业、民航机场三部分组成。

民航管理机构对各种民用航空事务进行管理，以确保航空活动有序进行。

中国民用航空局，简称民航局（CAAC），是主管民用航空事业的国务院部委管理的国家局，现由交通运输部管理。其前身为中国民用航空总局，于2008年3月改为中国民用航空局。

（2）民用航空法

1）调整对象。民用航空法的调整对象主要是民用航空活动所产生的各种社会关系，同时应协调民用航空与非民用航空，特别是军用航空的关系。

2）特性。

国际性：空气空间的无边界性决定了航空活动具有国际性；从人类开展航空活动的历史和现状来看，其主要目的是进行国际间的航空运输；民用航空活动所使用的工具——飞机具有的速度快的特性和优势决定了航空活动具有国际性。

独立性：民航法自成体系，形成独立的法律学科。

综合性：调整民用航空活动及其相关领域产生的社会关系的各种法律相互关联，调整方法多种多样。

平时性：仅用于调整和平时期民用航空活动及其相关领域产生的社会关系。战时或紧急状态下受到战时法令或紧急状态下的非常法的约束。

3）组成。民航法主要由国际条约、国际法的一般原则和习惯、国内法及法院判例等组成。

国际条约是国家及其他国际法主体之间所缔结而以国际法为准并确定其相互关系中的权利和义务的一种国际书面协议，也是国际法主体间相互交往的一种最普遍的法律形式。其名称包括：条约、公约、协定、议定书、宪章、盟约、换文、宣言等。

航空法作为国际法的一个组成部分或门类，它要受国际法一般原则和习惯国际法的制约，这是不言而喻的。

在有关航空活动中，如涉及航空刑事法、空中交通管制人员民事责任、空中相撞责任、产品责任、机场人员的责任等问题时只能适用于有关国家的国内法。

3. 中国民航法律体系

我国民航法以《中华人民共和国宪法》为依据，根据我国现行宪法的有关规定，民航法分为：法律、行政法规和部门规章三个层次，法律效力依次减小。但是，鉴于民用航空的特殊性，要建立中央集中统一的领导体制，除了特别行政区某些特殊具体事项外，不需要制定地方性航空法律法规。所以，我国民航法以颁行的《中华人民共和国民用航空法》为核心，形成了一个内容齐全、层次分明、和谐协调的法律体系。

（1）法律

《中华人民共和国民用航空法》（简称《民用航空法》）由中华人民共和国全国人民代表大会常务委员会通过，由中华人民共和国主席签署主席令发布，是最高级别的中国民航法律。

（2）行政法规

由中华人民共和国国务院（以下简称国务院）通过，由中华人民共和国国务院总理以国务院令发布或授权中国民航局发布的民用航空行政法规。包括《中华人民共和国民用航空器适航条例》、《民用机场管理条例》、《中华人民共和国民用航空安全保卫条例》、《中华人民共和国飞行基本规则》等。

（3）民航规章

中国民航规章（CCAR）也指中国民航规章体系。目前，中国民航局管理的航空公司和其他航空企业全部按照 CCAR 的要求来建立和健全各自的管理体系。CCAR 有上百部，根据不同的工作性质，各公司选用不同的内容进行规范和管理。民航局局长以民航局令发布的我国民用航空适航性规章体系如下：

第一编　行政程序规则（1－20部）；

第二编　航空器（21－59部）；

第三编　航空人员（60－70部）；

第四编　空域、导航设施、空中交通管制和一般运行规则（71－120部）；

第五编　民用航空企业合格审定及运行（121－139部）；

第六编　学校、非航空人员及其他单位的合格审定及运行（140－149部）；

第七编　民用机场建设和管理（150－179部）；

第八编　委任代表规则（180－189部）；

第九编　航空保险（190－199部）；

第十编　综合调控规则（200－250部）；

第十一编　航空基金（251－270部）；

第十二编　航空运输规则（271－325部）；

第十三编　航空保安（326－355部）；

第十四编　科技和计量标准（356－390部）；

第十五编　航空器搜寻援救和事故调查（391－400部）。

常用的民航规章列举如下。

行政法规：《中国民用航空总局规章制定程序规定》（CCAR－12）、《民用航空飞行标准委任代表和委任单位代表管理规定》（CCAR－183FS）。

航空器：《运输类飞机适航标准》（CCAR－25）。

航空人员：《民用航空器驾驶员合格审定规则》（CCAR－61）、《民用航空飞行签派员执照和训练机构管理规则》（CCAR－65FS）、《民用航空器维修人员执照管理规则》（CCAR－66）、《民用航空人员体检合格证管理规则》（CCAR－67FS）、《航空安全员合格审定规则》（CCAR－69）。

空中交通管理：《民用航空空中交通管理规则》（CCAR－93TM）。

一般运行规则：《一般运行和飞行规则》（CCAR－91）、《民用机场飞行程序和运行最低标准管理规定》（CCAR－97FS）。

运行合格审定：《大型飞机公共航空运输承运人运行合格审定规则》（CCAR－121）、《小型商业运输和空中游览运营人运行合格审定规则》（CCAR－135）。

学校及经审定合格的其他部门：《民用航空器维修培训机构合格审定规定》（CCAR－147）。

4. 民用航空器国籍登记

航空器是指可以从空气的反作用力获得支撑的任何器械，包括重于空气的飞机、飞船、滑翔机、直升机，也包含轻于空气的氢气球，其关键在于该器械有无升力。

国家航空器是指用于军队、海关和警察部门的航空器。

民用航空器指除用于执行军事、海关、警察飞行任务外的航空器，一般是在一国的民用航空当局注册登记；从事运送旅客、行李、货物和邮件等公共航空运输。

民用航空器必须遵守飞入国的法律和规章；必须按规定在设关机场降停，接受海关和其他检查，遵守关于入境、放行、移民、护照、海关及检疫规章等；缔约各国的有关当局有权对其他缔约国的航空器在降停或飞离时进行检查，并查验本公约规定的证件和其他文件，但应避免不合理的延误。每一国家在行使其主权时，对未经允许而飞越其领土的民用航空器，有权要求该航空器在指定的机场降落；该国也可以给该航空器任何其他指令，以终止此类侵犯。

通用航空器是指从事通用航空活动的飞行器。通用航空是指使用民用航空器从事公共航空运输以外的民用航空活动，包括从事工业、农业、林业、渔业和建筑业的作业飞行以及医疗卫生、抢险救灾、气象探测、海洋监测、科学实验、教育训练、文化体育等方面的飞行活动。通用航空已全面推进通信指挥和对空监视设施建设，逐步形成了政府监管、行业指导、市场化运作、全国一体化的低空空域管理运行和服务保障体系。

无人航空器是指由动力驱动、不搭载操作人员的一种空中飞行器。民用无人航空器飞行活动必须遵守本国的法律和规章；必须在申请空域内运行，并接受空管部门管理和服务，遵守无人机运行的规章。运营人运行无人航空器，在批准空域内有自由飞行的权利；对未经允许而飞入管制空域的航空器，管理部门有权勒令运营人离开该区域，有权迫降、捕捉该航空器制止其违规飞行行为。

（1）航空器的国籍与登记

国籍是一个人同某一特定国家的固定的法律联系，也是国家实行外交保护权利的法律依据。

航空器的国籍是航空器身份的象征，是航空器权利的具体体现所在，是国家对其实行外交保护的法律依据。

（2）航空器国籍登记内容

1）民用航空器国籍标志和登记标志。

2）民用航空器制造人名称。

3）民用航空器型号。

4）民用航空器出厂序号。

5）民用航空器所有人名称及其地址。

6）民用航空器占有人名称及其地址。

7）民用航空器登记日期。

8）民用航空器国籍登记证书签发人姓名。

（3）民用航空器登记管理的原则

1）所有权登记。登记制度是各国民商法中普遍采用的一种确定财产所有权的规则，即对不动产和价值重大的动产（例如轮船、飞机、汽车等）必须向国家有关当局注册登记。无人机注册证书颁发给飞机所有者作为注册证明，不可存放备查，必须随时随机携带。

2）只许有一个国籍。航空器只能在一个国家进行登记，只能拥有一个国籍，从根本上杜绝了无人管辖、双重或多重管辖的混乱。这种登记制度带来的问题是当各国航空企业之间互换飞机、租机与包机时，就会使国籍登记国与经营人所属国相分离，由此引起一系列复杂法律问题。

3）联合经营。几个国家或组织可以共同经营一个航空器。

（4）航空器登记国的权利与义务

航空器登记国对在域外的本国航空器享有管辖权、保护权、管理权。

航空器登记国承担的义务主要有发证义务、管辖义务、保证义务、提供资料义务、禁止义务等。

（5）国籍登记的条件

下列民用航空器应当进行中华人民共和国国籍登记：

1）中华人民共和国国家机构的民用航空器。

2）依照中华人民共和国法律设立的企业法人的民用航空器；企业法人的注册资本中有外商出资的，外商在该企业法人的注册资本或者实收资本中所占比例不超过35%，其代表在董事会、股东大会的表决权不超过35%，该企业法人的董事长由中国公民担任。

3）在中华人民共和国境内有住所或者主要营业所的中国公民的民用航空器。

4）民航局准予登记的其他民用航空器。

（6）国籍登记程序

国籍登记程序如图2所示。

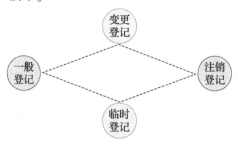

图2　国籍登记程序

1）一般登记。一般登记是对合法取得的航空器在所在国的国籍登记机关进行的国籍登记。国籍登记申请人如实填写民用航空器国籍登记申请书，向国务院民用航空主管部门提交：申请人合法身份证明文件；证明航空器所有权的购买合同和交接文书或者租赁合同和交接文书；未在外国登记国籍或已经注销外国国籍的证明；要求提交的其他有关文件。自收到申请书之日起7个工作日内，主管部门对申请书及证明文件审查。经审查符合规定的，颁发中华人民共和国民用航空器国籍登记证书。

依法取得中华人民共和国国籍的民用航空器，应当标明规定的国籍标志和登记标志、制造人名称、型号、出厂序号、所有人名称及地址、占有人名称及地址、登记日期、国际登记证书签发人姓名、变更登记日期、注销登记日期。

2）临时登记。临时登记是指对未取得民用航空器国籍登记证书的民用航空器，申请人在进行下列飞行前30日内向民航局办理临时登记。包括验证试验飞行、生产试验飞行、表演飞行、为交付或出口的调机飞行、其他必要的飞行。

3）变更登记。变更登记是指取得中华人民共和国国籍的民用航空器，遇有所有人或地址变更、占有人或地址变更，以及民航局规定需要办理变更登记的，向民航局申请办理变更登记。

无人机的注册所有者或运营人应将永久邮寄地址的变更、无人机的销售和无人机注册证书丢失等事项通知局方注册处。

4）注销登记。注销登记是指取得中华人民共和国国籍的民用航空器，遇有所有权依法转移境外并已办理出口适航证的、退出使用或报废的、失事或失踪并停止搜寻的、租赁合同终止、民航局规定需要办理注销登记的，应当办理注销登记。

（7）标志

1）国籍标志：识别航空器国籍的标志，由一组字母和/或数字组成，从国际电信联盟分配给航空器登记过的无线电呼叫信号中的国籍代号系列中选用，并将国籍标志通知国际民用航空组织。

2）登记标志：航空器登记国在航空器登记后指定的标志。登记标志须是字母、数字或者两者的组合，列在国籍标志之后。

（8）法律责任

对于没有或者未携带民用航空器国籍登记证书或临时登记证书的；伪造、涂改或者转让民用航空器国籍登记证书的；载有临时登记标志而从事规定以外的飞行活动的民用航空器：利用该民用航空器从事经营活动，有违法所得的，可以处以违法所得3倍以下的罚款（最高不超过30000元），没有违法所得的，可以处以10000元以下的罚款；利用该民用航空器从事非经营活动的，可以处以1000元以下的罚款。可以禁止该民用航空器起飞，并可处以警告。

违反规定不申请办理变更登记或者注销登记的，不按规定的位置、字体、尺寸在航空器上标明国籍标志和登记标志的，在民用航空器上喷涂、粘贴不符合规定或者未经民航局批准的图案、标记或者符号的，不按规定在每一航空器上标明民用航空器所有人或者占有人的名称和标志的，不按规定制作或固定识别牌的，均应承担相应法律责任。

5. 民用航空器权利登记

（1）民用航空器权利

民用航空器权利是指对在航空器上使用的物品的权利，包括对民用航空器构架、发动机、螺旋桨、无线电设备和其他一切为了在民用航空器上使用的，无论安装于其上或者暂时拆离的物品的权利。

民用航空器权利主要有：民用航空器所有权；通过购买行为取得并占有民用航空器的权利；根据租赁期限为六个月以上的租赁合同占有民用航空器的权利；民用航空器抵押权。

（2）民用航空器权利登记

民用航空器权利登记是指权利登记机关，即国务院民用航空主管部门，应权利登记申请人的申请，对民用航空器权利人、权利性质及种类、权利取得时间、民用航空器国籍等有关事项，在专门权利登记簿中进行记载的一种法律制度。

民用航空器权利登记制度的作用主要体现在确认权利、实施管理、公示社会。

（3）民用航空器权利登记管理

民用航空器权利登记管理主要由权利登记管理部门（主管部门），依据民用航空器权利登记的程序，将权利登记内容以及民用航空器权利的变更和注销等登记在权利登记簿上，从而实现对民用航空器权利登记的管理。

（4）民用航空器优先权

民用航空器优先权是指债权人依照规定，就援救该民用航空器的报酬、保管维护该民用航空器的必需费用向民用航空器所有人、承租人提出赔偿请求，对产生该赔偿请求的民用航空器具有优先受偿的权利。

《中华人民共和国民用航空法》规定的民用航空器优先权，其债权人应当自援救或者保管维护工作终了之日起3个月内，就其债权向国务院民用航空主管部门登记。民用航空器优先权自援救或者保管维护工作终了之日起满3个月时终止；债权人、债务人已经就此项债权的金额达成协议，有关此项债权的诉讼已经开始的除外；民用航空器优先权不因民用航空器所有权的转让而消失；民用航空器经依法强制拍卖的除外。

（5）民用航空器权利转移

国籍登记（权利）的转移指的是航空器的所有权、占有权、租赁权和抵押权转移给第三方。

我国航空法规定除民用航空器经依法强制拍卖外，在已经登记的民用航空器权利得到补偿或者民用航空器权利人同意之前，民用航空器的国籍登记或者权利登记不得转移至国外。

6. 民用航空器适航管理

中国民用航空局下设的适航审定司具体负责民用航空器适航管理工作。在地区管理局分别设有适航审定处，业务上受总局领导，另外在上海、西安、沈阳、成都等地设有航空器适航审定中心。适航审定处对民用航空产品的设计进行型号审定、对民用航空产品的生产进行生产许可审定。

（1）适航管理

适航管理是指航空器主管机关依照法律规定，对从航空器的设计、定型开始，到生产、使用直至停止使用的全过程施行监督，以保证航空器始终处于适航状态的科学管理。航空器的适航管理就是对航空器适航性的管理。

航空器的适航性是指有关航空器的安全或结构完整的品质特性，包括航空器的部件和分系统的性能水平以及操作特点上的安全或结构完整的品质特性。航空器的适航性是航空器适合空中航行并能保障安全的规定性。

（2）适航管理的特征

1）权威性：适航规章、规则、标准等具有强制性。

2）国际性：民用航空器既是国际民航运输的重要工具，又是国际上的重要商品。

3）完整性：对航空器的设计、制造、使用、维修直至退役全过程监管。

4）动态发展性：适航管理不是静态的，而是动态发展的。

5）独立性：适航审定部门是独立于民用航空器设计、制造、使用、维修等环节之外的审查监督机构。

（3）适航管理分类

1）初始适航管理。初始适航管理是指在航空器交付使用之前，适航审定部门依据各类适航标准和规范，对民用航空器的设计和制造所进行的型号合格审定和生产许可审定，以确保航空器部件的设计、制造是按照适航审定部门的规定进行的。也就是在航空器交付使用前，适航审定部门根据各类适航标准对航空器的设计、制造所进行的管理，主要内容包括：进行型号合格审定和生产许可审定；颁发型号合格证件、生产许可证件及适航证件；实施持续性的监督管理。

2）持续适航管理。持续适航管理是指航空器满足初始适航管理要求，取得适航证并投入运营后，为保持它在设计制造时的基本安全标准或适航水平所进行的管理。航空器以及航空器的使用、维修人员和单位是持续适航管理的三个主要对象。

（4）适航管理内容

民用航空器适航管理的主要内容是航空器的设计、航空器的制造、航空器的维护与维修三个方面。

1）民用航空器设计适航管理：对民用航空器设计进行型号合格审查，是适航管理的重要环节。只有符合适航标准、通过了型号合格审定，取得了型号合格证的民用航空器，才具备投入生产的资格。

2）民用航空器的生产、维修适航管理：法律明确规定，只有取得生产许可证、维修许可证的生产者和维修者，才能从事航空器的生产和维修。

3）民用航空器进出口适航管理：首次进口中国的外国航空器，应向民航主管部门申请领取型号认可证书；我国生产的民用航空器要出口的，须由国家民航局签发出口适航证。

4）民用航空器使用适航管理：民用航空器必须具有民航局颁发的适航证，方可飞行。民用航空器的所有人或承租人要按照适航证书规定的使用范围使用民用航空器。民用航空器的所有人或承租人应当做好民用航空器的维修保养工作；民用航空器的所有人或承租人要保证民用航空器处于适航状态。

无人机适航证书不可存放备查，必须随无人机系统携带，随飞机一起转让。

（5）适航管理规定

1）运行的一般规定。

①运营人应当按照民航局的规定获得批准或许可，并遵守获准的条件从事航空器运行。

②运营人须遵守《一般运行和飞行规则》（CCAR - 91）和民航局其他有关各类人员、飞行、机场使用等方面的规定。

③航空器运行时，必须携带现行有效的国籍登记证、适航证和无线电电台执照原件。

④航空器运行期间，应当按照《民用航空器国籍登记规定》（CCAR - 45），始终保持其外部的国籍标志、登记标志及运营人标志正确清晰。

⑤航空器的运行类别和使用范围，必须符合该航空器适航证的规定。

⑥投入运行的航空器必须保持该航空器的安全性始终不低于其型号合格审定基础对该航空器的最低要求。航空器改变获准的客舱布局、使用限制或载重平衡数据，必须重新取得民航局的批准或认可。

⑦投入运行的航空器必须依据其所遵循的飞行规则、预定飞行的航线、地区、目的地机场和备降机场条件等，确认其性能使用限制、仪表和设备均符合民航局的有关规定。

⑧投入运行的航空器必须遵守民航局有关民用航空器追溯性适航要求的规定。

⑨投入运行的航空器必须按照《民用航空器适航指令规定》（CCAR - 39AA），执行有关该航空器的适航指令所规定的检查要求、改正措施或使用限制。

⑩投入运行的航空器必须配备与运行类别相适应的和为特殊作业所附加的经批准的航空器部件。

⑪航空器运行时，其所有系统及航空器部件应当始终处于安全可用状态。

⑫航空器在运行中必须携带现行有效的非缩微形式的航空器飞行手册（AFM）、最低设备清单（MEL）、使用手册（OM）、外形缺损清单（CDL）、快速参考手册（QRH）、缺件放行指南（DDG）等。

⑬航空器在型号合格审定阶段必须进行航空器评审；引进的航空器在首次颁发适航证前，也必须进行航空器评审。

2）运营人及其适航责任。运营人是指运行使用航空器的航空器所有人或使用人。运营人应当对航空器的适航性负责，必须做到：

①每次飞行前实施飞行前检查，确信航空器能够完成预定的飞行。

②正确理解和使用最低设备清单，按民航局批准或认可的标准排除任何影响适航性和运行安全的故障或缺陷。

③按批准的维修方案完成所有规定的维修作业内容。

④完成所有适用的适航指令和民航局认为必须执行的其他持续适航要求。

⑤按法定技术文件要求完成选择性改装工作。

无人机的注册所有者或运营人应对保持无人机有最新的适航证书和无人机注册证书负责。

3）飞行记录本。每架运行的航空器必须配备经民航局批准或认可的飞行记录本。飞行记录本每次飞行记录的内容必须保存到航空器或航空器部件报废后十二个月为止。飞行记录至少应当包括下列内容：

①民航局认为必要的，用以确信航空器可以继续安全飞行的信息。

②航空器当前的维修状态说明和航空器返回使用的放行证明。

③所有已经发现的影响航空器使用的信息。

④必须使机组掌握的维修管理信息。

2. 工作页

学校名称		任课教师	
班级		学生姓名	
学习领域		学习领域：无人机操控飞行	
学习情境	学习情境5：多旋翼无人机水平8字飞行	学习时间	30min
工作任务	A：民航法及民用航空器管理	学习地点	理实一体化教室

民航法及民用航空器管理

请完成下列单选题：(每题1分，共7分)

(1)《中华人民共和国民用航空法》自（   ）起施行。

    A. 1996年1月1日

    B. 1996年3月1日

    C. 1997年1月1日

(2)下列航空法律法规中级别最高的是（   ）。

    A.《中华人民共和国飞行基本规则》

    B.《中华人民共和国民用航空法》

    C.《中华人民共和国搜寻援救民用航空器规定》

(3)依法取得中华人民共和国国籍的民用航空器，应当标明规定的国籍标志和（   ）。

    A. 公司标志

    B. 登记标志

    C. 机型标志

(4)无人机注册证书颁发给飞机所有者作为注册证明，可（   ）。

    A. 随时随机携带

    B. 存放备查

    C. 作为售出证明

(5)无人机适航证书不可（   ）。

    A. 随飞机一起转让

    B. 存放备查

    C. 随无人机系统携带

(6)无人机的注册所有者或运营人应对保持无人机有最新的适航证书和（   ）负责。

    A. 无人机安全飞行

    B. 无人机注册证书

    C. 无人机维修

(7)无人机的注册所有者或运营人应将永久邮寄地址的变更、无人机的销售和（   ）等事项通知局方注册处。

    A. 试验试飞

    B. 无人机注册证书丢失

    C. 无人机维修

1. 信息页

学习领域	学习领域：无人机操控飞行		
学习情境	学习情境5：多旋翼无人机水平8字飞行	学习时间	30min
工作任务	B：空域管理及空中交通管制	学习地点	理实一体化教室

空域管理及空中交通管制

1. 概念

空域是航空器的运行场所，又称空气空间，是指地球表面被大气层笼罩的空间。航空器在空气空间的运行活动，即是我们所说的空中航行。

空域从横向上可以划分为两个部分：一部分是各国领土之上的空气空间即国家领空；另一部分是国家领土之外的空气空间，又称公空。

国家领空是指处在一个国家主权支配之下，在国家疆界之内的陆地和水域之上的空气空间，是国家领土的组成部分，国家对它有完全的排他的主权。主权包括国家对领空资源排他的占有、使用、处分权和对领空及其内的人、物、事的管辖权，体现在领空资源的开发利用、制定航空法律规章、保留国内载运权、设立空中禁区等。

公空是领空以外的空气空间，是指公海、南极和各国专属经济区之上的空气空间，法律地位上它不属于任何国家的管辖范围，各国有自由飞行权，但要遵守有关的国际法律法规。

领陆：在国际法中，一国疆界之内的陆地称之为领陆。

领水：疆界之内的水域称之为领水（又分为内水和领海）。

国家领土是国家行使主权的空间，包括领陆、领水（内水和领海）和领空，以及领陆和领水的底土。

2. 领空的范围

领空范围是以地球中心为顶点，由与国家在地球表面的领陆和领水的边界线相垂直的直线所包围的圆台形立体空间（图1）。所以，它不仅包括平面边界，还包括垂直边界。国际航空联合会以100km高度作为地球大气层与外层空间的分界。

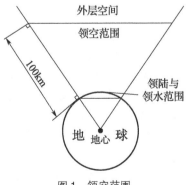

图1　领空范围

（1）领空的平面边界

领空的平面边界（图2）是领陆、领海在地球上的边界。领陆、领海之上的空气空间，国家实行的是"完全排他的"主权；专属经济区之上的空气空间为公空，不属于任何国家管辖范围，所有国家均可自由航行，但必须遵守国际航空法，且受海洋法或其他国际法律制度的限制。国家主权只能及于领土之上的大气空间，而不能到达外层空间。

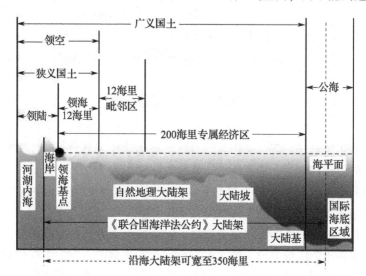

图2　领空的平面边界

（2）领空的垂直边界

领空的垂直边界即空气空间的上限或外层空间的下限。简单理解，就是区分空气空间和外层空间的一个界限。空气空间是航空器的运行场所。外层空间（外太空或宇宙空间）是航天器的活动领域。

3. 领空的法律属性

国家对其领空享有所有权、管理权、管辖权、自保权。

航空活动在遵循国际航空法的基础上，作为航空活动的主体的国家或者航空公司享有一定的自由。

一个国家为了保护领土主权和国家安全，有权根据具体情节对落入其领空的航空器自由使用适当的措施，如抗议、警告、迫降甚至击落等，以保护其领空并阻止侵犯行为。

4. 空域管理

（1）概念

航空器是指可以从空气的反作用力获得支撑的任何器械，包括重于空气的飞机、飞船、滑翔机、直升机，也包含轻于空气的氢气球，其关键在于该器械有无升力。

国家航空器是指用于军队、海关和警察部门的航空器。一个国家的国家航空器未经特别协定或其他方式的许可，不得在其他国家的领空飞行或领土上降落。

民用航空器是指除用于执行军事、海关、警察飞行任务外的航空器。

领空管理俗称空域管理是指为维护国家安全，兼顾民用、军用航空的需要和公众利益，统一规划，合理、充分、有效地利用空域的管理工作。空域由国家进行统一管理。

空域是国家的重要资源。航空器的各种活动都离不开空域。空域是一种可以反复无限使用、不可再生的自然资源，国家的领空就是该国家的空域资源。我国空域资源丰富，民用航空器飞行的航线和区域遍布全国。为了在广阔的空间对航空运输飞行的飞机提供及时、有效的管制服务、飞行情报服务和告警服务，防止飞机空中相撞和与地面障碍物相撞，保证飞行安全，促使空中交通有秩序地运行，必须进行空域管理。

（2）依据

空域管理依据《中华人民共和国民用航空法》《中华人民共和国飞行基本规则》《通用航空飞行管制条例》《低空空域管理使用规定》《民用无人驾驶航空器系统空中交通管理办法》等。空域管理的具体办法由国务院和中央军事委员会制定。

（3）原则

1）主权性：主要指空域管理代表各国主权，不容侵犯，具有强烈的排他性。

2）安全性：在有效的空域管理体系下，确保航空器空中飞行安全，具有绝对性。

3）经济性：在飞行安全基础上，科学地对空域实施管理，保证航空器沿着最佳飞行路线，在最短时间内完成飞行活动，具有效益性。

5. 空域分类

空域是航空器运行的环境，也是宝贵的国家资源。国务院、中央军委十分重视我国民用航空交通管制的建设工作，目前正在推进空域管理改革，预计划分三类空域，即管制空域、监视空域和报告空域。

目前民用空域分为：飞行情报区、空中交通服务区域、空中禁区、空中限制区和空中危险区。

（1）飞行情报区

飞行情报区（Flight Information Region，FIR）又称飞航情报区、飞行信息区，是由国际民航组织（ICAO）所划定，区分各个国家或地区在该区的航管及航空情报服务的责任区，是为提供飞航情报服务和告警服务而划定范围的空域，主要是为民航提供飞行服务保障，当飞机发生事故时，便于展开搜寻及救援。飞行情报区与领空、领海主权无关。

我国划设了 11 个飞行情报区，即沈阳、北京、上海、武汉、广州、昆明、兰州、乌鲁木齐、三亚、台北和香港。

（2）空中交通服务空域

空中交通服务空域是规定范围的区域，其内可进行特定种类的飞行，并为之规定了运行规则和空中交通服务，包括管制空域、非管制空域和特殊空域。

我国管制空域包括 A、B、C、D 四类空中交通服务空域。每一个空域都是一划定范围的三维空间，在其内，按照空域类别，对航空器提供仪表飞行规则和目视飞行规则飞行的管制服务。A 类空域是高空管制空域，为 6000m 以上空间。B 类空域是中低空管制空域，为 6000m（含）至其下某指定高度的空间。C 类空域是进近管制空域。D 类空域是机场管制地带。

非管制空域是被指定为管制空域以外的空域。在此空域内不提供空中交通管制服务，但是航空器也要申报飞行计划和飞行动态。

特殊空域是为了满足政治、军事或科学实验需要，经国务院、中央军委批准，划定一定的空域，限制或禁止民用航空器进入。特殊空域分为空中禁区、空中限制区、空中危险区以及防空识别区。

（3）空中禁区

空中禁区是指在一个国家的领陆或领水上空，禁止航空器飞行的划定空域。任何航空器未经特许，都不得进入空中禁区。任何航空器非法进入空中禁区，都将承担严重的法律后果。

6. 空中交通管制

在浩瀚无垠的天空，飞机就像车辆在地面行驶必须遵守交通规则、接受警察和红绿灯的指挥一样，其飞行也必须要遵守空中交通规则，也要受到专门机构的指挥与调度，这就是空中交通管制（Air Traffic Control，ATC）。

空中交通管制可以概述为：

1）利用通信、导航技术和监控等专业手段对飞机飞行活动进行监视、控制与指挥，从而保证飞机飞行安全，使飞机按照一定路线秩序飞行。

2）把飞行航线的空域划分为不同的管理空域，包括航路和航线、飞行情报区、进近管制区、机场塔台管制区、终端管制区等，并按管理区的范围与情况选择使用不同的雷达设备对飞机进行管制。

3）在管理空域内进行间隔划分，飞机间的水平和垂直方向间隔构成空中交通管制的基础。

4）由导航设备、雷达系统、二次雷达、通信设备、地面控制中心组成空中交通管制系统，完成监视、识别、引导覆盖区域内的飞机，保证其正常安全地飞行。

中国民航局和民航地区管理局通过各级空中交通管制部门实施空中交通管制，防止航空器与航空器相撞；防止航空器在机动区域内与障碍物相撞；维持空中交通秩序，实施正确管制；提供飞行情报服务；提供告警服务，向有关单位提出关于航空器需要搜寻援救的通知。

国务院、中央军委空中交通管制委员会领导全国的飞行管制工作。在一个划定的管制空域内，由军航或民航的一个空中交通管制单位负责该空域内的航空器的空中交通管制；通常情况下，民用航空器不得飞入空中禁区和限制区；民用航空器未经批准不得飞出中华人民共和国领空。

民用航空器在管制空域内飞行必须取得空中交通管制单位的许可。在指定的航路必须飞越城市上空时，民用航空器可以飞越城市上空。无识别标志的航空器因特殊情况需要飞行的，必须经中国人民解放军空军批准。民用航空器因故确需偏离指定的航路或者改变高度飞行时，应当首先取得空中交通管制单位的许可。在管制机场附近的所有航空器以及在地面的航空器都服从管制员的指令。

7. 空中交通管制部门

管制部门分为航路交通管制中心、进近管制室和机场管制塔台。

（1）航路交通管制中心

航路交通管制又称区域管制，对所管制的飞机沿航路和在空域其他部分飞行时进行引导和监视。每一个区域管制中心均有一个明确的地理区域，它把所管辖的地理区域分为若干扇区。如果备有雷达设备，这一雷达须能探测整个扇区，并能监测区内飞机间的间隔。飞机机组和管制员之间使用无线电话联系。在标明本中心的管制区域界限的边界点上，飞机被交给相邻的航路交通管制中心或进近管制室。

（2）进近管制室

进近管制是管制从机场管制塔台的边界至距离机场 50～100km 的范围，从航路交通管制中心把飞机接收过来，并将其引导到所管辖机场中的一个机场。在提供这样的引导时，要按顺序安排好飞机，使它们均匀和有秩序地飞往目的地。进近管制室把所管辖的区域也分为若干个扇区，以均分管制员的工作负担。当飞机飞向或飞离机场大约 10km 时，进近管制室将到达的飞机交给机场管制塔台，或机场管制塔台将飞离的飞机交给进近管制室。当进近管制设有雷达时，称为航站雷达进近管制（Terminal Radar Approach Control，TRACON）。

（3）机场管制塔台

对机场上和在机场区内所规定的空域内起飞和降落的飞机进行管制，向机组提供关于风、气温、气压等气象要素和机场上有关飞行的情报以及管制在地面上除停放场地外所有的飞机。

航路交通管制中心和进近管制室可以设在机场的航管楼内，也可以在机场外单建。机场管制塔台有的是独立建筑，有的是建在航管楼的顶层。小型机场一般将进近管制的任务并在机场管制塔台内，不单建进近管制室。机场管制塔台应布置在便于观看升降带飞机起飞和降落的地方，最好设在跑道中部附近，结合航站区的规划布置，并服从机场的总体规划。

8. 空域运行要求

目前我国民用遥控驾驶航空器系统使用空域分为融合空域和隔离空域。融合空域是指有其他载人航空器同时运行的空域。隔离空域是指专门分配给遥控驾驶航空器运行的空域，通过限制其他载人航空器的进入以规避碰撞风险。

（1）申报飞行空域

申报飞行空域原则上与其他空域水平间隔不小于 20km，垂直间隔不小于 2km。一般需提前 7 日提交申请并提交下列文件：

1）国籍标志和登记标志。

2）驾驶员相应的资质证书。

3）飞行器性能数据和三视图。

4）可靠的通信保障方案。

5）特殊情况处置预案。

（2）申报飞行计划

无论是在融合空域还是在隔离空域实施飞行，都要预先申请，经过相关部门批准后方能执行。飞行计划申报应于北京时间前一日 15 时前向所使用空域的管制单位提交，飞行计划申报包含下列基本内容：

1）飞行单位、任务，预计开始飞行与结束时间。

2）驾驶员姓名、代号（呼号）。

3）型别与架数。

4）起飞、降落地和备降地。

5）飞行气象条件。

6）巡航速度、飞行高度和飞行范围。

7）其他特殊保障需求。

（3）紧急飞行计划的申报

执行紧急救护、抢险救灾或者其他紧急任务，飞行计划申报最迟应在飞行前一小时提出。

9. 机场、起降场

（1）概念

机场是指在陆地上或水上的一个划定区域，全部或部分用于航空器起飞、降落、滑行、停放和地面活动，包括其中的一切建筑物、设施、设备。

起降场是指在陆地或水上的一个临时划定区域，用于航空器的临时起降，包括临时跑道和起降点及保障飞行的设施、设备等。

机场基准点是表示机场地理位置的一个点，其地理坐标用经纬度表示，精确至秒，起降场也一样。

机场标高指着陆区最高点的标高。起降场标高为其中心点的最高点标高。

机场基准温度应为一年内最热月（指月平均温度最高的那个月）的日最高温度的月平均值，至少取 5 年平均值。

飞行区是机场内供航空器起飞、着陆、滑行和停放的区域，包括跑道、升降带、跑道端安全区、停止道、净空道、滑行道、停机坪以及机场净空。起降场为整个起降场区域。

活动区是指机场内用于航空器起飞、着陆和滑行的部分，由跑道、滑行道和停机坪组成。

（2）机场、起降场标志

1）跑道标志。基本的目视飞行规则（Visual Flight Rules，VFR）跑道具有跑道号码和白色虚线形成的跑道中心线。起降场一般用 T 字母表示起飞、着陆方向。

2）风向指示器。最常见的就是风向袋（图 3），风向袋吹平时，风速为 10～12m/s。

图 3 风向袋

（3）机场灯光

机场有机场灯标、进近灯光系统、目视进近下滑道指示器系统、跑道入口灯光、跑道边灯、滑行道灯、驾驶员控制灯光、障碍灯等。

飞机也属于机场的一部分，为保障飞行安全，建议无论是在白天还是夜间，发动机在运转时均应打开飞机防撞灯。

2. 工作页

学校名称		任课教师	
班级		学生姓名	
学习领域	学习领域：无人机操控飞行		
学习情境	学习情境 5：多旋翼无人机水平 8 字飞行	学习时间	30min
工作任务	B：空域管理及空中交通管制	学习地点	理实一体化教室

空域管理及空中交通管制

请完成下列单选题：（每题 1 分，共 16 分）

（1）空域通常划分为（　　）。

①机场飞行空域　②航路、航线　③空中禁区、空中限制区和空中危险区

A. ①②

B. ①③

C. ①②③

（2）空域是航空器运行的环境，也是宝贵的国家资源。国务院、中央军委十分重视我国民用航空交通管制的建设工作，目前正在推进空域管理改革，预计划分三类空域，为（　　）。

A. 管制空域、监视空域和报告空域

B. 管制空域、非管制空域和报告空域

C. 管制空域、非管制空域和特殊空域

（3）机场标高指着陆区（　　）的标高。

A. 最高点

B. 最低点

C. 平均海拔

（4）空域管理的具体办法由（　　）制定。

A. 民用航空局

B. 中央军事委员会

C. 国务院和中央军事委员会

（5）在一个划定的管制空域内，由（　　）负责该空域内的航空器的空中交通管制。

A. 军航或民航的一个空中交通管制单位

B. 军航和民航的各一个空中交通管制单位

C. 军航的一个空中交通管制单位

（6）空中交通管制单位为飞行中的民用航空器提供的空中交通服务中含有（　　）。

A. 飞行情报服务

B. 机场保障服务

C. 导航服务

（7）领导全国的飞行管制工作的是（　　）。

A. 国务院

B. 民用航空局

C. 国务院、中央军委空中交通管制委员会

（8）关于"飞行管理"不正确的是（　　）。

A. 在一个划定的管制空域内，可由两个空中交通管制单位负责空中交通管制

B. 通常情况下，民用航空器不得飞入空中禁区和限制区

C. 民用航空器未经批准不得飞出中华人民共和国领空

(9) 民用航空器在管制空域内飞行，(　　)。

  A. 可以自由飞行

  B. 可以按目视飞行规则自由飞行

  C. 必须取得空中交通管制单位的许可

(10) 下列情况中民用航空器可以飞越城市上空的是 (　　)。

  A. 指定的航路必须飞越城市上空时

  B. 能见地标的目视飞行时

  C. 夜间飞行时

(11) 无识别标志的航空器因特殊情况需要飞行的，(　　)。

  A. 必须经相关管制单位批准

  B. 必须经中国人民解放军空军批准

  C. 必须经中国民用航空局空中交通管理局批准

(12) 民用航空器因故确需偏离指定的航路或者改变高度飞行时，应当首先(　　)。

  A. 得到机长的允许

  B. 取得机组的一致同意

  C. 取得空中交通管制单位的许可

(13) 在管制机场附近的所有航空器以及在地面的航空器都服从 (　　) 的指令。

  A. 管制员

  B. 机务人员

  C. 机长

(14) 申请飞行计划通常应当于飞行前一日 (　　) 向空中交通管制部门提出申请，并通知有关单位。

  A. 15 时前

  B. 16 时前

  C. 17 时前

(15) 执行紧急救护、抢险救灾或者其他紧急任务，飞行计划申报最迟应在飞行前(　　)提出。

  A. 30 分钟

  B. 1 小时

  C. 2 小时

(16) 为保障飞行安全，建议无论是在白天还是夜间，发动机在运转时均应打开(　　)。

  A. 防撞灯

  B. 着陆灯

  C. 航行灯

5.3.3 驾驶员管理及审定规则

1. 信息页

学习领域	学习领域：无人机操控飞行		
学习情境	学习情境5：多旋翼无人机水平8字飞行	学习时间	30min
工作任务	C：驾驶员管理及审定规则	学习地点	理实一体化教室

驾驶员管理及审定规则

2018 年 8 月 31 日，中国民用航空局发布了正式的《民用无人机驾驶员管理规定》（以下简称《管理规定》），用于民用无人航空器及民用无人机系统驾驶人员的资质管理。

为了规范民用航空器驾驶员的合格审定工作，中国民用航空局根据《中华人民共和国民用航空法》制定了《民用航空器驾驶员合格审定规则》（以下简称《合格审定规则》），2018 年 11 月 16 日颁布。

1. 驾驶员管理规定

（1）适用范围

1）无机载驾驶人员的无人机系统。

2）有机载驾驶人员的航空器，但该航空器可同时由外部的无人机驾驶员实施完全飞行控制。

3）适用无人机分类等级见下表。

表　驾驶员管理规定适用无人机分类等级

分类等级	空机质量/kg	起飞质量/kg
I	$0 < W \leqslant 0.25$	
II	$0.25 < W \leqslant 4$	$1.5 < W \leqslant 7$
III	$4 < W \leqslant 15$	$7 < W \leqslant 25$
IV	$15 < W \leqslant 116$	$25 < W \leqslant 150$
V	植保类无人机	
XI	$116 < W \leqslant 5700$	$150 < W \leqslant 5700$
XII	$W > 5700$	

（2）定义

1）无人机系统驾驶员：对无人机的运行负有必不可少职责并在飞行期间适时操纵无人机的人。

2）等级：指填在执照上或与执照有关并成为执照一部分的授权，说明关于此种执照的特殊条件、权利或限制。

3）类别等级：指根据无人机产生气动力及不同运动状态依靠的不同部件或方式，将无人机进行划分并成为执照一部分的授权，说明关于此种执照的特殊条件、权利或限制。

4）固定翼：指动力驱动的重于空气的一种无人机，其飞行升力主要由给定飞行条件下保持不变的翼面产生。在《管理规定》中作为类别等级中的一种。

5）直升机：指一种重于空气的无人机，其飞行升力主要由在垂直轴上一个或多个动力驱动的旋翼产生，其运动状态改变的操纵一般通过改变旋翼桨叶角来实现。在《管理规定》中作为类别等级中的一种。

6）多旋翼：指一种重于空气的无人机，其飞行升力主要由三个及以上动力驱动的旋翼产生，其运动状态改变的操纵一般通过改变旋翼转速来实现。在《管理规定》中作为类别等级中的一种。

7）垂直起降固定翼：指一种重于空气的无人机，垂直起降时由与直升机、多旋翼类似起降方式或直接推力等方式实现，水平飞行由固定翼飞行方式实现，且垂直起降与水平飞行方式可在空中自由转换。在《管理规定》中作为类别等级中的一种。

8）自转旋翼机：指一种旋翼机，其旋翼仅在起动或跃升时有动力驱动，在空中平飞时靠空气的作用力推动自由旋转。这种旋翼机的推进方式通常是使用独立于旋翼系统的推进式动力装置。在《管理规定》中作为类别等级中的一种。

9）飞艇：指一种由动力驱动能够操纵的轻于空气的航空器。在《管理规定》中作为类别等级中的一种。

10）视距内（Visual Line of Sight，VLOS）运行：无人机在驾驶员或观测员与无人机保持直接目视视觉接触的范围内运行，且该范围为目视视距内半径不大于500m，人、机相对高度不大于120m。在《管理规定》中作为驾驶员等级中的一种。

11）超视距（Beyond VLOS，BVLOS）运行：无人机在目视视距以外的运行。在《管理规定》中作为驾驶员等级中的一种。

12）扩展视距（Extended VLOS，EVLOS）运行：无人机在目视视距以外运行，但驾驶员或者观测员借助视觉延展装置操作无人机，属于超视距运行的一种。

13）授权教员：指持有按《管理规定》颁发的具有教员等级的无人机驾驶员执照，并依据其教员等级上规定的权利和限制执行教学的人员。

14）无人机系统的机长：指由运营人指派在系统运行时间内负责整个无人机系统运行和安全的驾驶员。

15）无人机观测员：由运营人指定的训练有素的人员，通过目视观测无人机，协助无人机驾驶员安全实施飞行，通常由运营人管理，无证照要求。

16）运营人：指从事或拟从事航空器运营的个人、组织或企业。

17）控制站（又称遥控站、地面站）：无人机系统的组成部分，包括用于操纵无人机的设备。

18）指挥与控制数据链路（Command and Control data link，C2）：指无人机和控制站之间为飞行管理之目的的数据链接。

19）感知与避让：指看见、察觉或发现交通冲突或其他危险并采取适当行动的能力。

20）无人机感知与避让系统：指无人机机载安装的一种设备，用以确保无人机与其他航空器保持一定的安全飞行间隔，相当于载人航空器的防撞系统。在融合空域中运行的Ⅺ，Ⅻ类无人机应安装此种系统。

21）融合空域：指有其他有人驾驶航空器同时运行的空域。

22）隔离空域：指专门分配给无人机系统运行的空域，通过限制其他航空器的进入以规避碰撞风险。

23）人口稠密区：指城镇、乡村、繁忙道路或大型露天集会场所等区域。

24）空机质量：指不包含载荷和燃料的无人机质量，该质量包含燃料容器和电池等固体装置。

25）飞行经历时间：指为符合民用无人机驾驶员的训练和飞行时间要求，操纵无人机或在模拟机上所获得的飞行时间，这些时间应当是作为操纵无人机系统必需成员的时间，或从授权教员处接受训练或作为授权教员提供教学的时间。

26）飞行经历记录本：指记录飞行经历时间和相关信息的证明材料，包括纸质飞行经历记录本和由无人机云交换系统支持的电子飞行经历记录本。

27）训练记录：指为获取执照或等级而接受相关训练的证明材料，包括纸质训练记录和由无人机云交换系统支持的电子化训练记录。

28）理论考试：指航空知识理论方面的考试，该考试是颁发民用无人机驾驶员执照或等级所要求的，可以通过笔试或者计算机考试来实施。

29）实践考试：指为取得民用无人机驾驶员执照或者等级进行的操作方面的考试（包括实践飞行、综合问答、地面站操作），该考试通过申请人在飞行中演示操作动作及回答问题的方式进行。

30）申请人：指申请无人机驾驶员执照或等级的自然人。

31）无人机云系统（简称无人机云）：指轻小民用无人机运行动态数据库系统，用于向无人机用户提供航行服务、气象服务等，对民用无人机运行数据（包括运营信息、位置、高度和速度等）进行实时监测。

32）无人机云交换系统（无人机云数据交换平台）：指由民航局运行，能为多个无人机云系统提供实时数据交换和共享的实时动态数据库系统。

33）分布式操作：指把无人机系统操作分解为多个子业务，部署在多个站点或者终端进行协同操作的模式，不要求个人具备对无人机系统的完全操作能力。

（3）管理机构

无人机系统分类较多，所适用空域远比有人驾驶航空器广阔，因此有必要对无人机系统驾驶员实施分类管理。

1）自行负责，无须执照管理。

①在室内运行的无人机。

②Ⅰ、Ⅱ类无人机（如运行需要，驾驶员可在无人机云交换系统进行备案。备案内容应包括驾驶员真实身份信息、所使用的无人机型号，并通过在线法规测试）。

③在人烟稀少、空旷的非人口稠密区进行试验的无人机。

2）在隔离空域和融合空域运行的除Ⅰ、Ⅱ类以外的无人机，其驾驶员执照由局方实施管理。

①操纵视距内运行无人机的驾驶员，应当持有按本规定颁发的具备相应类别、分类等级的视距内等级驾驶员执照，并且在行使相应权利时随身携带该执照。

②操纵超视距运行无人机的驾驶员，应当持有按本规定颁发的具备相应类别、分类等级的有效超视距等级的驾驶员执照，并且在行使相应权利时随身携带该执照。

③教员等级。

a. 按本规则颁发的相应类别、分类等级的具备教员等级的驾驶员执照持有人，行使教员权利应当随身携带该执照。

b. 未具备教员等级的驾驶员执照持有人不得从事下列活动：i）向准备获取单飞资格的人员提供训练。ii）签字推荐申请人获取驾驶员执照或增加等级所必需的实践考试。iii）签字推荐申请人参加理论考试或实践考试未通过后的补考。iv）签署申请人的飞行经历记录本。v）在飞行经历记录本上签字，授予申请人单飞权利。

④植保类无人机分类等级担任操纵植保无人机系统并负责无人机系统运行和安全的

驾驶员，应当持有按本规定颁发的具备 V 分类等级的驾驶员执照，或经农业农村部等部门规定的由符合资质要求的植保无人机生产企业自主负责的植保无人机操作人员培训考核。

3）自 2018 年 9 月 1 日起，民航局授权行业协会颁发的现行有效的无人机驾驶员合格证自动转换为民航局颁发的无人机驾驶员电子执照，原合格证所载明的权利一并转移至该电子执照。原Ⅶ分类等级（超视距运行的Ⅰ、Ⅱ类无人机）合格证载明的权利转移至Ⅲ分类等级电子执照。

（4）人员及运行要求

1）执照申请资格。

①视距内驾驶员申请人。年满 16 周岁；三年内无刑事犯罪记录；具有初中及以上文化程度；完成了相应等级的航空知识训练并提供授权教员签字的训练记录；通过了相应等级的航空知识理论考试；完成了相应等级的飞行技能训练并提供授权教员签字的飞行记录本；满足相应等级的飞行经历要求；通过了相应等级的飞行技能实践考试。

②超视距驾驶员（机长）执照申请人。年满 18 周岁，无犯罪记录，具有高中及以上文化程度；完成了相应等级的航空知识训练并提供授权教员签字的训练记录；通过了相应等级的航空知识理论考试；完成了相应等级的飞行技能训练并提供授权教员签字的飞行记录本；满足相应等级的飞行经历要求；通过了相应等级的飞行技能实践考试。

③飞行教员合格证申请人。年满 18 周岁；无刑事犯罪记录；具有高中及以上文化程度；持有相应等级的超视距驾驶员执照；完成了相应等级的航空知识训练并提供授权教员签字的训练记录；通过了相应等级的航空知识理论考试；完成了相应等级的飞行教学能力训练并提供授权教员签字的飞行记录本；满足相应等级的飞行经历要求；通过了相应等级的飞行技能实践考试。

2）训练要求。

①申请人必须接受并记录培训机构工作人员提供的地面训练，完成相应的地面训练课程并通过理论考试。

②理论考试申请人必须接受并记录无人机航空知识教学人员提供的地面训练。

③实践考试申请人已经完成了必需的训练并取得了必需的飞行经历，具有授权教员在其飞行经历记录本上的签字，证明该申请人已满足所申请执照的飞行经历要求，且该授权教员在申请日期之前的 60 天内，已对申请人进行了准备实践考试的飞行教学，并且认为该申请人有能力通过考试。

3）处罚。执照或合格证申请人在理论考试中作弊或发生其他禁止行为，局方（授权方）一年内拒绝其任何执照、合格证或等级申请。

4）单飞要求。飞行教员亲自对该学生驾驶员提供了单飞权利所要求的飞行训练，确认该学生驾驶员能够遵守飞行教员出于安全考虑而在飞行经历记录本上做出的任何限制，已经做好准备能够安全实施单飞，之后方可在学生驾驶员飞行经历记录本上签字，批准其单飞。

学生驾驶员在单飞之前，在其飞行经历记录本上必须有授权教员的签字，证明其在单飞日期之前 90 天内接受了所飞型号航空器的训练。

5）执行飞行任务要求。无人机飞行人员在执行飞行任务时，应当随身携带驾驶员执照或合格证。

6）合格证的更新。若视距内驾驶员、超视距驾驶员于现行有效的合格证有效期内接入无人机云系统的飞行经历时间不少于100h，则驾驶员合格证持有人在其持有的合格证有效期满前三个月内，通过无人机云系统点击合格证更新申请，只需更新个人信息，不必参加并通过合格证更新考试，就可以更新持有的视距内驾驶员或超视距驾驶员等级合格证。

（5）植保类无人机驾驶员管理规定

用于植保类的无人机为V分类等级无人机，且不按质量分级。V分类等级无人机驾驶员操纵无人机作业高度较低、速度较慢，作业区域多为非人口稠密上空，作业线多为简单的直线飞行。

1）合格证要求。须持有V分类等级民用无人机驾驶员合格证，且应满足无人机云系统上积累的个人飞行经历记录时间不少于100h。

2）理论考试要求。V分类等级无人机驾驶员合格证申请人参加实践考试前，应通过相应类别的V分类等级无人机驾驶员理论考试，通过成绩为70分（含）。

3）训练时间。V分类等级无人机驾驶员合格证申请人参加实践考试前，应取得由训练机构提供的至少30h的训练飞行经历，其中可以包括不超过70%的模拟训练时间，带飞时间不少于5h，单飞时间不少于4h。

4）实践考试要求。因目前各类别V分类等级无人机驾驶员操作无人机进行植保作用飞行都属于视距内飞行，故实践考试参照《民用无人机驾驶员实践考试标准》仅须在GPS模式下演示机动飞行，通过后即视为满足颁发V分类等级无人机视距内驾驶员合格证的条件。

（6）其他说明

Ⅲ、Ⅳ、Ⅶ、Ⅺ、Ⅻ分类等级驾驶员合格证持有人如增加V分类等级，只需参加相应类别的V分类等级无人机驾驶员理论考试，不再进行实践飞行演示。

2. 驾驶员合格审定规则

（1）适用范围

1）中国民用航空局（简称民航局）、民用航空地区管理局（简称地区管理局）、地区管理局派出机构（上述所有机构统称局方）对民用航空器驾驶员执照的颁发与管理。

2）民用航空器驾驶员执照与等级的申请和权利行使应当遵守《民用航空器驾驶员合格审定规则》的规定。

（2）定义

1）机长：指在飞行时间内负责航空器的运行和安全的驾驶员。

2）副驾驶：指在飞行时间内除机长外的、在驾驶岗位执勤的持有执照的驾驶员，但不包括在航空器上仅接受飞行训练的驾驶员。

3）训练时间：指受训人在飞行中、地面上、飞行模拟机或飞行训练器上从授权教员处接受训练的时间。

4）飞行时间：指航空器为准备起飞而借助自身动力开始移动时起，到飞行结束停止移动时止的总时间。我国民航飞行使用的时间为协调世界时。

5）仪表飞行时间：指驾驶员仅参照仪表而不借助外部参照点驾驶航空器的时间。

6）飞行经历时间：指为符合民用无人机驾驶员的训练和飞行时间要求，操纵无人机或在模拟机上所获得的飞行时间，这些时间应当是作为操纵无人机系统必需成员的时间，或从授权教员处接受训练或作为授权教员提供教学的时间。

7）单飞时间：指学生驾驶员作为航空器唯一乘员的飞行时间。

8）转场时间：指在满足下列条件的飞行中取得的飞行时间：

①在航空器中实施。

②含有一个非出发地点的着陆点。

③使用了地标领航、推测领航、电子导航设备、无线电设备或其他导航系统航行至着陆点。

飞行任务书是许可驻机场航空单位或者航空公司的负责人、飞行人员进行转场飞行和民用航空飞行的基本文件。

9）飞行的安全高度：指避免航空器与地面障碍物相撞的最低飞行高度。

（3）机构职责

民航局负责全国民用航空器驾驶员的执照和等级的颁发与管理工作。地区管理局及其派出机构负责本地区民用航空器驾驶员执照和等级的颁发与管理工作。

（4）理论考试的一般程序

按《合格审定规则》规定进行的各项考试，应当由局方指定人员主持，并在指定的时间和地点进行。

1）理论考试申请人应当符合下列条件：

①出示本人的居民身份证、护照或者其他局方认可的合法证件，以及本人已经获得的按《合格审定规则》颁发的或境外颁发的驾驶员执照。

②理论考试的申请人还应出示由授权教员签字的证明，表明其已完成《合格审定规则》对于所申请执照或者等级要求的地面训练或自学课程。

2）理论考试的通过成绩由局方确定。

3）在理论考试过程中，申请人不得有下列行为：

①以任何形式复制或保存考试试题。

②交给其他申请人或从其他申请人那里得到考试试题的任一部分或其复印件或扫描件。

③帮助他人或者接受他人的帮助。

④代替他人或由他人代替参加部分或者全部考试。

⑤使用未经局方批准的材料或者其他辅助物品。

⑥破坏考场设施。

⑦故意引起、助长或者参与上述禁止的行为。

《合格审定规则》授权的执照或合格证申请人在理论考试中作弊或发生其他禁止行为，局方对其予以警告，拒绝其任何执照、合格证或等级申请期限为一年。

《合格审定规则》授权的执照或合格证持有人在理论考试中作弊或发生其他禁止行为，局方对其予以警告，同时责令当事人立即停止飞行运行并交回已取得的相应执照，局方拒绝其任何执照、合格证或等级申请期限为三年。

（5）实践考试的一般程序

1）申请人参加按《合格审定规则》颁发执照或者等级所要求的实践考试，应当符合下列规定：

①在接受实践考试前24个日历月内已通过了必需的理论考试，并出示局方给予的理论考试成绩单。

②已经完成了必需的训练并获得了《合格审定规则》规定的相应飞行经历。

③持有局方颁发的有效体检合格证。

④符合颁发所申请执照或等级的年龄限制。

⑤具有授权教员在其飞行经历记录本上的签字，证明该授权教员在申请日期之前的 60 天内，已对申请人进行了准备实践考试的飞行教学，并且认为该申请人有能力通过考试。

⑥持有填写完整并有本人签字的申请表。

2）判断执照或者等级申请人的操作能力应当依据下列标准：

①按照经批准的实践考试标准，安全完成相应执照或者等级规定的所有动作和程序。

②熟练准确地操纵航空器，具有控制航空器的能力。

③具有良好的判断力。

④能灵活应用航空知识。

⑤如果航空器型号合格审定为单驾驶员操纵，则应当演示其具有单驾驶员的独立操作能力。

如果申请人未能按照上述标准完成任一必需的驾驶员操作，则该申请人实践考试为不合格。在申请人合格完成任一驾驶员操作前，该申请人不得取得所申请的执照或等级。

3）由于恶劣天气条件、航空器适航性或其他影响飞行安全的情况发生时，考试员或申请人可以随时中断考试。若实践考试中断，在符合下列规定时，局方可以承认申请人已经完成并合格的操作：

①申请人在中断实践考试后 60 天内通过剩下的实践考试。

②申请人在继续考试时应当出示中断考试证明。

4）申请人在一个或多个操作上不合格，则该实践考试应判定为不合格。

（6）临时执照

1）局方可以为下列申请人颁发有效期不超过 120 天的驾驶员临时执照，临时执照在有效期内具有与正式执照同等的权利与责任：

①已经审定合格的执照申请人，在等待颁发执照期间。

②在执照上更改姓名的申请人，在等待更改执照期间。

③因执照遗失或损坏而申请补发执照的申请人，在等待补发执照期间。

2）在出现下列情况之一时，按上述标准颁发的临时执照失效：

①临时执照上签注的日期期满。

②收到所申请的执照。

③收到撤销临时执照的通知。

（7）执照的有效期

1）执照持有人在执照有效期满后不得继续行使该执照所赋予的权利。

2）学生驾驶员执照在颁发月份之后第 24 个日历月结束时有效期满。

3）除学生驾驶员执照外，按《合格审定规则》颁发的其他驾驶员执照有效期限为六年，且仅当执照持有人满足《合格审定规则》和有关中国民用航空运行规章的相应训练与检查要求、并符合飞行安全记录要求时，方可行使其执照赋予的相应权利。依据外国驾驶员执照颁发的认可证书的持有人，仅当该认可证书所依据的外国驾驶员执照和体检合格证有效时，方可行使该认可证书所赋予的权利。

（8）执照的更新和重新办理

1）执照持有人应在执照有效期期满前三个月内向局方申请重新颁发执照，并出示最近一次有效的熟练检查或定期检查记录。

2）执照在有效期内因等级或备注发生变化重新颁发时，其有效期自重新颁发之日算起。

3）执照过期的申请人须重新通过相应的理论及实践考试，方可申请重新颁发。

（9）学生驾驶员执照

《合格审定规则》规定了颁发学生驾驶员执照的条件、该执照的用途以及执照持有人应当遵守的一般运行规则与限制。申请运动驾驶员执照的学生驾驶员，无需办理学生驾驶员执照，但须遵守《合格审定规则》对学生驾驶员的单飞要求及一般限制。

1）资格要求。符合下列条件的申请人，局方可以为其颁发学生驾驶员执照：

①年满16周岁。

②5年内无犯罪记录。

③能正确读、听、说、写汉语，无影响双向无线电通话的口音和口吃。申请人因某种原因不能满足部分要求的，局方应当在其执照上签注必要的运行限制。

④持有局方颁发的现行有效Ⅱ级或者Ⅰ级体检合格证。

2）学生驾驶员单飞要求。

①学生驾驶员应当通过由授权教员实施的理论考试，证明其具有要求的航空知识。

②在亲自对该学生驾驶员提供了《合格审定规则》授予单飞权利所要求的飞行训练，确认该学生驾驶员能够遵守飞行教员出于安全考虑而在飞行经历记录本上做出的任何限制，已经做好准备能够安全实施单飞的条件下，飞行教员方可在学生驾驶员飞行经历记录本上签字，批准其单飞。

3）学生驾驶员在单飞前，应当符合下列规定：

①在学生驾驶员执照上，有授权教员针对其所飞型号航空器的签字批准。

②在其飞行经历记录本上，有授权教员的签字，证明其在单飞日期之前90天内接受了所飞型号航空器的训练。

4）授权教员在批准学生驾驶员每次单飞时，应当遵守下列规定：

①在单飞所用型号航空器上，已向该驾驶员提供了训练。

②认为该驾驶员已熟练掌握学生驾驶员单飞要求规定的动作和程序。

③认为该驾驶员已熟悉所飞型号航空器。

④确认学生驾驶员执照已经由提供飞行训练的授权教员针对所飞型号航空器签署。

⑤在该学生驾驶员的飞行经历记录本上签字批准其在所飞型号航空器上单飞，或者确认授权教员的签字是在90天的有效期内做出的。

5）学生驾驶员不得从事下列行为：

①在载运旅客的航空器上担任机长。

②以取酬为目的在载运货物的航空器上担任机长。

③为获取酬金而担任航空器机长。

④在空中或地面能见度白天小于5km、夜间小于8km的飞行中担任航空器机长。

⑤在不能目视参照地标的飞行中担任航空器机长。

⑥在违背授权教员对于该驾驶员飞行经历记录本中签注的限制的情况下担任航空器机长。

6）学生驾驶员不得在航空器型号合格审定或实施该飞行所依据的规章要求配备一名以上驾驶员的任何航空器上担任飞行机组必需成员，但在飞艇或小型飞艇上接受授权教员的飞行教学，并且该航空器上除飞行机组必需成员外没有任何其他人员时除外。

2. 工作页

学校名称		任课教师	
班级		学生姓名	
学习领域	学习领域：无人机操控飞行		
学习情境	学习情境5：多旋翼无人机水平8字飞行	学习时间	30min
工作任务	C：驾驶员管理及审定规则	学习地点	理实一体化教室

驾驶员管理及审定规则

请完成下列单选题：（每题1分，共15分）

（1）下列选项中无人机系统驾驶员由局方实施管理的是（　　）。

    A. 在融合空域运行的轻型无人机

    B. 在融合空域运行的小型无人机

    C. 在隔离空域内超视距运行的无人机

（2）飞行教员合格证申请人必须年满（　　）。

    A. 18 周岁　　　　　　B. 20 周岁　　　　　　C. 21 周岁

（3）飞行时间的含义是（　　）。

    A. 从航空器自装载地点开始滑行直到飞行结束到达卸载地点停止运动时为止的时间

    B. 自航空器开始起飞滑跑至着陆滑跑终止的时间

    C. 从航空器起飞进入跑道至着陆脱离跑道的时间

（4）学生驾驶员在单飞之前，在其飞行经历记录本上必须有授权教员的签字，证明其在单飞日期之前（　　）天内接受了所飞型号航空器的训练。

    A. 90　　　　　　　　B. 60　　　　　　　　C. 30

（5）在下列（　　）条件下，飞行教员方可在学生驾驶员飞行经历记录本上签字，批准其单飞。

    A. 亲自或委托具备飞行教员资格和权限的飞行教员对该学生驾驶员提供了《民用航空器驾驶员合格审定规则》授予单飞权利所要求的飞行训练，确认该学生驾驶员能够遵守飞行教员出于安全考虑而在飞行经历记录本上做出的任何限制，已经做好准备能够安全实施单飞

    B. 亲自对该学生驾驶员提供了《民用航空器驾驶员合格审定规则》授予单飞权利所要求的飞行训练，确认该学生驾驶员能够遵守飞行教员出于安全考虑而在飞行经历记录本上做出的任何限制，已经做好准备能够安全实施单飞

    C. 亲自或委托具备飞行教员资格和权限的飞行教员对该学生驾驶员提供了《民用航空器驾驶员合格审定规则》授予单飞权利所要求的飞行训练，确认该学生驾驶员能够遵守飞行教员出于安全考虑而在飞行经历记录本上做出的任何限制，已经做好准备能够安全实施单飞，同时得到检查教员的认可和批准

（6）《民用航空器驾驶员合格审定规则》授权的执照或合格证申请人在理论考试中作弊或发生其他禁止行为，局方（授权方）拒绝其任何执照、合格证或等级申请期限为（　　）。

    A. 一年　　　　　　　B. 半年　　　　　　　C. 视其违规的情节轻重而定

(7)《民用航空器驾驶员合格审定规则》授权的执照或合格证持有人在理论考试中作弊或发生其他禁止行为，局方（授权方）拒绝其任何执照、合格证或等级申请期限为（　　）。

    A. 一年

    B. 半年

    C. 三年

(8) 参加理论考试或实践考试的申请人在参加考试前（　　）。

    A. 应当具有地面教员或飞行教员签注的已完成有关地面理论或飞行训练的证明

    B. 应当具有地面教员和飞行教员推荐其参加考试的证明

    C. 以上二者缺一不可

(9) 在融合空域 3000m 以上运行的 XI 类无人机驾驶员，应至少持有飞机或直升机等级的（　　）。

    A. 航线运输驾驶员执照

    B. 私用驾驶员执照

    C. 商用驾驶员执照

(10) 在融合空域运行的 XII 类无人机机长，应至少持有（　　）。

    A. 航线运输驾驶员执照

    B. 商用驾驶员执照

    C. 商用驾驶员执照和仪表等级

(11) 训练时间，是指受训人在（　　）从授权教员处接受训练的时间。

    A. 飞行中

    B. 地面上、飞行模拟机或飞行训练器上

    C. 飞行中、地面上、飞行模拟机或飞行训练器上

(12) 我国民航飞行使用的时间为（　　）。

    A. 当地的地方时

    B. 北京时间

    C. 协调世界时

(13) 飞行任务书是许可（　　）、飞行人员进行转场飞行和民用航空飞行的基本文件。

    A. 驻机场航空单位或者航空公司的调度或签派部门

    B. 驻机场航空单位或者航空公司的负责人

    C. 驻机场航空单位或者航空公司的运行管理部门

(14) 无人机驾驶员在执行飞行任务时，应当随身携带（　　）。

    A. 飞行记录本

    B. 飞机适航证书

    C. 驾驶员执照或合格证

(15) 飞行的安全高度是避免航空器与地面障碍物相撞的（　　）。

    A. 航图网格最低飞行高度

    B. 最低飞行安全高度

    C. 最低飞行高度

5.3.4 一般运行和飞行规则

1. 信息页

学习领域	学习领域：无人机操控飞行		
学习情境	学习情境5：多旋翼无人机水平8字飞行	学习时间	30min
工作任务	D：一般运行和飞行规则	学习地点	理实一体化教室

一般运行和飞行规则

《一般运行和飞行规则》（CCAR-91R4）于2022年1月4日颁布。

《中国民用航空飞行规则》自1990年11月1日起实施，是组织与实施民用航空飞行的基本依据。2004年1月14日中国民用航空总局令第120号公布、自2004年6月1日起施行《一般运行和飞行规则》，《中国民用航空飞行规则》在《一般运行和飞行规则》施行之日同时废止。

保证飞行安全是民航各级领导和全体人员的重要职责。组织与实施飞行，必须贯彻"保证安全第一，改善服务工作，争取飞行正常"的方针，按照安全为了生产、生产必须安全的原则，正确处理安全与生产、安全与训练、安全与质量、安全与正常的关系，把保证飞行安全放在第一位，努力完成生产任务。不断提高服务质量和飞行正常率。

1. 飞行的一般规定

1）飞行分类。

①按照飞行任务的性质划分：运输飞行，通用航空飞行，训（熟）练飞行，检查试验飞行，公务飞行。

②按照飞行区域划分：机场区域内飞行，航线飞行，作业地区飞行。

③按照昼夜时间划分：昼间飞行（从日出到日落之间），夜间飞行（从日落到日出之间）。

④按照驾驶和领航条件划分：目视飞行和仪表飞行。

⑤按照气象条件划分：简单气象飞行和复杂气象飞行。

⑥按照飞行高度划分：超低空飞行，距离地面或者水面100m以下；低空飞行，距离地面或者水面100m（含）至1000m；中空飞行，1000m（含）至6000m；高空飞行，6000m（含）至12000m；平流层飞行，12000m（不含）以上。

⑦按照自然地理条件划分：平原地区飞行，丘陵地区飞行，高原、山区飞行，海上飞行和沙漠地区飞行。

2）民用航空器都必须按照规定涂绘明显的识别标志，并且应当具有有效的飞机登记证、适航证、无线电台执照、飞行手册和飞行记录本。没有上述标志和文件的航空器禁止飞行。

3）为了周密地组织与实施飞行，所有机场都必须根据《中华人民共和国飞行基本规则》的有关规定和机场的具体情况，制定机场使用细则。机场使用细则，由该机场管理机构提供资料，由航务管理机构负责制定。通用航空机场的使用细则，由民航地区管理局批准；航路和航线机场的使用细则，由民航地区管理局批准，报中国民航局备案；国际机场的使用细则由中国民航局批准。

2. 最低飞行天气标准

为了保证航空器起飞、着陆和航线飞行的安全，应当根据地形、机型、设备以及机长的技术水平等情况，规定各机场、航线、航空器的最低飞行标准和机长的最低天气标准。

通用航空机场的最低天气标准，由民航地区管理局批准；航路、航线机场以及国际机场的最低天气标准，由民航地区管理局拟定，报中国民航局批准、颁发。航空器的最低飞行标准由中国民航局规定。中国民用航空器，在国内和国外机场起降的最低飞行标准和机长的最低天气标准，由航空公司制定，呈报中国民航局批准。

着陆机场没有跑道边灯或者机长没有夜航最低天气标准，应该严格掌握航空器到达着陆机场的着陆时限：平原，日落前10分钟；丘陵山区，日落前20分钟。

（1）目视飞行

目视飞行是在可见天地线和地标的条件下，能够判明航空器飞行状态和目视判定方位的飞行。

巡航表速250km/h以下的航空器，飞行能见度不小于5km（直升机不小于3km）。飞机距云的水平距离不小于500m，距云的垂直距离不小于150m；低空（低于最低高度层）目视飞行时，飞机与云底的垂直距离不小于50m。

巡航表速251km/h以上的航空器，只准在起落航线或者经空中交通管制部门许可的范围内，按目视飞行的规定飞行。其目视气象条件为：飞行能见度不小于5km，航空器距云的水平距离不小于1000m，飞机距云底的垂直距离不小于150m。

（2）仪表飞行

仪表飞行是完全或者部分地按照航行驾驶仪表，判定航空器飞行状态及其位置的飞行。

在仪表气象条件（低于目视气象条件）下飞行，云层、云上目视气象条件下飞行，夜间飞行，高度6000m以上飞行，都必须按照仪表飞行的规定飞行。

3. 最低安全高度

（1）目视飞行最低安全高度

机场区域内目视飞行最低安全高度规定：巡航表速251km/h以上的航空器，按照机场区域内仪表飞行最低安全高度的规定执行；巡航表速250km/h以下的航空器，距离最高障碍物的真实高度不得低于100m。

航线目视飞行最低安全高度的规定：巡航表速250km/h以下的航空器，通常按照航线仪表飞行最低高度层的规定执行；如果低于最低高度层飞行时，距离航线两侧各5km地带内最高点的真实高度，平原和丘陵地区不得低于100m，山区不得低于300m；巡航表速251km/h以上的航空器，按照航线仪表飞行最低安全高度的规定执行。

（2）仪表飞行最低安全高度

机场区域内仪表飞行最低安全高度的规定：在机场区域内，以机场导航台为中心，半径55km扇区范围内，距离障碍物的最高点，平原不得少于300m，丘陵、山区不得少于600m；航空器在利用仪表进近程序图进入着陆过程中，不得低于仪表进近程序规定的超障高度飞行。

航线仪表飞行最低安全高度的规定：飞机距离航线两侧各25km地带内的最高点：平原地区不得低于400m；丘陵和山区不得低于600m。

（3）山区飞行最低安全高度

山区飞行，当航线上有大风或者强烈的上升下降气流时，距离障碍物的最低安全高度不得低于1000m。

4.飞行组织与实施

飞行的组织与实施，包括飞行预先准备、飞行直接准备、飞行实施和飞行讲评四个阶段。

（1）飞行预先准备

飞行预先准备是组织飞行的重要阶段，每次飞行都应当预先进行充分准备。飞行预先准备的主要内容是：制订次日飞行计划，召开飞行预先准备会议，进行飞行和飞行保障的准备工作并检查落实。

（2）飞行直接准备

飞行直接准备是在起飞前进行的飞行准备工作。在任何情况下，机组和各飞行保障部门都必须进行飞行直接准备。机组进行直接准备的时间，由航空公司根据航空器的型别规定，但到达工作岗位的时间，不得晚于预计起飞前一小时。

（3）飞行实施

飞行实施阶段是飞行四个阶段中保证安全和完成飞行任务的关键阶段。在飞行实施阶段中，应当严格按照飞行计划实施飞行，积极主动地做好空中交通管制和飞行保障工作，完成飞行任务。在飞行实施阶段，空中和地面必须协同配合。空中交通管制员必须严格执行管制规定，认真考虑空中情况，给机长留有机动处置的余地；机长应当准确地执行空中交通管制员的指令，当执行指令将影响飞行安全时，必须立即报告，如果时间来不及，可根据情况采取措施，并将自己的决定报告空中交通管制员。

（4）飞行讲评

飞行讲评，是飞行的总结提高阶段。通过讲评，对完成任务的情况、飞行安全和质量、飞行组织和实施、各项保障工作，做出正确评价。对于发现的问题，尤其是安全、质量和技术方面的问题，要认真分析原因，总结经验，接受教训，提出措施，以利改进和纠正。对于违反规章制度的人员，应当进行教育或者处理。

5.通用航空飞行

通用航空飞行主要有为工业、农业、林业、牧业、渔业生产服务的作业飞行，以及从事医疗卫生、抢险救灾、海洋及环境监测、科学实验、教育训练、文化体育、游览等飞行。

（1）农业作业

在昼间和拂晓进行作业飞行时，应当根据任务性质、作业地区地形确定每天开始和结束飞行的时间。只有在能够清楚地看到地标和能够目视判断作业飞行高度的情况下，方可起飞，但不得早于日出前30min（山区日出前20min）；着陆时间不得晚于日落时间（山区日落前15min）。

农业作业飞行的最低天气标准：

1）平原地区：云高不低于150m，能见度不小于5km，直升机不小于3km。

2）丘陵、山区（高原）：云高距作业区的最高点不低于300m，能见度不小于5km，无连续性颠簸、下降气流。

3）作业飞行的风速限制，必须遵守各类作业项目的要求。

农业作业飞行高度应当根据机型、生产要求和地形决定，在平原地区航空器距地面作物、果树、防护林带的高度不得少于3m，距水上植物、森林和建筑物不得少于10m；在丘陵、山区距地面作物不得少于15m。

到作业区的往返飞行高度，应当根据航线距离、天气情况和地形决定，目视飞行在平原地区距障碍物不得低于50m；在丘陵、山区和较大的水面、森林、居民区上空距障碍物不得低于100m。

（2）林业飞行

林业飞行主要有航空护林、森林调查、森林航空摄影、播种造林和防治森林病虫等。

航空护林观察火情时，必须沿火场边缘保持目视飞行，禁止进入烟中或者在烈火上空飞行。在即将熄灭的火场上空可以降低飞行高度，但航空器距树梢不得少于100m，直升机不得少于50m。

森林调查和林业播种飞行，应当根据任务的要求、地形和使用机型，确定飞行高度和方法。森林调查飞行距离地面障碍物：速度在200km/h以下的航空器不得少于100m；速度在200km/h以上的航空器不得少于200m。在丘陵、山区林业播种飞行时，速度在200km/h以下的航空器距地面障碍物不得少于50m；速度在200km/h以上的航空器距地面障碍物不得少于100m。

（3）渔业飞行

渔业飞行主要有：渔业侦察飞行，引导和指挥捕渔（海兽）船队的飞行，渔业通信联络飞行，援救遇险渔民的飞行，渔业运输飞行和投放鱼苗的飞行等。

渔业飞行中，作盘旋侦察时，坡度不得大于30°；空投通信筒时，航空器距船舶桅杆或水面都不得少于30m。

在广阔水域上空进行各种渔业飞行的最低天气标准：云高不得低于200m；水平能见度不得小于5km（直升机不得小于2km）。

（4）机外载荷飞行

任何情况下，不允许超过该型直升机飞行手册规定的最大吊挂质量、最大外挂起飞质量、最大吊挂高度、最大吊挂坡度和吊挂允许速度。

机外载荷飞行往返作业地点的飞行高度应当根据飞行距离、天气情况和地形条件决定。在平原地区吊挂物距障碍物不得少于50m；在丘陵、山区吊挂物距障碍物不得少于100m。

凡两架以上直升机，使用一个作业基地往返作业点进行机外载荷飞行时，必须保持通信联络，采取统一制定的同方向运行圆圈航线。两机同航向时，必须保持500m以上的间隔。

每次机外载荷飞行，作业点距离临时基地（加油点）10km以外，备用油量不得少于20min；10km以内，备用油量不得少于15min。

（5）航空摄影飞行

航空摄影飞行时，必须按时报告航空器的位置和飞行高度。在航路、航线或者在其附近作业时，必须经过区域管制室允许，方可按照飞行计划改变作业区和飞行高度。飞往作业区和飞返着陆机场，必须按照指定的高度进行。

航空摄影飞行时，航空器距地面和障碍物的安全高度，平原、丘陵地区不低于100m，山区不低于200m。当测量分区的侧、前方有不符合飞行安全高度的山峦时，应当遵守下列规定：侧方离山距离不得小于2km；前方离山距离，在进入和脱离测线转弯过程中，均不得小于3km。

两架以上航空器在同一地区进行航空摄影飞行时，应当避免同时在相对、相邻分区作业。确有必要时，必须经过区域管制室允许，并且应当遵守下列规定：作业飞行中飞越相对、相邻分区时，两架航空器飞行的高度差不得小于300m；在相对、相邻分区作业、高度差小于300m时，两架航空器应当严格保持规定的间隔、距离飞行；在相邻分区作业，还应当保持测线推进方向一致；航空器之间应当保持通信联络。

（6）航空物理探矿飞行

低空、超低空物理探矿飞行（以下简称物探飞行）的最低天气标准：云底距离作业地段最高点不低于300m；作业区的风速不超过5m/s；水平能见度不小于10km（直升机不小于5km）；在飞行高度上无连续性颠簸或者较明显的下降气流。

低空、超低空物探飞行上升、下降速度的规定：上升时，不得小于航空器的最小巡航速度，直升机不得小于安全速度；下降时，不超过航空器的最大允许速度，直升机不得小于最小安全速度。

低空、超低空物探飞行，距离地面、障碍物的最低作业飞行高度规定：平原地区，不得低于25m（转弯高度不得低于50m）；地形高差在100～200m的丘陵地区，飞机不得低于50m，直升机不得低于40m；地形高差在200～400m的丘陵地区，飞机不得低于70m，直升机不得低于50m；地形高差超过400m的丘陵、山区，飞机不得低于100m，直升机不得低于60m；飞越山脊时的高度，气流平稳时，进行放射性测量飞行的飞机，不得低于30m；进行磁性测量飞行的飞机，不得低于50m，直升机不得低于30m。稍有颠簸时，上述高度都应当适当提高。

在山区执行低空、超低空物探飞行前，应当先进行视察飞行。对个别地形复杂的地段，必须在距离地面不少于200m的高度上再作补充视察。

（7）急救飞行

急救飞行主要有：医救飞行，抢险救灾飞行等。在无法取得目的地的天气实况时，可根据天气预报放行航空器，如果航线距离不超过100km，可按照本场天气实况放行航空器。当着陆机场（场地）天气不稳定或者无天气资料时，应当选定可靠的备降机场，并且携带足够的航行备用燃油，保证安全完成任务。

实施空投的飞行高度，由机长根据预定方案、地形、气象条件、机型和空投方式等决定。空投非带伞物品距离地面和障碍物的飞行真实高度，昼间：速度200km/h以下的航空器，在平原地区不得低于10m，在丘陵和山区不得低于30m；速度200km/h以上的航空器，在平原地区不得低于30m，在丘陵和山区不得低于50m。空投带伞物品，距地面均不得低于100m。夜间空投的飞行高度均应适当提高。

在山区实施空投前，航空器应当在距离地面和障碍物不低于400m（夜间600m）的真实高度上作观察飞行，查看场地，决定最安全的进入和脱离方向。

昼间空降前，为了便于选择空降场，可根据地形适当降低飞行高度，但距障碍物不得低于100m。

6. 复杂条件下飞行

（1）雷雨活动区飞行

绕飞雷雨时，必须考虑到有转弯和退出的余地，并且应当遵守下列规定：

1）只准有雷达的航空器或者根据气象雷达探测的资料能够确切判明雷雨位置，方可在云中绕飞，但距离积雨云（浓积云）不得少于20km。

2）只准机舱有增压或者氧气设备和具有相应升限的航空器，从上面绕飞。

3）只准在安全高度以上，偏离航线不超过导航设施的有效半径范围内绕飞（有惯性导航设备的航空器除外）；云外绕飞时，距离积雨云（浓积云）昼间不得少于5km，夜间不得少于10km；两个云体之间不少于20km时，方可从中间通过。

4）只准昼间从云下目视绕飞雷雨，但航空器与云底的垂直距离不得少于400m；飞行真实高度在平原、丘陵地区不得低于300m，在山区不得低于600m；航空器距主降水区不得少于10km。

（2）结冰条件下飞行

积冰航空器进入着陆和接地时，速度应当比正常增大10~30km/h，少放襟翼或者不放襟翼，并且在较低的高度上将航空器拉平。风挡玻璃积冰无法排除时，应当打开侧窗着陆。

（3）低云、低能见度条件下着陆

在昼间水平能见度小于2km或者机长有要求时，打开障碍标志灯、跑道灯及全部目视助航设施。

航空器下降至最低下降高度（决断高度）看不到跑道或引进灯时，机长应当按照复飞程序进行复飞。

7. 飞行中特殊情况处置

飞行中的特殊情况，主要有：发动机部分或者完全失效；航空器或者航空器某些设备发生故障或者损坏，以致不能保持正常飞行；航空器在空中起火；迷航；失去通信联络；在空中遭到劫持或者袭击。

在起飞滑跑的开始阶段，机组如果发现跑道上有障碍物、航空器发生故障或者其他情况影响飞行安全时，机长应当立即中断起飞。

单发动机的航空器，高度在100m以下发动机失效时，机长应当在前方迫降，并且注意观察地形，避免与障碍物相撞。如果高度在100m以上，只要条件允许，应当选择迫降场地，判明风向，准确地进行目测着陆。

航空器与ATC进行第一次无线电联络时，应当首先呼叫所需联系的ATC的名称。飞行中失去地空联络，在目视飞行时，机长应当保持目视飞行飞往就近机场着陆；在仪表飞行时，机长应当按照飞行计划中指定的高度层和预计到达时间，飞往着陆机场导航台上空。塔台管制员应当在该航空器预计到达时间前10min，将等待空域内该航空器的飞行高度层空出，允许该航空器在预计到达时间后的30min内，按照优先着陆程序下降和仪表进近。

仪表飞行中无线电罗盘失效时，机长可视情况请求开放雷达设施和可供利用的导航设施，以判定航空器方位，同时设法排除故障。有可能时，应当转入目视飞行。

2．工作页

学校名称		任课教师	
班级		学生姓名	
学习领域	学习领域：无人机操控飞行		
学习情境	学习情境5：多旋翼无人机水平8字飞行	学习时间	30min
工作任务	D：一般运行和飞行规则	学习地点	理实一体化教室

一般运行和飞行规则

请完成下列单选题：（每题1分，共19分）

(1) 按照飞行高度区分，高空飞行为（   ）。

    A. 4500m（含）至9000m（含）

    B. 8000m（含）至12000m（含）

    C. 6000m（含）至12000m（含）

(2) 按照飞行高度区分，超低空飞行为（   ）。

    A. 100m以下

    B. 100m（含）至1000m

    C. 1000m（含）至6000m

(3) 按照飞行高度区分，低空飞行为（   ）。

    A. 100m以下

    B. 100m（含）至1000m

    C. 1000m（含）至6000m

(4) 按照飞行高度区分，中空飞行为（   ）。

    A. 100m以下

    B. 100m（含）至1000m

    C. 1000m（含）至6000m

(5) 通用航空机场的使用细则，由（   ）批准。

    A. 民航地区管理局

    B. 中国民航局

    C. 中国民航局及民航地区管理局

(6) 航路和航线机场的使用细则，由（   ）批准，报中国民航局备案。

    A. 民航地区管理局

    B. 中国民航局

    C. 中国民航局及民航地区管理局

(7) 国际机场的使用细则由（   ）批准。

    A. 民航地区管理局

    B. 中国民航局

    C. 中国民航局及民航地区管理局

(8) 通用航空机场的最低天气标准，由（   ）批准。

    A. 民航地区管理局

    B. 中国民航局

    C. 中国民航局及民航地区管理局

(9) 航路、航线机场以及国际机场的最低天气标准，由民航地区管理局拟定，报（   ）批准、颁发。

    A. 民航地区管理局

B. 中国民航局

    C. 中国民航局及民航地区管理局

（10）航空器的最低飞行标准由（   ）规定。

    A. 民航地区管理局

    B. 中国民航局

    C. 中国民航局及民航地区管理局

（11）中国民用航空器，在国内和国外机场起降的最低飞行标准和机长的最低天气标准，由航空公司制定，呈报（   ）批准。

    A. 民航地区管理局

    B. 中国民航局

    C. 中国民航局及民航地区管理局

（12）目视飞行巡航表速 250km/h 以下的航空器，（   ）。

    A. 能见度不小于 5km，距云的水平距离不小于 500m，垂直距离不小于 150m

    B. 能见度不小于 5km，距云的水平距离不小于 1000m，垂直距离不小于 150m

    C. 能见度不小于 5km，距云的水平距离不小于 500m，垂直距离不小于 50m

（13）航线仪表飞行最低安全高度的规定：飞机距离航线两侧各 25km 地带内的最高点在平原地区不得低于（   ）。

    A. 400m   B. 500m   C. 600m

（14）飞行的组织与实施包括（   ）。

    A. 飞行预先准备、飞行直接准备、飞行实施和飞行讲评四个阶段

    B. 飞行直接准备、飞行实施和飞行讲评三个阶段

    C. 飞行预先准备、飞行准备和飞行实施三个阶段

（15）执行昼间专业任务的航空器，在山区进行作业飞行时，起飞时间最早不得早于日出前（   ）。

    A. 10min   B. 15min   C. 20min

（16）执行昼间专业任务的航空器，在平原、丘陵地区进行作业飞行时，起飞时间最早不得早于日出前（   ）。

    A. 15min   B. 20min   C. 30min

（17）农业作业飞行的最低天气标准，平原地区是（   ）。

    A. 云高不低于 100m，能见度不小于 3km

    B. 云高不低于 150m，能见度不小于 5km

    C. 云高不低于 200m，能见度不小于 5km

（18）在广阔水域上空进行各种渔业飞行的最低天气标准是（   ）。

    A. 云高不得低于 100m，水平能见度不得小于 2km

    B. 云高不得低于 150m，水平能见度不得小于 3km

    C. 云高不得低于 200m，水平能见度不得小于 5km

（19）航空器与 ATC 进行第一次无线电联络时，应当首先呼叫（   ）。

    A. 所需联系的 ATC 的名称

    B. 航空器的注册号

    C. 航空器的机型

1. 信息页

学习领域	学习领域：无人机操控飞行		
学习情境	学习情境5：多旋翼无人机水平8字飞行	学习时间	30min
工作任务	E：无人机飞行手册	学习地点	理实一体化教室

无人机飞行手册

《无人机飞行手册》是由无人机制造商编写而由局方批准的文档。它特定于无人机的型号和注册序号，包含操作程序和限制。无人机驾驶员作业中必须遵守相应的《无人机飞行手册》标记、标牌中规定的操作限制。

无人机制造商也可编写操作细节更加详细的《无人机驾驶员操作手册》，其中应包含局方批准的《无人机飞行手册》信息，并交局方备案。如果使用《无人机驾驶员操作手册》作为主要参考，那么相关段落要声明由局方批准可代替《无人机飞行手册》。

《无人机所有者/信息手册》也是由无人机制造商编写的文档，包含关于无人机制造和型号方面的一般信息。《无人机所有者/信息手册》不经过局方批准，也不特定于具体注册号的飞机。这个手册提供飞机运行有关的一般信息，不保持最新，所以不能代替《无人机飞行手册》或者《无人机驾驶员操作手册》。

《无人机飞行手册》包含以下部分的内容：概述，正常程序，应急程序，性能，飞行限制，质量和配平/载荷清单，系统描述，运行、保养和维护，附录，安全提示。

虽然相同制造商和相同型号无人机的《无人机飞行手册》《无人机驾驶员操作手册》看起来相似，但是每个手册都是特定的，因为手册包含具体无人机的详细信息，例如安装的装置和质量/平衡信息。因此要求制造商把序号和注册信息标注在手册封面，以识别手册所属的无人机。如果一本手册没有具体无人机的注册信息和序号，那么这个手册只能用于一般的学习用途。

大多数制造商会给手册制定一个目录，它按整个手册的章节和标题顺序排列。通常每一章节也包含自己的目录。页码反映章节所在的页。如果手册以活页形式出版，通常包含章节号或者标题，或同时包含章节和标题的分隔卷标。紧急程序部分可能使用红色卷标，以便快速辨认和参考。

1. 概述（第一部分）

概述部分提供基本的飞行器（包括动力装置）、控制站和通信链路描述信息。如带尺寸信息的飞行器三视图、动力装置类型、控制站显示系统类型、控制站操纵系统类型、通信链路频率、最大起飞质量、巡航速度等。本部分作为熟悉无人机的快速参考。

概述部分的最后段落包含定义、缩写、符号的解释和手册中用到的一些术语；也可以包含一些公/英制和其他换算表格。

2. 正常程序（第二部分）

这部分以正常运行的空速列表开始。后续部分可能包含几个检查单：起飞前飞行器检查单、起飞前控制站检查单、起飞前通信链路检查单、起动发动机检查单、滑行检查单、起飞检查单、爬升检查单、巡航检查单、任务设备检查单、下降检查单、着陆前检查单、复飞检查单、着陆后检查单、飞行后检查单。

详细程序部分根据检查单提供不同程序的更多详细信息。为避免遗漏重要步骤，注意使用正确的检查单。一贯坚持使用批准的检查单是纪律性强的、称职的无人机驾驶员的标志。

3．应急程序（第三部分）

为处置应急程序部分中的不同类型的紧急和危急情况，应建立简洁和可操作的应急检查单，用以描述建议的操作和空速。

1）需要处置的危急情况包括：动力装置故障、起落架故障、飞控系统故障、舵面故障、电气系统故障、控制站操纵系统故障、下行通信链路故障等。

2）需要处置的紧急情况包括：导航系统故障、上行通信链路故障、控制站显示系统故障、任务设备故障等。

3）需要执行的应急程序可能包括：动力装置重启操作、备份系统切换操作、迫降操作等。

制造商可能首先按照操纵动作的顺序以简写形式来给出应急检查单。详细的说明检查单提供了关于简写检查单之后的程序的额外信息。为应对紧急情况，驾驶员应有所准备，要牢记立即执行的动作项目，完成后要参考对应的检查单。

制造商可能会编制一个可称为"不正常程序"的操作建议。这部分描述一般不被看作是应急情况的建议故障处理程序。

4．性能（第四部分）

性能部分包含无人机认证规章要求的所有信息，以及制造商认为可以增强驾驶员安全地操纵无人机能力的任何额外性能信息。性能图表、表格和曲线图的格式是不同的，但是都包含相同的基本信息。

常用的性能信息包括：不同高度、质量条件下的失速速度表格，不同条件下的俯仰角曲线图或表格，用于确定起飞和爬升性能、巡航性能、着陆性能的数据。

在使用性能图表、表格和曲线图之前应接受培训，以便熟练掌握。

5．飞行限制（第五部分）

飞行限制部分只包含规章要求的与航空器平台、动力装置、控制站和通信链路设备运行所必需的限制。它包括操作限制、仪表标记、色标和基本的张贴牌等类型。限制范围包括：空速、发动机、质量和载荷分布以及飞行本身等。

（1）空速

空速限制通过色标显示在控制站软件中的空速指示器上，或者显示在控制站其他位置的标牌和图表上。

（2）动力装置

动力装置限制描述了无人机的燃油发动机或者电机的运行限制。应通过色标仪表插件或数字显示在控制站软件中的油门指示器上，或者显示在控制站其他位置的标牌和图表上。这些限制包括起飞油门位置（如115%）、最大连续油门位置（如100%）和最大正常运行油门位置（如50%~90%）等。可以包含在这个方面的项目还有最小和最大润滑油、燃油压力、润滑油和燃油等级以及螺旋桨运行限制等。

所有使用活塞式发动机的无人机上，建议在控制站显示系统中为每台发动机配备转速指示器，方便进行转速限制的判断。

（3）质量和载荷分布

质量和载荷分布限制主要包括无人机最大认证质量和重心。平衡计算中用到的参考数据源（如前、后轮质量）也包含在这部分。质量和平衡计算不包含在这部分，而是在质量和配平部分体现。

（4）飞行边界

此部分列出了无人机在各种条件下飞行的边界条件，例如：降落或回收的限制、飞行载荷因子限制、允许的机动、禁止的机动。

（5）标牌

大多数有人机会在机内显著位置安装一个或多个包含直接关系到飞机安全运行信息的标牌。它们复制了手册的限制部分或者根据适航指示表明某些信息。无人机系统的运行中会将此类标牌安装于飞行器、地面站、通信链路和其他辅助设备的显著位置。

6. 质量和配平/载荷清单（第六部分）

质量和配平/载荷清单部分包含局方要求的用于计算无人机的质量和配平的所有信息。制造商还会在这部分加上一些示例性的有关于载荷安装的说明。

7. 系统描述（第七部分）

系统描述部分是制造商为了便于驾驶员理解系统如何运行而详细描述系统的部分。

8. 运行、保养和维护（第八部分）

运行、保养和维护部分是由制造商和相关法规建议的对无人机系统的维护和检查信息。这部分也包含了可以由认证的驾驶员完成的预防性维护，以及制造商建议的地面处理程序。

9. 附录（第九部分）

附录部分描述当无人机系统安装或搭载了不在标准配备范围之内的多种可选系统和载荷时如何安全高效地操作飞机所必需的相关信息。这些信息中的某些内容可能由制造商提供，或者由可选装备制造商提供。当安装了该装备时，适当的信息就要加入到飞行手册中。

10. 安全提示（第十部分）

安全提示部分是一个可选部分，包含提高无人机运行安全的评论信息。如：一般天气信息、燃油节约程序、高海拔运行、寒冷气候运行。

11. 无人机档案

（1）无人机国籍登记

一架无人机在合法飞行之前，必须由局方进行国籍登记，这等同于注册。飞机的国籍登记文件颁发给无人机所有者以作为证明，必须随时随机携带。

经销商无人机国籍登记文件是国籍登记文件的另一种形式，但是仅对制造商要求的飞行测试或者经销商/制造商销售无人机所必需的飞行有效。当无人机售出后，经销商必须撤下该文件。

（2）无人机特许适航文件

在无人机被检查后，认为满足局方的要求，且处于安全运行状态，局方的代表就可以颁发一份无人机特许适航文件。无人机特许适航文件必须随无人机系统携带。无人机特许适航文件要随无人机一起转让，除非无人机是卖给国外购买人的。

12. 无人机的维护

维护被定义为无人机的保管、检查、大修和维修，包括部件的替换。一架被正确维护的无人机是一架安全的飞机。另外，正规的和正确的维护能够确保无人机在它的运行寿命期满足可接受的适航标准。

不同类型的无人机维护要求不同，经验表明，无人机每飞行20h或者更少，就需要某种类型的预防性维护，至少每50h进行一次较小的维护。这也受运行类型、气候条件、保管设施、机龄和无人机的结构影响。制造商提供维护无人机时应该使用的维护手册、部件目录和其他服务信息。

（1）无人机的检查

局方把处于适航条件的无人机的维护的主要责任寄予所有者和运营者。所有者必须对无人机执行可靠的检查，在任何故障校正需要的检查期间必须维持无人机的适航性。

局方要求所有民用无人机按照特定的时间间隔来确定总体运行状态。间隔时间取决于无人机所属的运行类型，如一些无人机每12个月需要至少一次检查，而其他无人机要求每运行100h检查一次。在某些情况下，可能按照某个检查制度来检查无人机，这个检查制度是为了对无人机进行完全的检查而建立的，可以基于日历时间、服务时间、系统运行次数或者这些条件的组合。

所有检查应该遵守制造商最新的维护手册，包括考虑检查间隔、部件替换和适用于无人机的寿命有限条款这些连续适航性的说明。

1）年度检查。民用无人机系统要求至少一年检查一次。检查应该由认证的持有检查授权的人员来执行，或者由制造商检查，或者由认证和正确评估的维修站执行。除非年度检查已经在之前的12个日历月完成，否则无人机将被禁止运行。12个日历月的期限为一个月的任何一天到下一年相同月份的最后一天。

2）飞行前检查。飞行前检查是一个彻底的和系统的检查方法，通过此项检查，无人机驾驶员可以确定无人机是否适航和处于安全运行状态。在《无人机飞行手册》和《无人机所有者/信息手册》中应包含相关章节专门介绍执行一次飞行前检查的系统的方法。

（2）预防性维护

预防性维护是简单的或者次要的维护操作和小的标准零件或设备的替换，不涉及复杂的操作。认证的驾驶员，可以对他们拥有的或者运作的任何飞机执行预防性维护。

（3）修理和更换

修理和更换分为重要的和次要的两个级别。局方相关文件规定了被认为是重要的修理和更换。重要的修理和更换应该由局方评级的认证修理站、持有检查授权的局方认证人员或者在局方的代表批准后执行。

（4）无人机所有者/运营者职责

一架无人机注册的所有者或运营者对诸如下列事项负责：

1）保持无人机有最新的特许适航文件和国籍登记文件。

2）维持无人机处于适航状态，包括遵守所有的适用的适航指令。

3）确保维修被正确地记录。

4）与最新的涉及无人机运行维护的规章保持同步。

5）永久邮寄地址的任何变更、无人机的销售和出口、注册飞机资格的丢失等事项都要立即通知局方注册处。

6）无人机系统无线电资源的使用需要持有局方无线电管理部门的许可证。

2. 工作页

学校名称		任课教师	
班级		学生姓名	
学习领域	学习领域：无人机操控飞行		
学习情境	学习情境5：多旋翼无人机水平8字飞行	学习时间	30min
工作任务	E：无人机飞行手册	学习地点	理实一体化教室

无人机飞行手册

请完成下列单选题：（每题1分，共22分）

(1) 可能需要处置的危急情况不包括（　　）。

    A. 动力装置故障　　　　　B. 任务设备故障　　　　C. 舵面故障

(2) 可能需要处置的紧急情况不包括（　　）。

    A. 飞控系统故障　　　　　B. 上行通信链路故障　　C. 控制站显示系统故障

(3) 可能需要执行的应急程序不包括（　　）。

    A. 动力装置重启操作　　　B. 备份系统切换操作　　C. 导航系统重启操作

(4) 经验表明，无人机每飞行（　　）小时或者更少，就需要某种类型的预防性维护，至少每（　　）小时进行一次较小的维护。

    A. 20，50　　　　　　　　B. 25，40　　　　　　　C. 30，60

(5) 无人机特殊飞行许可颁发前，由局方检察官或局方认证人员或（　　）进行检查以确定位于预期的飞行是安全的。

    A. 适当认证修理站

    B. 经验丰富的无人机驾驶员

    C. 经验丰富的有人机驾驶员

(6) 无人机系统无线电资源的使用（　　）局方无线电管理部门的许可证。

    A. 需要　　　　　　　　　B. 不需要　　　　　　　C. 一般情况下不需要

(7) 如果无人机制造商使用编写细节更加详细的《无人机驾驶员操作手册》作为主要参考，（　　）《无人机飞行手册》。

    A. 由局方批准后可以替代

    B. 不可替代

    C. 一般情况下可以替代

(8) 无人机制造商编写的随机文档《无人机所有者/信息手册》（　　）。

    A. 需经局方批准

    B. 不需局方批准

    C. 若为特殊飞行器则需局方批准

(9) 无人机制造商编写的随机文档《无人机所有者/信息手册》（　　）。

    A. 可以替代《无人机飞行手册》

    B. 一般情况下可以替代《无人机飞行手册》

    C. 不能替代《无人机飞行手册》

(10) 如果一本随机《无人机飞行手册》没有注明具体的无人机序号和注册信息，则（　　）。

    A. 该手册可以作为该机飞行的参考指导

    B. 该手册只能用于一般学习用途

    C. 该手册可以部分作为该机飞行参考指导

(11) 无人机飞行前，无人机驾驶员（　　　）。

  A. 按照随机《无人机飞行手册》指导飞行

  B. 按照积累的经验指导飞行

  C. 重点参考《无人机所有者/信息手册》

(12)《无人机飞行手册》中规定的过载表明（　　　）。

  A. 飞行中允许的最大过载

  B. 起飞时允许的最大过载

  C. 着陆时允许的最大过载

(13) 无人机驾驶员在操纵飞机平飞时，遇到强烈的垂直上升气流时，为了防止过载超规定，应（　　　）。

  A. 加大油门迅速脱离

  B. 以最大上升率增大高度

  C. 适当减小飞行速度

(14) 在装载时飞机重心偏右，可导致在巡航飞行时，飞机的阻力（　　　）。

  A. 增大　　　　　　B. 减小　　　　　　C. 不变

(15) 计算无人机装载质量和重心的方法不包括（　　　）。

  A. 计算法　　　　　B. 坐标法　　　　　C. 查表法

(16) 当给大型无人机加油时，为预防静电带来的危害，应注意（　　　）。

  A. 检查电瓶和点火电门是否关断

  B. 加油车是否接地

  C. 将飞机、加油车和加油枪用连线接地

(17) 活塞发动机过热易出现在（　　　）过程中。

  A. 长时间爬升　　　B. 巡航　　　　　　C. 下降

(18) 活塞发动机在慢车状态下工作时间过长，易带来的主要危害是（　　　）。

  A. 电嘴挂油积炭

  B. 润滑油消耗量过大

  C. 气缸头温度过高

(19)（　　　）对民用无人驾驶航空器系统的维护负责。

  A. 签派员　　　　　B. 机长　　　　　　C. 运营人

(20) 关于粗猛着陆描述正确的是（　　　）。

  A. 粗猛着陆就是使飞机接地的动作太快

  B. 不按规定的高度、速度及接地角着陆，导致受地面撞击力超过规定

  C. 粗猛着陆时前轮先接地

(21) 飞行手册中规定着陆不能制动状态接地，主要是因为（　　　）。

  A. 可能使制动装置失效

  B. 可能导致滑跑时拖胎

  C. 可能使机轮起转力矩增大而损坏

(22) 如观察到其他飞机的灯光是右红左绿时，应将该机判断为（　　　）。

  A. 与自己相向飞行

  B. 与自己顺向飞行

  C. 没有发生相撞的可能

5.4 任务计划

1）任务计划环节是在理实一体化学习之后，为培养学生先谋后动的思维意识和习惯而进行的训练，学生小组合作完成工作计划的制订。

2）利用规范性、标准性非常高的具体计划引导学生养成严谨、认真、负责任的职业态度和工匠精神。

3）通过对规范、环保、安全方面的强调和要求，培养学生的环境保护意识、安全意识及大局观。

教学实施指导

1）教师指导学生独立学习5.4.1多旋翼无人机模拟器水平8字飞行流程（信息页），5.4.2多旋翼无人机VR水平8字飞行流程（信息页）及5.4.3多旋翼无人机外场水平8字飞行流程（信息页），要求学生划出关键信息，找到关键步骤。

2）学生分组讨论，合作完成多旋翼无人机水平8字飞行工作计划的流程图海报。

3）教师选出一个组来介绍讲解海报内容，教师进行评价。教师强调修改工作计划时要注意标准、规范、安全、环保、时间及成本控制意识的训练。

5.4.1 多旋翼无人机模拟器水平8字飞行流程（信息页）

学习目标：能够操控飞机沿完整8字航线按如图1所示路线进行水平匀速飞行。

建议学时：4学时。

教具准备：模拟器，计算机。

学习安排：

1）模拟器界面左侧选择完整水平8字训练科目，解锁无人机起飞，推升降舵操纵无人机至中心筒对尾悬停，如图2所示。

2）推升降舵同时缓慢左扭方向舵，操纵

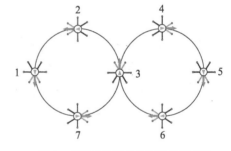

图1　水平8字航线飞行路线示意图

无人机沿圆形航线前进，按照顺序经过左前2号锥筒–左侧1号锥筒–左后7号锥筒，锥筒上方不停留，继续操纵无人机沿圆形航线飞向中心筒，如图3所示。

图2　无人机至中心筒悬停

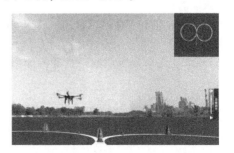

图3　无人机经过7号锥筒飞向中心筒

3）操纵无人机到达中心筒，不停留，改为右扭方向舵，操纵无人机沿圆形航线前进，按照顺序经过右前4号锥筒–右侧5号锥筒–右后6号锥筒，在右后锥筒不停留，继续操纵无人机沿圆形航线飞向中心筒，如图4所示。

4）操纵无人机到达中心筒对尾悬停，完成完整水平8字航线训练，如图5所示。

图4　经过6号锥筒飞向中心筒　　　　　图5　完整水平8字航迹

注意：此阶段练习完整水平8字航线，需要熟练操纵无人机协调转弯，保持航向与无人机所在的圆形航线位置一致，同时保持航向转动速度与前进速度协调一致。在GPS模式下，出现左右偏差时通过副翼微调修正；姿态模式下，需要控制无人机飞行速度不易过快，通过升降舵进行控制，出现偏离时副翼舵要采取少量压舵方式进行修正。左右两圆练习方式相同，但是左右方向舵手感以及左右两圆目视均有不同，应加强练习。

任务考核：

1）开始考核，内八解锁飞机，稳定至1.5～3m高度后轻推升降舵操纵无人机对尾悬停在中心筒上方区域内进入考核流程，按照练习顺序3－2－1－7－3－4－5－6－3号锥筒位置（图1），锥筒不做停留，考核通过，如图6所示。

2）中途飞出范围、进入目标锥筒姿态偏差过大、悬停时间不够、超时，均会导致考核失败，如图7所示。

图6　水平8字飞行考核成功　　　　　图7　水平8字飞行考核失败

5.4.2　多旋翼无人机VR水平8字飞行流程（信息页）

学习目标：操控无人机在VR系统中的飞行场地完成8字航线训练。

建议学时：1学时。

教具准备：整套VR模拟设备。

学习安排：

1）操纵无人机起飞后稳定高度，如图1所示。

2）轻推升降舵匀速前进至3号中心筒，如图2所示。

图1　无人机在起降点悬停　　　　　图2　匀速前进，注意飞机姿态

3）到达 3 号中心筒后进行悬停，飞机对尾，如图 3 所示。

4）轻推升降舵匀速前进，离开 3 号锥筒后轻带方向舵开始转向，如图 4 所示。

图 3　无人机在中心筒的姿态　　　　　图 4　前往 2 号锥筒中

5）到达左前 2 号锥筒时，飞机姿态为对左，航向 270°，如图 5 所示。

6）经过左前 2 号锥筒后，沿航线角度缓慢前进，经过左侧 1 号锥筒时飞机姿态为对头，航向 180°，如图 6 所示。

图 5　无人机在 2 号锥筒时的姿态　　　图 6　注意方向速度，不得提前转正

7）经过左侧 1 号锥筒后，方向舵和升降舵相互配合，经过左后 7 号锥筒时，飞机姿态为对右，航向 90°，如图 7 所示。

8）经过左后 7 号锥筒后，前进和转向速度配合，沿航线匀速飞行，如图 8 所示。

图 7　每条弧线的 1/2 处，　　　　　　图 8　正在前往 3 号锥筒
机头的方向总是改变了 45°

9）经过 3 号中心筒时，速度控制在 0.5m/s，观察航线位置，方便衔接，如图 9 所示。

10）进行衔接时，前进的速度和转向的速度保持配合，避免过筒时弧线偏大或者偏小，如图 10 所示。

图 9　控制无人机过筒速度　　　　　　图 10　飞出筒时注意飞行速度

11）衔接过程中观察右前4号锥筒的位置，注意调整。

12）飞机通过右前锥筒的姿态为对右，航向90°。

13）右圈第二条弧线在视角中相对偏长（左圈同理），飞行过程中方向与速度控制均匀，以免偏大或者偏小，经过右侧5号锥筒时的飞机姿态为对头，航向180°，如图11所示。

14）经过右侧5号锥筒后，视角中5号和6号两筒容易重叠，控制方向与速度，避免过快。

15）最后一条弧线飞行过程中如出现明显偏离弧线，尽快用副翼修正，避免出现直角弯，如图12所示。

图11　在5号锥筒时的姿态

图12　正在前往3号锥筒

注意：

1）水平8字航线与水平圆形航线大体相似，不同之处在于两个单圆的衔接。注意控制好飞行速度，以免过筒后出现方向跟不上或者方向过快的现象。在左右圈最后一条弧线中，出现偏离弧线的现象，尽快用副翼修正，避免出现直角弯。

2）飞机在弧线飞行过程中，到达指定锥筒位置时，机头的方向总是固定的，飞到弧线的1/2处，机头的方向总是改变了45°，在达到这些要求的同时观察下一个锥筒进行飞行。

3）8字航线飞行中，在GPS模式下，无人机定高定点，姿态相对稳定，正常操作升降舵前进，同时转动方向舵沿航线进行飞行，相互配合；姿态模式下，8字飞行时首要注意的是飞机前进的速度，姿态模式下，飞机运动幅度较大，所以在飞行过程中注意减速收舵，转弯过程中偏离航线时先进行减速再使用副翼和升降舵修正，左圈与右圈的衔接处控制好飞机的姿态，注意收舵减速。

5.4.3　多旋翼无人机外场水平8字飞行流程（信息页）

学习目标： 能够操控飞机沿完整8字航线按如图1所示路线进行水平匀速飞行。

建议学时： 8学时。

教具准备： 无人机1架，遥控器，标志筒7个。

学习安排：

1）无人机起飞后，轻推升降舵稳定移动至中心筒点3并悬停5秒，如图2所示。

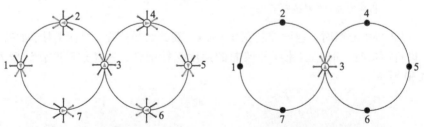

图1　8字水平航线示意图　　　　　图2　移动至点3保持悬停

2）悬停稳定后开始水平8字航线飞行，轻推升降舵保持匀速前进并向左扭方向舵变动航向。沿圆形航线飞行，依次飞过点2-点1-点7，过程中不停顿，飞向中心筒，如图3所示。

3）飞至中心筒时不停顿，方向舵改为向右扭，继续沿右侧圆形航线飞行。依次经过点4-点5-点6，飞回至中心筒，如图4所示。

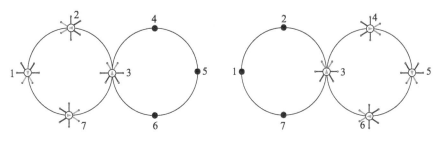

图3 左侧圆形航线示意图　　　图4 右侧圆形航线示意图

4）操纵无人机到达中心筒对尾悬停，完成完整8字水平航线训练，如图5所示。

注意：飞行时全程保持高度稳定，保持匀速飞行，航向转换遵守到达每个点时都是90°正角度的原则。8字飞行难点在于左圈与右圈的衔接，左侧圆形航线飞行即将结束到达中心筒时，可以适当放慢速度，防止航向突然改变导致飞机惯性力与航向不一致而出现侧滑（俗称漂移）现象。

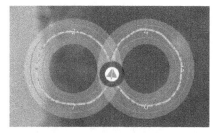

图5 8字水平航线轨迹

5.5 任务决策

课程思政点睛

任务决策环节是在任务计划的基础上，跟教练对任务计划进行修改确认，或者是对多种计划方案进行优中选优。指导学生吸收采纳教师或其他人的建议，能够对自己的学习知识体系进行重新梳理，不断地接受他人的合理化意见或建议，是虚心、进取心的表现，同时也是尊重他人、客观公正对待自己的人生态度。在任务实施之前对自己的计划进行确认与调整，是严谨、认真、负责的态度的体现，也有助于精益求精的工匠精神养成。

教学实施指导

1）教师指导学生个人独立按照任务决策的关键要素完成任务决策表。

2）教师选出一个学生代表和自己进行任务决策，其他学生观察，并进行口头评价、补充、改进。

3）学生修改并提交自己的任务决策方案表格。教师对每个学生制订的任务决策方案进行确认。学生获得教师对自己所做决策方案的确认信息后才有资格进行任务实施。

多旋翼无人机水平8字飞行任务决策

多旋翼无人机水平8字飞行任务决策表

决策类型	决策方案
与教练决策	请和教练沟通任务计划实施的可能性（包括：模拟器、VR、外场的练习顺序，练习过程的规范性、安全性、环保性，练习质量的把控，工作任务的时间控制和成本控制，任务的考核等），并记录决策结果与教练的建议
意见或建议	

5.6 任务实施

课程思政点睛

1) 任务实施是学生最喜欢的操作环节，在此抓住时机对学生进行严谨、规范、标准操作训练。

2) 要求学生必须按照前期经过决策的任务计划执行，养成先谋后动的工作意识，深入思考后才可以操作，严禁冒失和鲁莽行事。

3) 在操作过程中要求学生在一个团队内必须通力合作，分工明确，提高工作效率，以此训练学生未来步入社会工作的团队合作能力和时间把控能力。

4) 若在操作中万一有违规操作或者是失误、错误出现，要求学生必须如实告知，不但不会被批评，反而会因诚信而得分。

教学实施指导

1) 学生查阅 5.4.1 多旋翼无人机模拟器水平 8 字飞行流程（信息页），观看 5.6.1 多旋翼无人机模拟器水平 8 字飞行视频，独立进行模拟器水平 8 字飞行操作，考核通过后方可进行 VR 水平 8 字飞行。

2) 学生查阅 5.4.2 多旋翼无人机 VR 水平 8 字飞行流程（信息页），观看 5.6.2 多旋翼无人机 VR 水平 8 字飞行视频，独立进行 VR 水平 8 字飞行操作，考核通过后方可进行外场水平 8 字飞行。

3) 学生查阅 5.4.3 多旋翼无人机外场水平 8 字飞行流程（信息页），观看 5.6.3 多旋翼无人机外场水平 8 字飞行视频以及教练的示范动作，进行外场水平 8 字飞行练习。

4) 学生独立进行水平 8 字飞行考试。

5.6.1 多旋翼无人机模拟器水平 8 字飞行视频

模拟器水平 8 字飞行

5.6.2 多旋翼无人机 VR 水平 8 字飞行视频

VR 水平 8 字飞行

5.6.3 多旋翼无人机外场水平 8 字飞行视频

水平 8 字飞行

学生在团队内，独立地完成 GPS 模式与姿态模式下的水平 8 字飞行，以通过模拟考试为标志结束任务实施。

5.7 任务检查

课程思政点睛

任务检查环节包含三个层次的内容：

首先是复盘检查，对任务实施过程和任务实施结果进行检查，确保实施质量。教师严格要求学生对照标准和规范进行检查，养成学生严谨规范、认真负责的职业态度和职业精神，高标准、严要求、精益求精的工匠精神。

其次是对场地、工位、设备、环境等进行 5S 管理，养成规范、卫生、环保意识。

最后是对任务计划的调整改进，依据实施过程和结果，对前期做的工作计划进行优化，目的是训练学生自我改进、自我优化的自我管理能力，以此实现学生不断地进步提高。

教学实施指导

1）教师提供多旋翼无人机水平 8 字飞行模拟考试分析表，要求学生小组合作检讨飞行执行过程，填写飞行记录本或飞行手册。

2）小组合作完成对场地、工位、设备、环境等的 5S。

3）学生小组成员对工作过程和工作结果进行监督和评估，记录优缺点及改进建议，并口头表达。教师要重点引导学生对队友的支持性意见的表达，并训练学生接纳他人建议。

多旋翼无人机水平 8 字飞行模拟考试分析及 5S

多旋翼无人机水平 8 字飞行模拟考试分析表

科目	考试要求及规范	扣分项	修正方法	注意要点
水平 8 字飞行	水平 8 字飞行操纵流程：8 字飞行与单圆飞行类似，飞机由中心点对尾开始飞行，边前进边转方向，依次飞过左前、最左、左后，再经过中心点后，依次飞过右前、最右、右后，回到中心点。要求高度 1.5 ～ 3m，水平速度 0.3 ～ 3m/s，水平偏差 1m 以内，航向偏差 10° ～ 20°	8 字与单圆飞行扣分项基本相同，不同的是，当飞机由左圈进入右圈时，飞机出现水平偏差有两种情况：1）当飞机左圈飞行结束经过中心点时，飞机偏中心点右侧，导致右圈飞行轨迹偏内而扣分；2）当飞机左圈飞行结束经过中心点时，飞机偏中心点左侧，导致右圈飞行轨迹偏外而扣分	修正方法参照单圆飞行。当出现问题 1 修正方法：首先飞机到达中心点对尾，并保持前飞速度，这时向右打方向舵，操控左副翼进行位置修正，控制舵量避免修过而向外圈偏离。当出现问题 2 修正方法：同样，飞机到达中心点对尾，并适当减速避免出现继续向外侧侧滑，这时向右打方向舵，操控右副翼进行位置修正	8 字飞行难点在于左圈与右圈的衔接，航向突然改变时会导致飞机惯性力与航向不一致而出现侧滑（俗称漂移）

5.8 任务交付

课程思政点睛

1）任务交付与任务接受呼应，特别适合对学生进行社会主义核心价值观中友善、和谐价值的训练。

2）如何做到和伙伴友善合作，如何做到站在公司立场为公司的利益和效率着想，如何站在客户角度为客户着想等。

3）在指导学生进行水平 8 字飞行任务交付话术训练时，全面体现友善、和谐的价值。

教学实施指导

教师指导学生依据 5.8.1 多旋翼无人机水平 8 字飞行任务交付剧本（中英文），参考 5.8.2 多旋翼无人机水平 8 字飞行任务交付视频（中英文），以角色扮演方式进行任务交付。

5.8.1 多旋翼无人机水平 8 字飞行任务交付剧本（中英文）

学习情境描述

作为与无人机行业应用相关专业的学生，为了满足并适应未来的就业岗位需求，最低要求经过培训学习考取 AOPA 无人机超视距驾驶员执照，并通过对无人机的操控飞行，最终能够完成无人机测绘作业、无人机航拍作业、无人机巡线检查作业、无人机应急救助作业等。为了实现这样的工作目标，学院项目团队专门制订了培训实施计划，把无人机操控飞行项目拆分成若干个工作任务（学习情境），并会伴随着项目进程陆续给出。

本次工作任务（学习情境）是希望通过各项目组成员的精诚合作，能够进行多旋翼无人机的水平 8 字飞行操控，并要求在 3 天内顺利完成。操控过程注意标准规范、工作效率、经济效益与安全注意事项。

1. 任务完成，正常交付

组　　长：领导，您好！经过我们团队 3 天的努力，我们已经按照多旋翼无人机水平 8 字飞行的流程与标准规范，全部顺利完成了水平 8 字飞行。

Hello, Director! After three days' efforts, we have successfully completed the horizontal figure-eight flight according to the process and standard specifications of multi-rotor UAVs.

项目负责人：好的，你们辛苦了。已经通过教练给你们的模拟考试了吧？

All right. Thank you! Have you passed the mock exam the instructor gave you?

组　　长：是的，已经全部通过！

Yes, it's all passed!

项目负责人：完美。你们先休息一下，一会儿再布置新的任务给你们。

Perfect. Have a rest. I will assign you a new mission later.

组　　长：好嘞，等您。

OK.

2. 任务未完成，异常交付

组　　长：领导，您好！不好意思跟您说，我们团队虽然已经很努力了，但是没有在规定时间内完成水平 8 字飞行任务。

Hi, Director! I'm sorry to tell you that although our group has tried very hard, we have yet to complete the horizontal figure-eight flight mission on time.

项目负责人：啊?！为什么？到底哪里出了问题？

Ah?! Why so? What went wrong?

组　　　长：真的非常抱歉，主要是我们专业技术水平还不够娴熟，再加上团队合作不够顺畅，导致了工作结果出现问题。

I'm really sorry. Since there is still much to be desired in our professional proficiency and group cooperation, we fail to finish the work on time.

项目负责人：算了。意识到问题的原因就好，下次多注意。那你们自己能解决吗？需不需要其他团队的帮助？

Come on. Just draw the lesson next time. Can you handle it by yourselves? Do you need help from other groups?

组　　　长：我们自己能解决，不需要帮助。不过，还需要点时间。

We can handle it by ourselves. We don't need help. But it will take some time.

项目负责人：多久？

How long will it take?

组　　　长：两个小时吧。

About two hours.

项目负责人：好吧。再给你们团队两个小时，必须全部通过。

All right. Two more hours for your group to pass.

组　　　长：谢谢您了！我们这就继续开工。您走好！

Thank you very much! We will continue with our work. See you!

5.8.2　多旋翼无人机水平 8 字飞行任务交付视频（中英文）

1. 多旋翼无人机水平 8 字飞行任务交付（中文）　　2. 多旋翼无人机水平 8 字飞行任务交付（英文）

5.9　巩固拓展

课程思政点睛

巩固拓展环节是充分利用学生的课余时间布置高质量的作业，对课上所学及完成的任务进行温故知新，同时训练学生举一反三、迁移新任务的解决问题能力。任务选择注意课程内容的延续性及拓展性，稍微增加难度，在小组主持作业的情况下，既要对学生克服困难独立完成任务的职业素养进行训练，也要对学生团队合作、高效率高质量完成任务的能力和素养进行训练。

教学实施指导

1）完成信息化系统中的所有理论测试题，全部满分通过。

2）以小组为单位熟练多旋翼无人机水平 8 字飞行操控。

新任务迁移：固定翼无人机水平 8 字飞行

Studying Situation

06

学习情境 6
超视距航线规划

6.0 教学准备

知识目标
- 导航飞控系统。
- 地面站。
- 任务规划。
- 航迹规划。
- 应急规划。
- 飞行前检查要点。

技能目标
- 地面站室内航线绘图。
- 地面站室内模拟飞行。
- 地面站室外航线规划。

素养目标
- 能够提炼总结简单的事实文本。
- 能够在两人对话中有效沟通并交换信息。
- 能够把自己的观点表达清楚。
- 能够在团队中承担自己的角色功能。
- 能够在团队中有积极的合作意识。
- 能够在制订计划时尽可能考虑全面。
- 能够控制自己的情绪，跟伙伴友好合作。
- 能够认真倾听并及时记录。
- 能够进行简单的图文展示。
- 能够严谨、规范地执行工作任务，遵守无人机法律法规。
- 能够随机应变，灵活处理飞行过程中的突发问题。
- 能够识别"黑飞"等不法飞行并及时制止与上报。
- 能够具有创新、创业精神和意识。

6.1 任务接受

课程思政点睛

　　任务接受环节特别适合对学生进行社会主义核心价值观中的友善、和谐价值的训练。如何做到和伙伴友善合作，如何做到站在公司立场为公司的利益和效率着想，如何做到站在客户角度为客户着想等，在指导学生进行超视距航线规划任务接受的话术训练时，教师要及时、适时地对学生进行引导训练，全面体现友善、和谐的价值。

　　任务接受环节涉及第 7 个演练月的企业经营，在布置演练月 7 财务核算任务时，严格要求学生具备诚信经营意识，做到严谨、规范、一丝不苟，同时还要有独特的创新意识和不屈不挠的创业精神。

教学实施指导

1）教师指导学生依据6.1.1超视距航线规划任务接受剧本（中英文），学习过程参考6.1.2超视距航线规划任务接受视频（中英文），采取角色扮演的方法完成任务接受。

2）角色扮演之后明确了工作任务，完成6.1.3超视距航线规划任务工单。

6.1.1 超视距航线规划任务接受剧本（中英文）

学习情境描述

作为与无人机行业应用相关专业的学生，为了满足并适应未来的就业岗位需求，最低要求经过培训学习考取AOPA无人机超视距驾驶员执照，并通过对无人机的操控飞行，最终能够完成无人机测绘作业、无人机航拍作业、无人机巡线检查作业、无人机应急救助作业等。为了实现这样的工作目标，学院项目团队专门制订了培训实施计划，把无人机操控飞行项目拆分成若干个工作任务（学习情境），并会伴随着项目进程陆续给出。

本次工作任务（学习情境）是希望通过各项目组成员的精诚合作，能够进行地面站超视距航线规划，并要求在3天内顺利完成。操控过程注意标准规范、工作效率、经济效益与安全注意事项。

组　　长：领导，您好！这次是什么新任务？

Hi, Director! What's the new mission?

项目负责人：您好！上次你们项目组全部通过了水平8字飞行考核。这次任务是能够进行地面站超视距航线规划。

Hello! Your group all passed the figure-eight flight test. This mission is capable of beyond-of-sight route planning for a multi-rotor UAV.

组　　长：好的！知道了。不过，超视距航线规划有什么特殊的具体要求吗？

OK! I see. But are there any specific requirements for beyond-of-sight route planning?

项目负责人：没有什么特殊要求，你们按照超视距航线规划的标准规范操作，保证飞行质量就行了。

Nothing special. All you need to do is follow the standard guidelines for the beyond-of-sight route planning for multi-rotor UAVs, and just keep the flight quality.

组　　长：好，没问题！规范和标准我们一定严格遵守。

No problem! We will strictly follow the specifications and standards.

项目负责人：另外，操作过程要嘱咐组员，注意谨慎安全操作，千万要在教练的指导下进行。谁损坏，谁赔偿。请注意安全与成本。

In addition, in the operation process, please remind your fellow group members that they must be careful and safe operation, do under the guidance of the instructor. Whoever causes damage must compensate. Please pay attention to security and cost.

组　　长：好的！您放心，我会嘱咐团队成员小心安全地操作。给我们多长时间完成任务？

All right! Don't worry. I will tell the group members to be careful. How much time we are allowed to finish the job?

项目负责人：3 天内必须保质保量完成。完成后，由飞行教练员检验。

It must be perfectly accomplished within 3 days . Then it is inspected by the flight instructor.

组　　长：明白了。您放心！还有要嘱咐的吗？

I see. Don't worry about it. Anything more?

项目负责人：没有了。那就拜托了。有问题随时联系。

No more. Just go ahead. Please feel free to contact me if you have any questions.

组　　长：好的！您慢走！再联系。

OK. See you! Keep in touch.

6.1.2　超视距航线规划任务接受视频（中英文）

1. 超视距航线规划任务接受（中文）　　　2. 超视距航线规划任务接受（英文）

6.1.3　超视距航线规划任务工单

项目名称	无人机操控飞行		
项目单位			
项目负责人		联系电话	
项目地址			
项目时间			
任务名称	超视距航线规划		

工作任务描述：

作为与无人机行业应用相关专业的学生，为了满足并适应未来的就业岗位需求，最低要求经过培训学习考取 AOPA 无人机超视距驾驶员执照，并通过对无人机的操控飞行，最终能够完成无人机测绘作业、无人机航拍作业、无人机巡线检查作业、无人机应急救助作业等。为了实现这样的工作目标，学院项目团队专门制订了培训实施计划，把无人机操控飞行项目拆分成若干个工作任务（学习情境），并会伴随着项目进程陆续给出。

本次工作任务（学习情境）是希望通过各项目组成员的精诚合作，能够进行超视距航线规划，并要求在 3 天内顺利完成。操控过程注意标准规范、工作效率、经济效益与安全注意事项。

飞行前检查记录：			
飞行任务完成情况记录：			
驾驶员：		组长：	
教练员签字：		项目负责人签字：	
成本核算：		完成时间：	

6.2　任务分析

课程思政点睛

任务分析环节以超视距航线规划视频为切入点，在此教师要重点告知学生超视距航线规划涉及两个方面：一个是真正的户外作业操作会有合法飞行的约束；另一个是超视距飞行会有安全性的考虑。告知学生无人机飞行有法律法规约束执行，不是随意飞行，培养学生知法、懂法、用法的意识。

同时，以一个操作视频启发、引导学生分析任务本身，有助于学生深入思考自己完成任务需要的知识点、技能点与素养点。教师要抓住机会及时训练学生在视频中提取专注、严谨、规范、标准、合法、安全、精益求精的工匠精神。

教学实施指导

教师指导学生利用餐垫法完成任务分析。

1）学生小组合作制作餐垫，划分中心餐垫区和个人餐垫区。

2）学生首先个人独立观看超视距航线规划视频，在个人餐垫区独立认真书写：要完成本任务都需要哪些关键信息。

3）学生小组合作讨论出本组的关于完成任务的关键点，达成共识并写在中心餐垫上。

4）教师指定小组，逐条讲解展示，其他小组学生领会理解，补充改进。

超视距航线规划视频

1. 地面站室内模　　2. 地面站室外
拟航线规划视频　　航线规划视频

6.3　理实一体化学习

课程思政点睛

1）无人机的超视距航线规划是无人机飞行作业的基础环节，引导学生在安全性、合法性方面的认识，帮助学生树立安全观、法律意识，在安全面前人民至上的观点，任何时候都不能有懈怠麻痹心理。

2）以2000国家大地坐标系的学习，激发学生的爱国热情和自豪感。

3）通过学习站法的学习指导，培养学生独立、民主、公平、友善、诚信、合作、和谐、敬业等价值观。

教学实施指导

教师提供给学生为完成本任务（超视距航线规划）必要的学习资料（4个模块），要求并指导学生利用学习站法完成理实一体化学习。学生按照教师的要求，认真完成4个模块的企业内部培训，力争自己解决问题。为后续完成工作任务（超视距航线规划）进行企业运营，积累专业知识、技能与素养。

学习站法学习

1）学生分为4组，每组学生按照教师的要求进入自己的学习站，个人独立学习相应的6.3.1~6.3.4信息页，并完成各自对应的6.3.1~6.3.4工作页。同一个学习站的学生小组合作讨论，对学习结果（即工作页的结果）进行更正、改进、完善，达成共识。学生按照教师指定的轮站顺序轮换学习站学习，直至完成6.3.1~6.3.4所有信息页与工作页的学习。

2）学生以竞争方式获得展示学习结果的机会，使用实物投影仪进行展示讲解，本小组的同学补充完善，力求不给其他小组机会。而其他小组的同学进行倾听、补充、改进、完善，都会获得相应的奖励。

6.3.1　导航飞控系统

1. 信息页

学习领域	学习领域：无人机操控飞行		
学习情境	学习情境6：超视距航线规划	学习时间	30min
工作任务	A：导航飞控系统	学习地点	理实一体化教室

导航飞控系统

1. 地图坐标系

地图坐标系的基本知识关系到无人机航图使用。现有主要坐标体系包括世界大地坐标系、国家坐标系和地方坐标系三类。

（1）世界大地坐标系（WGS-84 坐标系）

WGS-84 坐标系是美国国防部研制确定的大地坐标系，是一种协议地球坐标系，采用的是地心坐标系。

WGS-84 坐标系的定义是：原点是地球的质心，其地心空间直角坐标系的 Z 轴平行于国际时间局 BIH1984.0 历元定义的协议地球极轴（Conventional Terrestrial Pole，CTP）方向，X 轴指向 BIH 定义的零子午面和协议地球赤道的交点，Y 轴和 Z、X 轴构成右手坐标系，指向 BIH 定义的协议地球东向。WGS-84 坐标系椭球采用国际大地测量学与地球物理学联合会（IUGG）大地测量推荐值，采用的两个常用基本几何参数为：长半轴 $a =$ （6378137 ±2）m；扁率 $f = 1/298.257223563$。

建立 WGS-84 坐标系的一个重要目的，是在世界上建立一个统一的地心坐标系。GPS 的广播星历就是参照的 WGS-84 坐标系，所以 WGS-84 坐标系常用于 GPS 应用系统。

（2）国家坐标系

国家坐标系（National Coordinate System）是各国为进行测绘和处理其成果，规定在全国范围内使用统一坐标框架的坐标系统，又称国家大地坐标系。国家大地坐标系是测制国家基本比例尺地图的基础。根据《中华人民共和国测绘法》规定，我国现行使用的国家坐标系统为 2000 国家大地坐标系。经国务院批准，2000 国家大地坐标系于 2008 年 7 月 1 日启用。

2000 国家大地坐标系，是我国当前最新的国家大地坐标系，英文名称为 China Geodetic Coordinate System 2000，英文缩写为 CGCS2000。2000 国家大地坐标系的原点为包括海洋和大气的整个地球的质量中心；2000 国家大地坐标系的 Z 轴由原点指向历元 2000.0 的地球参考极的方向，该历元的指向由国际时间局给定的历元为 1984.0 的初始指向推算，定向的时间演化保证相对于地壳不产生残余的全球旋转，X 轴由原点指向格林尼治参考子午线与地球赤道面（历元 2000.0）的交点，Y 轴与 Z 轴、X 轴构成右手正交坐标系。采用广义相对论意义下的尺度。

（3）地方坐标系

地方坐标系是指各地根据测量工作的需要自行设计的坐标系，如北京有北京地方坐标系，上海有上海地方坐标系。

三类坐标系间的差异体现在参考的地球椭球体、坐标原点和基准方向不一样。由于 WGS-84 坐标系、1954 年北京坐标系、1980 西安坐标系的参数是公开的，因此在各大

GIS 软件平台上可以进行相互之间的转换。而各地地方坐标系与 WGS - 84 坐标系、1954 年北京坐标系、1980 西安坐标系之间的转换，由于所采用的椭球体基准不一样以及投影的局限性，全国各地并不存在一致的转换参数。对于这种转换，由于计算量较大，有条件的话，一般都采用 GPS 联测已知点，应用 GPS 软件自动完成坐标的转换。当然若条件不许可，且有足够的重合点，也可以进行人工解算。

2. GPS 卫星导航系统

卫星导航是通过不断对目标物体进行定位从而实现导航功能。目前，全球范围内有影响的卫星定位系统有美国的全球定位系统（GPS）、欧洲的伽利略定位系统、俄罗斯的格洛纳斯系统及我国的北斗卫星导航系统。现阶段应用较为广泛的是 GPS 导航。

GPS 是 Global Positioning System 的简称，其利用 GPS 定位卫星，在全球范围内实时进行定位、导航。GPS 导航系统的基本原理是测量出已知位置的卫星到用户接收机之间的距离，然后综合多颗卫星的数据就可知道接收机的具体位置。大多数多轴飞行器自主飞行过程利用 GPS 实现高度感知、位置感知、速度感知。

（1）GPS 功能

GPS 使用一个空间卫星群，将这些卫星作为基准点进行广泛搜索以及三角测量。接收机使用的数据至少由四个高于模糊角（可以使用卫星的高于天地线的最低角）的卫星来提供。

飞机在仪表飞行规则（Instrument Flight Rules，IFR）下使用 GPS 导航设备来引导飞行航路时，必须根据飞行情况配备已经经过批准的可操作的备用导航方法。从航路到目的地机场以及任何一个所要求的备用机场，飞行过程中须安装必要的电子设备来接收所有来自地面设备的信息并保证这些设备的可操作性，还要保证用于航路的必要的地面设备的可操作性。

（2）使用 GPS 导航飞行

使用 GPS 导航飞行必须根据官方批准的 POH/AFM（驾驶员操作手册/航空器飞行手册）或者飞行手册附件来进行 GPS 操作。驾驶人员必须全面熟悉飞机上安装的特殊的 GPS 设备、接收机操作手册、POH/AFM 和飞行手册附件。

当 GPS 接收机开机时，其内部首先自检测，通过后即开始工作。当接收机工作后，即可根据规定的通信协议，向外输出载体的经纬度、速度、高程等信息，这些数据是无人机进行导航与制导的必要参数。飞控计算机要参考飞机当前的经纬度以及下一个航路点的经纬度，通过制导算法实现两个航路点之间的航线指引。驾驶员可以了解飞机投影在地面上的实际航迹。只要飞机的航线与到航路点的方位相匹配（通过选择正确的飞机航向），飞机会直飞到航路点。GPS 是一个复杂的系统，两种不同型号的 GPS 接收机差别较大。

（3）GPS 误差

截至 2019 年 2 月，GPS 在轨卫星有 30 颗，GPS 的卫星阵可以在全世界范围内连续使用。如果在轨卫星数量少于 24 颗，在某些地理区域，GPS 的导航能力可能不可用。被高地形包围的山谷区域可能会失去信号，并且飞机的 GPS 天线随时会被飞机结构所"屏蔽"（如当飞机在压坡度时）。

某些无线电接收机、收发机，可能会造成信号冲突。一些甚高频（Very High Frequency，VHF）的发射可能会造成"谐波冲突"。当发现 GPS 接收机信号质量下降时，驾驶员可以通过重新部署 GPS 设备周围的无线电收发设备来隔离冲突，改变频率或者关掉造成冲突的可疑仪器。

GPS 位置数据受到设备性质以及多种地理因素的影响，可能会出现误差，误差通常小于 100ft（30.48m）。卫星原子钟、接收机/处理器、信号被延迟、电离层和对流层延迟，以及卫星数据发射误差等都会造成小的位置差错或者瞬间失去 GPS 信号。多轴飞行器 GPS 定位中最少需要接收 4~5 颗卫星的信号，才能够在飞行中保证基本的安全。GPS 天线应尽量安装在飞行器顶部；链路天线应尽量远离飞控系统和 GPS 天线安装。

（4）差分 GPS

单 GPS 系统提供的定位精度是优于 25m，而为了得到更高的定位精度，通常采用差分 GPS 技术，将一台 GPS 接收机安置在基准站上进行观测。根据基准站已知精密坐标，计算出基准站到卫星的距离修正数，并由基准站实时将这一数据发送出去。用户接收机在进行 GPS 观测的同时，也接收到基准站发出的修正数，并对其定位结果进行修正，从而提高定位精度。

根据差分 GPS 基准站发送的信息方式，可将差分 GPS 定位分为三类，即位置差分、伪距差分和相位差分。三种差分方式的工作原理是相同的，即都是由基准站发送修正数，由用户站接收并对其测量结果进行修正，以获得精确的定位结果。不同的是，发送修正数的具体内容不一样，其差分定位精度也不同。

3. 惯性导航系统

惯性导航系统（Inertial Navigation System，INS）可以不需要从飞机外进行任何输入而估算运动中飞机的位置，完全是自主式的。

（1）INS 构成与分类

惯性导航，利用惯性元件（如加速度计）来测量载体本身的加速度，经过积分运算得到速度和位置，从而达到对载体导航定位的目的。组成惯性导航系统的设备都安装在载体内，工作时不依赖外界信息，也不向外界辐射能量，不易受到干扰，是一种自主式导航系统。

按照惯性导航组合在飞行器上的安装方式，可分为平台式惯性导航系统（惯性导航组合安装在惯性平台的台体上）和捷联式惯性导航系统（惯性导航组合直接安装在飞行器上）。

1）平台式惯性导航系统。根据建立的坐标系不同，分为空间稳定和本地水平两种方式。空间稳定平台式惯性导航系统的台体相对惯性空间稳定，用以建立惯性坐标系。地球自转、重力加速度等影响由计算机加以补偿。这种系统多用于运载火箭的主动段和一些航天器上。本地水平平台式惯性导航系统的特点是台体上的两个加速度计输入轴所构成的基准平面能够始终跟踪飞行器所在点的水平面（利用加速度计与陀螺仪组成舒勒回路来保证），因此加速度计不受重力加速度的影响。这种系统多用于沿地球表面做等速运动的飞行器（如飞机、巡航导弹等）。在平台式惯性导航系统中，框架能隔离飞行器的角振动，仪表工作条件较好。平台能直接建立导航坐标系，计算量小，容易补偿和修正仪表的输出，但结构复杂，尺寸大。

2）捷联式惯性导航系统。根据所用陀螺仪不同，分为速率型捷联式惯性导航系统和位置型捷联式惯性导航系统。前者用速率陀螺仪，输出瞬时平均角速度矢量信号；后者用自由陀螺仪，输出角位移信号。捷联式惯性导航系统省去了平台，所以结构简单、体积小、维护方便，但陀螺仪和加速度计直接安装在飞行器上，工作条件不佳，会降低仪表的精度。这种系统的加速度计输出的是机体坐标系的加速度分量，需要经计算机转换成导航坐标系的加速度分量，计算量较大。

为了得到飞行器的位置数据，须对惯性导航系统每个测量通道的输出积分。陀螺仪的漂移将使测角误差随时间成正比增大，而加速度计的常值误差又将引起与时间平方成正比的位置误差。这是一种发散的误差（随时间不断增大），可通过组成舒勒回路、陀螺罗盘回路和傅科回路三个负反馈回路的方法来修正这种误差以获得准确的位置数据。

舒勒回路、陀螺罗盘回路和傅科回路都具有无阻尼周期振荡的特性，所以惯性导航系统常与无线电、多普勒和天文等导航系统组合，构成高精度的组合导航系统，使系统既有阻尼又能修正误差。

惯性导航系统的导航精度与地球参数的精度密切相关。高精度的惯性导航系统须用参考椭球来提供地球形状和重力的参数。由于地壳密度不均匀、地形变化等因素，地球各点的参数实际值与通过参考椭球求得的计算值之间往往有差异，并且这种差异还带有随机性，这种现象称为重力异常。目前正在研制的重力梯度仪能够对重力场进行实时测量，提供地球参数，解决重力异常问题。

（2）INS 的优缺点

惯性导航系统有如下优点：

1）由于它是既不依赖于任何外部信息，也不向外部辐射能量的自主式系统，故隐蔽性好，且不受外界电磁干扰的影响。

2）可全天候、全时间地工作于空中、地球表面乃至水下。

3）能提供位置、速度、航向和姿态角数据，所产生的导航信息连续性好而且噪声低。

4）数据更新率高，短期精度和稳定性好。

缺点是：

1）由于导航信息由积分产生，定位误差随时间而增大，长期精度差。

2）每次使用之前需要较长的初始对准时间。

3）设备价格较昂贵。

4）不能给出时间信息。

4. 飞控系统

多轴飞行器的飞控硬件应尽量安装在飞行器中心。多轴飞行器飞控软件使用中要特别注意版本与各通道正反逻辑设置。

目前多轴飞行器飞控市场上的 KK 飞控具有的优点是价格便宜，硬件结构简单；APM 飞控与 MWC 飞控特点是配有地面站软件，代码开源；DJI NAZA 飞控特点是稳定，作为商业软件，代码不开源。

在多轴飞行器飞行任务中，触发失控返航时，应切换 GPS 手动模式打断飞控当前任务，取回手动控制权。多轴飞行器飞行时，使用纯手动模式，驾驶员的压力最大。当多轴飞行器地面站出现飞行器电压过低报警时，第一时刻应采取的措施是立即启动一键返航模式，或控制姿态，逐渐降低高度，迫降至地面。

2. 工作页

学校名称		任课教师	
班级		学生姓名	
学习领域	学习领域：无人机操控飞行		
学习情境	学习情境6：超视距航线规划	学习时间	30min
工作任务	A：导航飞控系统	学习地点	理实一体化教室

导航飞控系统

请完成下列单选题：（每题1分，共14分）

（1）大多数多轴飞行器自主飞行过程利用（　　）实现高度感知。

    A. 气压高度计　　　　　　　B. GPS　　　　　　　C. 超声波高度计

（2）大多数多轴飞行器自主飞行过程利用（　　）实现位置感知。

    A. 平台惯导　　　　　　　　B. 捷联惯导　　　　　C. GPS

（3）大多数多轴飞行器自主飞行过程利用（　　）实现速度感知。

    A. GPS　　　　　　　　　　B. 空速管　　　　　　C. 惯导

（4）多轴飞行器飞控软件使用中要特别注意的事项不包括（　　）。

    A. 版本　　　　　　　　　　B. 文件大小　　　　　C. 各通道正反逻辑设置

（5）多轴飞行器GPS定位中最少需要接收（　　）颗卫星的信号，才能够在飞行中保证基本的安全。

    A. 2～3　　　　　　　　　　B. 4～5　　　　　　　C. 6～7

（6）多轴飞行器的飞控硬件尽量安装在（　　）。

    A. 飞行器前部　　　　　　　B. 飞行器底部　　　　C. 飞行器中心

（7）多轴飞行器中的GPS天线应尽量安装在（　　）。

    A. 飞行器顶部　　　　　　　B. 飞行器中心　　　　C. 飞行器尾部

（8）多轴飞行器上的链路天线应尽量（　　）飞控和GPS天线安装。

    A. 贴合　　　　　　　　　　B. 靠近　　　　　　　C. 远离

（9）目前多轴飞行器飞控市场上的KK飞控具有的优点是（　　）。

    A. 功能强大，可以实现全自主飞行　　　　B. 价格便宜，硬件结构简单

    C. 配有地面站软件，代码开源

（10）目前多轴飞行器飞控市场上的APM飞控特点是（　　）。

    A. 可以应用于各种特种飞行器　　　　　　B. 基于Android开发

    C. 配有地面站软件，代码开源

（11）目前多轴飞行器飞控市场上的MWC飞控特点是（　　）。

    A. 可以应用于各种特种飞行器　　　　　　B. 基于Android开发

    C. 配有地面站软件，代码开源

（12）目前多轴飞行器飞控市场上的DJI NAZA飞控特点是（　　）。

    A. 可以应用于各种特种飞行器　　　　　　B. 稳定，商业软件，代码不开源

    C. 配有地面站软件，代码开源

（13）在多轴飞行器飞行任务中，触发失控返航时，应（　　）打断飞控当前任务，取回手动控制权。

    A. 切换GPS手动模式　　　　　　　　　　B. 切换云台状态

    C. 切换航向锁定

（14）多轴飞行器飞行时，使用（　　），驾驶员的压力最大。

    A. GPS模式　　　　　　B. 增稳模式　　　　　　C. 纯手动模式

6.3.2 地面站

1. 信息页

学习领域	学习领域：无人机操控飞行		
学习情境	学习情境6：超视距航线规划	学习时间	30min
工作任务	B：地面站	学习地点	理实一体化教室

地面站

指挥控制与任务规划是无人机控制站的主要功能。无人机控制站又称地面站、遥控站或任务规划与控制站。在规模较大的无人机系统中，可以有若干个控制站，这些不同功能的控制站通过通信设备连接起来，构成无人机控制站系统，如图1所示。

无人机控制站系统的功能通常包括指挥调度、任务规划、操作控制、显示记录等。

指挥调度功能主要包括上级指令接收、系统之间联络、系统内部调度。

任务规划功能主要包括飞行航路规划与重规划、任务载荷工作规划与重规划。

操作控制功能主要包括起降操纵、飞行控制操作、任务载荷操作、数据链控制。

显示记录功能主要包括飞行状态参数显示与记录、航迹显示与记录、任务载荷信息显示与记录等。

图1　无人机控制站系统

1. 系统组成

标准的无人机控制站通常由数据链路控制、飞行控制、载荷控制、载荷数据处理四类硬件设备机柜构成。无人机控制站系统可以由不同功能的若干控制站模块组成。

（1）指挥处理中心

指挥处理中心主要负责制订无人机飞行任务、完成无人机载荷数据的处理和应用。指挥中心/数据处理中心一般都是通过无人机控制站等间接地实现对无人机的控制和数据接收。

（2）无人机控制站

无人机控制站主要由飞行操纵、任务载荷控制、数据链路控制和通信指挥等部分组成，可完成对无人机机载任务载荷等的操纵控制。一个无人机控制站可以指挥控制一架无人机，也可以同时控制多架无人机；一架无人机可以由一个控制站完成全部的指挥控制工作，也可以由多个控制站协同指挥控制工作。

（3）载荷控制站

载荷控制站与无人机控制站的功能类似，但载荷控制站只能控制无人机的机载任务设备，不能进行无人机的飞行控制。

2. 显示系统

地面控制站内的飞行控制席位、任务设备控制席位、数据链管理席位都设有相应分系统的显示装置，因此需综合规划，确定所显示的内容、方式、范围，主要的显示内容包括飞行参数综合显示、告警、地图航迹显示三个方面。

（1）飞行参数综合显示

飞行参数综合显示可根据飞行与任务需要，选择需要的系统信息予以显示，便于无人机驾驶员判读。主要包括以下四个方面：

1）飞行与导航信息。飞行与导航参数是无人机驾驶员控制无人机执行任务所必需的信息，显示内容一般包括：无人机飞行姿态角及角速度信息，无人机飞行位置、高度、速度信息，大气数据信息，发动机状态信息，伺服控制及舵面响应信息。

2）数据链状态信息。它包括数据链设备工作状态及信道状态等，显示的主要内容有：链路工作状态的主要工作参数、各种链路设备的工作参数、各种链路设备的工作状态。

3）设备状态信息。在飞行过程中，需要提供必要的系统设备状态信息，帮助无人机驾驶员正确执行相关控制，显示内容一般包括：机载航空电子状态信息、机载任务设备状态信息、地面设备状态信息、机载供电信息、导航状态信息、时钟信息。

4）指令信息。控制指令是显示无人机驾驶员判断操纵指令发送有效性的重要信息。控制指令作为在线监测内容，能够明确表达和描述指令发送是否有效，同时可对指令通道简单故障定位，显示内容应包括指令代码、发送状态、接收状态。

（2）告警

告警信息包括视觉告警和听觉告警。视觉告警主要包括灯光告警、颜色告警和文字告警等；听觉告警主要包括语音告警和音调告警等。按告警级别又可分为提示、注意和警告三个级别。

1）提示。表明需要提示操纵人员重视系统安全或工作状态、性能状态以及提醒操纵人员进行例行操纵的信息。

2）注意。表明即将出现危险状况，发展下去将危及飞行安全，或使某系统、设备故障，将影响飞行任务完成或导致系统、设备性能降低，需引起操纵人员注意，但无须立即采取措施的信息。

3）警告。表明已出现了危及飞行安全的情况，需立即采取措施的信息，它是告警的最高级别。

（3）地图航迹显示

地图航迹显示可为无人机驾驶员提供无人机位置等导航信息。它包括了飞机的导航信息显示、航迹绘制显示以及地理信息的显示。

1）导航信息显示。它能够显示无人机实时定位信息、机载定位传感器设备状态信息、无人机导航信息、导航控制相关参数和任务规划信息。

2）航迹绘制显示。在无人机飞行过程中，往往要动态监视无人机位置及飞行轨迹，无人机驾驶员可以据此信息进行决策，规划飞行航路。无人机位置和航迹显示应能直观形象、简洁明快地显示无人机图标、背景地图、规划航线和飞行航迹线等信息。

3）地理信息显示。地理信息可视化是地图航迹显示软件的一个重要功能，应包含多层信息内容，可根据需要选择若干层面予以显示。主要包括图形用户界面、开窗缩放功能、窗口自动漫游、多种显示方式的运用和比例尺控制显示、符号、注记、色彩控制等。

3. 操纵与控制系统

无人机操纵与控制主要包括起降操纵、飞行控制、任务设备（载荷）控制和数据链管理等。地面控制站内的飞行控制席位、任务设备控制席位、数据链路管理席位都应设有相应分系统的操作装置。

（1）起降操纵

起降阶段是无人机操纵中最难的控制阶段，起降控制程序应简单、可靠、操纵灵活，操纵人员可直接通过操纵杆和按键快捷介入控制通道，控制无人机起降。根据无人机不同的类别及起飞质量，其起飞降落的操纵方式也有所不同。

1）起飞方式。

①手抛：采用人力手掷起飞，一般用于微型无人机。

②弹射：采用压缩空气或橡皮筋等储能发射无人机，一般用于轻、微型无人机。

③零长发射：采用火箭助推方式发射无人机，一般用于小、轻、微型无人机。

④投放发射：采用母机挂载发射方式或投抛方式发射无人机，一般用于小、轻型无人机。

⑤滑跑起飞：采用跑道滑跑起飞，一般用于大、小型无人机。

2）回收方式。

①伞降回收：利用机载降落伞回收无人机，一般用于小、轻、微型无人机。

②撞网回收：利用地面的回收网，引导无人机撞网回收，一般用于轻、微型无人机。

③气囊回收：利用机载气囊装置回收无人机，一般用于微型无人机。

④滑跑降落：利用地面跑道滑跑降落，一般用于大、小型无人机。

当前，国内民用无人机系统的起降，可采用自主控制、人工遥控或组合控制等模式进行控制。自主控制是指在起降阶段，操纵人员不需要介入控制回路，无人机借助机载传感器信息或辅助必要的引导信息，由机载计算机执行程序控制，可自动完成无人机的起飞和回收控制。人工遥控是无人机驾驶员通过无线电数据链路，利用地面站获取的无人机状态信息，发送无人机控制指令，引导无人机发射与回收。

（2）飞行控制

飞行控制是指采用遥控方式对无人机在空中整个飞行过程的控制。无人机的种类不同、执行任务的方式不同，决定了无人机有多种飞行操纵方式。遥控方式通过数据链路对无人机实施飞行控制，一般包括舵面遥控、姿态遥控和指令控制三种方式。

1）舵面遥控。这种控制方式是由遥控站上的操纵杆直接控制无人机的舵面，遥控无人机的飞行。

2）姿态遥控。姿态遥控是在无人机具有姿态稳定控制机构的基础上，通过操纵杆控制无人机的俯仰角、滚转角和偏航角，从而改变无人机的运动。

3）指令控制。这种方式是通过上行链路发送控制指令，机载计算机接收到指令后，按预定的控制模式执行。这种方式必须在机载自动驾驶仪或机载飞行管理与控制系统自动控制的基础上实施。指令方式一般包括：俯仰角选择与控制、高度选择与保持、飞行速度控制、滚转选择与控制、航向选择与保持、航迹控制。

（3）任务设备控制

任务设备控制是地面站任务操纵人员通过任务控制单元（任务控制柜）发送任务控制指令，控制机载任务设备工作；同时，地面站任务控制单元处理并显示机载任务设备工作状态，供任务操纵人员判读和使用。

（4）数据链管理

数据链管理主要是对数据链设备进行监控，使其完成对无人机的测控与信息传输任务。机载数据链主要：VHF/UHF 视距数据链、L 视距数据链、C 视距数据链、UHF 卫星中继数据链、Ku 卫星中继数据链。

4．通信链路

无人机通信链路主要是指用于无人机系统传输控制、无载荷通信、载荷通信三部分信息的无线电链路。

无人机系统通信链路主要包括指挥与控制（C&C）、空中交通管制（ATC）、感知和规避（S&A）三种链路。

（1）通信链路类型

控制站与无人机之间进行的实时信息交换需要通过通信链路来实现。地面控制站需要将指挥、控制及任务指令及时地传输到无人机上，同样，无人机也需要将自身状态（速度、高度、位置、设备状态等）以及相关任务数据发回地面控制站。通信网络中两个结点之间的物理通道称为通信链路。无人机系统中的通信链路也常被称为数据链。

1）根据通信链路的连接方法，可把通信链路分为：

①点对点连接通信链路：链路只连接两个结点。

②多点连接通信链路：用一条链路连接多个（$n>2$）结点。

2）根据通信方式不同，可把通信链路分为单向通信链路和双向通信链路。

3）按数据传输方向不同：上行链路（图2中①、图3中①）、下行链路（图3中②）。

①上行数据链：指将地面指令传送给无人机，实现对无人机遥控，频率主要用72MHz、433MHz、2.4GHz 频段。

②下行数据链：就是所谓的图传数据，将任务载荷收集到的数据传送给地面，实现地面控制人员对任务的实时了解，频率主要用 1.2GHz、2.4GHz、5.8GHz 频段。

民用无人机系统一般使用点对点的双向通信链路，也有部分无人机系统使用单向下行链路。普通无人机大多采用定制视距数据链，而中高空、长航时无人机则都会采用"视距数据链"甚至是"超视距卫星通信数据链"。

4）按功能分类：遥控接收链路（图2）、数传链路（图3）、图传链路（图4）。

图2　遥控接收链路　　　　　　　　图3　数传链路

图4　图传链路

遥控接收链路是指由地面遥控器向飞机发射信号的链路，属于单向的上行链路。它由遥控器和接收机组成。

图传链路由飞机上的发射模块和地面的接收模块组成，是下行的单向链路。模拟图传价格低、方便多人观看，但传输距离近、易受干扰中断、画质差、使用不方便；数字图传使用方便、画质好、外形美观，但价格贵、低端产品传输距离短且延迟严重。

（2）民用无人机射频指标规定

目前世界上无人机的频谱使用主要集中在 UHF、L 和 C 波段。我国工业和信息化部无线电管理局发布了《工业和信息化部关于无人驾驶航空器系统频率使用事宜的通知》，其中规定：

1）840.5~845MHz 频率可用于无人机系统的上行遥控链路，其中，841~845MHz 也可采用时分方式用于无人机系统的上行遥控和下行遥测链路。

2）1430~1444MHz 频段可用于无人驾驶航空器系统下行遥测与信息传输链路，其中，1430~1438MHz 频段用于警用无人驾驶航空器和直升机视频传输，其他无人驾驶航空器使用 1438~1444MHz 频段。

3）2408~2440MHz 频段可作为无人驾驶航空器系统上行遥控、下行遥测与信息传输链路的备份频段。相关无线电台站在该频段工作时不得对其他合法无线电业务造成影响，也不能寻求无线电干扰保护。

（3）机载链路设备

机载链路设备是指无人机上用于通信联络的电子设备，常被称为机载电台，集成于机载设备中。机载电台一般由发信机、收信机、天线、控制盒和电源等组成。发信机和收信机是电台的主体，一般安装在飞机电子舱或靠近天线处，通过电缆与控制盒连接。视距内通信的无人机多数安装有全向天线。超视距通信的无人机一般采用自跟踪抛物面卫通天线。

机载通信设备的发展趋势主要是数字化（实现以机载电子计算机为中心的数字通信）和综合化（将单一功能电台综合为多功能电台，进而将无人机电台与其他机载电子设备组成多功能综合电子系统），进一步减小机载通信设备的体积、质量和功耗，提高其可靠性、保密性和抗干扰能力。

（4）地面链路设备

民用通信链路的地面终端硬件一般会被集成到控制站系统中，称为地面电台。部分地面终端会有独立的显示控制界面。视距内通信链路地面天线常采用鞭状天线、八木天线和自跟踪抛物面天线。超视距通信的控制站还会采用固定卫星通信天线。

1）全向天线，如图 5 所示。

a）鞭状天线

b）杆状天线

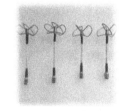
c）三叶草天线

d）蘑菇头天线

图 5　全向天线

2）定向天线，如图 6 所示。

a）板状天线

b）八木天线

c）抛物面天线

图 6　定向天线

2. 工作页

学校名称		任课教师	
班级		学生姓名	
学习领域	学习领域：无人机操控飞行		
学习情境	学习情境6：超视距航线规划	学习时间	30min
工作任务	B：地面站	学习地点	

地面站

请完成下列单选题：（每题1分，共7分）

(1) 下列选项中属于飞行控制方式的是（　　）。

    A. 陀螺控制

    B. 指令控制

    C. 载荷控制

(2) 无人机地面站显示系统应能显示（　　）信息。

    A. 无人机驾驶员状态

    B. 飞行器状态及链路、载荷状态

    C. 飞行空域信息

(3) 地面站地图航迹显示系统可为无人机驾驶员提供飞行器的（　　）信息。

    A. 飞行姿态

    B. 位置

    C. 飞控状态

(4) （　　）主要负责制订无人机飞行任务、完成无人机载荷数据的处理和应用，指挥中心/数据处理中心一般都是通过无人机控制站等间接地实现对无人机的控制和数据接收。

    A. 指挥处理中心

    B. 无人机控制站

    C. 载荷控制站

(5) （　　）主要由飞行操纵、任务载荷控制、数据链路控制和通信指挥等组成，可完成对无人机机载任务载荷等的操纵控制。

    A. 指挥处理中心

    B. 无人机控制站

    C. 载荷控制站

(6) （　　）与无人机控制站的功能类似，但只能控制无人机的机载任务设备，不能进行无人机的飞行控制。

    A. 指挥处理中心

    B. 无人机控制站

    C. 载荷控制站

(7) 地面控制站飞行参数综合显示的内容包括（　　）。

    A. 飞行与导航信息、数据链状态信息、设备状态信息、指令信息

    B. 导航信息显示、航迹绘制显示以及地理信息的显示

    C. 告警信息、地图航迹显示信息

6.3.3 任务规划

1. 信息页

学习领域	学习领域：无人机操控飞行		
学习情境	学习情境6：超视距航线规划	学习时间	30min
工作任务	C：任务规划	学习地点	理实一体化教室

任务规划

无人机任务规划（Mission Planning）是指根据无人机需要完成的任务、无人机的数量以及携带任务载荷的类型，对无人机制订飞行路线并进行任务分配。

任务规划的主要目标是依据地形信息和执行任务的环境条件信息，综合考虑无人机的性能、到达时间、耗能、威胁以及飞行区域等约束条件，为无人机规划出一条或多条自出发点到目标点的最优或次优航迹，保证无人机高效、圆满地完成飞行任务，并按规定返回基地。

1. 主要功能

由于无人驾驶，无人机对任务规划的要求更为严格，需要更为详细的飞行航迹信息、作用目标和任务执行信息。无人机任务规划是实现自主导航与飞行控制的有效途径，它在很大程度上决定了无人机执行任务的效率。无人机任务规划需要实现的功能如下所述。

（1）任务分配功能

充分考虑无人机自身性能和携带载荷的类型，可在多任务、多目标情况下协调无人机及其载荷资源之间的配合，以最短时间以及最小代价完成既定任务。

（2）航迹规划功能

在无人机避开限制风险区域以及耗能最小的原则上，制订无人机的起飞、着陆、接近监测点、侦察监测区域、离开监测点、返航及应急飞行等任务过程的飞行航迹。

（3）仿真演示功能

能够实现飞行仿真演示、环境威胁演示、监测效果演示；可在数字地图上添加飞行路线，仿真飞行过程，检验飞行高度、耗能等飞行指示的可行性；可在数字地图上标志飞行禁区，使无人机在执行任务过程中尽可能避开这些区域；可进行基于数字地图的合成图像计算，显示不同坐标与海拔位置上的地景图像，以便地面操作人员为执行任务选取最佳方案。

2. 约束条件

下面介绍无人机任务规划需要考虑的因素。

（1）飞行环境限制

无人机在执行任务时会受到如禁飞区、障碍物、险恶地形等复杂地理环境的限制，因此在飞行过程中，应尽量避开这些区域，可将这些区域在地图上标志为禁飞区域，以提升无人机的工作效率。此外，飞行区域内的气象因素也将影响任务效率，应充分考虑大风、雨雪等复杂气象下的气象预测与应对机制。

（2）无人机物理限制

无人机物理限制对飞行航迹有以下限制：

①最小转弯半径：由于无人机飞行转弯形成的弧度将受到自身飞行性能限制，因此无人机只能在特定的转弯半径范围内转弯。

②最大俯仰角：限制了航线在垂直平面内上升和下滑的最大角度。

③最小航迹段长度：无人机飞行航迹由若干个航点与相邻航点之间的航迹段组成，在航迹段飞行途中沿直线飞行，而到达某航点时有可能根据任务的要求改变飞行姿态。最小航迹段长度是指限制无人机在开始改变飞行姿态前必须直飞的最短距离。

④最低安全飞行高度：限制通过任务区域的最低飞行高度，防止由于飞行高度过低而撞击地面，导致坠毁。

（3）飞行任务要求

无人机的飞行任务要求主要包括到达时间和目标进入方向等，具体需要满足：

①航迹距离约束，限制航迹长度不大于预先设定的最大距离。

②固定的目标进入方向，确保无人机从特定角度接近目标。

（4）实时性要求

当预先具备完整精确的环境信息时，可一次性规划自起点到终点的最优航迹。而实际情况是难以保证获得的环境信息不发生变化；而且，由于任务的不确定性，无人机常常需要临时改变飞行任务。在环境变化区域不大的情况下，可通过局部更新的方法进行航迹的在线重规划；而当环境变化区域较大时，无人机任务规划系统则必须具备在线重规划功能。

3. 原则

任务规划一般从接受任务开始，根据任务，人工选择几个航点。对这些点进行检验和调整，使之满足各种约束条件。选用优化准则（如最短路径分析）由计算机辅助生成飞行航线。用检验准则检验航线上的每个点，若全部通过，则找到了一条可用的航线。

4. 任务规划分类

从实施时间上划分，任务规划可以分为预先规划（预规划）和实时规划（重规划）。就任务规划系统具备的功能而言，任务规划可包含航迹规划、任务分配规划、数据链路规划与系统保障和应急预案规划等，其中航迹规划是任务规划的主体和核心。

（1）预先规划

预先规划是在无人机执行任务前，由地面控制站制订，主要是综合任务要求、地理环境和无人机任务载荷等因素进行规划，其特点是约束和飞行环境给定，规划的主要目的是通过选用合适的算法谋求全局最优飞行航迹。

（2）实时规划

实时规划是在无人机飞行过程中，根据实际的飞行情况和环境的变化制订出一条可飞航迹，包括对预先规划的修改以及选择应急的方案，其特点是约束和飞行环境实时变化。任务规划系统需综合考量威胁、航程、约束等多种条件，采用快速航迹规划算法生成飞行器的安全飞行航迹。任务规划系统需具备较强的信息处理能力并具有一定的辅助决策能力。

5. 任务规划处理流程

任务规划由接受任务、任务理解、环境评估、任务分配、航迹规划、航迹优化和生成计划等组成。其处理流程如图 1 所示。

1）接受任务：整个流程开始于接受上级下发的任务、命令。对任务进行保存，提供查阅和显示。

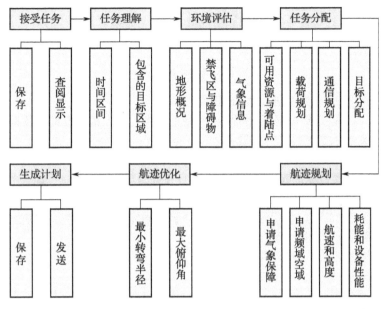

图 1　任务规划处理流程

2）任务理解：辅助操作人员进行任务理解，分析任务执行的地理区域、时间区间，任务所包含的目标航点数，各个航点的位置、重要程度等情况。

3）环境评估：根据任务涉及的区域查询显示地形概况、禁飞区和障碍物分布情况及气象信息，为航迹规划提供环境情况依据。

4）任务分配：在这个过程里提供可用的无人机资源和着陆点的显示，辅助操作人员进行载荷规划、通信规划和目标分配。

载荷规划包括携带的传感器类型、摄像机类型和专用任务设备类型等，规划设备工作时间及工作模式，同时需要考虑气象情况对设备的影响。

通信规划包括在执行任务的过程中，需要根据环境情况的变化制订一些通信任务，调整与任务控制站之间的通信方式等。

目标分配主要是指执行任务过程中实现动作的时间点、方式和方法，设定航点的时间节点、飞行高度、航速、飞行姿态以及配合载荷设备的工作状态与模式，当无人机到达该航点时实施航拍、盘旋等飞行任务。

5）航迹规划：在目标分配的基础上，根据环境变化情况、无人机航速、飞行高度范围、耗能和设备性能制订飞行航迹，并申请通信保障和气象保障。

6）航迹优化：航迹规划完成后，系统根据无人机飞行的最小转弯半径和最大俯仰角对航迹进行优化处理，制订出适合无人机飞行的航迹。

7）生成计划：保存并发送。

2．工作页

学校名称		任课教师	
班级		学生姓名	
学习领域		学习领域：无人机操控飞行	
学习情境	学习情境6：超视距航线规划	学习时间	30min
工作任务	C：任务规划	学习地点	理实一体化教室

任务规划

请完成下列单选题：（每题1分，共18分）

(1) 无人机（　　　）是指根据无人机需要完成的任务、无人机的数量以及携带任务载荷的类型，对无人机制订飞行路线并进行任务分配。

    A．航迹规划　　　　　　　　B．任务规划　　　　　　　　C．飞行规划

(2) 任务规划的主要目标是依据地形信息和执行任务的环境条件信息，综合考虑无人机的性能、到达时间、耗能、威胁以及飞行区域等约束条件，为无人机规划出一条或多条自（　　　）的（　　　），保证无人机高效、圆满地完成飞行任务，并安全返回基地。

    A．起点到终点，最短路径

    B．起飞点到着陆点，最佳路径

    C．出发点到目标点，最优或次优航迹

(3) 无人机任务规划是实现（　　　）的有效途径，它在很大程度上决定了无人机执行任务的效率。

    A．自主导航与飞行控制　　　B．飞行任务与载荷匹配　　　C．航迹规划与自主导航

(4) 无人机任务规划需要实现的功能包括（　　　）。

    A．自主导航功能、应急处理功能、航迹规划功能

    B．任务分配功能、航迹规划功能、仿真演示功能

    C．自主导航功能、自主起降功能、航迹规划功能

(5) 无人机任务规划需要考虑的因素有（　　　）、无人机物理限制、实时性要求。

    A．飞行环境限制、飞行任务要求

    B．飞行任务范围、飞行安全限制

    C．飞行安全限制、飞行任务要求

(6) 无人机物理限制对飞行航迹有以下限制：（　　　），最小航迹段长度，最低安全飞行高度。

    A．最大转弯半径，最小俯仰角

    B．最小转弯半径，最小俯仰角

    C．最小转弯半径，最大俯仰角

(7) 动力系统工作恒定的情况下，（　　　）限制了航线在垂直平面内上升和下滑的最大角度。

    A．最小转弯半径　　　　　　B．最大俯仰角　　　　　　　C．最大转弯半径

(8) 无人机的飞行任务要求主要包括到达时间和目标进入方向等，具体需要满足(　　　)。

    A．航迹距离约束和固定的目标进入方向

    B．执行任务时间和目标进入位置

    C．返航时间和接近目标的飞行姿态

(9) 从实施时间上划分，任务规划可以分为（　　　）。

    A．航迹规划和任务分配规划

    B．航迹规划和数据链路规划

    C．预先规划和实时规划

(10) 就任务规划系统具备的功能而言，任务规划可包含航迹规划、任务分配规划、数据链路规划和系统保障与应急预案规划等，其中（   ）是任务规划的主体和核心。

A. 航迹规划

B. 任务分配规划

C. 数据链路规划

(11) （   ）是在无人机执行任务前，由地面控制站制订的，主要是综合任务要求、地理环境和无人机任务载荷等因素进行规划，其特点是约束和飞行环境给定，规划的主要目的是通过选用合适的算法谋求（   ）飞行航迹。

A. 实时规划，航程最短

B. 预先规划，全局最优

C. 航迹规划，航时最短

(12) （   ）是在无人机飞行过程中，根据实际的飞行情况和环境的变化制订出一条可飞航迹，包括对预先规划的修改，以及选择应急的方案，其特点是约束和飞行环境实时变化。任务规划系统需综合考量威胁、航程、约束等多种条件，采用（   ）生成飞行器的安全飞行航迹。任务规划系统需具备较强的信息处理能力并具有一定的辅助决策能力。

A. 预先规划，最优航迹规划算法

B. 航迹规划，最短航迹规划算法

C. 实时规划，快速航迹规划算法

(13) 任务规划由（   ）等组成。

A. 任务接受、姿态控制、载荷分配、航迹规划、航迹调整和航迹评价

B. 任务理解、环境评估、任务分配、航迹规划、航迹优化和航迹评价

C. 任务分配、姿态控制、导航控制、航迹规划、航迹调整和航迹评价

(14) 任务分配提供可用的无人机资源和着陆点的显示，辅助操作人员进行（   ）。

A. 载荷规划、通信规划和目标分配

B. 链路规划、返航规划和载荷分配

C. 任务规划、返航规划和载荷分配

(15) （   ）包括携带的传感器类型、摄像机类型和专用任务设备类型等，规划设备工作时间及工作模式，同时需要考虑气象情况对设备的影响。

A. 任务规划　　　　B. 载荷规划　　　　C. 任务分配

(16) （   ）包括在执行任务的过程中，需要根据环境情况的变化制订一些通信任务，调整与任务控制站之间的通信方式等。

A. 链路规划　　　　B. 目标分配　　　　C. 通信规划

(17) （   ）主要指执行任务过程中实现动作的时间点、方式和方法，设定航点的时间节点、飞行高度、航速、飞行姿态以及配合载荷设备的工作状态与模式，当无人机到达该航点时实施航拍、盘旋等飞行任务。

A. 任务分配　　　　B. 载荷规划　　　　C. 目标分配

(18) 航迹优化是指航迹规划完成后，系统根据无人机飞行的（   ）对航迹进行优化处理，制订出适合无人机飞行的航迹。

A. 最大转弯半径和最小俯仰角

B. 最小转弯半径和最大俯仰角

C. 最大转弯半径和最大俯仰角

6.3.4　航迹规划与应急规划

1. 信息页

学习领域	学习领域：无人机操控飞行		
学习情境	学习情境6：超视距航线规划	学习时间	30min
工作任务	D：航迹规划与应急规划	学习地点	理实一体化教室

航迹规划与应急规划

1. 航迹规划

无人机航迹规划是任务规划的核心内容，需要综合应用导航技术、地理信息技术以及远程感知技术，以获得全面详细的无人机飞行现状以及环境信息，结合无人机自身技术指标特点，按照一定的航迹规划方法，制订最优或次优路径。因此，航迹规划需要充分考虑电子地图的选取与标绘、航线预先规划以及在线调整时机。

（1）电子地图

1）功能。电子地图在无人机任务规划中的作用是显示无人机的飞行位置、画出飞行航迹、标注规划点以及显示规划航迹等。一般情况下，电子地图可直接安装于无人机地面控制站，选取合适的地图插件，可与地面站软件进行较好的集成。电子地图插件应具备以下基本功能：

①地面站所需的永久图层和临时图层的创建。

②地图属性设置，如图层设置、样式选择等。

③对地图的一些基本操作，如拖动、放大、缩小等。

④对地图图元的添加、删除、选定、移动等操作。

地面站电子地图显示的信息分为三个方面：一是无人机位置和飞行航迹；二是无人机航迹规划信息；三是其他辅助信息，如图元标注。其中图元标注是完成任务的一项重要的辅助性工作，细致规范的图元标注将大幅度提高飞行安全性和任务完成质量。

图元标注主要包括以下三方面信息：

①场地标注。主要包括起飞场地标注、着陆场地标注、应急场地标注，为操作员提供发射与回收以及应急迫降的区域参考。

②警示标注。主要用于飞行区域内重点目标的标注，如建筑物、禁飞区、人口密集区等易影响飞行安全的区域。

③任务区域标注。无人机侦察监测区域应预先标注，主要包括任务区域范围、侦察监测对象等。

2）地图校准。由于加载的电子地图与实际操作时的地理位置信息有偏差，需要在使用前对地图进行校准。无人机在特定区域内执行任务时，只需首次对该区域地图进行校准，此后在该区域执行任务时，直接调用已校准的地图即可。

首先打开任务区域所在的地图文件。在命令下拉菜单中选取三个定位点作为校准点，注意选取的三个点不能在同一直线上，并在对话框左侧输入三个定位点的实际地理位置信息。

定位点设置成功后，完成地图校准，点击"保存地理信息"，将设置保存为扩展名为".mif"的地理信息文件。

若使用已校准的地图,点击文件栏下拉菜单中的"打开地图信息文件"选项,在弹出对话框中选择所需文件即可。

(2)航线规划

航线规划(图1)一般分为两步:首先是飞行前预规划,即根据既定任务,结合环境限制与飞行约束条件,从整体上制订最优参考路径并装订特殊任务;其次是飞行过程中的重规划,即根据飞行过程中遇到的突发状况,如地形、气象变化、未知限飞/禁飞因素等,局部动态地调整飞行路径或改变动作任务。

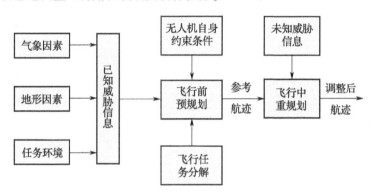

图1 航线规划流程

航线规划的内容包括出发地点、途经地点、目的地点的位置信息、飞行高度及速度和需要到达的时间段。航线规划应具备以下功能:

①具有标准飞行轨迹生成功能,可生成常用的标准飞行轨迹,如圆形盘旋、8字形盘旋、往复直线飞行等,存储到标准飞行轨迹数据库中,以便在飞行过程中可以根据任务的需要使飞行器及时地进入和退出标准飞行轨迹。

②具有常规的飞行航线生成、管理功能,可生成对特定区域进行搜索的常规飞行航线,存储到常规航线库中,航线库中的航线在考虑了传感器特性、传感器搜索模式(包括搜索速度、搜索时间)和传感器观察方位(包括搜索半径、搜索方向、观测距离、观测角度)等多种因素后,可实现对目标的最佳探测。

2. 应急预案

任务规划时还要考虑异常应急预案,即应急航线。其主要目的是确保无人机安全返航。规划一条安全返航通道和应急迫降点,以及航线转移策略,以便从航线上的任意点转入安全返航通道或从安全返航通道转向应急迫降点或机场。

系统保障与应急预案规划是指综合考虑无人机系统本身的约束条件、目标任务需求和应急情况详情,合理设置地面站与无人机的配比关系,科学部署工作地域内的各种无人机地面站,制订突发情况下的无人机工作方案。

3. 航拍案例

对于地面操作人员,需要熟悉的用户界面主要包括两个:飞行计划数据库窗口和地面显示窗口。这里以某型无人机地面站软件操作界面为例,展示航迹规划的基本功能。

无人机在文件名为"flighttest. bmp"地图所表示的区域内执行任务，整个飞行航迹由五个航点和相邻航点之间的航迹段组成，整个航程为3.1km，历时155s，全段航速保持20m/s不变，任务流程如下：

无人机在HOME点起飞，直至到达wp1点前飞行高度保持在地面站上方100m；到达wp1点时飞行高度降至98m，并开始执行航拍任务，每10秒采集一次图像，直至到达wp2点结束航拍任务。

自wp2点途经wp3点，直至到达LAND点时，只执行飞行动作，并始终保持98m的飞行高度，20m/s的航速。

到达LAND点时开始着陆，至此整个飞行任务结束。

特别提示：

1）航点类型指的是到达该航点时执行的动作类型，分为三种：

①途经模式：即经过该航点时不执行任何飞行模式，继续沿规划航迹执行后续任务。

②巡航模式：表示以该航点为中心，做圆周巡航飞行，直至到达设定时间或接收结束指令，方可执行后续飞行任务。

③着陆模式：在设置地面站位置时自动生成的着陆航点，途经该航点时执行着陆指令。

2）航点位置速度显示从到达该航点时起，到下一航点前，这段飞行路径中无人机的航速。

3）航点拍照模式有三种：

①无动作：到达该航点后不执行航拍任务。

②定时航拍：到达该航点后以一定的时间间隔（秒为单位）进行图像采集。

③定点航拍：到达该航点后以一定的距离间隔（米为单位）进行图像采集。

航点拍照模式为无动作时，系统默认航点拍照间隔栏选择"使用"或者"关闭"，定时航拍与定点航拍的拍照间隔则需在"航点拍照间隔"中设置。

从地面站软件地图显示窗口中可以看出，当前显示的任务要求是按照既定航线飞行，并执行定点航拍以及指定区域内的巡航任务。无人机在文件名为"flighttest. bmp"地图所表示的区域内执行任务，整个飞行航迹由6个点和相邻航点之间的航路构成，无人机当前的位置坐标显示于界面右下角位置。

整个任务流程如下：

①无人机在HOME点起飞，到达wp1点时开始执行航拍任务，并在wp1与wp2之间的航迹段进行图像采集，直至到达wp2点结束航拍任务。

②到达wp2时，进入巡航模式，以wp2点为中心，顺时针进行圆形盘旋巡飞，直到完成巡航模式周期时间结束，并飞至下一航点。

③途径wp3点，直至到达LAND点时，只执行单一飞行任务。

④到达LAND点时开始着陆，至此整个飞行任务结束。

地图显示窗口中设定的起飞、着陆点、航点、路径以及任务动作信息，都会在飞行计划数据库中显示对应的信息，包括航点属性、地理坐标、任务类型等；相应地，飞行计划数据库中的参数发生变化时，地图显示窗口中的航迹信息与飞行任务也随之变化。

2. 工作页

学校名称		任课教师	
班级		学生姓名	
学习领域	学习领域：无人机操控飞行		
学习情境	学习情境6：超视距航线规划	学习时间	30min
工作任务	D：航迹规划与应急规划	学习地点	理实一体化教室

航迹规划与应急规划

请完成下列单选题：（每题1分，共18分）

(1) 无人机航迹规划需要综合应用（　　），以获得全面详细的无人机飞行现状以及环境信息，结合无人机自身技术指标特点，按照一定的航迹规划方法，制订最优或次优路径。

    A. 导航技术、地理信息技术以及远程感知技术

    B. 飞控技术、导航技术以及地理信息技术

    C. 导航技术、航迹优化算法以及地理信息技术

(2) 航迹规划需要充分考虑（　　）的选取与标绘、航线预先规划以及在线调整时机。

    A. 飞行航迹

    B. 地理位置

    C. 电子地图

(3) （　　）在无人机任务规划中的作用是显示无人机的飞行位置、画出飞行航迹、标注规划点以及显示规划航迹等。

    A. 电子地图

    B. 地理位置

    C. 飞行航迹

(4) 地面站电子地图显示的信息分为三个方面：一是（　　）；二是（　　）；三是其他辅助信息，如图元标注。

    A. 无人机位置和飞行航迹，无人机航迹规划信息

    B. 无人机地理坐标信息，无人机飞行姿态信息

    C. 无人机飞行姿态信息，无人机航迹规划信息

(5) （　　）是完成任务的一项重要的辅助性工作，细致规范的（　　）将大幅度提高飞行安全性和任务完成质量。

    A. 场地标注，场地标注

    B. 图元标注，图元标注

    C. 警示标注，警示标注

(6) 图元标注主要包括以下三方面信息：（　　）。

    A. 坐标标注；航向标注；载荷任务标注

    B. 场地标注；警示标注；任务区域标注

    C. 航程标注；航时标注；任务类型标注

(7) （　　）主要包括起飞场地标注、着陆场地标注、应急场地标注，为操作员提供发射与回收以及应急迫降区域参考。

A. 场地标注

B. 任务区域标注

C. 警示标注

（8）（　　）主要用于飞行区域内重点目标的标注，如建筑物、禁飞区、人口密集区等易影响飞行安全的区域。

A. 场地标注

B. 任务区域标注

C. 警示标注

（9）（　　）是指预先标注无人机侦察监测区域，主要包括任务区域范围、侦察监测对象等。

A. 场地标注

B. 任务区域标注

C. 警示标注

（10）由于加载的电子地图与实际操作时的地理位置信息有偏差，需要在使用前对地图进行（　　）。

A. 标注　　　　　　　　B. 更新　　　　　　　　C. 校准

（11）校准地图时选取的校准点（　　）。

A. 不能在同一直线上

B. 不能在同一纬度上

C. 不能在同一经度上

（12）（　　）指的是根据既定任务，结合环境限制与飞行约束条件，从整体上制订最优参考路径并装订特殊任务。

A. 在线规划　　　　　　B. 飞行中重规划　　　　C. 飞行前预规划

（13）（　　）指的是根据飞行过程中遇到的突发状况，如地形、气象变化、未知限飞/禁飞因素等，局部动态地调整飞行路径或改变动作任务。

A. 在线规划　　　　　　B. 飞行中重规划　　　　C. 飞行前预规划

（14）（　　）的内容包括出发地点、途经地点、目的地点的位置信息、飞行高度及速度和需要到达的时间段。

A. 航线规划　　　　　　B. 航迹规划　　　　　　C. 任务规划

（15）（　　）应具备的功能包括标准飞行轨迹生成功能和常规的飞行航线生成、管理功能。

A. 航线规划　　　　　　B. 航迹规划　　　　　　C. 任务规划

（16）任务规划时还要考虑（　　），即应急航线。

A. 紧急迫降措施　　　　B. 安全返航措施　　　　C. 异常应急措施

（17）应急航线的主要目的是确保飞机安全返航，规划一条安全返航通道和（　　），以及（　　）。

A. 安全着陆点，安全着陆策略

B. 应急迫降点，航线转移策略

C. 应急迫降点，安全返航策略

（18）（　　）是指从航线上的任意点转入安全返航通道或从安全返航通道转向应急迫降点或机场。

A. 安全着陆策略　　　　B. 航线转移策略　　　　C. 安全返航策略

6.4 任务计划

1）任务计划环节是在理实一体化学习之后，为培养学生先谋后动的思维意识和习惯而进行的训练，学生小组合作完成工作计划的制订。

2）利用规范性、标准性非常高的具体计划引导学生养成严谨、认真、负责任的职业态度和工匠精神。

3）通过对规范、环保、安全方面的强调和要求，培养学生的环境保护意识、安全意识及大局观。

教学实施指导

1）教师指导学生独立学习6.4.1地面站室内航线绘图流程（信息页），6.4.2地面站室内模拟航线规划流程（信息页）及6.4.3地面站室外超视距航线规划流程（信息页），要求学生划出关键信息，找到关键步骤。

2）学生分组讨论，合作完成超视距航线规划工作计划的流程图海报。

3）教师选出一个组来介绍讲解海报内容，教师进行评价。教师强调修改工作计划时要注意标准、规范、安全、环保、时间及成本控制意识的训练。

6.4.1 地面站室内航线绘图流程 （信息页）

学习目标：练习地面站室内航线绘图。

建议学时：1学时。

教具准备：整套地面站设备。

学习安排：

1）进入地面站网站（http://cloud.ttaviation.com），如图1所示。

图1　地面站登录界面

2）地面站主界面，默认地图显示为卫星地图，如图2所示。可切换至普通地图，如图3所示。

图2　登录后初始界面

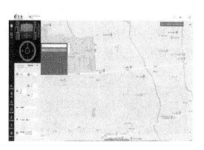

图3　普通地图画面

3）支持电子围栏及禁飞区显示，绿色区域表示电子围栏，红色区域表示禁飞区，如图4所示。

4）地面站检测状态显示，包括当前无人机编号及 CPUID，提供云台监控界面入口、地面站设置及用户退出，如图5所示。

图4 电子围栏

图5 地面站检测状态显示

5）地面站仪表盘区域，显示无人机状态，包括飞机飞行速度、高度、航向等，如图6所示。

6）无人机状态信息栏，显示辅助信息，如图7所示。

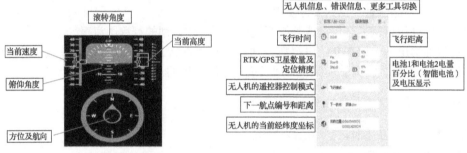

图6 地面站仪表盘区域

图7 无人机状态信息栏

7）无人机列表，显示用户名下所有无人机状态信息，用于控制多架无人机，勾选后可对无人机进行控制，如图8所示。

8）下方功能区提供无人机快捷控制按钮，用于无人机的快速控制操作，可进行折叠，如图9所示。

图8 无人机列表

图9 下方功能区

9）坐标转换工具，输入度数自动转换为度分秒，输入度分秒自动转换为度数。只可输入数字，不可输入字母或汉字，如图10所示。

10）测量工具，可对地图上某一点的经纬度坐标进行采集，同时可测量距离及相对角度，方便航线的规划。测量点支持鼠标拖动测量，如图11所示。

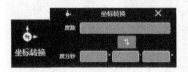

图10 坐标转换工具

图11 测量工具

11）航点编辑器，可以进行航点编辑，进行绘图，如图 12 所示。

12）航点编辑功能，可更改飞行速度、高度、转弯模式等，如图 13 所示。

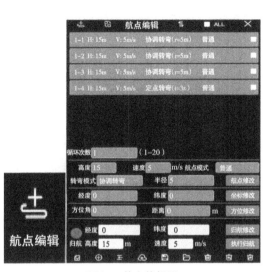

图 12　航点编辑器

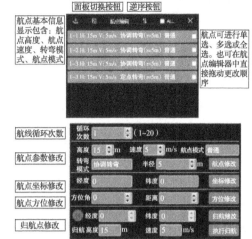

图 13　航点编辑功能

13）逆序功能：将当前航点的顺序进行逆序排列，航点信息同步更改。插入航点：在所选航点前添加一点，航点顺序依次排列。删除航点：对勾选的航点进行删除，勾选 "All" 可全部删除。航点顺序修改：鼠标位于要移动的航点上方，左键点击不松手，移动至指定位置后释放，位置发生改变。如图 14 所示，将 1 号点拖至 3 号点下方，所有航点序号发生改变（不改变参数和位置）。

14）点击添加航点按钮，点击鼠标左键在地图上进行航点添加，添加过程中可用鼠标单击航点进行拖动，如图 15 所示。

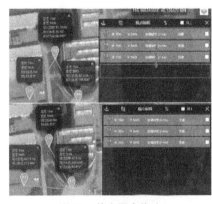

图 14　航点顺序修改

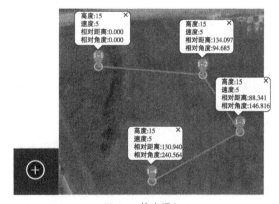

图 15　航点添加

15）操作过程中可随时对操作进行取消和重做，如图 16 所示。

16）添加完成后，点击 "添加完成" 按钮（图 17），完成航点添加。

17）点击 "上传航线" 按钮（图 18），航线通过服务器发送至无人机。

图 16　取消与重做功能

图 17　添加完成按钮

图 18　上传航线按钮

18）点击"航线飞行"按钮，选择当前航线的切入点（默认为"1"），点击"确定"，无人机开始执行航线飞行，如图19所示。

19）将规划的航线保存至服务器，用于航线下载及多架无人机的航线共享，点击"航线保存"按钮后，输入航线名称即可保存航线至个人账户，如图20所示。

图19　航线飞行功能　　　　　　　　图20　航线保存功能

20）点击"打开航线"按钮后，即可查看或搜索当前账户的所有航线，如图21所示。

21）归航点修改，在修改器中点击"归航修改"按钮，鼠标左键点击地图上的归航点图标进行拖动，或输入归航点经纬度坐标，完成后点击"归航点修改"按钮完成修改，如图22所示。

图21　保存航线查看功能　　　　　　图22　归航修改功能

22）选择航线中的任意航点，快速单击两次航点，航线被选中，鼠标单击框选航线中的阴影区域，同时移动鼠标，即可对航线进行整体拖动，如图23所示。航线移动完成后，选择航线中的任意航点，快速单击两次航点，取消航线移动。

23）航线模板，用于标准形状的航线添加和标准形状的扫描，如图24所示。操作步骤为：

①选择相应的航线模板。

②调整尺寸参数，形状的旋转参照航线旋转，形状平移参考航线平移，闭合默认"开"表示自动添加一个标记点与起点重和，"关"则表示不添加此点，点击"确定"完成形状调整。

③形状调整完成后，点击"导入航点编辑器"按钮，完成航点添加。

24）航线扫描，尺寸参数与形状调整完成后，点击"扫描该区域"按钮，对标准区域扫描，如图25所示。

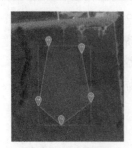

图23　航线选中　　　　　　　图24　航线模板　　　　　　　图25　航线扫描

25）在画图时要做到六步：

一审：审清要求，所有数据记录准确，确保理解所有条件，确定难点和画图思路。

二画：灵活运用画图方法，画出基础图形，可用相对坐标编辑确保图形精度。

三转：根据条件旋转图形角度，航线方向须在审要求时提前确定。

四移：根据位置限制条件移动图形，确定图形和起降点的位置关系。

五改：修改航点参数，优先批量修改，其次单独修改。

六检：检查所画图形是否满足所有条件和图形上的位置，保存至服务器。

26）米字图总结：先找横竖不找斜，点位平移到横纵（轴），度数加减45°（22.5°），度数在哪，哪就是方向。

6.4.2 地面站室内模拟航线规划流程（信息页）

学习目标： 能够通过地面站实幻训练，掌握地面站任务预规划、实时任务规划，模拟无人机位置信息丢失下的应急返航。

建议学时： 4学时。

教具准备： 模拟器，计算机。

学习安排：

1）按照任务所需，画出预规划航线，如图1所示。

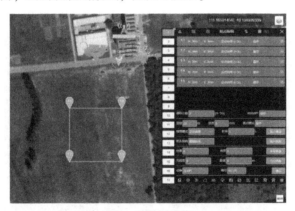

图1 预规划航线

2）通过地面站操控无人机进行航线飞行，如图2所示。

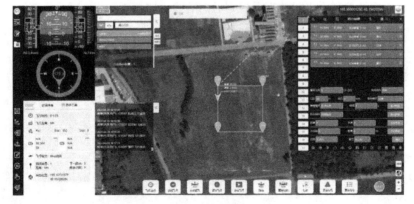

图2 执行航线

3）根据实时情况进行实时航线重规划，如图3所示。

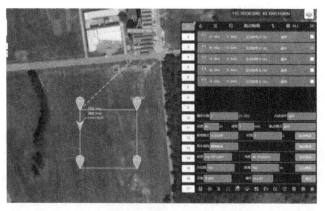

图3 飞行中航线重规划

注意：

①此阶段在进行修改时，为保证飞行安全，建议通过地面站控制无人机进行悬停，且驾驶员应注意无人机不要出现问题。

②重规划包含航点高度重规划、飞行速度重规划，航线调整后，需上传航线并重新执行航线。

③位置重规划中包含航线位置调整以及飞机所在位置调整，指点飞行功能可以实现位置调整，如图4所示。

图4 指点飞行

4）通过地面站控制无人机执行重规划后的航线，如图5所示。

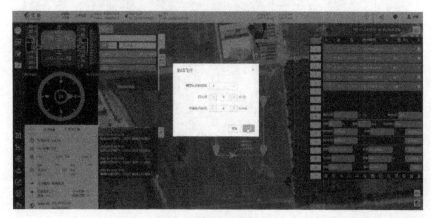

图5 航线重规划后再次执行

5）进行无人机位置信息丢失下的应急返航模拟训练，如图6所示。

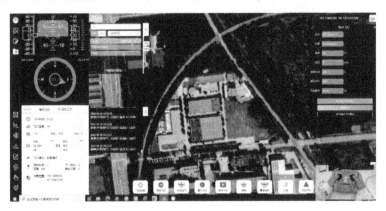

图6　模拟无人机位置信息丢失时应急返航

6.4.3　地面站室外超视距航线规划流程（信息页）

学习目标：能够操纵无人机完成实幻操作阶段所练习的所有内容。

建议学时：4学时。

教具准备：无人机，计算机，遥控器。

学习安排：

1）按照实幻训练进行外场练习。

2）转航向时的速度适量，留出提前量，避免来回转向。

3）航向偏差15°以内，前进时控制速度在4~6m/s。

4）观察风向、风速，航向转好后，边推升降舵边观察姿态、速度变化（仪表），无人机归航路线上，注意不同风向的影响。

5）室外风向会随时产生变化。

6）无人机断电后，航线需要重新上传，归航点位置手动设置或者起飞后自动刷新。

7）改变航线规划中的任何参数，勿忘上传。

6.5　任务决策

课程思政点睛

任务决策环节是在任务计划的基础上，跟教练对任务计划进行修改确认，或者是对多种计划方案进行优中选优。指导学生吸收采纳教师或其他人的建议，能够对自己的学习知识体系进行重新梳理，不断地接受他人的合理化意见或建议，是虚心、进取心的表现，同时也是尊重他人、客观公正对待自己的人生态度。在任务实施之前对自己的计划进行确认与调整，是严谨、认真、负责的态度的体现，也有助于精益求精的工匠精神养成。

教学实施指导

1）教师指导学生个人独立按照任务决策的关键要素完成任务决策表。

2）教师选出一个学生代表和自己进行任务决策，其他学生观察，并进行口头评价、补充、改进。

3）学生修改并提交自己的任务决策方案表格。教师对每个学生制订的任务决策方案进行确认。学生获得教师对自己所做决策方案的确认信息后才有资格进行任务实施。

超视距航线规划任务决策

超视距航线规划任务决策表

决策类型	决策方案
与教练决策	请和教练沟通任务计划实施的可能性（包括：模拟器、VR、外场的练习顺序，练习过程的规范性、安全性、环保性，练习质量的把控，工作任务的时间控制和成本控制，任务的考核等），并记录决策结果与教练的建议
意见或建议	

6.6 任务实施

课程思政点睛

1）任务实施是学生最喜欢的操作环节，在此抓住时机对学生进行严谨、规范、标准操作训练。

2）要求学生必须按照前期经过决策的任务计划执行，养成先谋后动的工作意识，深入思考后才可以操作，严禁冒失和鲁莽行事。

3）在操作过程中要求学生在一个团队内必须通力合作，分工明确，提高工作效率，以此训练学生未来步入社会工作的团队合作能力和时间把控能力。

4）若在操作中万一有违规操作或者是失误、错误出现，要求学生必须如实告知，不但不会被批评，反而会因诚信而得分。

教学实施指导

1）学生查阅6.4.1地面站室内航线绘图流程（信息页），6.4.2地面站室内模拟航线规划流程（信息页），6.4.3地面站室外超视距航线规划流程（信息页），观看6.6.2地面站室内模拟航线规划视频，6.6.3地面站室外超视距航线规划视频以及教练的示范动作，在飞行前查阅6.6.1飞行前检查（信息页），进行航线规划练习。

2）学生独立进行航线规划模拟考试。

6.6.1 飞行前检查（信息页）

学习领域	学习领域：无人机操控飞行		
学习情境	学习情境6：超视距航线规划	学习时间	30min
工作任务	飞行前检查	学习地点	理实一体化教室

飞行前检查

不论是工作或是日常训练，操作无人机飞行都是一件让人愉快的事情，但是兴奋的同时也需要注意安全。所以飞行前的准备和检查的工作就十分重要。细致的准备工作会减少飞行工作中的风险，减少不必要的损失和避免人员伤亡。

1. 信息准备

（1）起飞场地的选取

1）距离军用、商用机场须在10km以上。

2）起降场地相对平坦、通视良好。

3）远离人口密集区，半径200m范围内不能有高压线、高大建筑物、重要设施等。

4）起降场地地面应无明显凸起的岩石块、土坎、树桩，也无水塘、大沟渠等。

5）附近应该没有正在使用的雷达站、微波中继、无线通信等干扰源，在不能确定的情况下，应测试信号的频率和强度，如对系统设备有干扰，须改变起降场地。

6）无人机采用滑跑起飞、滑行降落的，滑跑路面条件应满足其性能指标要求。

对于应急作业，比如：灾害调查与监测等应急性质的航摄作业，在保证飞行安全的前提下，起降场地要求可适当放宽。

（2）气象情报的采集

风对飞行的影响最大。其次是温度、能见度和湿度。

1）风对飞行的影响。顺风是指风的运动方向与飞机起飞运动方向一致的风。这种情况下起飞是非常危险的，因为无人机的方向控制只能靠方向舵完成，而方向舵上没有风就无法正确控制方向，容易造成飞行事故。

逆风是指风的运动方向与飞机起飞运动方向相反的风。这种情况下起飞比较安全，因为方向舵上有风就容易正确控制方向。

侧风是从侧面吹来的风。飞机降落时如遇到侧风剧变，或会偏离跑道中线。近半数飞行事故是侧风造成的。在侧风情况下，要不断地调整飞行姿态和飞行方向，而且尽量向逆风方向调整，即在起飞阶段，飞机离开地面后，向逆风方向转弯飞行。

风切变是指在某一特定时间，风速矢量在空中垂直的或水平的距离上的局部变化。风切变对飞行的影响有：顺风风切变会使空速减小，逆风风切变会使空速增加，侧风风切变会使飞机产生侧滑和倾斜，垂直风切变会使飞机迎角变化。总的来说，风切变会使飞机的升力、阻力、过载和飞行轨迹、飞行姿态发生变化。

2）上升气流与下降气流。空气出现湍流时往往没有明显的规律可循。气流在地势高低起伏的地方会产生动力效应：在迎风坡上升（利于延长飞行持续时间），然后下降，甚至突然下降并转向。在山区、滨海的沙丘和悬崖边飞行时，应该注意这种现象。

3）云和雨。无人机对一个"魔鬼"敬而远之，此"魔鬼"就是积雨云。这种云形如铁砧，预示着暴雨即将来临。积雨云通常伴随骤雨、冰雹、强风。所有飞机都要避开积雨云，躲开强劲的气旋，以免导致飞机失控。积雨云的影响范围达到10km以上，等积雨云远离后再让无人机起飞，才是稳妥的做法。云是无人机的"敌人"，它会让操作者看不到无人机，也会遮蔽入侵者。

冬天，云层通常很低，应对方法是多关注航空天气预报，可以根据天气预报做好安全防范。

4）风速的检测。在气象学中，风速特指空气在水平方向的流动速度，即单位时间内空气移动的水平距离，以 m/s 为单位，取一位小数。最大风速是指在某个时段内出现的最大 10min 平均风速值；极大风速（阵风）是指某个时段内出现的最大瞬时风速值；瞬时风速是指 3s 的平均风速。风速可以用风速仪测出，风速分 12 级，1 级风是软风，12 级风是飓风，见下表。一般大于 4 级风（和风），就不适宜无人机的飞行。

表 风级及相应的现象

风级	风速/（m/s）	名称	参照物现象
0	0～0.2	无风	烟直上
1	0.3～1.5	软风	树叶微动，烟能表示风向
2	1.6～3.3	轻风	树叶微响，人面感觉有风
3	3.4～5.4	微风	树叶和细枝摇动不息，旗能展开
4	5.5～7.9	和风	能吹起灰尘、纸片，小树枝摇动
5	8.0～10.7	清风	小树摇摆，内陆水面有小波
6	10.8～13.8	强风	大树枝摇动，电线呼呼响，举伞困难
7	13.9～17.1	疾风	全树摇动，大树枝弯下来，迎风步行不便
8	17.2～20.7	大风	小树枝折断，迎风步行阻力很大
9	20.8～24.4	烈风	平房屋顶受到损坏，木屋受破坏
10	24.5～28.4	狂风	可将树木拔起，将建筑物毁坏
11	28.5～32.6	暴风	陆地少见，建筑物普遍损毁
12	≥32.7	飓风	陆地少见，建筑物普遍严重损毁

5）湿度与能见度。湿度是指空气中含水的程度，包括：绝对湿度、蒸气压、相对湿度、比湿、露点等。用来测量湿度的仪器称为湿度计。

国际上对能见度的定义："烟雾的能见度为不足 1km；薄雾的能见度为 1～2km；霾的能见度为 2～5km。"烟雾和薄雾通常被认作是水滴的重要组成部分，而霾和烟由微小颗粒组成，粒径相比水滴要小。能见度不足 100m 的称为能见度为零，在这种情况下道路会被封锁，自动警示灯和警示灯牌会被激活以示提醒。在能见度为 2km 情况下，无人机绝对不可以起飞。空军气象台预报的能见度包括 1km、2km、4km、6km、8km、10km 和 10km 以上几个等级。

2. 飞行前检查

飞行前检查及一切地面测试中，飞行器严禁装配螺旋桨，起飞前必须确认做好飞行前检查。

（1）发射/接收系统的检查

检查发射机、接收机的电源电量是否充足，电池是否采用正确型号。检查发射机上各微调位置是否正确。现在的发射机大多采用电子微调，位置被移动后从外表是基本看不出来的，这时就需要看发射机显示屏上微调的显示或进入发射机调整菜单去核实一下。一般来说每天第一个架次的飞行有必要进行一次遥控器拉距离的测试。依据遥控器里储存的资料，确认飞行的飞机和发射机上现设置的飞机是一致的。

（2）动力系统检查

飞行前检查电机外壳是否完好，无破裂或损坏；电机轴承是否中正，无弯曲；螺旋桨接口螺纹是否完好，无异常滑丝脱扣风险。

检查动力蓄电池电量是否充足，每次飞行前有必要用电器检测下；电池外观有无变形胀气现象；电池插接器有无打火造成的烧蚀现象。

（3）外观检查

扫视机身外观，观察机身是否有损坏，特别注意观察机身各螺钉连接处是否有裂纹，各部件螺钉是否紧固，如若出现异常，及时进行解决，绝不能视而不见。

用手转动每副螺旋桨，检查每片桨叶安装是否正确，观察是否出现桨与电机之间相对位移，如若出现，请及时紧固螺旋桨的紧定螺钉。观察每个电机的安装螺钉是否出现松动，如若出现，请及时紧固。检查飞机各处接线是否出现断裂、松动、崩脱。

（4）环境观察

正式起飞之前观察周围环境是否允许起飞，周边是否有人员围观，确保周围环境是安全的。驾驶员应站在离飞机 3~5m 处操控起飞，其他人员应站在驾驶员身后安全位置，起降区与驾驶员及地勤人员必须保持安全距离，即划出无人区（无人区面积应为飞行器最大直径的3倍）。

6.6.2　地面站室内模拟航线规划视频

地面站室内模拟航线规划

6.6.3　地面站室外超视距航线规划视频

地面站室外超视距航线规划

学生在团队内，独立地完成超视距航线规划，以通过模拟考试为标志结束任务实施。

6.7　任务检查

课程思政点睛

任务检查环节包含三个层次的内容：

首先是复盘检查，对任务实施过程和任务实施结果进行检查，确保实施质量。教师严格要求学生对照标准和规范进行检查，养成学生严谨规范、认真负责的职业态度和职业精神，高标准、严要求、精益求精的工匠精神。

其次是对场地、工位、设备、环境等进行5S管理，养成规范、卫生、环保意识。

最后是对任务计划的调整改进，依据实施过程和结果，对前期做的工作计划进行优化，目的是训练学生自我改进、自我优化的自我管理能力，以此实现学生不断地进步提高。

教学实施指导

1）教师提供地面站超视距航线规划模拟考试分析表，要求学生小组合作检讨飞行执行过程，填写飞行记录本或飞行手册。

2）小组合作完成对场地、工位、设备、环境等的5S。

3）学生小组成员对工作过程和工作结果进行监督和评估，记录优缺点及改进建议，并口头表达。教师要重点引导学生对队友的支持性意见的表达，并训练学生接纳他人建议。

地面站超视距航线规划模拟考试分析及5S

地面站超视距航线规划模拟考试分析表

科目	考试要求及规范	扣分项	修正方法	注意要点
地面站航线规划及飞行	地面站航线规划及飞行流程：按照要求规划航线并操控无人机飞至指定位置，确定飞机位置后，在仅观察地平仪数据（飞行速度，高度，电量，俯仰姿态，航向等），但是不可见航线界面及飞机位置界面的情况下，使用姿态模式调整航向将无人机飞回至起降点附近上空。要求：返航速度3~5m/s，高度偏差－3~3m，水平偏差在±45°的扇面范围内	飞行速度扣分：返航飞机速度小于3m/s或大于5m/s，判定此次返航失败	飞行速度提至3m/s后，应减小加速推杆量，时刻观察地平仪显示的飞行速度，保持稳定前进	为了保持稳定的飞行速度，在盯紧地平仪时应及时小舵量调整升降舵，防止因舵量过大导致速度过大或过小。在切换为姿态模式前，要考虑顺风或者逆风情况下适当减少或加大升降舵的舵量
		高度偏差扣分：开始返航后，飞机应保持稳定高度飞行，高度偏差超过±3m时，判定此次返航失败	返航过程应全程保持高度稳定，飞行时应防止误操作油门杆	密切关注地平仪显示的高度数据，防止误操作油门杆。在逆风时为了保持速度，需要加大推升降舵的舵量，从而导致飞机俯角过大。在俯角过大时，常常出现掉高的现象，为防止出现掉高，在逆风调整速度时必须要观察无人机的高度变化
		水平偏差扣分：飞机返航过程应保持稳定航线飞行，因风力或航向误差等影响导致的水平偏差应在扇形面±45°范围内	在返航开始前应先观察风力风向，考虑好风向对飞行的影响。返航飞行过程根据风向和风力大小，适当操作副翼舵以抵消侧风的影响，防止因风力原因导致水平偏差过大。根据无人机的初始航向，提前考虑好航向偏转量，转动航向时观察地平仪上的显示，防止因航向偏差过大导致出现水平偏差	地面站返航的难点在于航向的转动，所以在切换到姿态模式之前，我们就要计算好航向应转动多少，转动后应是什么角度，防止操作时出现问题

6.8 任务交付

课程思政点睛

1）任务交付与任务接受呼应，特别适合对学生进行社会主义核心价值观中友善、和谐价值的训练。

2）如何做到和伙伴友善合作，如何做到站在公司立场为公司的利益和效率着想，如何站在客户角度为客户着想等。

3）在指导学生进行超视距航线规划任务交付话术训练时，全面体现友善、和谐的价值。

教学实施指导

教师指导学生依据6.8.1超视距航线规划任务交付剧本（中英文），参考6.8.2超视距航线规划任务交付视频（中英文），以角色扮演方式进行任务交付。

6.8.1 超视距航线规划任务交付剧本（中英文）

学习情境描述

作为与无人机行业应用相关专业的学生，为了满足并适应未来的就业岗位需求，最低要求经过培训学习考取AOPA无人机超视距驾驶员执照，并通过对无人机的操控飞行，最终能够完成无人机测绘作业、无人机航拍作业、无人机巡线检查作业、无人机应急救助作业等。为了实现这样的工作目标，学院项目团队专门制订了培训实施计划，把无人机操控飞行项目拆分成若干个工作任务（学习情境），并会伴随着项目进程陆续给出。

本次工作任务（学习情境）是希望通过各项目组成员的精诚合作，能够进行地面站超视距航线规划，并要求在3天内顺利完成。操控过程注意标准规范、工作效率、经济效益与安全注意事项。

1. 任务完成，正常交付

组　　长：领导，您好！经过我们团队3天的努力，我们已经按照地面站航线规划的流程与标准规范，全部顺利完成了超视距航线规划。

Hello, Director! After three days' efforts, we have successfully completed the beyond-of-sight route planning in accordance with the route planning process and standard specifications of multi-rotor UAVs.

项目负责人：好的，你们辛苦了。已经通过教练给你们的模拟考试了吧？

All right. Thank you! Have you passed the mock exam the instructor gave you?

组　　长：是的，已经全部通过！

Yes, it's all passed!

项目负责人：完美。你们先休息一下，一会儿再布置新的任务给你们。

Perfect. Have a rest. I will assign you a new mission later.

组　　长：好嘞，等您。

OK.

2. 任务未完成，异常交付

组　　长：领导，您好！不好意思跟您说，我们团队虽然已经很努力了，但是没有在规定时间内完成超视距航线规划任务。

Hi, Director! I'm sorry to tell you that although our group has tried very hard, we have yet to complete the beyond-of-sight route planning mission on time.

项目负责人：啊?！为什么？到底哪里出了问题？

Ah? ! Why so? What went wrong?

组　　长：真的非常抱歉，主要是我们专业技术水平还不够娴熟，再加上团队合作不够顺畅，导致了工作结果出现问题。

I'm really sorry. Since there is still much to be desired in our professional proficiency and group cooperation, we fail to finish the work on time.

项目负责人：算了。意识到问题的原因就好，下次多注意。那你们自己能解决吗？需不需要其他团队的帮助？

Come on. Just draw the lesson next time. Can you handle it by yourselves? Do you need help from other groups?

组　　长：我们自己能解决，不需要帮助。不过，还需要点时间。

We can handle it by ourselves. We don't need help. But it will take some time.

项目负责人：多久？

How long will it take?

组　　长：两个小时吧。

About two hours.

项目负责人：好吧。再给你们团队两个小时，必须全部通过。

All right. Two more hours for your group to pass.

组　　长：谢谢您了！我们这就继续开工。您走好！

Thank you very much! We will continue with our work. See you!

6.8.2　超视距航线规划任务交付视频（中英文）

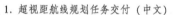

1. 超视距航线规划任务交付（中文）　　　2. 超视距航线规划任务交付（英文）

6.9　巩固拓展

课程思政点睛

巩固拓展环节是充分利用学生的课余时间布置高质量的作业，对课上所学及完成的任务进行温故知新，同时训练学生举一反三、迁移新任务的解决问题能力。任务选择注意课程内容的延续性及拓展性，稍微增加难度，在小组主持作业的情况下，既要对学生克服困难独立完成任务的职业素养进行训练，也要对学生团队合作、高效率高质量完成任务的能力和素养进行训练。

教学实施指导

1）完成信息化系统中的所有理论测试题，全部满分通过。

2）以小组为单位熟练超视距航线规划操作。

新任务迁移：多旋翼无人机航拍作业